"十三五"普通高等教育本科部委级规划教材

普通高等教育"十一五"国家级规划教材（本科）

功能纤维及功能纺织品

（第 2 版）

朱 平 主编

中国纺织出版社

内 容 提 要

功能纤维和功能纺织品是代表材料、化工、纺织及相关领域科技发展水平的纤维材料和纺织产品,是纤维、纺织、染整、服装、精细化工等领域的科技工作者关注的热点。本书注意吸收近几年国内外的研究成果,从研究发展概况、基本原理、生产及性能评价等几个方面,介绍了目前研究、生产较为成熟的功能纤维和功能整理织物品种,包括阻燃、抗菌、抗静电、抗紫外线、远红外、医用、保健、智能等功能纤维和纺织品。

本书除可作为轻化工程专业(染整方向)本科生或研究生"功能纤维及功能纺织品""织物功能整理"等课程的教材外,还可用作纺织院校高分子材料(化纤)、纺织、非织造材料与工程、服装等相关专业的本科生和研究生的教学参考书,也可供从事纤维、纺织品、染整、服装等相关行业的生产、管理和产品开发技术人员参考。

图书在版编目(CIP)数据

功能纤维及功能纺织品/朱平主编. —2 版. —北京:中国纺织出版社,2016.4(2024.7重印)

"十三五"普通高等教育本科部委级规划教材 普通高等教育"十一五"国家级规划教材.本科

ISBN 978 - 7 - 5180 - 2369 - 1

Ⅰ.①功⋯ Ⅱ.①朱⋯ Ⅲ.①功能性纤维—纺织纤维—高等学校—教材 ②功能性纺织品—高等学校—教材 Ⅳ.①TS102.52 ②TS1

中国版本图书馆 CIP 数据核字(2016)第 034772 号

策划编辑:秦丹红　责任编辑:朱利锋　责任校对:楼旭红
责任设计:何 建　责任印制:何 建

中国纺织出版社出版发行
地址:北京市朝阳区百子湾东里 A407 号楼　邮政编码:100124
销售电话:010—67004422　传真:010—87155801
http://www.c-textilep.com
中国纺织出版社天猫旗舰店
官方微博 http://weibo.com/2119887771
三河市宏盛印务有限公司印刷　各地新华书店经销
2024 年 7 月第 13 次印刷
开本:787×1092　1/16　印张:17.75
字数:359 千字　定价:49.80 元

第 2 版前言

本书于 2006 年出版后,被大多数纺织类院校的相关专业选用作为本科生或研究生教材。在多年的使用过程中,本书所涉及的领域也有了相应的发展,同时,各高校在使用过程中也提出过一些意见和建议,故急需对书中内容进行修订。

因此,笔者借"十三五"开局之机,在上一版的基础上,对书中内容作了适当修订,以满足新时期、新发展以及各院校的教学需求。此次修订对近年新生和发展的功能纤维和功能纺织品的分类、功能特性、功能原理、制备生产、应用及功能性评价标准和方法进行了系统阐述,编写队伍也由单一院校扩展为几个单位的相关人员共同编写。全书共分十四章,第一~第三章由朱平编写;第四章由崔莉编写;第五章由董朝红编写;第六章由权衡编写;第七章由张传杰编写;第八章由隋淑英编写;第九章由姜会钰编写;第十章由杨文芳、朱平编写;第十一章由王怀芳编写;第十二章由柳荣展编写;第十三章由李群编写;第十四章由杨文芳编写。本书由朱平任主编,并负责全书的修改和统稿。

在本书的编写过程中,教育部高等院校轻工类专业教学指导委员会、中国纺织出版社对本教材的出版给予了很大支持;刘杰博士、研究生黄柳云为本书的录入和整理作了大量工作,在此一并表示感谢!

书中内容难免存在疏漏之处,恳请读者批评指正。

朱 平

2015 年 12 月

第1版前言

随着社会的进步和经济的迅速发展，人民的生活水平不断提高，人们开始追求舒适的生活空间和健康的生活方式，对时尚和流行、运动和休闲、环境和健康提出了更高的质量要求。纺织品与人类的生活密切相关，人们对纤维和纺织品的要求已不仅仅是漂亮好看、耐穿耐用，还希望能接近自然、生态、具有特殊功能，以适应社会发展的要求。这给功能纤维和功能纺织品的发展提供了动力和广阔的空间。

功能纤维和功能纺织品除了具备普通纤维和纺织品的一般性能外，还应具有诸如阻燃、抗菌防臭、拒水拒油、抗静电、抗紫外线、远红外、离子交换、生物医用、智能等多种多样的功能性，以适应社会发展的要求。

自20世纪80年代初至今，全国纺织院校轻化工程专业染整方向的本科生或纺织化学及染整工程、纺织工程专业的硕士生，均开设"织物功能整理"或"功能纤维及功能纺织品"课程，但一直无正式出版的教材，各校多是由主讲教师搜集部分国内外资料作为授课内容。

本书对近年生产和发展的功能纤维和功能纺织品的分类、功能特性、功能原理、制备生产、应用及功能性评价标准和方法进行了系统阐述，共分十四章，第一章、第二章、第三章、第十章、第十一章由朱平编写；第四章由李群编写；第五章、第六章、第七章、第八章、第九章由张建波编写；第十二章由柳荣展编写；第十三章由李群、朱平编写；第十四章由隋淑英、朱平编写。本书由朱平任主编，负责全书的修改和统稿。在本书的编写过程中，教育部高等学校轻工食品学科教学指导委员会及轻化工专业教学指导分委员会给予了大力的支持，东华大学的阎克路教授、天津工业大学的姚金波教授、浙江理工大学的汪澜教授、江南大学范雪荣教授、北京服装学院的王柏华高级工程师等提出了许多宝贵意见和建议，研究生王怀芳、李静、展义臻等为本书的整理和录入做了大量工作，在此一并深表感谢！

由于作者水平有限，书中内容难免有疏漏和错误之处，恳请读者批评指正。

朱 平

2006年4月

课程设置指导

课程名称:功能纤维及功能纺织品

适用专业:轻化工程专业,纺织工程专业,服装工程专业,高分子材料专业(化纤方向),非织造材料与工程专业

总学时:48

课程性质:本课程是轻化工程等专业的专业课。

课程目的:

1.了解功能纤维及功能纺织品的分类。

2.掌握功能纤维及功能纺织品功能性的原理、设计及实施工艺。

3.了解功能纤维及功能纺织品的质量标准,掌握功能性的测试及评定方法。

课程教学基本要求:教学环节包括课堂教学、作业和考试。通过各教学环节,重点培养学生对理论知识的理解和运用能力。

1.课堂教学。在讲授基本概念的基础上,采用启发、引导的方式进行教学,举例说明功能纤维及功能纺织品在生产实际中的生产和应用,并及时补充最新的发展动态;在讲授过程中给出各章节主要专业名词的英文表述。

2.课外作业。每章给出若干思考题,尽量系统反映该章的知识点,布置适量书面作业。

3.考核。采用课堂练习、阶段测验进行阶段考核,以考试作为全面考核。考核形式根据情况采用开卷、闭卷笔试方式,题型一般包括填空题、名词解释、判断题及论述题。

教学环节学时分配表:

章数	讲授内容	学时分配
第一章	总论	2
第二章	阻燃纤维及纺织品	4
第三章	抗菌防臭纤维及纺织品	4
第四章	抗静电、导电纤维及纺织品	3
第五章	拒水拒油纺织品	4
第六章	防水透湿纺织品	4
第七章	抗紫外线纤维及纺织品	3
第八章	远红外纤维及纺织品	3
第九章	电磁波屏蔽纤维及纺织品	3
第十章	医用和保健功能纤维及纺织品	4
第十一章	亲水性纤维及纺织品	3
第十二章	离子交换纤维及纺织品	3
第十三章	纳米功能纤维及纺织品	4
第十四章	智能纤维及纺织品	4
合计		48

目　录

第一章　总论 ……………………………………………………………… （1）

　第一节　纺织纤维概论 …………………………………………………… （1）

　　一、纺织纤维的分类 …………………………………………………… （1）

　　二、纺织纤维的发展历史 ……………………………………………… （1）

　第二节　功能纤维及功能纺织品分类 …………………………………… （3）

　　一、赋予纤维功能性的途径 …………………………………………… （3）

　　二、防护性功能纤维及纺织品 ………………………………………… （3）

　　三、保健功能纤维及纺织品 …………………………………………… （5）

　　四、其他功能纤维及纺织品 …………………………………………… （5）

第二章　阻燃纤维及纺织品 ……………………………………………… （8）

　第一节　阻燃纺织品研究概况 …………………………………………… （8）

　　一、纺织品阻燃的历史 ………………………………………………… （8）

　　二、纤维及纺织品阻燃技术的发展趋势 ……………………………… （9）

　第二节　阻燃纺织品分类及制造方法 …………………………………… （10）

　　一、阻燃纺织品的分类 ………………………………………………… （10）

　　二、阻燃纤维及纺织品的制造方法 …………………………………… （11）

　第三节　纺织纤维的热裂解及阻燃机理 ………………………………… （12）

　　一、纺织纤维的热裂解 ………………………………………………… （12）

　　二、纤维和纺织品的阻燃机理 ………………………………………… （13）

　　三、纤维素纤维的热裂解和阻燃机理 ………………………………… （17）

　　四、蛋白质纤维的燃烧及阻燃机理 …………………………………… （21）

　　五、合成纤维的燃烧及阻燃机理 ……………………………………… （21）

　第四节　阻燃剂 …………………………………………………………… （22）

　　一、无机阻燃剂 ………………………………………………………… （23）

　　二、有机阻燃剂 ………………………………………………………… （23）

　第五节　阻燃纤维的生产 ………………………………………………… （24）

一、阻燃涤纶 …………………………………………………………（24）

二、阻燃锦纶 …………………………………………………………（26）

三、阻燃腈纶 …………………………………………………………（27）

四、阻燃丙纶 …………………………………………………………（29）

五、其他阻燃纤维 ……………………………………………………（30）

第六节　织物阻燃整理 …………………………………………………（32）

一、织物阻燃整理的一般方法 ………………………………………（32）

二、纤维素纤维织物的阻燃整理 ……………………………………（33）

三、蛋白质纤维织物的阻燃整理 ……………………………………（34）

四、合成纤维织物的阻燃整理 ………………………………………（35）

五、混纺织物的阻燃整理 ……………………………………………（36）

第七节　阻燃纺织品的测试方法及标准 ………………………………（37）

一、纺织品阻燃法规 …………………………………………………（37）

二、阻燃性能的测试方法及标准 ……………………………………（37）

第三章　抗菌防臭纤维及纺织品 …………………………………………（39）

第一节　概述 ……………………………………………………………（39）

一、微生物的重要品种 ………………………………………………（39）

二、纺织品抗菌防臭的必要性 ………………………………………（40）

三、抗菌防臭纺织品的发展 …………………………………………（40）

第二节　抗菌整理剂及抗菌机理 ………………………………………（41）

一、评价和选择抗菌剂应考虑的因素 ………………………………（41）

二、抗菌整理剂的分类 ………………………………………………（42）

三、抗菌整理剂的抗菌机理 …………………………………………（47）

第三节　抗菌纤维的生产 ………………………………………………（51）

一、甲壳素与壳聚糖纤维的生产 ……………………………………（51）

二、共混型抗菌纤维的生产 …………………………………………（54）

第四节　抗菌纺织品的生产 ……………………………………………（54）

一、织物抗菌整理的方法 ……………………………………………（55）

二、织物抗菌整理实例 ………………………………………………（55）

第五节　消臭纺织品的生产 ……………………………………………（56）

一、消臭剂的消臭机理 ………………………………………………（57）

二、消臭纤维的制造 …………………………………………………（58）

三、织物消臭整理 ……………………………………………………（58）

　　四、消臭效果评价 ………………………………………………………… （59）

　第六节　纺织品抗菌性能测试方法及标准 …………………………………… （59）

　　一、织物抗菌性能测试方法分类 …………………………………………… （59）

　　二、测试菌种的选择 ………………………………………………………… （60）

　　三、抗菌性能评价方法的选择 ……………………………………………… （61）

第四章　抗静电、导电纤维及纺织品 ………………………………………… （63）

　第一节　概述 …………………………………………………………………… （63）

　　一、静电产生的机理 ………………………………………………………… （63）

　　二、静电的危害 ……………………………………………………………… （64）

　第二节　纺织材料抗静电原理及方法 ………………………………………… （65）

　　一、纺织材料抗静电原理 …………………………………………………… （65）

　　二、纺织品抗静电方法 ……………………………………………………… （66）

　第三节　抗静电、导电纤维的生产 …………………………………………… （67）

　　一、抗静电、导电纤维的种类 ……………………………………………… （68）

　　二、抗静电、导电纤维的生产 ……………………………………………… （69）

　第四节　抗静电织物的生产 …………………………………………………… （72）

　　一、抗静电织物的服用性能与设计要求 …………………………………… （72）

　　二、抗静电织物的生产方法 ………………………………………………… （72）

　第五节　抗静电纺织品性能测试 ……………………………………………… （75）

　　一、纺织品的静电性能参数及相关标准 …………………………………… （75）

　　二、纺织品静电性能的测试方法 …………………………………………… （76）

第五章　拒水拒油纺织品 ……………………………………………………… （78）

　第一节　拒水拒油纺织品研究概况 …………………………………………… （78）

　　一、拒水拒油整理剂的发展概况 …………………………………………… （78）

　　二、超细纤维在拒水拒油纺织品中的应用 ………………………………… （79）

　　三、荷叶效应在拒水拒油纺织品中的应用 ………………………………… （80）

　　四、超疏水材料在拒水拒油纺织品中的应用 ……………………………… （81）

　　五、花瓣效应在拒水拒油纺织品中的应用 ………………………………… （81）

　　六、纳米技术在拒水拒油纺织品中的应用 ………………………………… （81）

　　七、其他研究状况 …………………………………………………………… （82）

　第二节　拒水拒油整理机理 …………………………………………………… （82）

　　一、拒水整理机理 …………………………………………………………… （82）

二、拒油整理机理 ……………………………………………………………………（84）

三、防污、易去污整理机理 ……………………………………………………………（85）

四、"三防""四防"整理机理 …………………………………………………………（86）

第三节　拒水拒油纺织品生产 …………………………………………………………（87）

一、一般拒水整理 ………………………………………………………………………（87）

二、有机氟拒水、拒油、防污整理 ……………………………………………………（93）

三、防污、易去污整理 …………………………………………………………………（97）

四、"三防""四防"整理 ………………………………………………………………（99）

第四节　纺织品拒水拒油性能测试 ……………………………………………………（100）

一、拒水性能测试 ………………………………………………………………………（100）

二、拒油性能测试 ………………………………………………………………………（101）

三、易去污性能测试 ……………………………………………………………………（102）

第六章　防水透湿纺织品 …………………………………………………………………（103）

第一节　概述 ……………………………………………………………………………（103）

一、防水透湿技术的发展 ………………………………………………………………（104）

二、防水透湿织物的加工方法 …………………………………………………………（104）

第二节　防水透湿织物技术原理 ………………………………………………………（105）

一、超高密度结构法 ……………………………………………………………………（105）

二、微孔技术法 …………………………………………………………………………（105）

三、致密亲水膜技术法 …………………………………………………………………（106）

第三节　防水透湿织物发展趋势 ………………………………………………………（107）

一、防水透湿织物的智能化 ……………………………………………………………（107）

二、防水透湿织物的多功能化 …………………………………………………………（108）

三、纺织品防水透湿加工的绿色化 ……………………………………………………（109）

第四节　防水透湿整理剂及整理工艺 …………………………………………………（109）

一、聚氨酯（PU）类防水透湿整理剂 …………………………………………………（109）

二、聚丙烯酸酯（PA）防水透湿整理剂 ………………………………………………（111）

三、防水透湿整理工艺 …………………………………………………………………（112）

第五节　防水透湿织物性能测试 ………………………………………………………（114）

一、透湿性能测试 ………………………………………………………………………（114）

二、防水性能测试 ………………………………………………………………………（116）

第七章　抗紫外线纤维及纺织品 ………………………………………………………… (118)
　第一节　概述 ………………………………………………………………………………… (118)
　　一、紫外线的分类及作用 ……………………………………………………………… (118)
　　二、研究纺织品抗紫外线性能应考虑的因素 ……………………………………… (119)
　第二节　抗紫外线整理机理及抗紫外线整理剂 ……………………………………… (120)
　　一、抗紫外线整理机理 ………………………………………………………………… (120)
　　二、抗紫外线整理剂 …………………………………………………………………… (120)
　第三节　抗紫外线纤维及纺织品的生产 ……………………………………………… (125)
　　一、抗紫外线纤维 ……………………………………………………………………… (125)
　　二、抗紫外线纺织品 …………………………………………………………………… (126)
　第四节　织物抗紫外线性能评价 ……………………………………………………… (128)
　　一、抗紫外线性能的评价方法 ………………………………………………………… (129)
　　二、评价抗紫外线性能的指标 ………………………………………………………… (130)

第八章　远红外纤维及纺织品 …………………………………………………………… (134)
　第一节　概述 ………………………………………………………………………………… (134)
　　一、红外线的产生及分类 ……………………………………………………………… (134)
　　二、远红外与人体健康 ………………………………………………………………… (135)
　　三、红外辐射吸收及远红外服装保暖的机理 ……………………………………… (136)
　　四、远红外材料 ………………………………………………………………………… (136)
　　五、远红外纺织品的发展 ……………………………………………………………… (137)
　第二节　远红外纤维和纺织品的生产 ………………………………………………… (138)
　　一、远红外纤维 ………………………………………………………………………… (138)
　　二、远红外纺织品 ……………………………………………………………………… (140)
　第三节　远红外织物性能测试 ………………………………………………………… (142)
　　一、远红外织物辐射性能测试 ………………………………………………………… (142)
　　二、远红外织物保温性能测试 ………………………………………………………… (143)
　　三、远红外织物保健性能测试 ………………………………………………………… (143)

第九章　电磁波屏蔽纤维及纺织品 ……………………………………………………… (145)
　第一节　概述 ………………………………………………………………………………… (145)
　　一、电磁波 ……………………………………………………………………………… (145)
　　二、电磁辐射场 ………………………………………………………………………… (146)
　　三、电磁波辐射的危害 ………………………………………………………………… (147)

四、电磁波屏蔽织物的发展 ·· (148)

第二节 电磁波屏蔽的原理、影响因素及方法 ····················· (150)

一、电磁波屏蔽原理 ·· (150)

二、影响电磁波屏蔽效果的因素 ·· (151)

三、防电磁波辐射的途径 ·· (151)

第三节 电磁波屏蔽纤维的生产 ·· (152)

一、电磁波屏蔽用材料 ··· (152)

二、电磁波屏蔽纤维 ·· (155)

第四节 电磁波屏蔽织物的生产 ·· (155)

一、电镀法 ·· (155)

二、涂层法 ·· (156)

三、复合纺纱法 ··· (157)

四、共混纺丝法 ··· (157)

五、其他生产方法 ··· (158)

第五节 织物电磁波屏蔽效能测试 ···································· (158)

一、远场法 ·· (158)

二、近场法 ·· (159)

三、屏蔽室法 ·· (159)

四、几种测试方法的比较 ·· (159)

第十章 医用和保健功能纤维及纺织品 ······························· (161)

第一节 概述 ·· (161)

一、医用和保健功能纤维及纺织品的发展 ··································· (161)

二、医用和保健功能纤维及纺织品的分类 ··································· (162)

三、医用和保健功能纤维及纺织品的作用 ··································· (163)

第二节 医用功能纤维和纺织品的生产 ······························ (167)

一、对医用纤维和纺织品的性能要求 ·· (167)

二、医用纤维和纺织品的开发 ·· (167)

三、部分医用纤维和纺织品简介 ·· (170)

第三节 保健功能纤维和织物的生产 ·································· (174)

一、药物纤维和织物 ·· (174)

二、磁性功能纤维 ··· (176)

三、芳香保健纺织品 ·· (178)

四、负离子保健纺织品 ··· (180)

　　五、防螨纤维及纺织品 ……………………………………………………（180）

第四节　医用和保健功能织物评价 ……………………………………………（182）

　　一、医用纤维和纺织品的生物学性质的一般评价方法 ………………………（182）

　　二、芳香纤维和纺织品的芳香性能的一般评价方法 …………………………（182）

　　三、纤维和织物防螨效果的一般评价方法 ……………………………………（183）

第十一章　亲水性纤维及纺织品 ………………………………………………（186）

第一节　纤维的亲水性 …………………………………………………………（187）

　　一、影响纤维亲水性的主要因素 ………………………………………………（187）

　　二、纤维亲水性与服用舒适性的关系 …………………………………………（188）

第二节　合成纤维亲水化改性方法 ……………………………………………（189）

　　一、大分子结构的亲水化 ………………………………………………………（190）

　　二、与亲水性物质接枝共聚 ……………………………………………………（191）

　　三、纤维表面的亲水化 …………………………………………………………（192）

　　四、与亲水性物质共混 …………………………………………………………（193）

　　五、纤维微孔化和表面粗糙化 …………………………………………………（194）

第三节　亲水性纤维的生产 ……………………………………………………（195）

　　一、亲水性涤纶 …………………………………………………………………（195）

　　二、亲水性腈纶 …………………………………………………………………（197）

　　三、亲水性锦纶 …………………………………………………………………（199）

第四节　纤维亲水性的检测 ……………………………………………………（200）

　　一、微孔性质的检测 ……………………………………………………………（200）

　　二、纤维亲水性测定 ……………………………………………………………（202）

第十二章　离子交换纤维及纺织品 ……………………………………………（204）

第一节　概述 ……………………………………………………………………（204）

　　一、离子交换纤维及织物的含义 ………………………………………………（204）

　　二、离子交换纤维的研究概况 …………………………………………………（204）

　　三、离子交换纤维的发展趋势 …………………………………………………（206）

第二节　离子交换纤维的分类、性能及应用 …………………………………（207）

　　一、离子交换纤维的分类 ………………………………………………………（207）

　　二、离子交换纤维的性能 ………………………………………………………（209）

　　三、离子交换纤维的应用 ………………………………………………………（212）

第三节　离子交换纤维的生产 …………………………………………………（213）

一、高聚物大分子化学转化法 ………………………………………………………（213）

二、高聚物接枝单体法 ………………………………………………………………（214）

三、活性单体聚合成纤法 ……………………………………………………………（215）

四、聚合物混合成纤法 ………………………………………………………………（216）

第四节　离子交换织物的生产 ……………………………………………………………（216）

一、离子交换纤维的织物化 …………………………………………………………（217）

二、织物的离子交换功能化 …………………………………………………………（217）

第十三章　纳米功能纤维及纺织品 ……………………………………………………………（219）

第一节　概述 ………………………………………………………………………………（219）

一、纳米效应 …………………………………………………………………………（219）

二、纳米材料的分类 …………………………………………………………………（220）

三、纳米材料的制备 …………………………………………………………………（222）

四、纳米技术在纤维和纺织品上的应用 ……………………………………………（224）

第二节　纳米功能纤维及纺织品的功能性 ………………………………………………（225）

一、抗菌防臭功能 ……………………………………………………………………（225）

二、防紫外线功能 ……………………………………………………………………（225）

三、远红外反射功能 …………………………………………………………………（225）

四、自清洁功能 ………………………………………………………………………（226）

五、抗静电和导电功能 ………………………………………………………………（226）

六、超双疏、双亲功能 ………………………………………………………………（226）

七、其他功能 …………………………………………………………………………（227）

第三节　纳米功能纤维的生产 ……………………………………………………………（227）

一、纳米纤维的制备方法 ……………………………………………………………（227）

二、纳米功能纤维的制备方法 ………………………………………………………（230）

第四节　纳米功能纺织品的生产 …………………………………………………………（232）

一、纳米功能纺织品的生产方法 ……………………………………………………（232）

二、织物的纳米功能整理 ……………………………………………………………（233）

第五节　纳米功能纺织品的测试 …………………………………………………………（234）

一、纳米颗粒的粒度分析 ……………………………………………………………（234）

二、纳米材料在纤维和织物上的分布状态 …………………………………………（234）

第十四章　智能纤维及纺织品 …………………………………………………………………（236）

第一节　概述 ………………………………………………………………………………（236）

一、纤维和纺织品智能化的途径 ……………………………………………（237）

二、智能纤维及纺织品分类 …………………………………………………（237）

第二节　智能纤维及纺织品的生产 ………………………………………………（238）

一、形状记忆纤维及纺织品 …………………………………………………（238）

二、蓄热调温纤维及纺织品 …………………………………………………（241）

三、变色纤维及纺织品 ………………………………………………………（246）

四、智能凝胶纤维及纺织品 …………………………………………………（252）

五、智能释放纤维及纺织品 …………………………………………………（255）

六、电子智能纤维及纺织品 …………………………………………………（256）

第三节　纺织品智能性及其评价 …………………………………………………（260）

一、纺织品的智能性 …………………………………………………………（260）

二、材料蓄热性能测试 ………………………………………………………（261）

三、凝胶结构测试 ……………………………………………………………（262）

四、缓释胶囊评价 ……………………………………………………………（263）

主要参考文献 …………………………………………………………………………（264）

第一章 总 论

本章学习要点：

1. 了解纺织纤维发展、应用和分类。
2. 掌握功能纤维的种类和分类方法。

第一节 纺织纤维概论

一、纺织纤维的分类

纺织纤维可分为两大类：一类是天然纤维，如棉花、羊毛、蚕丝、麻等；另一类是化学纤维，是用天然或合成高分子化合物经化学加工制得的纤维。化学纤维又分为再生纤维和合成纤维两大类。具体分类如下：

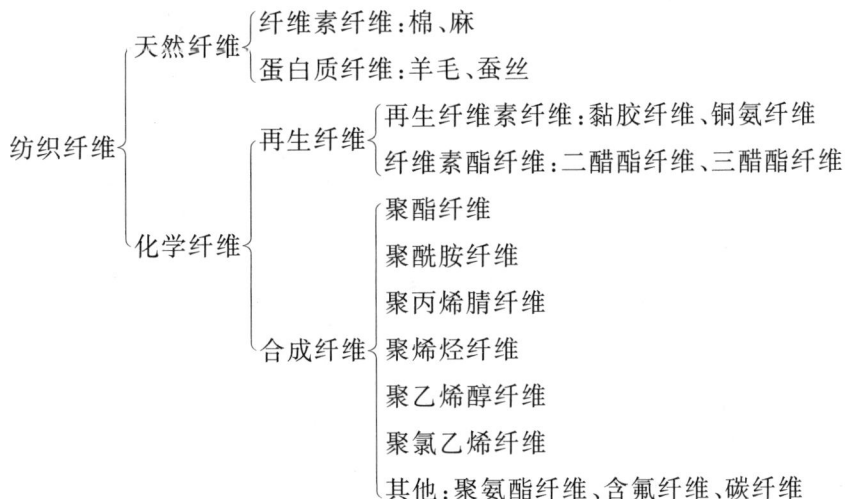

纺织纤维
- 天然纤维
  - 纤维素纤维：棉、麻
  - 蛋白质纤维：羊毛、蚕丝
- 化学纤维
  - 再生纤维
    - 再生纤维素纤维：黏胶纤维、铜氨纤维
    - 纤维素酯纤维：二醋酯纤维、三醋酯纤维
  - 合成纤维
    - 聚酯纤维
    - 聚酰胺纤维
    - 聚丙烯腈纤维
    - 聚烯烃纤维
    - 聚乙烯醇纤维
    - 聚氯乙烯纤维
    - 其他：聚氨酯纤维、含氟纤维、碳纤维

二、纺织纤维的发展历史

长期以来，人类所用的纤维主要来源于植物（如棉、麻等）和动物（如羊毛、蚕丝等），后来利用植物的纤维素经化学加工并纺丝成再生纤维。20 世纪 30 年代末首次出现聚酰胺纤维（锦纶），奠定了合成纤维的基础，目前合成纤维占据了纤维的主要市场。20 世纪 60 年代之后又出现一些用高分子先驱体法或气相沉积法制成的各种无机高性能纤维，构成今天的纤维谱。目前虽然衣着纤维的品种不断增加，但纤维的用途已经不仅仅是衣着和生产生活用具（如绳、网、袋等）。

随着科学技术的发展和人类生活水平的提高,人们对服装提出了舒适、卫生、保健的要求,各种功能化的纺织品不断涌现。世界人均纤维年消费量约为8kg,今后仍将有所提高。据联合国最近预测,到2050年世界人口将达到90亿。纤维总需求量将达0.9亿～1亿吨。由于天然纤维受到自然条件的限制,不可能大幅度增产,所以需依靠化学纤维的增长来满足需要。黏胶纤维实现了人类能制造出和蚕丝相似的纤维的愿望;在蚕丝化学结构的启发下,又发明了以酰胺基为主要基团的锦纶;根据棉、毛、丝的截面形态,仿制成功各种异形纤维、中空纤维和细旦纤维。随着高分子化学的不断发展,服装面料从原来对纤维或织物进行特殊整理发展到今天的新型功能纤维,出现了不少新的纤维品种。现在各种特殊功能的纤维,如吸湿、透气、抗静电、抗紫外线的纤维已经通过各种加工方法获得。

利用海洋资源,海藻酸、甲壳素等纤维已形成了规模化生产,并已应用到医用、美容保健以及服用等领域。棉、麻之外的天然纤维素资源以及生物纤维素、蛋白质用于制造纤维的研究方兴未艾。

目前,随着科技的发展和社会的进步,新的纤维不断出现,纺织纤维的应用已经扩展到各行各业的众多领域,见图1-1。

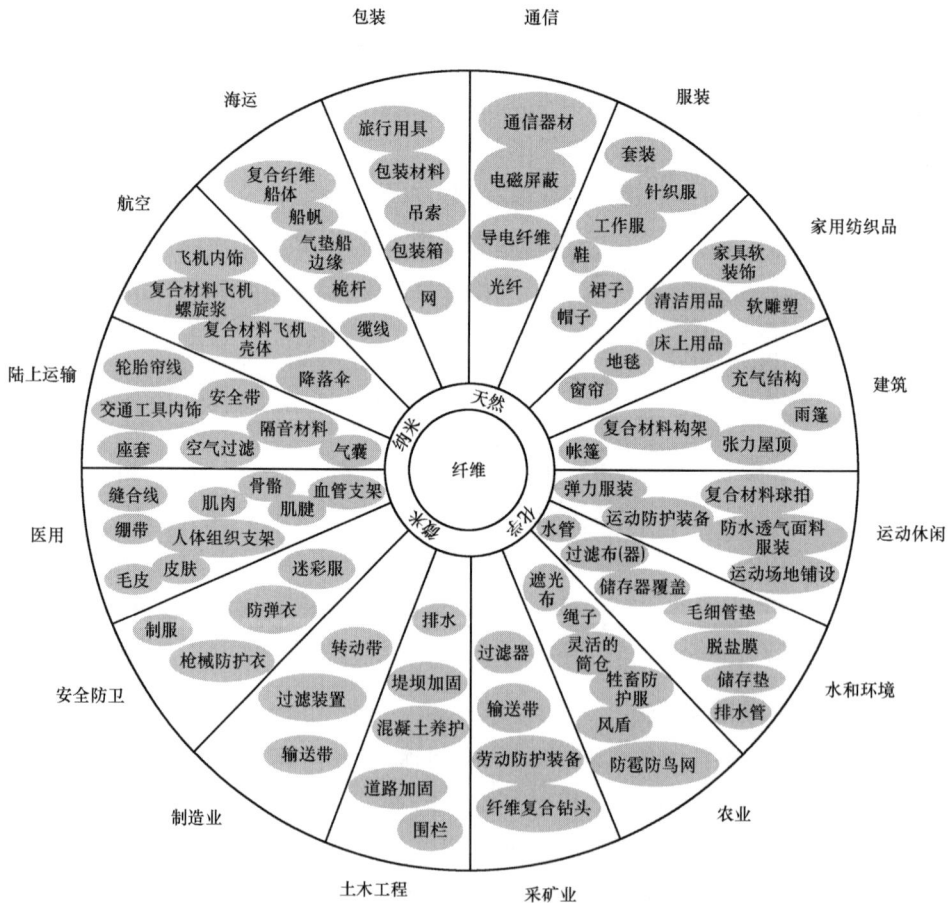

图1-1 纺织纤维的应用领域(纤维轮)

第二节 功能纤维及功能纺织品分类

功能纤维及纺织品的发展是现代纤维科学发展的标志。功能纤维、差别化纤维和高性能纤维的发展为传统纺织工业的技术创新、人类生活水平的提高作出了贡献。功能纤维及功能纺织品是指除一般纤维及纺织品所具有的力学性能以外,还具有某种特殊功能的新型纤维及纺织品,如卫生保健纺织品(抗菌、杀螨、理疗及除异味等)、防护功能纺织品(防辐射、抗静电、抗紫外线等)、舒适功能纺织品(吸热、放热、吸湿、放湿等)、医疗和环保功能纺织品(生物相容性和生物降解性)等。

一、赋予纤维功能性的途径

通常将功能性纤维分为三大类:一是对常规合成纤维改性,克服其固有的缺点,如涤纶、腈纶等吸湿性差、易产生静电等;二是针对化学纤维原来没有的性能,通过化学和物理的方法赋予其蓄热、导电、吸水、吸湿、抗菌、消炎、芳香、阻燃、电磁屏蔽等附加性能;三是制备具有特殊功能的纤维,如高强、高模、耐热、阻燃的高性能纤维。

按功能属性,功能纤维可分为四大类:一是物理功能性,如导电性、抗静电性、电磁波屏蔽性、耐高温性、阻燃性、蓄热性、光导性、光变性等,以及物理形态功能性,如异形截面、超微细化等;二是化学功能性,如光降解性、光交联性、抗菌防臭等;三是物质分离功能性,如中空及微孔分离性、离子交换性、反渗透性、高吸水性以及选择吸附性等;四是生物适应性,如防护性、抗菌性、芳香性、人工透析性、生物吸收性及生物相容性等。

功能纤维的生产主要有以下两种方法。

1. 化学改性法 通过共聚、接枝等一系列化学反应,合成具有附加功能的高聚物,然后经纺丝等后加工而获得功能性。

2. 物理改性法 在纤维加工过程中,通过添加具有附加功能的物质,或改变纤维的物理形态,或控制聚合物的层次结构等物理方法而赋予其特殊功能,如共混法、复合纺丝法、混纤复合法等。目前常见的一些功能性纺织品(如抗菌、远红外、抗紫外、变色等)大多采用在纤维制造过程中混入功能性添加剂或对织物表面改性和整理来获得功能性。

二、防护性功能纤维及纺织品

1. 阻燃纤维及纺织品 由纤维制品燃烧引起的火灾已成为现代社会中重大灾害之一,严重威胁着人类生命财产的安全。因此,世界各国对纤维及纺织品的阻燃研究十分重视。阻燃纤维和阻燃纺织品与普通纤维和纺织品相比可燃性显著降低,在燃烧过程中燃烧速率明显减缓,离开火源后能迅速自熄,且较少释放有毒烟雾。合成纤维阻燃纺织品可以通过使用阻燃纤维或通过织物阻燃整理来获得,而天然纤维的阻燃只能通过纤维、纱线或织物的阻燃整理来实现。阻燃纤维的生产方法有化学改性法和物理改性法。前者包括共聚、接枝阻燃单体,表面与阻燃剂反应;后者包括共混添加阻燃剂和表面涂敷阻燃剂。纤维、纱线或织物的阻燃整理可以通过喷雾、浸渍、浸轧或涂层等方式来实施。新型阻燃剂、纤维的燃烧及阻燃机理、阻燃整理工艺、阻燃性能测试方法和阻燃纺织品标准等方面的研究,是阻燃纤维及阻燃纺织品研究的主要内容。

2. 抗菌防臭纤维及纺织品 1955年,日本成功开发了抗菌功能纤维,它是在纤维母体树脂中加入Cu、Ag、Pb的金属元素或它们的化合物制得的,最常用的是金属银盐和铜盐,如硫酸铜和硝酸银是最常用的抗菌添加剂。金属或它们的盐类能破坏细菌细胞膜的代谢功能,导致细菌死亡,从而起到杀菌作用。近年来还开发了许多其他的无机、有机抗菌剂,通过共混、复合纺丝或后整理方式,赋予纤维及纺织品抗菌、防臭的性能。随着社会的发展,人们生活水平的提高,抗菌防臭纤维和纺织品大有发展前途。

3. 抗静电、导电纤维及纺织品 合成纤维及其织物容易产生静电,特别是在气候干燥的环境下,带电现象相当严重。目前解决抗静电问题的方法,主要采用在纤维内部混入吸湿性材料、引入亲水性基团或对织物进行吸湿性树脂整理,还可在织物中交织导电纤维。

导电纤维是利用纤维内的导电成分使纤维具有极强的抗静电性能。根据导电成分的不同,导电纤维的主要品种有金属纤维、碳纤维和有机导电纤维。导电成分在纤维中的分布状态,有均匀型、被覆型以及复合型。导电纤维的电阻率一般在$10^7\Omega\cdot cm$以下,因而显示出极强的抗静电性,其抗静电性不受环境湿度的影响,故导电纤维的抗静电作用是永久的。导电纤维主要用于对抗静电性能要求很高的防静电工作服或防静电织物。

4. 抗紫外线纤维及纺织品 抗紫外线织物是近几年来服装市场出现的一种功能性保健纺织品。它是将具有反射、衍射或吸收紫外线功能的无机超细颗粒或有机化合物添加于纤维中或对织物进行后整理,制得的纤维织物能够屏蔽紫外光,防止皮肤病和皮肤癌的发生。有机类抗紫外线添加剂以水杨酸酯、二苯甲酮、苯并三唑等类化合物为主,无机类抗紫外线添加剂以氧化锌和二氧化钛为主,它们能减少波长在$280\sim400nm$范围内的紫外光对人体的伤害。无机类添加剂的微粒在$0.2\mu m$时,对紫外线的反射、衍射能力最大。抗紫外线纤维和纺织品在户外纺织品和外衣服装领域具有良好的发展前景。

5. 电磁波屏蔽纤维及纺织品 随着手机、计算机及微波炉等办公、家用电器的普及,电磁波辐射的危害也日益突出。为保护人体不受或尽量减少电磁辐射的危害,可对电磁辐射源进行屏蔽,减少其辐射量;还可穿着有效的防电磁波辐射防护织物进行自我保护。电磁波辐射防护织物所用材料可分为导电型和导磁型两类:导电型材料是指当材料受到外界磁场作用时产生感应电流,这种感应电流产生与外界磁场反方向的磁场,从而与外界磁场相抵消,达到对外界电磁场的屏蔽作用;导磁型材料则是通过磁滞损耗和铁磁共振损耗而大量吸收电磁波的能量,并将电磁能转化为其他形式的能量,以达到吸收电磁辐射的目的。电磁辐射防护纤维和织物的制备方法有电镀法、涂层法、共混纺丝法、复合纺丝法。

三、保健功能纤维及纺织品

1. 医用功能纤维及纺织品 医用功能纤维及纺织品是生命科学与材料科学交叉的产物,是现代临床医学发展的重要物质基础。医用功能纤维和纺织品目前在以下几个方面得到不同程度的应用。

(1)外科移植用纺织品:人造血管、人造皮肤、人造骨、人造关节、人工心脏瓣膜、软组织修补、外科缝合线等。

(2)体外人工器官:人工心肺、人工肾、人工肝等。

(3)医用辅料:纱布、绷带、药棉、手术巾、手术服等。

医用功能纤维及纺织品除了具有一定的机械强度、化学稳定性、柔软性、坚韧性、密度小和易于加工成型等性能外,还必须具备生物相容性和生物降解性。

2. 磁性功能纤维及纺织品 磁性纤维是纤维状的磁性材料,它可以分为磁性纺织纤维和磁性非纺织纤维。磁性非纺织纤维在十几年前已有报道,如磁性合金纤维用于制造磁性复合材料、磁性涂层材料,磁性木质纤维素纤维用于制磁性纸等。磁性非纺织纤维制成的磁制品可在磁记录、记忆、电磁转换、屏蔽、防护、医疗和生物技术、分离纯化等诸方面应用。对于纺织品来说需要的是磁性纺织纤维。磁性纺织纤维是一种兼具纺织纤维特性和磁性的材料,它具有其他纺织纤维所没有的磁性,又具有一些以往其他磁性材料所没有的物理形态及性能,如柔软、富有弹性等,通过纺织加工可做成纱线、织物,或加工制成非织造布及各种形状的磁性医疗保健用品。

3. 远红外功能纤维及纺织品 在常温下具有远红外发射功能的陶瓷粉(二氧化钛、二氧化锡、氧化铝等)作为添加剂与聚酯、聚酰胺等切片共混,纺制成远红外功能纤维。远红外功能纤维织物具有优良的保健理疗、热效应、排湿透气和抑菌功能,它能吸收人体自身向外散发的热量,吸收并发射回人体最需要的$4 \sim 14 \mu m$波长的远红外线,促进血液循环并有保暖作用。理想的远红外织物具有良好的保温、抗菌和理疗功能。目前国内外开发的远红外纺织品主要有内衣、被子、垫子等。

四、其他功能纤维及纺织品

1. 拒水拒油纺织品 织物接触水或油类液体而不被水或油润湿,则称此织物具有拒水性或拒油性。织物具有一定的防水、防污、易去污或拒水拒油等功能,既可减少服装的洗涤次数,又能降低洗衣劳动强度和时间,对服装寿命、服装保洁和整体形象都是非常有益的。人类很早就能制造出防水服装抵御大自然的雨淋,譬如我国用桐油涂浸的油布可以做成雨伞、雨靴和衣服。另外,一些衣着用品如油田工作服、家庭用的纺织品、汽车椅套布、部分军用织物以及其他特殊用途的纺织品都需具有一定的拒水拒油性。目前对拒水拒油纺织品的要求是既具有出色的拒水拒油效果,又有良好的耐久性。

2. 防水透湿纺织品 防水透湿织物是集防水、透湿、防风和保暖性能于一体的功能织物,要求织物在一定的水压下不被水润湿,但人体散发的汗液蒸汽却能通过织物扩散传递到外界,不在体表和织物之间积聚冷凝。防水透湿织物的生产方法:一是采用微细合纤长丝进行高密度织造,并进行收缩处理,可达到一定的防水透气效果;二是涂层法,采用丙烯酸酯或聚氨酯作涂层剂,在织物表面涂覆一层防水透气的薄膜;三是将具有防水透湿功能的薄膜如聚四氟乙烯膜与织物复合。防水透湿织物可制造运动服、休闲服、雨衣、航海和水上作业服、消防服等,该类服装具有防雨、挡风、保暖、透湿、透气、轻便和舒适等功能,并能随着环境的改变而自动调节热量的散发。

3. 亲水性纤维及纺织品 亲水性纤维是指具有吸收液相水分和气相水分性质的纤维。随着细旦、超细旦复合纤维和改性合成纤维的研究不断发展,亲水性纤维的吸水速度、吸湿性以及轻量化、保湿性等性能不断提高。提高合成纤维的吸水、吸湿性能一直是功能纤维研究的重要内容之一。对疏水性纤维进行亲水改性的方法一般有化学法和物理法两种,前者主要是用纤维与亲水性物质反应制取吸水性纤维;后者则是对纤维进行物理处理,促进毛细现象,提高吸水性。高吸水性纤维目前主要用于运动服、内衣及毛巾、浴巾类。如日本的尤尼吉卡公司生产的亲水性纤维,其吸水透湿能力为棉纤维的1.6倍以上,用该纤维制成的纺织品表面总保持干燥的感觉。国内研制成功的高吸水聚酯纤维的保水率为20%,与棉纤维相似,吸湿率达到2%。

4. 离子交换纤维及纺织品 离子交换纤维的应用范围和重要性日益扩大,已广泛用于水的软化、金属的提炼回收、药品精制、疾病的诊断与治疗以及生物化学领域等。离子交换纤维是由具有离子交换基团的聚合物或共聚物经纺丝而成的纤维,也可通过对天然纤维和合成纤维进行化学改性或接枝共聚反应,使之带有$-SO_3H$、$-COO^-$等活性基团而具有离子交换性能。离子交换纤维具有交换速度快、再生能力强、流体阻力小、强度高和耐腐蚀等特点,它的实用价值在于它具有比粒状离子交换剂更大的比表面积。离子交换纤维在湿法冶金、环境保护、化工生产、卫生保健、天然产物的分离提取等领域的应用前景广阔。

5. 智能纤维及纺织品 目前利用智能纤维开发的智能纺织品主要有自动调色服装、自动调温服装、具有"知觉"的"智能T恤"及自适应防护服等。光致变色纤维和温感变色纤维可制成智能滑雪衫、夹克衫、短上衣、连衣裙和帽子等,它们能随着室内外光线和温度的变化而改变颜色。这种服装由于具有良好的光、热变色性和新颖性,深受消费者欢迎。具有自适应的调温服装,其温度能随人体和环境温度的变化而变化,能在不改变或较少改变穿载负荷的情况下保护身体。由塑料光纤和传导纤维编织而成的"智能T恤",可以协助医务人员监测病人心跳、体温、血压、呼吸等生理指标,也可被监测人员用来了解和掌握运动员、宇航员、飞行员的身体情况,还可制成婴儿睡衣,监测婴儿呼吸,防止婴儿在睡眠时因窒息死亡。美国已研制出一种新型智能防护衣,它在划破之后会自动发出报警信号,可以更好地保障在放射性、有毒环境中工作人员的安全。

☞ **思考题：**

　　1.纺织纤维是如何分类的？

　　2.功能纤维的含义是什么？

　　3.功能纤维如何分类？目前分为哪几类？

第二章　阻燃纤维及纺织品

本章学习要点:

1. 了解阻燃纤维及纺织品的分类及制造方法。

2. 了解各种纤维及纺织品的热裂解及阻燃机理。

3. 掌握各种纤维及纺织品的阻燃途径和具体工艺。

4. 熟悉阻燃纺织品的测试方法及标准。

据统计,英国火灾死亡人数每年约 1000 人,其中由纺织品引起的火灾约占一半。美国火灾死亡人数更多,每年约 8000 余人,受伤者达 15 万~25 万人,经济损失达 4 亿美元,其中床上用品、家具装饰用布和衣着用品是起火的主要原因。特别是建筑住宅火灾,纺织品着火蔓延所占的比例更大。纺织服装与人类直接接触,一旦燃烧,轻则部分皮肤烧伤,遭受痛苦,重则皮肤大面积烧焦烧伤,危及生命。另外,纺织品燃烧产生的有害气体也危害人的生命,如一氧化碳、二氧化碳、氰化氢、氧化氮、氨类和醛类气体等,都会造成人的窒息或毒害而死亡。因此,研究纺织品阻燃技术,开发各种阻燃纺织品,制定阻燃纺织品的法律法规等就成了人们研究的重要课题。

第一节　阻燃纺织品研究概况

一、纺织品阻燃的历史

阻燃技术的历史可以追溯到公元前。公元前 83 年,希腊人克劳迪亚斯(Claudius)在希腊港比雷埃夫斯(Piraeus)的围攻战中所用的木质碉堡是用矾溶液(铁和铝的硫酸复盐)处理的,目的是提高碉堡的阻燃性。这也许是阻燃技术在实践中的首次应用。1638 年,意大利剧院采用黏土和石膏作为油漆的阻燃添加剂,对剧院的幕布(大麻和亚麻制品)进行阻燃处理。1735 年,英国人怀尔德(Wyld)发表了一篇英国专利(专利号 551),内容是用明矾、硼砂、硫酸亚铁等混合物使纤维素纺织品和纸浆等阻燃。这是关于阻燃剂的第一篇专利。1736 年,阿弗尔德(Arfird)首次提出采用磷酸铵作为纤维素材料的阻燃整理剂。1820 年,盖—吕萨克(Gay—Lussac)发现磷酸铵、氯化铵、硼砂等无机化合物对纤维素的阻燃非常有效,上述化合物的混合体系可提高阻燃性。他的研究工作奠定了阻燃理论的基础。1913 年,化学家珀金(W. H. Perkin)验证了前人的工作,并提出了较耐久的织物阻燃整理技术。他将绒布先用锡酸钠浸渍,再用硫酸铵溶液处理,经水洗、干燥,使处理过程中生产的氧化锡阻燃剂进入纤维中。

从 20 世纪 30 年代开始,人们开发了棉纤维的反应型阻燃剂。这类阻燃剂能与纤维素纤维直接反应,或能在棉纤维上自身聚合。氧化锑、有机卤化物(如氯化石蜡)和树脂黏合剂混用,可使织物具有良好的耐久阻燃效果。第二次世界大战期间,利用此项技术制成的"四防"(FWWMR)❶帆布用于军队。盖—吕萨克和珀金对阻燃整理的研究成果及卤化物、氧化锑的应用被誉为纺织品阻燃技术的三个划时代的里程碑。

利特尔(R. W. Little)1947 年著的《阻燃纺织品》是第一部阻燃纺织品方面的著作。

1953 年,美国农业部用四羟甲基氯化膦对棉布进行耐久阻燃整理,接着英国、瑞士等国家对纤维素织物耐久性阻燃整理也进行了大量研究,开发了一些新型耐久阻燃剂。

20 世纪 60～70 年代,纺织品阻燃技术已达到相当的水平,天然纤维织物的阻燃技术已投入使用,并考虑到阻燃效果的耐久性。20 世纪 80 年代以后,阻燃纺织品的研究开发进入活跃时期,阻燃合成纤维的研究也非常活跃,已开发出多种阻燃效果持久、阻燃性能满足各种标准的阻燃纺织品并投放市场。在赋予纺织品阻燃性的同时,应考虑纺织品的色泽、白度及力学性能的保持。随着人们对纺织品要求的提高,应考虑阻燃纺织品的公害问题。

目前,世界各国对阻燃纺织品都制定了相应的法律和法规,阻燃性能测试方法及标准也日趋完善。

从可溶性的磷酸盐、硼酸盐、氯化物到较耐久的氧化锡、氧化锑—卤素化合物阻燃体系,再到四羟甲基氯化膦耐久阻燃整理剂,这些成果代表阻燃技术的重大发展。

二、纤维及纺织品阻燃技术的发展趋势

自 20 世纪 60～70 年代开始,纺织品阻燃技术发展很快,一些工业发达国家把阻燃剂广泛应用于工业,并开始制定各种防火法规和各种评价燃烧性能的标准。1971 年,美国对儿童睡衣、地毯、褥子及家具装饰布提出了各种阻燃法规。1973 年,美国正式规定,禁止在市场上出售按美国商业部 DOCFF 3—71《儿童睡衣的可燃性标准》测试不合格的产品。

关于阻燃理论的研究,1970 年以前,人们多是根据在应用研究过程中得到的部分和不完全的证据推测而进行的,所以,阻燃科学发展缓慢。近十年来,随着先进测试仪器的出现,使阻燃基础理论的研究不断深入,从而促进了阻燃科学的发展。

我国纺织品阻燃技术研究较欧美等国家起步较晚,20 世纪 50 年代初才正式开展这方面的研究。起初是研究纯棉织物不耐久阻燃整理技术,至 20 世纪 60 年代,研究出耐久的纯棉阻燃纺织品。随着科技的发展,纺织品阻燃的研究从纯棉发展到难度较大的混纺和合成纤维织物。20 世纪 70 年代,我国开发了用于混纺纤维和合成纤维的阻燃剂,这对织物阻燃整理技术的发展起到了推动作用。

今后纺织品阻燃整理技术的发展主要立足于以下几个方面:

---

❶ FWWMR 是 Fire,Water,Weather,Mildew Resistance 的缩写,即防火、防水、耐气候和防霉。

1. 新型阻燃剂　目前,适用于纺织品阻燃整理的阻燃剂品种还不多,而且现有的阻燃剂也已不能满足消费者对阻燃纺织品性能的要求,如阻燃剂的毒性、耐久性、特效性、甲醛问题等,因此新型阻燃剂的开发是今后阻燃技术研究的重点之一。

2. 纺织纤维的燃烧性能和阻燃理论　纺织纤维的燃烧性能还有待于深入研究,特别是新型纤维材料发展很快,合成纤维相对于天然纤维较易燃烧。有些阻燃纤维或阻燃织物燃烧时烟雾毒性较大。搞清楚阻燃剂的阻燃机理,对开发新型阻燃剂及制定阻燃整理工艺具有重要的指导意义。

3. 纺织品阻燃性能测试方法　目前,阻燃性能的评价方法还不尽完善,往往某种方法只考虑了燃烧性能的某个方面,如何全面评价材料的燃烧和阻燃性能,还需要深入研究。

4. 制定和完善纺织品的阻燃法规和标准　纺织品的用途和使用场合不同,阻燃性能要求不同,应分门别类制定和完善不同的阻燃法规和标准,以避免和减少火灾和伤亡事故。

第二节　阻燃纺织品分类及制造方法

一、阻燃纺织品的分类

所谓阻燃纺织品是指由阻燃纤维制成的纺织品或纺织品经过阻燃整理后,不同程度地降低了可燃性,在燃烧过程中能显著延缓其燃烧速率,并在离开火源后能迅速自熄,且较少释放有毒烟雾,从而具有不易燃烧性能的纺织品。

1. 按纤维燃烧特性分类　各种纤维材料由于化学结构的不同,其燃烧性能也不同。按纤维燃烧时引燃的难易程度、燃烧速度、自熄性等燃烧特性,可定性地将纤维分为阻燃纤维和非阻燃纤维。阻燃纤维包括不燃纤维和难燃纤维;非阻燃纤维包括可燃纤维和易燃纤维,如表 2-1 所示。

表 2-1　纺织纤维的燃烧性分类

分　　类		燃烧特性	限氧指数(%)	纤维种类
阻燃纤维	不燃纤维	明火不能点燃	>35	玻璃纤维、金属纤维、石棉纤维、碳纤维等
	难燃纤维	遇火能燃烧或炭化,离火自熄	26~34	氯纶、偏氯纶、芳纶、改性腈纶、酚醛纤维等
非阻燃纤维	可燃纤维		20~26	涤纶、锦纶、维纶、蚕丝、羊毛等
	易燃纤维		<20	棉、麻、黏胶纤维、丙纶、腈纶等

所谓限氧指数(Limiting Oxygen Index,简称氧指数),是指在规定的试验条件下,使材料恰好能保持燃烧状态所需氧氮混合气体中氧的最低浓度,用 LOI 表示:

$$LOI = \frac{[O_2]}{[O_2]+[N_2]} \times 100\%$$

2.按纺织品形式分类　纺织品阻燃有纤维阻燃和织物阻燃（即织物后整理）。合成纤维可以利用阻燃纤维进行纺纱、织造，也可在织物上施加阻燃整理剂来获得阻燃性；而天然纤维的织物只能通过阻燃整理来实现阻燃。

与阻燃纤维的生产相比，阻燃整理灵活性大，可根据产品最终使用要求来赋予织物阻燃性，并可与防水、抗菌、抗静电等其他整理结合进行多功能整理，工艺简单。当然，一些阻燃纤维如芳纶等的阻燃效果和耐久性是任何织物阻燃整理所不可比拟的。

3.按阻燃效果的耐洗程度分类　按此法通常将阻燃纺织品分为三类。

(1)暂时性阻燃纺织品。经水洗后即失去阻燃性能的阻燃纺织品。主要用于使用过程中不需要水洗的纺织品，如沙发布、电热毯面料等。

(2)半耐久性阻燃纺织品。阻燃效果能耐1～15次温和洗涤，如窗帘、幕布等。

(3)耐久性阻燃纺织品。阻燃效果能耐50～200次皂洗。这类阻燃纺织品应用范围广，如服用织物、床上用品等。

二、阻燃纤维及纺织品的制造方法

1.阻燃纤维的制造方法　赋予纤维阻燃性能的方法主要有提高成纤高聚物的热稳定性和纤维改性两种方式。

(1)提高成纤高聚物的热稳定性。提高成纤高聚物的热稳定性即提高热裂解温度，抑制可燃性气体的产生，增加炭化程度，从而使纤维不易燃烧。可有以下几种途径。

①通过在大分子链上引入芳环或芳杂环，增加分子链的刚性，提高大分子链的密集度和内聚力来增加纤维的热稳定性。如芳纶、酚醛纤维、聚苯并咪唑纤维等。这类纤维耐热性和阻燃性优良，但生产成本高，纤维刚性大，有的纤维颜色深，染色性能差，主要用于制作特种材料和工作服，不适于民用。将这类纤维与羊毛或其他阻燃纤维以合适的比例混纺或交织，可以获得综合性能优异的阻燃隔热织物，并可降低成本。

②通过纤维中线型大分子链间交联反应变成三维交联结构，从而阻止碳链断裂，成为不收缩不熔融的纤维。如酚醛纤维就是以热塑性的线型酚醛树脂为原料，添加少量聚酰胺作为成型载体，经熔融法纺丝，纤维再经甲醛在硫酸催化下交联制得。

③通过大分子中的氧、氮原子与金属离子螯合交联形成立体网状结构，提高热稳定性，促进纤维大分子受热后炭化，从而具有优异的阻燃性。金属离子的螯合度越高，所制得纤维的阻燃性能越好。

④将纤维在高温(200～300℃)空气氧化炉中处理一定时间，使纤维大分子发生氧化、环化、脱氢和炭化等反应，变成一种多共轭体系的梯形结构，从而具有耐高温性能。这种方法是随着碳纤维的发展而产生的。如聚丙烯腈氧化纤维就属此类。

(2)纤维改性。纤维改性有共聚法、共混法和纤维后处理法等。

①共聚法。在成纤聚合物的合成过程中，把含有磷、硫、卤素等阻燃元素的化合物作为共聚

单体(反应型阻燃剂)引入到大分子链中,经纺丝制成阻燃纤维。由于阻燃剂共聚在纤维大分子链上,故纤维的阻燃性能持久。但应注意的是,共聚纺丝后的纤维的力学性能、染色性和手感等应符合纺织纤维的要求。

②共混法。将阻燃剂加入纺丝熔体或浆液中进行纺丝,即成为阻燃纤维。共混法工艺简单,对纤维原有性能影响小。

③纤维后处理法。在高聚物成纤后,用高能射线或引发剂使纤维(或织物)与乙烯基形成的阻燃单体接枝共聚,或是用含有添加型阻燃剂的溶液处理湿法纺丝过程中的初生纤维,使阻燃剂渗入到纤维内部,从而使纤维(或织物)获得持久的阻燃性能。这种方法制得的阻燃纤维的耐久性虽不如原丝改性,但比织物阻燃整理方法好,且工艺简单,有时与纤维的着色相结合用于黏胶、腈纶和维纶等纤维的阻燃。

2. 织物阻燃整理　阻燃整理是通过化学键合、化学黏合、吸附沉积及分子间范德瓦耳斯力结合等作用,使阻燃剂固着在纤维或织物上,从而使织物获得阻燃性能的加工过程。

对比阻燃纤维的生产,阻燃整理可根据产品最终使用要求来赋予织物阻燃性和持久性,灵活性大,并可与防水、抗菌、抗静电等其他整理结合进行多功能整理,工艺简单。

第三节　纺织纤维的热裂解及阻燃机理

一、纺织纤维的热裂解

纤维的燃烧是由于遇到火源而发生裂解,产生的可燃性气体、固体含碳残渣等与空气中的氧接触而发生的。燃烧产生的大量热量又使纤维进一步裂解。因此,纤维、热、氧气是纤维燃烧的三个关键要素,见图2-1。

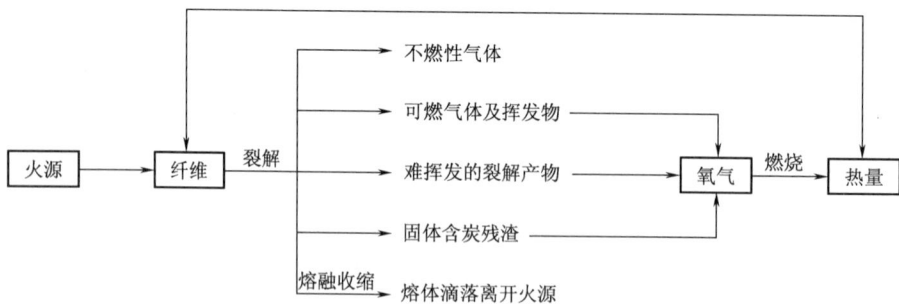

图2-1　纤维的燃烧过程示意图

纤维的化学组成、结构及物理状态的不同,其燃烧的难易程度不同。常见纤维的燃烧特性见表2-2。

表 2 – 2　常见纤维的燃烧特性

纤　维	着火点(℃)	火焰最高温度(℃)	发热量(J/kg)	限氧指数(%)
棉	400	860	15910	18
黏胶纤维	420	850	—	19
醋酯纤维	475	960	—	18
羊毛	600	941	19259	25
锦纶 6	530	875	27214	20
聚酯纤维	450	697	—	20～22
聚丙烯腈纤维	560	855	27214	18～22

二、纤维和纺织品的阻燃机理

所谓阻燃是指降低材料在火焰中的可燃性,减缓火焰蔓延速度,当火焰移去后材料能很快自熄,减少燃烧。从燃烧过程看,要达到阻燃目的,必须切断由可燃物、热和氧气三要素构成的燃烧循环。阻燃作用有物理的、化学的及两者结合作用等多种形式。根据现有的研究结果归纳如下:

1. 覆盖层作用　阻燃剂受热后,在纤维材料表面熔融形成玻璃状覆盖层,成为凝聚相和火焰之间的一个屏障,这样既可隔绝氧气,又可阻止可燃性气体的扩散,还可阻挡热传导和热辐射,减少反馈给纤维材料的热量,从而抑制热裂解和燃烧反应。例如硼砂—硼酸混合阻燃剂对纤维的阻燃机理可用此理论解释。在高温下硼酸可脱水、软化、熔融而形成不透气的玻璃层黏附于纤维表面:

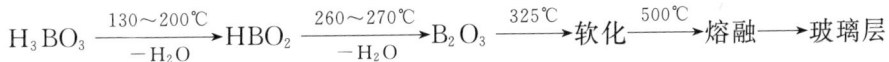

$$H_3BO_3 \xrightarrow[-H_2O]{130\sim200℃} HBO_2 \xrightarrow[-H_2O]{260\sim270℃} B_2O_3 \xrightarrow{325℃} 软化 \xrightarrow{500℃} 熔融 \longrightarrow 玻璃层$$

2. 气体稀释作用　阻燃剂吸热分解后释放出不燃性气体,如氮气、二氧化碳、氨、二氧化硫等,这些气体稀释了可燃性气体,或使燃烧过程供氧不足。另外,不燃性气体还有散热降温作用。

3. 吸热作用　某些热容量高的阻燃剂在高温下发生相变或脱水、脱卤化氢等吸热分解反应,降低了纤维材料表面和火焰区的温度,减慢热裂解反应的速度,抑制可燃性气体的生成。如三水合氧化铝分解时可释放出水,需要消耗大量的脱水热;水转变为气相,也需要吸收大量的热。

4. 熔滴作用　在阻燃剂的作用下,纤维材料发生解聚,熔融温度降低,增加了熔点和着火点之间的温差,使纤维材料在裂解之前软化、收缩、熔融,成为熔融液滴滴落,大部分热量被带走,从而中断了热反馈到纤维材料上的过程,最终中断了燃烧,使火焰自熄。涤纶的阻燃大多是以此方式实现的。

5. 提高热裂解温度　在纤维大分子中引入芳环或芳杂环,增加大分子链间的密集度和内聚力,提高纤维的耐热性;或通过大分子链交联环化、与金属离子螯合等方法,改变纤维分子结构,提高炭化程度,抑制热裂解,减少可燃性气体的产生。

6. 凝聚相阻燃　通过阻燃剂的作用,在凝聚相改变纤维大分子链的热裂解历程,促进发生脱水、缩合、环化、交联等反应,增加炭化残渣,减少可燃性气体的产生。凝聚相阻燃作用的效果,与阻燃剂同纤维在化学结构上的匹配与否有密切关系。如膦化合物对纤维素纤维的阻燃机理主要是这种方式。纤维素纤维在较低温度下裂解时,可能发生分子链1,4-苷键的断裂,继而残片发生分子重排,并首先生成左旋葡萄糖。左旋葡萄糖可通过脱水和缩聚作用形成焦油状物质,接着在高温的作用下又分解为可燃的有机物、气体和水。

　　一般认为磷酸盐及有机膦化合物的阻燃作用,是由于它可与纤维素大分子中的羟基(特别是第六位碳原子上的羟基)形成酯,阻止左旋葡萄糖的形成,并且进一步使纤维素分子脱水,生成不饱和双键,促进纤维素分子间形成交联,增加固体炭的形成。其他一些具有酸性或碱性的阻燃剂也有类似作用。脱水反应表示如下。

　　(1)酸催化脱水:

$$H^+ + (H\overset{..}{\underset{..}{O}} - FR)^- \longrightarrow H_2O + FR$$

　　(2)碱催化脱水:

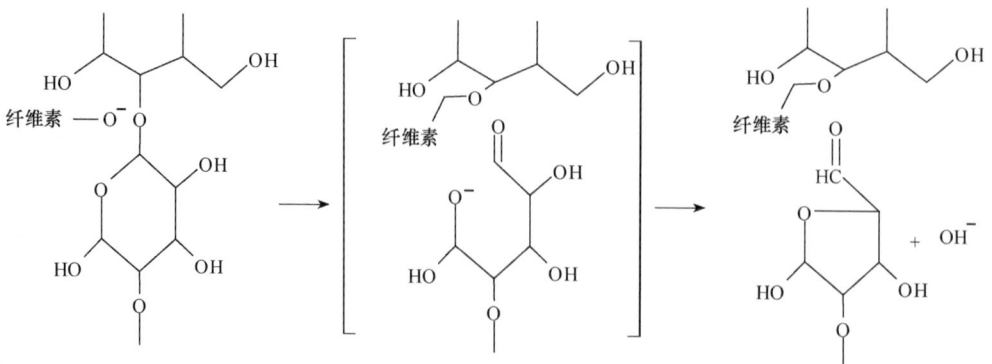

7. 气相阻燃 阻燃剂的热裂解产物在火焰区大量地捕捉高能量的羟基自由基和氢自由基,从而抑制或中断燃烧的连锁反应,在气相发挥阻燃作用。气相阻燃作用对纤维的化学结构不敏感。

纤维在热分解过程中产生可燃性气体,通过下列反应释放出大量的热,使火焰蔓延。

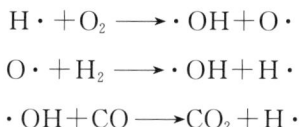

$$H \cdot + O_2 \longrightarrow \cdot OH + O \cdot$$
$$O \cdot + H_2 \longrightarrow \cdot OH + H \cdot$$
$$\cdot OH + CO \longrightarrow CO_2 + H \cdot$$

含卤素阻燃剂(MX)在高温下释放出卤原子和卤化氢,按下列反应消除自由基,抑制放热反应,产生阻燃作用。

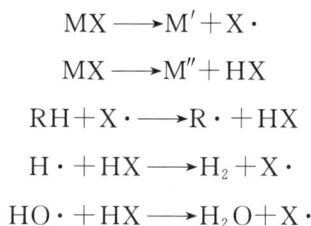

$$MX \longrightarrow M' + X \cdot$$
$$MX \longrightarrow M'' + HX$$
$$RH + X \cdot \longrightarrow R \cdot + HX$$
$$H \cdot + HX \longrightarrow H_2 + X \cdot$$
$$HO \cdot + HX \longrightarrow H_2O + X \cdot$$

其中:M'、M''分别为阻燃剂分子中失去$X \cdot$和HX后的残留部分;RH为可燃性气体;$R \cdot$活泼性较低。

在实际应用中,由于纤维的分子结构及阻燃剂种类的不同,阻燃作用十分复杂,并不限于上述几个方面。在某个阻燃体系中,可能是某种机理为主,也可能是多种作用的共同效果。

8. 阻燃协同效应 不同的阻燃元素或阻燃剂之间,往往会产生阻燃协同效应。阻燃协同效应有两种不同的概念,一种是多种阻燃元素或阻燃剂共同作用的效果比单独用一种阻燃元素或阻燃剂效果强得多;另一种是在阻燃体系种添加非阻燃剂可以增强阻燃能力。如P—N协同效应、卤—锑协同效应等。例如,尿素及酰胺化合物本身并不显示阻燃能力,但当它们和含磷阻燃剂一起使用时,却可明显地增强阻燃效果。

(1)磷—氮协同效应。含磷阻燃剂与脲、胍、双氰胺及含氮交联剂等一起使用有显著的协同效应。含氮化合物的加入可减少含磷阻燃剂的用量,提高阻燃效果,有些还可使含磷阻燃剂更牢固地与纤维织物结合,从而提高了阻燃效果的耐久性。

磷—氮协同效应不是任何特定的磷、氮比例的函数,但含磷量成一固定的比例时,增加含氮化合物的量可有规律地改善阻燃性能。常用的纤维素纤维织物阻燃剂大多含有磷、氮两种元素或组分。图2-2为用Pyrovatex CP阻燃剂、以三羟甲基三聚氰胺(TMM)为交联剂整理棉织物时,限氧指数与磷、氮含量的关系。

并不是所有的磷—氮体系都会产生协同作用,磷—氮协同效应对磷系阻燃剂和含氮化合物的匹配具有选择性。配合不当有时会导致负作用。例如,在用THPOH阻燃剂处理棉织物时,若添加尿素,则反而要增加 THPOH 的用量;而用 Pyrovatex CP 为阻燃剂时,添加尿素则具有协同效应。

对于纤维素纤维上的磷—氮协同效应机理,现有以下几种解释。

①氮原子的存在,有利于磷系阻燃剂分解生成聚磷酸,而聚磷酸对纤维素的磷酰化和催化脱水作用比磷酸好,它形成的粘流层有绝热和隔绝空气的效果。

②含氮组分与磷酸相结合,在火焰中有吹胀作用,可使纤维素纤维发生膨化,形成焦炭。

③氮与磷首先形成磷酰胺类结构,然后生成 P≡N 键,增加了与纤维素伯羟基发生磷酰化反应的能力,抑制了左旋葡萄糖的生成。

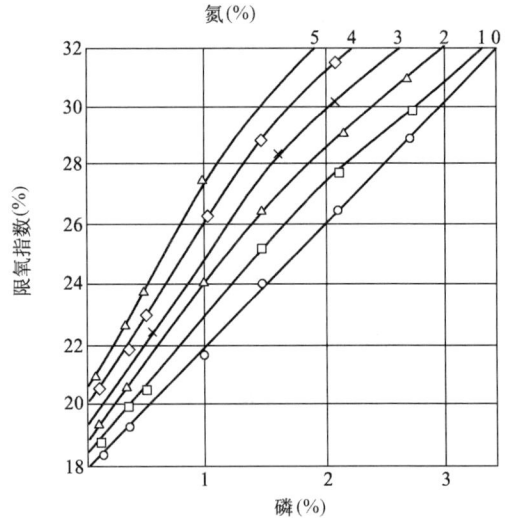

图 2-2 Pyrovatex CP/TMM 处理棉织物的限氧指数与磷、氮含量的关系

(2)磷—卤协同效应。制造阻燃纤维或织物阻燃整理时有时用含有磷、卤素两种阻燃元素的阻燃剂或用含磷阻燃剂和卤素阻燃剂复配,这种磷—卤阻燃体系在有些纤维材料中通常只有简单的加和作用,不一定存在协同效应。至今还没有足够的实验证据来充分证明磷—卤协同效应机理,也未发现最佳的磷、卤配比。

一般认为磷在凝聚相抑制裂解反应,卤素在气相抑制燃烧反应。而两者并用,则在固、气两相中发挥阻燃作用,从而提高了阻燃效果。至于它们是加和作用还是协效作用还不十分明确。也有人认为磷卤并用时,卤素化合物受热分解出的卤化氢与磷化物作用生成卤化磷和卤氧化物(PX_3、PX_5 和 POX_3)等,这些化合物的挥发性比卤化氢小,密度大,在火焰区停留时间长,笼罩在纤维材料周围可隔绝空气,捕捉高能的羟基自由基和氢自由基,抑制火焰蔓延。

(3)卤—锑协同效应。锑的氧化物是卤系阻燃剂的优良协效剂。它本身并没有阻燃性,当与卤系阻燃剂共用时可减少卤系阻燃剂用量,提高材料的阻燃性能。锑的氧化物常用的有 Sb_2O_3、Sb_2O_4 和 Sb_2O_5 等,其中 Sb_2O_3 使用最多。

通过对卤—锑阻燃体系阻燃作用机理的研究,一般认为主要是卤素与锑在固相中反应生成挥发性的三卤化锑,然后在气相发挥阻燃作用。对于卤—锑阻燃体系,当锑与卤的摩尔比为1∶3时,即按质量计 Cl/Sb 为 0.9/1、Br/Sb 为 2/1 时,阻燃效果最佳,此比例恰好与 SbX_3 分子式中的原子个数比一致。

卤—锑阻燃体系除了能抑制气相燃烧外,在某些纤维材料如纤维素纤维中,还能通过脱水、脱氢,增加炭的生成量,在凝聚相发挥阻燃作用。这两种阻燃作用究竟何种占优势,不仅取决于卤素与锑的原子个数比,而且也取决于纤维分子结构和燃烧条件。卤素阻燃体系对减少纤维素纤维的阴燃并不十分有效。

除上述各种阻燃体系的协同效应外,磷—硫阻燃体系在含氧纤维上的协效作用已引起人们的注意。已有一些工业化的阻燃纤维采用的阻燃剂和阻燃体系中,同时含有磷和硫两种阻燃元素。如 Lenzing 阻燃黏胶纤维所用的阻燃剂 Sandoflam5060 以及 Heim 阻燃涤纶所用的阻燃剂对苯二砜苯基膦酸酯低聚物等。

三、纤维素纤维的热裂解和阻燃机理

1. 纤维素纤维的裂解过程和产物　纤维素纤维是碳水化合物,受热不熔融,遇火后燃烧较快,图 2-3 为纤维素纤维的燃烧裂解过程。

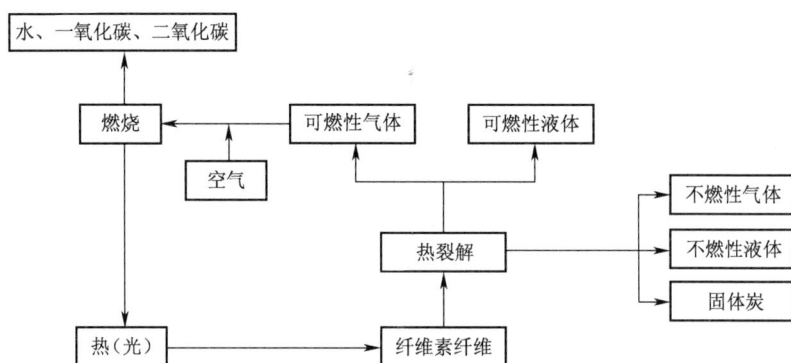

图 2-3　纤维素纤维的燃烧裂解过程

纤维素纤维受热后发生裂解,产物有固态物质、液态物质和气态物质,其中可燃性液态物质和气态物质着火燃烧,并产生热和光,使燃烧过程继续进行。

纤维的燃烧可分为有焰燃烧和无焰燃烧(阴燃),有焰燃烧主要是纤维素热裂解时产生的可燃性气体或挥发性液体的燃烧,而阴燃则是固体残渣(主要是炭)的氧化,有焰燃烧所需温度比阴燃要低得多。纤维素的裂解是纤维燃烧的最重要的环节,因为裂解将产生大量的裂解产物,其中可燃性气体和挥发性液体将作为有焰燃烧的燃料,燃烧后产生大量的热,又作用于纤维使其继续裂解,使裂解反应循环下去。

纤维素的裂解是个相当复杂的过程,其中涉及许多物理、化学变化。一般认为纤维素纤维的裂解反应分为两个方向,一个方向是纤维素脱水炭化,产生水、二氧化碳和固体残渣;另一个方向是纤维素通过解聚生成不挥发性的液体左旋葡萄糖,左旋葡萄糖进一步裂解,产生低分子量的裂解产物,并形成二次焦炭。在氧的存在下,左旋葡萄糖的裂解产物发生氧化,燃烧产生大量的热,又引起更多纤维素分子发生裂解。这两个反应相互竞争,始终存在于纤维素裂解的整个过程中。

纤维素纤维的热裂解过程可以分为初始裂解、主要裂解和残渣裂解三个阶段,各裂解阶段的裂解温度、裂解速率及残渣量均可通过测试纤维的 DSC、TG 和 TMA 谱图得到。

　　温度低于370℃的裂解属于初始裂解阶段,这个阶段是纤维素纤维裂解的开始,主要表现为纤维物理性能的变化及少量失重。纤维素纤维的初始裂解阶段主要与纤维素纤维中的无定形部分有关。温度在370~431℃的裂解属于主要裂解阶段,这一阶段失重速率很快,失重量很大。裂解的大部分产物是在这一阶段产生的,左旋葡萄糖是主要中间裂解产物,再由它分解成各种可燃性气体产物。纤维素纤维的主要裂解阶段发生在纤维的结晶区。温度高于430℃时纤维素纤维的裂解属于残渣裂解阶段。在纤维素的裂解过程中,脱水、炭化反应与生成左旋葡萄糖的裂解反应始终相互竞争,存在于整个裂解过程中,到了残渣裂解阶段后,脱水、炭化裂解反应的方向更加明显,纤维素燃烧残渣继续脱水、脱羧,放出水和二氧化碳等,并进行重排反应,形成双键、羰基和羧基产物,残渣中炭含量越来越高。

　　纤维素纤维的裂解产物,大部分是燃烧的燃料。笔者研究了纤维素纤维的热裂解产物,推测棉纤维的裂解产物有43种,大部分为醇、醛、酮、呋喃、苯环、酯、醚类易燃性物质。表2-3、表2-4是用PY—GC—MS气质联用仪研究阻燃及未阻燃棉织物的裂解产物的测试结果。

表2-3　阻燃及未阻燃棉织物的裂解产物种类及相对含量

裂解产物	未阻燃棉织物		阻燃棉织物	
	峰　数	峰面积(%)	峰　数	峰面积(%)
H_2O、CO_2、CO	2	49.81	2	57.03
醇类化合物	5	17.44	1	—
醛类化合物	2	1.24	—	—
酮类化合物	13	8.99	6	4.77
呋喃类化合物	11	5.65	13	14.91
苯类化合物	1	—	—	—
酯类化合物	2	0.58	1	5.44
醚类化合物	5	4.83	3	4.03
核葡聚糖	1	5.02	1	10.65
含氮化合物	—	—	1	1.05
未知物质	—	6.44	—	1.85

表2-4　PY—GC—MS检测到的可燃性产物

产物种类	未阻燃棉织物(%)	阻燃棉织物(%)
$CH_3CH_2CH_2OH$	17.1	—
$HC≡CCH_2CH_2CH_2OH$	0.13	—
$\begin{array}{c} CHO \\ \vert \\ CH_3CH_2CHCH_2OH \end{array}$	0.21	—

产物种类	未阻燃棉织物（%）	阻燃棉织物（%）
CH_3CH_2CHO	0.96	—
$CH_3CH_2CH_2CH_2CHO$	0.28	—
$CH_3\overset{O}{\underset{\|}{C}}CH_2OH$	4.18+0.49	—
$CH_3CH_2\overset{O}{\underset{\|}{C}}CH\!=\!CH_2$	1.15	—
$CH_3\overset{O}{\underset{\|}{C}}CH_2CH_3$	0.58	4.24+0.17
$H_2C\!=\!\underset{CH_3}{\overset{O}{\underset{\|}{C}}}CH_2CH_3$	0.16	—
$CH_3CH_2\overset{O}{\underset{\|}{C}}CH_2CH_2CH_2CH_3$	1.39	—
环己酮	0.70	—
（a）／（b）	0.34(a)	0.32(b)
（环戊烯二酮结构）	—	0.36
（2-甲基-2,3-二氢呋喃）	0.33	—
（2-甲基呋喃结构）	0.53	0.33
（糠醇 CH_2OH）	—	3.47
（a）／（b）	0.18(a)	0.30(b)
（糠醛 CHO）	0.86	2.57

产物种类	未阻燃棉织物(%)	阻燃棉织物(%)
H_3C—(呋喃)—CHO（5-甲基糠醛）	0.52	2.10
（呋喃）—COCH$_3$（2-乙酰基呋喃）	—	0.21
(a) H_3C—(二氢呋喃,HO)—CH$_3$; (b) H_3C—(二氢呋喃)—CH$_3$,CH$_3$	0.02(a)	0.56(b)
（呋喃）—COOCH$_3$（呋喃甲酸甲酯）	—	0.57
HOH_2C—(呋喃)—CHO（5-羟甲基糠醛）	2.99	4.20
$CH_3CH{=}CHCOCH_2CH_3$	0.58	5.44
$H_3C{-}\overset{O}{C}{-}\overset{O}{C}{-}OCH_3$	1.72	—
（3,4-二氢-2H-吡喃）	0.16	—
$CH_3CH_2{-}O{-}CH{=}CH_2$	0.16	—
(a) （2-甲基四氢吡喃-4-酮）; (b) HO—(吡喃酮)—OH,CH$_3$	0.52(a)	0.45(b)
(a) CH_2CH_3（2-乙基-4-甲基-1,3-二氧戊环）; (b) $CH{=}CH_2$（2-乙烯基-4-甲基-1,3-二氧戊环）	2.27(a)	3.58(b)
（左旋葡聚糖，三羟基桥环结构，OH×3）	5.02	10.65

2. 纤维素纤维的阻燃机理 对于纤维素纤维来说,所用的阻燃剂大多是含磷化合物。受热时含磷化合物首先分解释出磷酸,受强热时磷酸聚合成聚磷酸,它们都是脱水催化剂,使纤维素脱去水留下焦炭。磷酸和聚磷酸也可使纤维素磷酰化,特别是在有含氮物质存在的情况下更易进行。纤维素磷酰化(主要是纤维素中的羟甲基上发生酯化反应)后,使吡喃环易破裂,进行脱水反应。形成的焦炭层起着隔绝内部聚合物与氧接触的作用,使燃烧窒息;同时焦炭层导热性差,使聚合物与外界热源隔绝,减缓热分解反应;脱出来的水分能吸收大量潜热,使温度降低。这是磷化物的凝聚相阻燃机理。

磷化物在气相也有阻燃作用。阻燃纤维素裂解后的产物中含 PO·自由基,同时火焰中氢自由基浓度大大降低,表明 PO·捕获 H·。

与棉纤维相比,阻燃棉纤维的裂解产物大大减少,只有 28 种,显然,阻燃剂对可燃性裂解产物的生成有抑制作用。

黏胶等再生纤维素纤维的燃烧性能及阻燃机理与棉类似。

四、蛋白质纤维的燃烧及阻燃机理

羊毛、蚕丝及其他动物毛纤维大分子中含有碳、氢、氮和硫等元素,氮和硫是阻燃元素,因此相对于纤维素纤维来说,蛋白质纤维不易燃烧。但由于含有氮元素,燃烧后的气体中含有氢氰酸,毒性大。

目前蛋白质纤维特别是羊毛纤维的阻燃主要是用钛、锆、钨等的络合物处理。有关钛、锆络合物对羊毛的阻燃机理还不很清楚。所用的络合物主要是氟锆酸钾或氟钛酸钾,受热时,氟化物逐步分解,温度至300℃时产生的 $ZrOF_2$ 和 $TiOF_2$ 均为微粒,本身不能燃烧,它覆盖在羊毛纤维表面,阻止空气中氧气的充分供应,同时阻止可燃性裂解气体的逸出,从而起到阻燃作用。

五、合成纤维的燃烧及阻燃机理

合成纤维种类很多,燃烧性能不尽相同。涤纶受热分解时产生大量的可燃性物质、热和烟雾。在受热初期,分子内通过链端的—OH 进攻分子链中的 C=O或通过交联生成环状低聚物,经过分子内 $\beta-H$ 转移过程生成羧酸和乙烯基酯,生成的对苯二甲酸通过脱羧生成苯甲酸、酸酐和二氧化碳或者苯等,乙烯基酯分子链之间发生经过聚合反应和链脱离过程生成环烯状交联结构,同时还可以经过进一步的降解直接生成小分子的酮类物质、一氧化碳、乙醛、酸酐等,依然可能产生活泼的自由基。

腈纶属易燃纤维,受热容易燃烧。腈纶的燃烧是一个循环过程,在低温下发生环化分解产生梯形结构的杂环化合物,这些化合物在高温下发生裂解,产生·OH 和 H·自由基,自由基进一步引发断链反应,并放出可燃性挥发气体,这些气体在氧的作用下着火燃烧,生成含 HCN、CO、NH_3 等有毒烟雾。燃烧时放出的热量,除了部分散发外,还会进一步加剧纤维的裂解,从而使燃烧过程得以循环和继续。

　　锦纶遇火燃烧比较缓慢,纤维强烈收缩,容易熔融滴落,而且燃烧过程容易自熄。这主要是锦纶的熔融温度与着火点温度相差较大的缘故。但锦纶熔融滴落,这容易引起火在其他易燃材料上蔓延,从而引起更大的危害。由于其熔融温度较低,熔融后黏度较小,燃烧过程中生成的热量足以使纤维熔融,因此锦纶比许多天然纤维容易点燃。虽然锦纶燃烧收缩,熔融滴落而具有自熄灭的性质,但当其与其他非热塑性纤维混纺或交织时,由于非热塑性纤维起到"支架"作用,锦纶更易燃烧。涤纶也是这种情况。

　　锦纶大分子主链上含有氧、氮等杂原子,热分解时由于不同键的断裂形成各种产物,裂解比较复杂。真空条件下,锦纶在 300℃ 以上裂解主要生成非挥发性产物和部分挥发性产物,挥发性产物主要为 CO_2、CO、H_2O、C_2H_5OH、　　　　　、　　　　　、NH_3 及其他脂肪族、芳香族饱和、不饱和化合物等。

　　丙纶属于易燃性纤维,燃烧时不易炭化,全部分解为可燃性气体,气体燃烧释放出大量热量,促使燃烧反应迅速进行。

　　合成纤维种类不同,其阻燃机理也有所不同。涤纶织物大多用卤素类和磷系阻燃剂。卤素类阻燃剂主要是通过阻燃剂受热分解,生成卤化氢等含卤素气体,一方面在气相中捕获活泼的自由基,另一方面由于含卤素的气体的密度比较大,能覆盖在燃烧物表面,一定程度上起到隔绝氧气与燃烧区域接触的作用。溴类阻燃剂的阻燃作用比氯类明显。锑类化合物与卤素有阻燃协效作用。磷系阻燃剂对含碳、氧元素的合成纤维具有良好的阻燃效果,它们通过促进聚合物成炭,减少可燃性气体的生成量,从而在凝聚相起到阻燃作用。经磷系阻燃剂改性的涤纶燃烧时,表面生成的无定形炭能够有效地隔绝与氧气以及热量的接触,同时磷酸类物质分解吸收热量,也在一定程度上抑制了聚酯的降解反应。腈纶的阻燃也大多是利用磷和卤素作为主要阻燃成分,其阻燃作用与应用在涤纶上类似。锦纶的阻燃也主要是通过两种机理进行,一是凝聚相阻燃,通过促进聚酰胺燃烧向生成更多炭的方向进行,降低可燃性气体的生成;二是通过气相自由基捕获机理,阻燃剂分解后与空气中的氧结合,减少活泼自由基的生成,达到阻燃目的。丙纶的气相阻燃主要是通过卤素阻燃体系及协效体系来抑制气态的燃烧反应,凝聚相阻燃作用在丙纶上应用较少,因聚丙烯受热分解不易炭化,全部生成可燃性气体。

第四节　阻燃剂

　　要生产出理想的阻燃纤维和阻燃纺织品,对阻燃剂有如下要求。

　　(1)对纤维或纺织品有显著的阻燃作用,纤维和织物的阻燃性能应达到各类阻燃标准的要求。

　　(2)要有良好的阻燃耐久性,包括耐水洗、耐干洗、耐气候性等。

(3)不影响或较少影响纤维和织物的色泽、外观、手感和其他力学性能。

(4)无毒、无刺激性,有生物可降解性,燃烧后发烟量少,烟雾无毒性。

(5)纤维用阻燃剂应有较高的热分解温度。

(6)价格低廉,应用工艺简单。

阻燃剂种类繁多,其化学结构及使用方法也各有不同。最常使用的阻燃剂是以元素周期表中第ⅢA的硼和铝;第ⅤA的氮、磷、锑等;第ⅥA中的硫;第ⅦA的氟、氯、溴等为基础的化合物。此外,锌、钡、镁、钛、锡、铁、锆、钼等金属化合物也可作为阻燃剂,但在实际应用中,主要是以磷和溴为阻燃元素的化合物。

按化合物的类型来分,阻燃剂可分为无机阻燃剂和有机阻燃剂两大类。

一、无机阻燃剂

无机阻燃剂具有热稳定性好、不挥发、发烟少、不产生有毒和腐蚀性气体、价格低廉等特点,受到世界各国的普遍重视。目前,无机阻燃剂的消费量占阻燃剂总消费量的60%以上。我国无机阻燃剂资源丰富,在世界上占重要地位。

无机阻燃剂按阻燃性能分为单独使用就有阻燃效果的独效阻燃剂;与卤素等阻燃剂并用产生协同效应的阻燃协效剂;与阻燃协效剂配用的辅助阻燃剂以及需要大量填充才能产生阻燃效果的阻燃填充剂。主要有氢氧化铝、氢氧化镁、氧化锑、氧化锌、硼化物和含磷化合物等,如下所示。

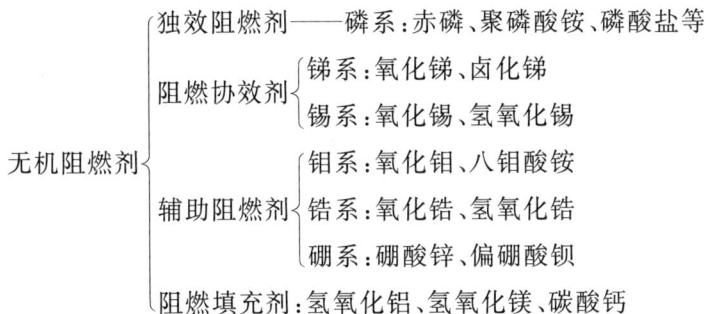

$$
无机阻燃剂
\begin{cases}
独效阻燃剂——磷系:赤磷、聚磷酸铵、磷酸盐等 \\[2pt]
阻燃协效剂
\begin{cases}
锑系:氧化锑、卤化锑 \\
锡系:氧化锡、氢氧化锡
\end{cases} \\[6pt]
辅助阻燃剂
\begin{cases}
钼系:氧化钼、八钼酸铵 \\
锆系:氧化锆、氢氧化锆 \\
硼系:硼酸锌、偏硼酸钡
\end{cases} \\[8pt]
阻燃填充剂:氢氧化铝、氢氧化镁、碳酸钙
\end{cases}
$$

无机阻燃剂处理纺织品所获得的阻燃效果往往不耐水洗,某些装饰织物如贴墙布、幕布、电褥套及某些非织造布可以使用无机阻燃剂。目前,纺织品用无机阻燃剂主要有含磷化合物,如赤磷、磷酸、磷酸二氢铵、磷酸氢二铵、五氧化二锑、硼砂、硼酸等。近些年,纳米无机阻燃剂应用于纤维和纺织品阻燃方面的研究非常活跃。

二、有机阻燃剂

有机阻燃剂按所含的阻燃元素可分为磷系、卤系(氯系和溴系)、硫系、硼系等。卤系阻燃剂品种多、应用范围广,其结构几乎全部是烃的卤素衍生物。按烃基结构可分为脂肪族、脂环族和芳香族三类,其中芳香族卤系阻燃剂产量最大,用量最多;按阻燃元素可分为氯系、溴系等类,其中溴系阻燃剂最为重要。卤系阻燃剂在应用时,常与氧化锑并用以产生协同效应,提高阻燃效果。用于纺织品阻燃整理的有机阻燃剂主要为磷系阻燃剂。卤系阻燃剂在燃烧过程中会产生HCl、HBr等刺激性有毒气体,欧盟已禁止使用。用于纤维素纤维的四羟甲基氯化膦(THPC)、N-羟甲基-3-二甲氧基磷酰基丙酰胺(Pyrovatex CP);用于涤纶的环膦酸酯(Antiblaze 19T);用于涤棉混纺织物的乙烯基膦酸酯低聚物(Fyrol 76)等均为磷系阻燃剂。用于纤维和纺织品阻燃的有机硼阻燃剂将是今后开发的热点之一。

第五节　阻燃纤维的生产

一、阻燃涤纶

涤纶是一种熔融性的可燃纤维,在火源的作用下先发生软化,继而熔融收缩形成液滴而离开火源。在达到纤维着火点之前,热量主要消耗在熔融过程中。可以认为,纤维的软化点和熔点越低,熔点与着火点相差越大,就越难着火。由于涤纶的熔融作用较强,燃烧热较小,故燃烧速度较缓慢。涤纶燃烧的发烟量中等,烟气的毒性较低。

阻燃涤纶的制造方法主要有共聚阻燃改性和共混阻燃改性。涤纶的共聚阻燃改性是在聚酯的合成过程中添加具有反应性基团、能与对苯二甲酸和乙二醇发生共聚反应的磷系或溴系阻燃单体。应用磷系阻燃单体制备的阻燃纤维往往耐水解性较差,在纺丝及染色过程中聚合物的黏度会降低;而用溴系阻燃单体制备的阻燃纤维的耐热性和耐光性较差。共混阻燃改性是将阻燃剂添加到纺丝熔体中,阻燃剂粒度的大小和在熔体中分散的均匀性将是影响纺丝和阻燃效果的关键。

1. 共聚阻燃改性　常用的阻燃共聚单体主要有磷酸酯、苯基磷酸衍生物、溴代芳香族二元酸、四溴双酚 A 及其羟烷基衍生物等。

四溴双酚 A 羟乙基醚(TBA—EO)是一种较为典型的溴系阻燃共聚单体,与对苯二甲酸二甲酯(DMT)和乙二醇(EG)通过酯交换和缩聚反应可制得阻燃聚酯,其制备工艺过程与普通聚酯基本相同,但由于 TBA—EO 的热分解温度为 250℃,而通常的缩聚温度在 265℃以上,温度高将会使溴脱落,树脂颜色变深,黏度降低并影响阻燃效果,故必须控制预缩聚温度在 250℃以下。一般先在 245℃低真空反应 1h,从低真空转入高真空阶段仍保持此温度反应 2h,此时TBA—EO 已结合到分子链中成为预聚体,再升高温度至 265℃,在高真空下进行后缩聚,就可得到色泽和黏度较为理想的阻燃聚酯。在反应过程中,加入 TBA—EO 会降低体系黏度,共聚酯的熔点也会降低。一般当 TBA—EO 添加量为 12%时,特性黏度要比普通聚酯降低 9%～20%,故要很好地控制阻燃单体的加入量,同时要保证阻燃效果。采用 TBA—EO 共聚单体制备阻燃涤纶长丝及短纤维,其纺丝与后拉伸的工艺条件可作相应调整。如纺丝螺杆各区温度应比常规纺丝低 10～15℃,箱体温度低 10℃左右,这样可使纺丝卷绕保持正常,减少断头。拉伸时需适当改变拉伸温度和降低拉伸倍率。例如纺制短纤维时,将拉伸温度从原来的 65～70℃ 提高至 75～80℃,总拉伸倍率控制在 3.9 倍左右,这样能使后拉伸工序保持正常,不产生毛丝。制得的阻燃涤纶短纤维除强度低于常规涤纶外,其他物理指标基本上与常规涤纶相近。含溴—苯环结构的阻燃剂对紫外线比较敏感,所得到的阻燃聚酯纤维在色泽、稳定性等方面往往不能令人满意。

为了改进溴类阻燃剂的各种缺点,目前常采用的是磷系共聚型阻燃剂。磷系阻燃剂对聚酯纤维有良好的阻燃效果,且燃烧过程中没有有毒气体生成,属于环境友好阻燃体系。有人采用苯基化合物、不饱和羧酸及催化剂合成的羧酸烷基磷酸作为阻燃共聚单体来生产阻燃涤纶。阻燃聚酯的合成工艺(以 DMT 法为例)如下。

(1)酯交换反应。将 DMT、EG 及酯交换催化剂一起加入反应釜中,温度控制在 200～220℃,当反应釜反应馏分甲醇达到理论量的 95% 以上时结束。

(2)阻燃剂预处理。将一定量的上述阻燃共聚单体与 3～4 倍的 EG 混合,温度升高至 110℃左右,抽真空,使阻燃剂与 EG 预反应。

(3)缩聚反应。升高反应釜温度至 230℃,加入缩聚催化剂及预处理的阻燃剂,搅拌 30min 后继续升温至 240℃,抽低真空,保持 40min 左右,升高温度至 250℃以上,抽高真空,真空度小于 50Pa。控制反应釜温度在 275℃以下,聚合完毕后出料。

生产的阻燃涤纶切片与普通切片相比,熔点略低,二甘醇及端羧酸含量略高。

采用二部位高速纺 POY 实验机、FK6M—700 型牵引加捻机,生产阻燃涤纶低弹丝,流程如下:

阻燃切片→筛选气送→湿切片储罐→干燥→螺杆熔融挤出→熔体过滤→纺丝箱体→冷却成型→高速卷绕→POY→平衡→牵伸→加捻→检验成品

生产的阻燃涤纶的热性能、力学性能均较好。阻燃共聚单体的加入对涤纶的结晶性能有一定影响,降低了晶格间的结合力及取向度,从而可以提高纤维的染色性能。

2.共混阻燃改性　共混法的工艺要求比共聚法应低,故在聚酯纤维的阻燃改性中应用较多。要求添加的阻燃剂在纺丝温度下不分解、不升华;与聚酯熔体有良好的相容性,对熔体的黏度和流动性无不良影响;阻燃剂的粒径应在 1μm 以下,最好小于 0.5μm。阻燃剂粒度大将影响纤维的强度,并在纺丝和拉伸过程中产生断头。

添加的阻燃剂主要有磷系和溴系,磷系阻燃剂主要有氧化叔膦、磷酸酯和膦酸酯,应用时为了减少高温时的挥发性,常采用相对分子质量较高的膦酸酯低聚物,如对苯撑基苯基膦酸酯、聚对二苯砜苯基膦酸酯等。溴系阻燃剂一般选用耐热性好、挥发性小、含溴量高的芳香族溴化物,如溴代联苯、溴代二苯醚、溴代二苯胺等。阻燃剂的添加共混方式也非常重要,如可采用纺丝前共混、缩聚开始时共混、缩聚结束临出料前共混等。若将阻燃剂简单地在纺前与聚酯切片混合,会造成在纤维中分布不匀,阻燃剂颗粒凝聚严重,纺丝加工性能不良,纤维的力学性能变差。采用在缩聚反应将结束,临出料前添加的方式,虽然能减少降解反应,但由于将固体阻燃剂粉末添加在黏稠的熔体中,依靠短时间的混合搅拌,则有可能在切片中出现白色凝聚粒子,阻塞喷丝孔和泵板组件,缩短换板周期,影响可纺性。因此,采用这种添加方式的技术关键是如何使阻燃剂均匀地分散于熔体中而尽量避免产生凝聚粒子。

虽然磷系阻燃剂在使用过程中不会产生有毒物质,但阻燃剂的生产及各种中间体都具有一定毒性。近几年来,人们逐渐倾向于开发硅系无机或有机阻燃剂及纳米阻燃剂,如用纳米层状硅酸盐制备的聚酯复合材料具有良好的力学性能,遇火燃烧时的热释放速率、有效燃烧热及一氧化碳、二氧化碳的生成量等明显降低,燃烧残余物增加,聚酯受热熔融滴落性降低,燃烧生成的残余炭致密,有利于隔绝燃烧表面与氧气、热量的接触。

二、阻燃锦纶

锦纶包括锦纶 6 和锦纶 66,耐热性均较差,软化点比涤纶低。锦纶遇火燃烧比较缓慢,纤维强烈收缩,容易熔融滴落,且燃烧过程容易自熄,这主要是由于锦纶的熔融温度与着火点温度相差比较大的缘故。纤维熔融滴落,容易引起火在其他易燃材料上的蔓延,从而引起更大的危害。锦纶 6 的熔点比锦纶 66 要低,这也使得锦纶 66 相比锦纶 6 的阻燃改性更加困难。

锦纶的阻燃改性方法同涤纶一样,有共聚阻燃改性和共混阻燃改性。

1. 共聚阻燃改性　可用作锦纶 6 和锦纶 66 的共聚改性的阻燃剂主要有红磷、二羧酸乙基甲基膦酸酯等。己内酰胺在 5% 的红磷及 5% 氧化镁存在下进行聚合,可以得到限氧指数为 28% 的阻燃锦纶。反应通常由己内酰胺的钠盐或锂盐和活性的 N-乙酰基己内酰胺进行引发,红磷微粒尺寸应小于 $40\mu m$。将锦纶 66 盐、30% 双(2-羧酸乙基)甲基膦酸酯、六亚甲基肼进行共聚而获得永久性阻燃锦纶 66。纤维 $60\sim90℃$ 时牵伸 4.5 倍,纤维的限氧指数为 25%,熔融温度为 225℃。

2. 共混阻燃改性　在聚酰胺纺丝熔体中或纺丝挤出过程中加入阻燃剂而获得永久性阻燃纤维是一种比较经济的方法。可用于锦纶共混阻燃改性的阻燃剂很多,如低分子量的含磷化合物、氯代聚乙烯、溴代季戊四醇及三氧化二锑等。

(1)与含卤芳香族化合物及有机酸共混。含卤芳香族化合物包括五溴苯、六溴苯、五溴甲(乙)苯及乙苯的溴化物等,采用的羧酸可以是丁二酸、己二酸、癸二酸、壬二酸、对苯二甲酸等。一般含卤芳香族化合物添加量控制在1%~7%,羧酸化合物在 0.7%~2%,适当加入抗氧剂、热稳定剂、耐光剂、抗静电剂和荧光增白剂等,经熔融纺丝和热拉伸 3~4 倍,能得到有较好阻燃性和力学性能的锦纶。无论是锦纶 6 还是锦纶 66,可将阻燃剂在聚合过程中加入,也可在聚合后纺丝前加入。但在聚合中加入会使聚合体带色和黏度降低,因此以纺前加入为佳。需先在共混机中熔融造粒,或是先制成阻燃剂浓度较高的阻燃母粒,然后与普通聚酰胺切片混合纺丝。

(2)与三聚氰胺及三聚氰酸共混。在聚合前期,一定量水存在下,加入等当量粉末状的三聚氰胺和三聚氰酸,加入量为 3%~15%,加热反应 4~5h,反应最终温度约 260℃。然后将混有阻燃剂的聚酰胺铸带、切粒、干燥,再在 265℃下熔融纺丝,纺速 1030m/min,再经 3 倍热拉伸,得到具有良好力学性能和阻燃性能的聚酰胺纤维。

(3)与含磷芳香族二酸/二元胺缩聚物共混。将一种含磷芳香族化合物与某些二元酸反应,得到一种含磷二元羧酸,再与二元胺缩聚,制得含磷聚酰胺低聚物,将此低聚物以一定比例与普通聚酰胺共混,熔融纺丝,制得阻燃聚酰胺纤维。

(4)与氯代聚乙烯共混。将 75 份聚酰胺 6 切片、15.25 份氯代聚乙烯(含氯量为 25%)、7.75 份锌钼酸钙以及 2 份其他助剂先制成阻燃母粒,然后将阻燃母粒与普通聚酰胺切片(1:11.5)熔融纺丝,得到的锦纶具有良好的阻燃性能。

(5)与硼、锑和溴三元阻燃体系共混。将 25% 的 4mol 硼酸、1mol 溴代季戊四醇以及 0.1mol 三氧化二锑的混合物添加到聚酰胺熔体中进行熔融纺丝,纺丝温度控制在 235℃,所得到的阻燃纤维的力学性能基本与普通锦纶相同,限氧指数可达 29%。

三、阻燃腈纶

与涤纶、锦纶等结晶性纤维不同,腈纶具有准晶结构,且准晶结构不很完整,只是侧序度较高而已。这种结构对热十分敏感,所以腈纶的热稳定性较差。腈纶的热裂解温度比涤纶、锦纶低得多,在空气中受热易氧化裂解,生成小分子裂解产物。这些裂解产物着火温度低,燃烧热高,故腈纶属易燃性纤维。腈纶在氧化过程中有着很高的成环能力,甚至在快速热解时也不会失去纤维形态,热解后炭化残渣可达 45%～55%,且随着热解深度和炭化率的增加,其燃烧性显著下降。利用腈纶的这种热解与炭化特性,可制得具有特殊用途的、耐高温和难燃的聚丙烯腈氧化纤维和碳纤维。

制造阻燃腈纶的方法主要有共聚阻燃改性、共混阻燃改性、热氧化改性和初生纤维阻燃后处理等。

1.共聚阻燃改性 共聚阻燃改性是将含卤素、磷等阻燃元素的乙烯基化合物作为共聚单体,与丙烯腈进行共聚实现阻燃的方法。目前世界上已工业化的阻燃腈纶大多是采用共聚法制造的。

可用作丙烯腈阻燃的共聚单体有偏二氯乙烯、溴代乙(丙)烯、氯乙烯、烯丙基膦酸烷基酯、双-(β-氯乙基)乙烯基膦酸酯、甲基膦酸酯、α-苯乙烯膦酸二丁酯、磷酸单烯丙基二烷基酯等。

共聚法生产的阻燃改性腈纶,组成中丙烯腈的含量少于 85% 而大于 35%,纺丝工艺与常规腈纶相似。阻燃改性腈纶的共聚体均由自由基聚合制得,引发一般采用氧化还原体系。聚合方法有乳液聚合、溶液聚合、水相聚合三种,其中以水相聚合较为常用。其优缺点比较见表 2-5。

乳液聚合在有乳化剂存在的水介质中进行,常用的乳化剂有阴离子表面活性剂、非离子表面活性剂等。

溶液聚合是在二甲基甲酰胺或二甲基亚砜等溶剂中进行,单体与共聚体都能溶解于该溶剂内。其中后者的转化率比前者要高。

表2-5 共聚阻燃腈纶三种聚合方法比较

名 称	优 点	缺 点
乳液聚合	产品组成较均匀,共聚体在纺丝溶剂中有很大的溶解度	时间长,加乳化剂和破乳剂成本较高,未反应单体回收困难
溶液聚合	流程短,占地少	反应时间长,相对分子质量低且分布宽,要有溶剂回收装置
水相聚合	反应时间短、相对分子质量高、分布窄、转化率高	产品组成均匀性差,因此不能制得高浓度的纺丝溶液

水相聚合以水为介质,突出优点是适于大规模生产,最大缺点是共聚体组成均匀性差,原因是两种单体在水中有不同的溶解度和相对密度,可通过添加助溶剂、悬浮液稳定剂等方法改善。

2.共混阻燃改性 腈纶共混阻燃剂有无机化合物、有机化合物和高分子阻燃剂等。无机化合物有三氧化二锑、三氯化锑、钛酸钡、硼酸锌、磷酸锌、草酸锌等。有机化合物有卤代磷酸酯、四溴邻苯二甲酸酐、有机锡等。高分子阻燃剂有氯乙烯、聚氯乙烯和偏二氯乙烯的共聚物、丙烯腈和氯乙烯的共聚物、丙烯腈和偏二氯乙烯的共聚物等。

共混法生产阻燃腈纶,有纤维发黏、温度降低和收缩性增加的现象。对于添加的阻燃剂要求颗粒细,与聚丙烯腈相容性好,不溶于凝固浴和水,纺丝过程中无堵孔现象。

3.热氧化阻燃改性 以特殊聚丙烯腈纤维为原丝,在张力下连续通过$200\sim300℃$的空气氧化炉,处理时间为几十分钟至几小时,制备工艺流程见图2-4。

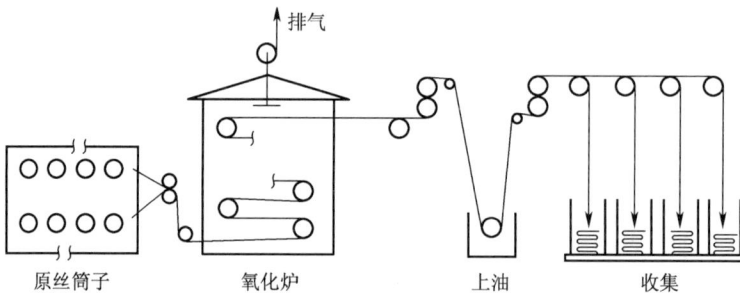

图2-4 热氧化法工艺流程示意图

在高温及空气中氧的作用下,聚丙烯腈大分子上的氰基发生环化、氧化及脱氢等反应,形成一种多共轭体系的梯形结构,放出大量包括HCN、H_2O、N_2的废气及焦油物质,纤维外观从白色变成黑色,当纤维密度达到$1.38\sim1.40g/cm^3$时,即为聚丙烯腈氧化纤维,俗称预氧化纤维。

制备聚丙烯腈预氧化纤维所用的原丝一般是由二甲基亚砜法纺制的二元或三元共聚体,其取向度高,结构致密,热性能和机械性能都比硫氰酸钠法的原丝好。该氧化纤维的特点是耐焰,具有自熄性,其限氧指数值高达 55％～62％,在火焰中不熔、不软化、不熔滴、不收缩,炭化后仍能保持原来形状,强度保持率也很高,同时耐化学试剂,具有优良的纺织加工性能和服用性能,可用于防火、隔热、化工劳保服和保温隔热材料。

4.纤维阻燃后处理　纤维阻燃后处理即是在纺丝成型过程中,在凝固浴中对初生纤维用六溴苯、六氯苯、某些金属盐或磷系阻燃剂处理,得到阻燃腈纶。

四、阻燃丙纶

丙纶是由丙烯聚合、纺丝得到的纤维,限氧指数较低,属易燃性纤维。与涤纶、锦纶、腈纶相比,其熔点最低,燃烧热最高。由于丙纶大分子链全部由碳氢元素组成,缺乏反应性基团,不易采用织物阻燃整理的方法来达到阻燃目的,因此阻燃丙纶的生产就显得格外重要。

目前制备阻燃丙纶的方法主要是共混阻燃改性。共混纺丝用阻燃剂主要是卤素类阻燃剂和氧化锑协效阻燃体系。锑类化合物本身并不具有阻燃性能,但它们可作为卤素阻燃体系的协效剂,其中三氧化二锑最为有效。三氧化二锑在纺丝温度下不熔融,以微小的颗粒形式存在于聚丙烯的熔体中。为了延长纺丝周期和提高阻燃丙纶的强力,要求三氧化二锑粒径尽量小,平均粒径在 $0.2～0.4\mu m$ 较为适宜;粒度太小易发生凝聚。卤系阻燃剂常用的有四溴双酚 A 等。阻燃体系中一般含有阻燃剂、阻燃协效剂、分散剂等。

阻燃丙纶的纺制可采用将聚丙烯(粒料或粉体)阻燃体系和光稳定体系、热稳定体系经高效混合分散,挤出造粒,熔融纺丝的全造粒法工艺;亦可采用把阻燃体系、稳定体系与载体先制成阻燃母粒,然后按一定比例与聚丙烯树脂充分混合熔融纺丝的母粒法工艺。一般认为,全造粒法阻燃剂分散均匀,阻燃效果好,但物料处理量大,生产能力小,且为避免二次造粒引起的弊病,必须使用聚丙烯粉料。而阻燃母粒法能耗低,容易计量,使用方便,可按阻燃要求调节母粒用量,易于工业化生产,故以后者采用较多。聚丙烯阻燃母粒、阻燃丙纶长丝和阻燃丙纶短纤维的生产工艺流程如下。

1.聚丙烯阻燃母粒的生产工艺流程

光热稳定剂→高速混合→二辊高温捏合→粉碎→挤出→水冷→切粒→干燥
　氧化锑、阻燃剂┘　　　　载体┘

2.阻燃丙纶长丝的生产工艺流程

常规切片→料斗混合→螺杆挤出熔融纺丝→上油→卷绕→热拉伸→加低弹→检验→包装
　　阻燃母粒┘

3.阻燃丙纶短纤维的生产工艺流程

　　阻燃母粒┐
　　　　　　↓
常规切片→料斗混合→螺杆挤出熔融纺丝→上油→卷绕→集束→头道五辊牵伸→油浴→二道五辊牵伸→过热蒸汽箱→三道五辊牵伸→蒸汽箱→卷曲→松弛热定型→切断→打包

五、其他阻燃纤维

1. 阻燃维纶　维纶即聚乙烯醇纤维,是一种性状与棉纤维颇为相似的合成纤维,属可燃性纤维。制造阻燃维纶的方法主要有共聚阻燃改性、共混阻燃改性和化学交联法等。

共聚阻燃改性是将 85%～88% 的氯乙烯和 12%～15% 的醋酸乙烯共聚,制得的纤维称氯醋纶。共聚时以三氯化铝或三氟化硼为催化剂,采用干法纺丝,成型条件与聚氯乙烯纤维干纺相似。也有以水为溶剂,以苯乙烯—马来酸共聚物的环氧乙烷加成物为分散剂,在油溶性引发剂存在下,将 60%～95% 的氯乙烯和 5%～40% 的醋酸乙烯进行共聚、纺丝。

可用于与聚乙烯醇共混的阻燃组分有聚氯乙烯、锡化合物、溴锑阻燃体系、四溴双酚 A、三(2,3-二溴丙基)磷酸酯、三(2,3-二氯丙基)磷酸酯等。

化学交联法有以下几种。

(1)与溴醛类缩醛化。如用溴代苯甲醛、氯乙醛代替甲醛进行缩醛化,在纤维中引入溴、氯元素,从而具有阻燃性能。

(2)凝胶化纺丝。在聚乙烯醇中加入 25%～80% 的聚氯乙烯和 0.2%～0.5% 的硼酸或硼酸盐配成纺丝液,在碱性凝固浴中进行湿法纺丝。除硼化物外,铜盐、锆盐、邻(间)苯二酚等化合物也有应用。这些化合物都能与聚乙烯醇大分子链上的羟基发生交联、螯合或与分子化合,形成均匀的凝胶,起到抑制结晶的作用,无须缩醛化处理就可制得耐水性、阻燃性优良的维纶。如硼的引入可使聚乙烯醇大分子链间产生交联:

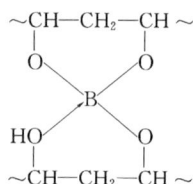

$$\sim CH-CH_2-CH\sim$$
$$O \qquad\qquad O$$
$$B$$
$$HO \qquad\qquad O$$
$$\sim CH-CH_2-CH\sim$$

(3)聚乙烯醇上的羟基磷酸化及与金属络合物络合。在聚乙烯醇大分子的羟基上引入阻燃元素磷,可使纤维具有阻燃性,若再与金属化合物络合,则阻燃效果更好。如用二羟甲基脲和四羟甲基氯化膦与聚乙烯醇反应,可制得阻燃维纶;磷酸化的聚乙烯醇又可吸附 Ni、Zn、Cu、Mn 和 Co 等金属化合物形成络合物。实践证明,磷酸化的聚乙烯醇金属络合物具有更高的燃烧残留量。

2. 氯纶　氯乙烯聚合、纺丝成纤后称聚氯乙烯纤维,商品名为氯纶。氯纶有良好的阻燃性,LOI 值高达 35%～37%。由于选用的氯乙烯原料和溶剂的不同,世界各国生产聚氯乙烯纤维的方法也不同。

氯乙烯的聚合主要采用悬液聚合法。我国氯纶的生产工艺有湿法纺丝和干法纺丝两种,具体工艺流程如下。

(1)湿法纺丝。

PVC→捏合(丙酮溶液)$\xrightarrow{\text{加热、加压}}$溶解(90～95℃)→过滤→调温→纺丝(16～20m/min)

$$\xrightarrow[\text{(丙酮水溶液)}]{\text{凝固浴}} \text{集束} \rightarrow \text{水洗} \rightarrow \text{拉伸(4~5倍)} \rightarrow \text{上油} \rightarrow \text{干燥(热定型)} \rightarrow \text{卷曲} \rightarrow \text{切断} \rightarrow \text{短纤维}$$

(2)干法纺丝。

$$\text{PVC} \rightarrow \text{捏合(丙酮溶液)} \xrightarrow{\text{加热、加压}} \text{溶解(90~95℃)} \rightarrow \text{过滤} \rightarrow \text{调温} \rightarrow \text{纺丝(100~200m/min)}$$

$$\xrightarrow[\text{干热空气}]{\text{80~120℃}} \text{集束} \rightarrow \text{拉伸(4~5倍)} \rightarrow \text{热定型} \rightarrow \text{上油} \rightarrow \text{切断} \rightarrow \text{干燥} \rightarrow \text{短纤维}$$

3. 酚醛纤维 酚醛纤维是美国 1969 年开发的一种宇航材料阻燃纤维。酚醛纤维具有优良的阻燃、绝热和耐腐蚀等性能。纤维的制造采取低分子物纺丝成型,而后交联成为不溶、不熔的体型结构的工艺。

酚醛纤维的制备可以采用熔纺法和湿纺法。熔纺法以相对分子质量约 800~1000 的热塑性酚醛树脂为起始原料,通过熔融纺丝成型,然后在 18% 多聚甲醛及 18% 盐酸水溶液中交联成为体型结构的酚醛纤维。为了提高纤维的强度,改善纺织加工性能,一般用 10% 聚酰胺 6 为纤维成型载体,与热塑性酚醛树脂混合纺丝。其工艺流程如下:

$$\text{热塑性酚醛树脂,10\% 聚酰胺 6} \xrightarrow{\text{N}_2 \text{流下}} \text{熔融混合} \rightarrow \text{纺丝} \rightarrow \text{卷绕、切断} \xrightarrow[\text{盐酸}]{\text{多聚甲醛}} \text{交联} \rightarrow \text{水洗、中和} \rightarrow \text{上油干燥}$$

湿纺法以羟甲基为端基的热固性酚醛树脂为起始原料,通过湿法纺丝成型,然后加热交联成为体型结构的酚醛纤维。湿纺一般用聚乙烯醇为纤维成型载体,与羟甲基为端基的水溶性酚醛树脂混合纺丝,凝固浴为少量硼酸(约 3%)的 50℃ 饱和硫酸钠水溶液(pH=2)。其工艺流程如下:

$$\left.\begin{array}{l}\text{水溶性酚醛树脂}\\ \text{40\%~50\% 聚乙烯醇水溶液}\end{array}\right\} \rightarrow \text{混合} \rightarrow \text{纺丝} \rightarrow \text{冷抽伸} \rightarrow \text{水洗} \rightarrow \text{干燥} \rightarrow \text{热固交联} \rightarrow \text{纤维}$$

4. 碳纤维 碳纤维是纤维状的碳材料,其化学组成中碳元素占总质量的 90% 以上。碳纤维具有一般碳素材料的特性,如耐高温、耐摩擦、导电等,但其外形柔软,可加工成各种织物,且沿着纤维轴的方向具有很高的刚性和强度。碳纤维主要的用途是作为增强复合材料,在宇宙飞船、人造卫星、航天飞机、导弹、原子能、航空及特殊行业均得到日益广泛的应用。

按所用原料的不同,碳纤维可分为聚丙烯腈基碳纤维、沥青基碳纤维、纤维素基碳纤维、酚醛树脂基碳纤维和其他有机纤维基碳纤维等。

聚丙烯腈基碳纤维的制造主要包括聚丙烯腈原丝的制备、原丝的预氧化、预氧化丝的碳化或进一步石墨化和碳纤维的后处理四个主要环节,工艺流程如下:

$$\text{丙烯腈(AN)90\% 以上共聚单体引发剂} \rightarrow \text{聚合} \rightarrow \text{纺制成原丝} \rightarrow \text{原丝的预氧化} \rightarrow \text{碳化或进一步石墨化} \rightarrow \text{后处理} \rightarrow \text{碳纤维产品}$$

沥青基碳纤维的制造成本相对较低。沥青是一种以缩合多环芳烃化合物为主要成分的低分子烃类混合物,也含有少量氧、硫或氮的混合物,一般含碳量都大于 70%。沥青基碳纤维生产的困难在于沥青属于热塑性物质,纺丝后在较高温度下一般难以维持丝状状态,从而给后续的碳化处理带来困难。因此可先对沥青进行热固性处理,然后熔融纺丝、碳化、石墨化得到纤维。不同性能沥青基碳纤维生产工艺流程见图2-5。

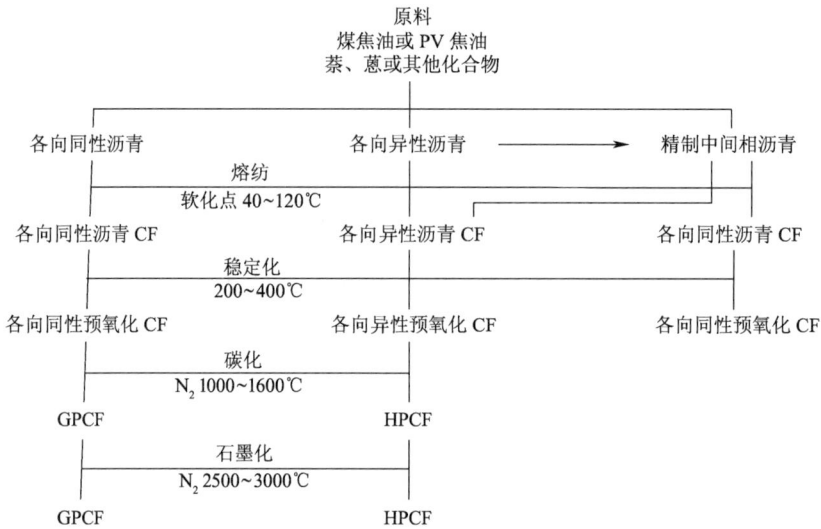

图2-5 不同性能沥青基碳纤维生产工艺流程

黏胶基碳纤维是以黏胶纤维为原料生产的。黏胶纤维属热固性纤维,其高温分解后的含碳量随进行低温氧化(稳定化)或在碳化剂(如 HCl、$ZnCl_2$ 或 $AlCl_3$)存在下的热处理的温度而增高。纤维素高温热分解化学过程相当复杂,但基本上可分为四个阶段。

第一阶段:物理吸附水的解吸(25~150℃);

第二阶段:纤维素单元的脱水(150~240℃);

第三阶段:糖苷环的破坏(240~400℃);

第四阶段:石墨结构的生成(>400℃)。

黏胶基碳纤维的制造工艺流程如下:

黏胶原丝→加捻→稳定化处理→干燥、低温碳化→卷绕→高温碳化→络筒→制造复合材料

第六节　织物阻燃整理

一、织物阻燃整理的一般方法

织物的阻燃整理方法应根据织物的组织结构、最终用途和阻燃性能要求等因素来确定。一般有三种整理工艺,即浸渍烘燥法、浸轧焙烘法和涂层法。

浸渍烘燥法又称吸尽法,是将织物用含有阻燃剂的整理液浸渍一定时间后烘燥,使阻燃剂浸透于纤维,阻燃剂与纤维分子间靠范德瓦耳斯力吸附。一般来说,浸渍烘燥法所获得的阻燃效果不耐久,水洗后阻燃剂易脱落,织物失去阻燃效果。

浸轧焙烘法的工艺流程为浸轧→烘燥→焙烘→水洗后处理。浸轧液一般由阻燃剂、交联剂、催化剂、添加剂及表面活性剂等组成,轧余率根据织物种类、阻燃性能要求来确定,烘燥一般在 100℃ 左右进行,焙烘温度根据阻燃剂、交联剂和纤维种类来确定。后处理主要是去除织物表面没有反应的阻燃剂及其他试剂,改善织物的手感。浸轧焙烘法获得的阻燃效果可耐多次水洗,属耐久性整理工艺。

涂层法是将阻燃剂混入涂层剂中,经过涂层机将涂层剂敷于织物表面,烘干后涂层剂交联成膜,阻燃剂均匀分布在涂层薄膜中,起到阻燃作用,当阻燃剂不溶于水或阻燃剂不能和纤维大分子形成交联时可使用涂层法工艺。

另外,有些纺织品不能在普通设备上加工,如大型幕布、地毯等,可在最后一道工序用手工喷雾法做阻燃整理;对于表面蓬松的花纹、簇绒、绒头起毛的织物,若用浸轧法会使表面绒毛花纹受到损伤,一般采用连续喷雾法。

阻燃织物的效果与织物组织结构及整理工艺有一定关系。织物的平方米克重和结构对阻燃性能有影响。同类组织结构的织物,重量越大,限氧指数越高;平方米克重相同时,密度大、结构紧密的织物限氧指数高。阻燃剂的用量越大,所获得的阻燃性能越好,但阻燃剂用量过大,一方面影响织物的手感和风格,另一方面会增加成本。阻燃添加剂的加入可大大提高阻燃效果,如棉织物用 Pyrovatex CP 整理时,添加一定量的尿素可提高织物的限氧指数,另外,轧液率、烘干和焙烘温度及时间均会对织物的阻燃效果造成影响。

二、纤维素纤维织物的阻燃整理

1. 棉织物的阻燃整理　一般来说,某些棉装饰织物及很少洗涤的产品进行暂时性阻燃整理即可;窗帘等室内装饰织物、床垫、电热毯等则要求半耐久性阻燃整理;而对于服装、床单、被套、工作服等则需耐久性阻燃整理。当然,随着整理效果耐久性的提高,成本也随之增高。

棉织物的暂时性或半耐久性阻燃整理主要是将磷酸氢二铵、磷酸二氢铵、尿素、硼砂、硼酸、聚磷酸铵等用浸渍烘燥法或浸轧焙烘法处理到织物上。有些阻燃剂在织物存放和使用过程中有吸潮或析出结晶现象,应注意选择。

典型的耐久性阻燃整理工艺是 Proban 整理。Proban 整理是英国奥布莱—威尔逊公司的专利,该公司在以磷系为基础的织物阻燃剂方面处于世界领先地位。阻燃整理剂产品主要有 Proban 和 Amgard 两大系列。

Proban 整理是以四羟甲基氯化膦(THPC)和尿素缩合物为基础,用作棉和其他纤维素织物及纤维素为主的混纺织物的耐久性阻燃整理工艺。其整理工艺过程为:浸渍→烘干→氨熏→氧化→水洗。Proban 的阻燃耐久性是通过在纤维内部的交联形成高聚物而获得的。因其不与纤维本身发生反应,对原织物物理性能影响不大,但强度约损失 30%。可以根据织物的品种和所要求的阻燃性决定阻燃剂的施加量,从而获得所要求的阻燃性。然而由于 THPC 在合成过程中可能产生双氯甲醚,有致癌的危险性,后来改进为 THPS(四羟甲基硫酸磷)—氨熏法、

THPS—脲—TMM 法、THPA(四羟甲基醋酸磷)等工艺,由于此类整理需用专门的设备,故推广应用受到一定的限制。

Pyrovatex CP 是瑞士汽巴—精化公司开发生产的棉织物耐久阻燃整理剂,主要用于纤维素或富纤维素混纺织物的阻燃整理。英国奥—威公司生产的该种阻燃剂的商品名为 Amgard TFR1。我国已有生产类似产品。阻燃剂分子式为:

$$\begin{array}{c} H_3CO \quad O \\ \diagdown \parallel \\ P-CH_2CH_2CONHCH_2OH \\ \diagup \\ H_3CO \end{array}$$

整理工艺为:浸轧→烘干→焙烘→皂洗→水洗。该阻燃剂通过其与纤维素分子反应及树脂的固着作用而获得耐久阻燃性,因此,严格按焙烘条件(170℃,1.5min;160℃,3～4.5min;150℃,4.5～5min)进行焙烘是获得织物耐久阻燃性的关键。织物的阻燃性能与阻燃剂的用量有关,阻燃剂用量随着织物种类和阻燃要求而异。该方法由于焙烘温度过高,棉织物的强度损失较大。

近几年,围绕阻燃纺织品的游离甲醛问题也做了不少工作,如开发无甲醛耐久阻燃剂及整理工艺、低甲醛耐久阻燃整理工艺等。

2.其他纤维素纤维织物的阻燃整理 除棉织物以外,还有多种纤维素纤维织物,如麻织物、黏胶织物、天丝(Tencel,Lyocell)织物及竹纤维织物等。这些纤维大分子除了聚合度、相对分子质量、结晶度等与棉纤维分子有一定区别外,其基本结构组成和性能与棉纤维类似,一般来说棉织物适用的阻燃剂,上述织物也同样可用。对再生纤维素纤维,还可通过制造阻燃纤维来达到阻燃目的。

三、蛋白质纤维织物的阻燃整理

羊毛和蚕丝具有较高的回潮率和含氮量,属难燃纤维,但若要满足更高的阻燃标准,则需要进行阻燃整理。

最早的羊毛阻燃整理是采用硼砂、硼酸溶液浸渍法,产品用于飞机上的装饰用布。这种方法阻燃效果良好,但不耐水洗。20 世纪 60 年代后采用 THPC 处理,将阻燃剂固化在纤维上,耐洗性较好,但工序繁复,手感粗糙,失去了毛织物的风格。国际羊毛局推荐的方法是采用钛、锆和羟基酸的络合物对羊毛织物整理,获得满意的阻燃效果,且不影响羊毛的手感,故得到普遍采用。

金属络合物的阻燃整理,是目前羊毛织物普遍应用的方法之一,主要有钛、锆、钨等金属络合物整理。一般方法有氟络合物整理、羧酸络合物整理等。

六氟钛酸钾和六氟锆酸钾为常用的氟络合物阻燃剂,在处理液中可离解出 TiF_6^{2-} 或 ZrF_6^{2-},在酸性条件下能被带正电的羊毛分子吸收:

$$MF_6{}^{2-}+2H_3{}^+N—羊毛\longrightarrow 羊毛—NH_3{}^+MF_6{}^{2-}H_3{}^+N—羊毛$$

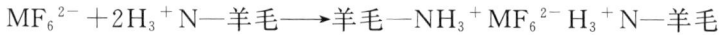

处理条件:浴比1∶10左右,络合物用量3%～6%(owf),沸煮45～60min。此工艺条件所获得的阻燃毛织物的限氧指数在32%左右。工艺上可以染色后单独整理,也可以和防缩整理同浴或染色同浴。

如果和二氯异氰脲酸(DCCA)同浴进行防缩和阻燃处理,氟锆络合物的阻燃效果会受到影响,添加钨酸盐、钼酸盐等可以改善阻燃性能和水洗牢度。

金属络合物整理时加入一定比例的α-羟基羧酸,如柠檬酸、酒石酸、苹果酸等,可大大提高阻燃效果,以柠檬酸效果为好。一般要求柠檬酸和钛络合物的用量比应在2.5以上,与锆络合物的用量比应在0.8以上。金属络合物整理时添加四溴苯二甲酸(TBPA)有协同效应,可以提高织物的阻燃性和耐洗性。

羊毛用金属络合物阻燃可以采用染色阻燃一浴工艺。阻燃需要在pH=2～3的酸性条件下进行,很多酸性媒介染料、酸性含媒染料及某些强酸性染料可以应用此工艺,工艺条件参照染色工艺进行。

丝织物阻燃研究工作不多。人们利用棉织物的阻燃方法对真丝绸进行阻燃,或用有机锡化合物处理。单独用钛、锆络合物处理真丝织物达不到满意的阻燃效果,但用溴化双酚A衍生物处理后再用钛、锆络合物处理,可得到耐久性良好的阻燃真丝织物。

四、合成纤维织物的阻燃整理

1. 涤纶织物的阻燃整理　涤纶织物的阻燃整理简单易行,但到目前为止,还没有找到一种理想的阻燃剂。美国莫倍尔化学公司(Mobil Chem. Co.)推出一种Antiblaze 19T阻燃剂,适于100%涤纶织物,效果较好,毒性不大,属于环状膦酸酯结构:

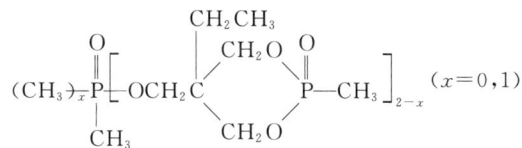

$$(CH_3)_x\overset{O}{\underset{CH_3}{\overset{|}{P}}}-OCH_2C\overset{CH_2CH_3}{\underset{CH_2O}{\overset{CH_2O}{|}}}\overset{O}{\underset{}{P}}-CH_3]_{2-x}\quad(x=0,1)$$

该阻燃剂已被工业上用作聚氨酯泡沫、聚酯纤维以及尼龙的阻燃添加剂。具有良好的热稳定性、低挥发性、优良的耐久性和相容性。尤其适用于聚酯织物的耐久性阻燃处理。整理时工作液中加入足够量的Antiblaze 19T,使织物增重3%～5%,用磷酸氢二钠将整理液的pH调至6.0～6.5;必要时加0.2～0.5g/L的润湿剂。整理工艺:浸渍→烘干→焙烘(185～205℃,1～2min)→水洗。

国内的FRC—1属仿Antiblaze 19T产品。除此之外,还有其他类型阻燃整理剂,如含锑化合物三氧化二锑、五氧化二锑等。工作液中添加黏合剂,将阻燃剂黏附于织物上以获得耐久性。整理的织物阻燃性尚可,但手感硬、有白霜现象、产生色变等,阻燃剂对纤维吸附性差。粒径大小为 15～20nm 时,阻燃效果可提高 3 倍,手感柔软,耐洗性好。但溴、锑化合物均为欧盟禁用产品。我国对此类化合物也有规定限制使用。

2. 锦纶织物的阻燃整理 锦纶织物的阻燃整理相对来说研究得不多,用于其他纤维的磷、卤系阻燃剂对于锦纶阻燃效果不理想,相反,在低温度时反会使织物更快燃烧,目前还没有找到锦纶的理想阻燃剂。

硫系阻燃剂能降低锦纶的熔点和熔体黏度,使熔滴脱离火源。常用的硫系阻燃剂有硫脲、硫氰酸铵、氨基磺酸钠等,其中硫脲对锦纶的阻燃效果较好,当锦纶 6 用硫脲处理增重在 7％时,限氧指数从 24％增至 34％。聚硼酸酯也可作为锦纶 6 的阻燃整理剂。用羟甲基脲树脂对锦纶进行阻燃整理,含脲量高时阻燃效果好;加入含硫阻燃剂可提高阻燃效果,把硫结合到树脂中效果更好,脲和硫通过促进锦纶燃烧时滴落达到阻燃的目的。

3. 腈纶织物的阻燃整理 腈纶织物比涤纶和锦纶容易燃烧,限氧指数仅 18％～18.5％,是一种易燃纤维。但腈纶燃烧后残渣较多,达 58.5％,这又相对降低了腈纶的可燃性。

腈纶的阻燃整理,有效而理想的方法不多。目前主要是研究阻燃纤维。三氧化二锑的水乳化液处理对腈纶有效果。在其他纤维上应用的阻燃剂用于腈纶后大多手感不好,特别是国内腈纶产品多是绒类产品,整理后对风格有影响。目前在腈纶装饰布和长毛绒玩具上已对阻燃提出了要求,主要靠阻燃纤维来解决。

五、混纺织物的阻燃整理

在混纺织物中,主纤维组成在 85％以上,它的可燃性便与主纤维基本相似,可根据主纤维的特性进行阻燃处理;如果主纤维组成低于 85％时,需对主副两种纤维分别选择合适的阻燃剂和阻燃工艺,一般可采用一浴法、二浴法或纤维先作阻燃处理后再混纺。

涤/棉织物阻燃产品的研究很活跃。涤纶和棉纤维燃烧性能不同,混纺后使燃烧过程变得更为复杂。棉纤维燃烧后炭化,而涤纶燃烧时熔融滴落,由于棉纤维成为支持体,能使熔融纤维集聚,并阻止它滴落,使熔融纤维燃烧更加剧烈,即所谓“支架效应”;涤纶和棉两种纤维或它们的裂解产物的相互热诱导,加速了裂解产物的逸出,因此涤/棉织物的着火速度比纯涤纶和纯棉要快得多,使涤/棉织物的阻燃更加困难。涤/棉织物阻燃整理技术有以下几种:

1. 有机膦化合物整理 包括使用类似于 Pyrovatex CP 阻燃剂整理,若有溴化合物存在时,由于具有协同作用,对阻燃所必须的含磷量可以降低;将涤棉混纺织物用乙烯基膦酸酯与 N-羟甲基丙烯酰胺的混合液处理后,再用溴类阻燃剂进行第二次处理,即能获得阻燃性,该类方法阻燃体系中含有 P、N、Br 三种元素,从阻燃协同效应角度来看是很有意义的一类方法。

2. 利用 Br—Sb 协同效应 利用热稳定性较高的芳香族溴化物与三氧化二锑的混合物为阻燃剂,然后将其分散在黏合剂中,通过轧→烘→焙工艺对涤棉混纺织物进行整理。整理后的织物手感良好并符合美国 DOCFF 3—71《儿童睡衣的可燃性标准》。为保证手感,溴化物和氧化锑的粒径必须在 $1\mu m$ 以下,最好 $0.5\mu m$ 以下,整理后,由于有少量不透明的氧化锑粒子包覆于纤维表面,因此,不适用于浅色织物。

3. 乙烯膦酸酯低聚物电子束辐射整理 将涤棉混纺织物先在乙烯膦酸酯低聚物溶液中浸渍、烘干后,再经低能量的电子束辐射,使织物获得耐洗牢度好的阻燃效果。

4. 将棉先经磷酸化再用磷酸酯处理 先将棉磷酸化后,再用磷酸酯对涤棉混纺织物进行二次处理,能获得较高的阻燃效果。

5. 将阻燃涤纶与棉混纺后再进行阻燃整理 将含溴的阻燃共聚涤纶与棉混纺得到涤棉混纺织物,再用 THPC 或其他棉用阻燃剂进行处理,得到的混纺织物阻燃性能良好。

第七节 阻燃纺织品的测试方法及标准

一、纺织品阻燃法规

在阻燃技术研究的同时,国外就制定了相关的阻燃纺织品法规。如著名的 DOCFF 3—71《儿童睡衣的可燃性标准》,是美国在 1971 年制定的商业部标准。其他如飞机内装饰材料、室内装饰织物、地毯等,各国均有相应的产品阻燃标准。我国民航系统也已制定了《TY—2500—0009 机务通告》及 HB 5469—2014《民用飞机机舱内部非金属材料燃烧试验方法》的标准;阻燃装饰织物的阻燃标准也已颁布实施,将大大推动和促进纺织品阻燃技术研究的深入。

二、阻燃性能的测试方法及标准

对材料阻燃性能的评估一般说来有以下一些指标:点燃难易性、火焰表面传播速度、发烟能见度、燃烧产物的毒性、燃烧产物的腐蚀性。其中,前两项统称为"对火的反应",并且是对燃烧性评估的最主要指标。

1. 基本试验方法 所谓基本试验方法,是指测定材料的燃烧广度(炭化面积和损毁长度)、续燃时间和阴燃时间的方法。一定尺寸的试样,在规定的燃烧箱里用规定的火源点燃 12s,除去火源后测定试样的续燃时间和阴燃时间,阴燃停止后,按规定的方法测出损毁长度(炭长)。根据试样与火焰的相对位置,可以分为垂直法、倾斜法和水平法。一般来说,垂直法比其他方法更严格些,垂直法适用于装饰布、帐篷、飞机内装饰材料等;倾斜法适用于飞机内装饰用布;水平法适用于衣用织物等普通织物。我国的 GB/T 5455—2014 标准适用于各类织物的测试。

2. 限氧指数法 试验在氧指数测定仪上进行。一定尺寸的试样置于燃烧筒中的试样夹上,调节氧气和氮气的比例,用特定的点火器点燃试样,使之燃烧一定时间自熄或损毁长度为一定值时自熄,由此时的氧、氮流量可计算限氧指数值,即为该试样的限氧指数。我国标准 GB/T 5454—1997 规定试样恰好燃烧 2min 自熄或损毁长度恰好为 40mm 时所需要的氧的百分含量即为试样的限氧指数值。

3. 表面燃烧试验法 对于铺地纺织品,可用热辐射源法或片剂法。热辐射源法是用一块以可燃气为燃料的热辐射板,与水平放置的铺地试样成 30°倾斜,并面向试样。由热辐射板作出标准辐射热通量曲线,而后按规定的方法点燃试验,测出试样的临界辐射热通量 CRF 和试样特定位置上的 30min 辐射热通量值 RF-30。片剂法是用六亚甲基四胺片剂作火源,测量炭化面积。

4.其他测试方法　为使实验条件更接近于实际情况,有些国家建立了小型实验室,例如美国的保险业实验室(简称为 LIL)。但这些小型实验室存在着任意性强、局限性大,主要凭经验而距实际火情相差甚远。欧洲认为在某些特殊场合下需直接采用标准的大型试验,例如墙角试验。墙角试验更接近于实际火情。

锥形量热计 CONE 是 20 世纪末发展起来的一种新型燃烧测试装置,主要用来测量材料燃烧时的热释放速率,该参数被认为是影响火势发展的最重要的参数。此外,它可以测量材料燃烧时单位面积热释放速率、样品点燃时间、质量损失速率、烟密度、有效燃烧热、有害气体含量等参数。这些参数对于分析阻燃材料的综合性能,预测材料及制品在其火灾中的燃烧行为将是十分有用的。

利用热分析可定量地研究出阻燃效果,探索阻燃机理。如利用 DSC 可以分析纤维的分解稳定变化,表明阻燃前后裂解方式改变。TGA 可以测定纤维的热失重变化情况;利用色谱－质谱联用可以研究纤维的热裂解产物等。

单一的阻燃测试方法往往不能全面地反映材料的燃烧性能,应尽量将几种测试方法结合起来使用。

☞**思考题:**

1.阻燃纤维及纺织品是如何分类的?

2.纤维素、蛋白质与合成纤维及其纺织品的阻燃机理各是什么?

3.阻燃剂可分为哪几种?要生产出理想的阻燃纤维及纺织品,对阻燃剂的要求有哪些?

4.以涤纶、锦纶、腈纶及丙纶为例,试述阻燃合成纤维的制造方法。

5.棉织物的阻燃整理方法有哪些?举例说明其整理工艺。

6.织物阻燃整理的方法一般有哪些?

第三章　抗菌防臭纤维及纺织品

本章学习要点：

1.了解抗菌剂的种类及抗菌机理。
2.掌握抗菌纤维及抗菌纺织品的生产方法。
3.熟悉消臭方法及消臭纤维的制造方法。
4.熟悉纺织品抗菌性能测试方法及标准。

第一节　概　述

微生物是自然界生态平衡中一个必要的组成环节。人们通常所说的微生物是对所有个体微小(小于 0.1nm)、结构简单的低等生物的统称。微生物种类繁多,据估计至少在 10 万种以上。按其结构、组成等差异可将微生物分成非细胞型微生物、原核细胞型微生物及真核细胞型微生物三大类。

微生物在自然界中的分布极广,空气、土壤、江河、湖泊、海洋等都有种类不一、数量不等的微生物存在。在人类和动植物体表及与外界相通的腔道中也有多种微生物存在。一般情况下,每升空气中含有微生物 $1\sim10^4$ 个,每克水中含微生物 $1\sim10^4$ 个,每克肥沃的土壤里含 $10^7\sim10^{10}$ 个细菌、$10^5\sim10^7$ 个放线菌和 $10^3\sim10^5$ 个霉菌。

绝大多数微生物对人类是无害的,甚至是有益和必需的,但也有小部分微生物可以引起人类和动植物的病害,这些能导致人类和动植物疾病的微生物称为病原微生物。

一、微生物的重要品种

1.细菌　细菌是微生物中最重要的品种之一,其个体微小,人们用肉眼无法看到。细菌可以根据其外形分为球菌、杆菌和螺形菌等三类;根据细胞壁的结构可以分成革兰阳性菌、革兰阴性菌以及古细菌等三类。大部分细菌在正常情况下对人类是没有危害的,通常将能引起人类等致病的细菌叫病原菌。病原菌致病一般通过两个途径,一是由细菌毒素直接引起,再是对细菌产生的产物过敏,通过免疫反应间接地造成损伤。如葡萄球菌是最常见的化脓性球菌之一,80％以上的化脓性疾病都是由葡萄球菌引起;链球菌主要引起化脓性炎症、猩红热、丹毒、产褥热等疾病;大肠杆菌则是条件致病菌,当人体抵抗力较差或大肠杆菌进入肠道以外部位时可引起相应的肠道感染和非肠道感染;流感杆菌则是呼吸道感染的罪魁祸首之一。

2.真菌 真菌是另一类重要的和人们日常生活关系密切的微生物。和细菌一样,真菌在自然界的分布极广,但真菌的形态结构较细菌复杂,根据形态真菌可分为单细胞和多细胞两类,前者常见于酵母菌和类酵母菌,后者多呈丝状,分支交织成团,称为丝状菌,但一般称霉菌。人们利用真菌酿酒和发酵食物,也经常用来制备抗生素,但少数真菌也可以感染人体形成疾病。如白色念珠菌可使婴儿患鹅口疮;赭曲霉可诱发肾、肝肿瘤;白癣菌诱发足癣等。

二、纺织品抗菌防臭的必要性

天然纤维是最易受到微生物损害的纺织材料。天然纤维易吸湿,在适宜的温湿度条件下,其大分子结构易被所沾污的微生物所分泌的酶水解而释放出营养物质;从而使微生物获得更多的营养而大量繁殖,最终造成纺织品的霉变、脆化和力学性能下降等。合成纤维的大分子结构本身具有很强的抗微生物性能,但由于其在纺、织、染和后整理加工过程中,会"沾染"上各种油剂、助剂和整理剂等,微生物通过这些营养源得以繁殖,其各种酸性或碱性代谢产物会使聚合物的大分子链发生降解,纤维的力学性能下降和变色等现象也就随之发生。

人的皮肤表面存在着大量的微生物,其中有些是对人体有益的菌,而有些则是致病菌。这些微生物从人体的分泌物、汗水以及脱落的皮屑中获取营养,经历着生长、繁殖和死亡的新陈代谢过程。同时,由于汗水和分泌物中的脂肪酸、乳酸能杀死多种微生物,加上微生物之间相互残杀和灭活作用,构成了他们在数量上的平衡协调,一般不会对人体造成伤害。但一旦这种平衡打破,造成菌种失调,少量致病菌就会大量繁殖,并通过皮肤、呼吸道、消化道以及生殖道黏膜对人体健康造成危害。

某些与人体密切接触的纺织品在使用时,不可避免地会沾污细菌。由于普通纺织品并无杀菌作用,故其本身也会成为各种致病菌大量繁殖的"温床",反过来又对人体皮肤表面的菌群失调起到推波助澜的作用。此外,沾污在纺织品上的细菌,在其获得营养迅速繁殖的同时,会代谢或分解出各种低级脂肪酸、氨和其他有刺激性臭味的挥发性化合物,加上细菌本身的分泌物和死骸的腐败气味,使纺织品产生各种令人厌恶的气味,影响卫生。

纺织品与人们的生活密切相关,是微生物直接或间接的重要传播媒介之一,尤其是在某些公共场所,如医院、宾馆、饭店、浴室等。资料表明,世界各国医疗单位发生交叉感染的情况是相当严重的,感染率为3%～17%。我国的感染率据各医院自测推算约为9.7%,实际可能更高,其中,耐药性金黄色葡萄球菌(MRSA)交叉和重复感染正呈现迅速发展的态势。因此,从保护纺织品的防霉、防菌,到保护使用者免受微生物侵害的纺织品抗菌防臭等技术的研究和应用,都具有重要的学术价值和现实意义。

三、抗菌防臭纺织品的发展

早在4000年前,埃及人采用浸渍某种植物药物的纺织品包裹木乃伊。第一次世界大战中,丹麦科学家发现毒气受害者的伤口不会化脓,从此开创了杀菌剂的研究工作。第二次世界大战期间,德军曾用季铵盐抗菌剂处理军服,大大降低了伤员的感染率。1955~1965 年间是研究抗菌纺织品的初级阶段,名为"Sanitized"的抗菌纺织品投放市场;1966~1976 年间是开发阶段,含锡、铜、锌、汞的有机金属化合物和醌类及含硫化合物用来作为织物抗菌整理剂。期间美国道康宁公司研制的卫生整理剂 DC-5700 投入使用,整理织物以 Bioguard™ 为商标,经美国环保局(EPA)许可于 1976 年投放市场。1976 年以后开始向发展阶段过渡。20 世纪 80 年代以来,卫生整理的耐久性和整理产品的风格得到进一步改进,国内外非常重视卫生整理纺织品的开发;90 年代抗菌防臭纺织品得到迅猛发展,从以后整理为主的抗菌纺织品发展为抗菌纤维和卫生整理并举的功能纺织品,织物的抗菌性、安全性和耐洗涤性进一步提高,并出现了消臭、防虫等卫生性能的纺织品。

第二节　抗菌整理剂及抗菌机理

纺织品抗菌防臭等整理习惯上称卫生整理。卫生整理剂包括抗菌剂、防霉剂、消臭剂等,种类繁多,性能各异。为了叙述方便,以下我们统称为卫生整理剂或抗菌剂。在实际应用中应根据整理的目的加以选择。如抗菌剂对细菌是有效的,但对霉菌无效。防霉剂对霉菌有效,对细菌无效。有机抗菌剂、强酸、强碱对细菌和霉菌都是有效的,但对人和动物是有危害的,强酸和强碱不能作为抗菌剂或防霉剂使用。

一、评价和选择抗菌剂应考虑的因素

1. 最低抑菌浓度(MIC)和最低杀菌浓度(MBC)　抗菌剂的抗菌能力可以通过抗菌剂抑制微生物发育的最低浓度(MIC,Minimum Inhibitory Concentration)和杀灭微生物的最低浓度(MBC,Minimum Bactericidal Concentration)来体现。MIC 是对抗菌剂抑制微生物性能或抗菌剂的净菌作用的一般性评价,表征抗菌剂阻止微生物繁殖繁育的能力。MBC 评价抗菌剂的杀菌能力。MIC 或 MBC 越小,抗菌剂的抗菌效果越好。日本抗菌协会制定的"银等无机抗菌剂的自主规格及抗菌试验法"中规定无机抗菌剂的抗菌性能要求对大肠杆和金黄色葡萄球菌的最低抑制浓度(MIC)小于 800μg/mL。

2. 抗菌谱　微生物的种类极其繁多,抗菌剂一般只能对部分特定的微生物种类表现出抗菌活性,而对其他微生物没有抗菌性。抗菌剂能表现抗菌活性的微生物种类集合称为该抗菌剂的抗菌谱(Antimicrobial Spectrum)。能对许多种微生物同时表现抗菌活性的抗菌剂称为广谱抗菌剂;只对一种或少量几种微生物表现抗菌活性的抗菌剂称为特异性抗菌剂。广谱抗菌剂包含两种含义:一是抗菌剂对细菌、霉菌、酵母菌、放线菌等多种微生物种类有抑制作用;二是对每类微生物的各种种属都有抗菌性。选择抗菌剂一般希望抗菌剂具有广谱抗菌性,但在实际使用过程中不同场合对抗菌剂的抗菌谱要求不完全相同,如金属加工液、野外使用的各种制品中使用的抗菌剂需要对各种微生物都具有良好的抗菌性,但纺织品中使用的抗菌剂就不要求对酵母菌、放线菌等有效,而希望对霉菌、细菌各种属都有良好的抑制作用。所以在实际使用过程中可根据实际要求选择合适的抗菌谱。

3. 持久性 部分抗菌剂在光、热等作用下可能会逐渐分解或衰竭而逐渐失去抗菌作用,而且在使用过程中经历洗涤、溶出等因素或逐渐散发到环境中也会引起抗菌材料中抗菌剂浓度的变化,从而导致材料抗菌性能的变化,甚至导致抗菌性能不能满足使用要求。因此在抗菌剂品种和用量的选择上要充分考虑材料的使用场合和使用寿命。

抗菌纺织品中抗菌性能的耐久性是纺织品抗菌性能不可分割的组成部分,无论是服用还是装饰用纺织品,其抗菌性能均要求有良好的耐洗涤性。

4. 加工适应性 一般抗菌剂都需要结合材料才能制备成相应制品,所以选择的抗菌剂要和相应基材有良好的相容性,能够适应基材的加工要求。如制备抗菌涤纶所用的抗菌剂,应在300℃以内不分解、不变性,应能经受涤纶纺丝熔融纺丝温度。而织物整理用抗菌剂的分解温度要求则可低一些。若进行多功能整理,则要求抗菌剂与其他功能助剂或表面活性剂要有相容性。

另外,抗菌剂添加于纤维中或整理到纺织品上后,应不影响纤维和织物的性能,包括强力、伸长、弹性等力学性能,不影响织物的外观色泽、手感等。

5. 耐气候性 抗菌材料和抗菌制品经常是在居室、办公室或露天场合使用,受气候影响大,所以抗菌剂需要一定的耐气候性,包括耐紫外光、可见光、热、空气等。

6. 安全性 抗菌剂的安全性包括两方面:一是抗菌剂在使用过程中的安全性;二是使用过程中根据使用场合所需的生物安全性。使用过程的安全性要求抗菌剂在使用过程中对人和环境无毒无害,加工过程中不产生有毒烟雾等物质,对操作人员的皮肤、眼睛没有刺激作用。生物安全性是抗菌剂本身的一个重要的性能,包括抗菌剂的急性毒性、亚急性毒性、慢性毒性、对皮肤致敏性、致癌性、遗传毒性等。

化学品导致人体急性中毒的难易以化学品的急性毒性表示。化学品的急性毒性包括经口毒性 LD_{50}(经一次口服一定剂量可毒杀50%试验动物时的剂量)、急性眼睛刺激试验、急性经皮试验、急性吸入毒性 LD_{50}(毒杀50%试验动物时化学品的粉尘、气溶胶或蒸气的浓度)。

7. 价格 要求抗菌剂价格低廉。

二、抗菌整理剂的分类

常用的抗菌整理剂可以分为无机类、有机类和天然产物类三大类,因种类不同而各有利弊,就环保和对人体健康而言,无机类抗菌剂具有无污染、安全等优点。三类抗菌的特性比较见表3-1。

无机类抗菌剂主要用于制造抗菌功能纤维等,近年来也有研究将其应用于织物后整理;有机和天然产物抗菌剂既可用于制造功能纤维,也可用于织物后整理。

表 3 - 1 抗菌剂的特性比较

特 性	有机类	天然产物类	无机类
抗菌力	○	△	△
抗菌范围	△	○	○
持久性	△	◇	○
耐热性	△	◇	○
耐药性	△	◇	○
气味、颜色等	△	○	○
污染等	△	○	○
价格	○	◇	△
安全性	◇	○	○

注 ○—优良,△—可以,◇—很差。

1. 无机类抗菌整理剂 无机抗菌整理剂主要是银、铜、锌、钛、汞、铅等金属及其离子抗菌剂。由于汞、铅等金属及其化合物的毒性较强,不适合作为普通场合的抗菌剂使用,而铜类化合物往往带有较深的颜色,也限制了其作为抗菌剂使用的范围。银离子无毒、无色,属抑菌能力强的品种之一,非常适于制备抗菌剂,所以目前制备无机抗菌剂以银离子及其化合物为多,锌、钛等化合物也有应用。无机抗菌剂的分类如下:

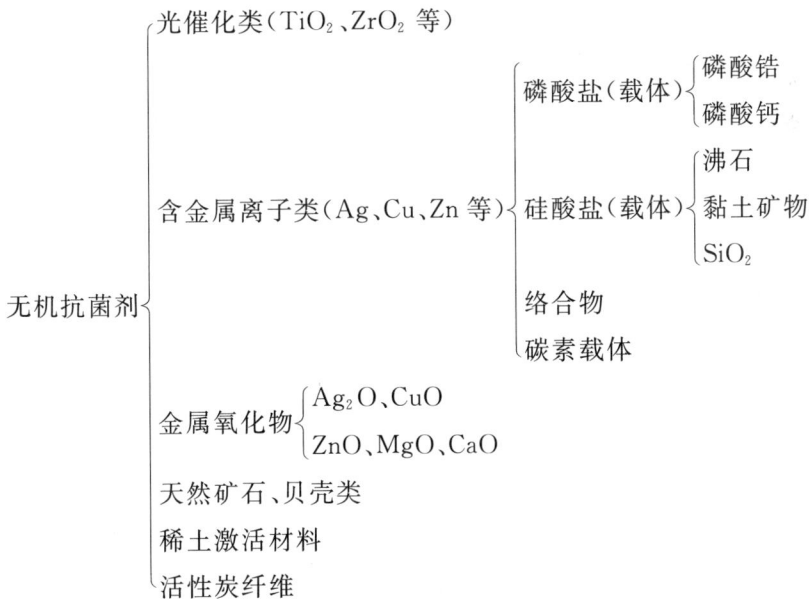

无机抗菌剂
- 光催化类(TiO$_2$、ZrO$_2$ 等)
- 含金属离子类(Ag、Cu、Zn 等)
  - 磷酸盐(载体)
    - 磷酸锆
    - 磷酸钙
  - 硅酸盐(载体)
    - 沸石
    - 黏土矿物
    - SiO$_2$
  - 络合物
  - 碳素载体
- 金属氧化物
  - Ag$_2$O、CuO
  - ZnO、MgO、CaO
- 天然矿石、贝壳类
- 稀土激活材料
- 活性炭纤维

由于银盐具有很强的光敏反应,遇光或长期保存都极易变色,接触水时 Ag$^+$ 易析出而导致抗菌有效期短,很难具有使用价值。为了解决这些问题,人们采用内部有空洞结构而能牢固负载金属离子的材料或能与金属离子形成稳定的螯合物的材料作为载体等手段来解决银离子变色等问题,控制离子释放速率,提高离子在材料中分散性以及离子与材料的相容性问题。根据载体的类型,可分为沸石抗菌剂、硅胶抗菌剂、磷酸复盐抗菌剂等。抗菌成分引入载体的方法有离子交换法、熔融法和吸附法等,见表3-2。

表3-2 无机抗菌剂的载体种类和结合方式

载体		载体与有效成分结合方式	载体		载体与有效成分结合方式
硅酸盐类载体	沸石	离子交换	其他	可溶性玻璃	玻璃成分
	黏土矿物	离子交换		活性炭	吸附
	硅胶	吸附		金属(合金)	合金
磷酸盐类载体	磷酸锆	离子交换		有机(金属)	化合
	磷酸钙	吸附			

金属离子对细菌的抗菌效果和对人的危害是不一样的,其作用的效果次序如下:

对细菌的抗菌效果:

$$As^{5+} = Sb^{2+} = Se^{2+} > Hg^{2+} > Ag^+ > Cu^{2+} > Zn^{2+} > Ce^{3+} = Ca^{2+}$$

对人的危害程度:

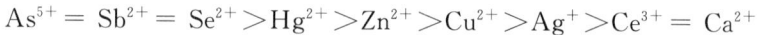

$$As^{5+} = Sb^{2+} = Se^{2+} > Hg^{2+} > Zn^{2+} > Cu^{2+} > Ag^+ > Ce^{3+} = Ca^{2+}$$

微量的 Zn、Cu、Ag、Ce 对人体是有益的,但对微生物有害。

另一类无机抗菌剂是以二氧化钛为代表的光催化类抗菌剂,其特点是耐热性比较高,必须有紫外光照射和有氧气或水存在才能起杀菌作用。为了降低抗菌剂的用量,提高抗菌剂的效能,并尽量减少对纤维等材料其他性能的影响,金属氧化物可以做成纳米级杀菌材料,如纳米二氧化钛、纳米氧化锌等,可用于制造抗菌纤维、玻璃、陶瓷、涂料等。纳米无机抗菌剂用于织物后整理要解决纳米微粒在整理体系中的分散问题和与纤维的结合问题。

2. 有机类抗菌整理剂 有机类抗菌整理剂是目前织物用防霉、抗菌、防臭整理剂的主体。按其化学结构特征,可分为季铵盐类、苯类、脲类、胍类、杂环类、有机金属类等。

(1)季铵盐类。代表性的品种是3-(三甲氧基甲硅烷基)丙基二甲基十八烷基氯化铵(DC-5700),化学结构式为:

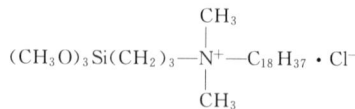

$$(CH_3O)_3Si(CH_2)_3 \overset{\displaystyle CH_3}{\underset{\displaystyle CH_3}{-N^+-}} C_{18}H_{37} \cdot Cl^-$$

DC-5700 化学结构上左端的三甲氧基甲硅烷具有硅烷偶合性,当用水稀释 DC-5700 时,由于甲氧基的水解和析出甲醇即会形成硅醇基,此硅醇基与纤维之间的脱水缩合反应,使 DC-5700 以共价键牢固地结合在纤维表面。经水稀释的 DC-5700 在形成硅醇基的同时,DC-

5700 的阳离子因纤维表面带负电荷而被吸引,形成离子键结合,加上 DC - 5700 彼此之间的脱水缩合反应,使其在纤维表面上形成牢固的薄膜,即 DC - 5700 是以在纤维表面上形成共价键和离子键两种结合方式,形成耐久性优良的抗菌表面膜。

(2)苯酚类。苯酚类化合物具有抗菌活性,其中对氯间甲苯酚和对氯间二甲苯酚具有很活的杀菌力,但苯酚的气味影响了它们在纺织品上的应用。2,4,4′-三氯-2′-羟基二苯醚是一种著名的织物整理剂。其化学结构为:

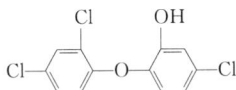

经整理的织物对金黄色葡萄球菌、大肠杆菌和白癣菌均有优异的抗菌活性。对涤纶织物的整理可以与高温高压染色同浴,整理效果有耐久性。

(3)脲类和胍类。脲类和胍类抗菌剂的特点是广谱抗菌,对真菌的抑菌效果很好,低毒安全,是很有前途的抗菌剂。如 3,4,4′-三氯二苯脲、三氟甲基二苯脲、烷基乙烯脲、十二烷基胍、1,6-二(4′-氯苯双胍)己烷等都是良好的纤维抗菌剂,有的亦可作为防臭剂。医疗方面应用很广泛的 1,1′-六亚甲基双[5-(4-氯苯基)双胍]葡萄糖酸盐酸盐可以用于制造抗菌合成纤维。聚六亚甲基双胍盐酸盐(PHMB)可以用于整理棉及其混纺织物。

(4)杂环类。在杂环类抗菌剂中,2-(3,5-二甲基-1-吡啶)-4-苯基-6-羟基嘧啶对大肠杆菌、金黄色葡萄糖球菌等 37 种微生物有抗抑功能,并对锦纶织物有强的吸附力和柔软作用。2-噻唑基-4-苯并咪唑为安全广谱抗菌剂,可用以制造抗菌腈纶和其他织物的抗菌整理。

(5)有机金属化合物。有机金属化合物主要是指有机锌、有机铜、有机钛等化合物。聚丙烯酸铜采用接枝共聚应用于棉或黏胶纤维抗菌整理,可获得抗金黄色葡萄球菌和大肠杆菌的性能;苯硫酸铜氨加成物的水溶液以0.5%～3%的浓度应用于织物,有良好的防霉作用;喹啉铜络合物应用于织物抗菌,1～2mg/kg 即可奏效;8-羟基喹啉铜、二吡啶硫酸铜和羧甲基纤维铜等都对织物有良好抗菌作用。

3.天然产物类抗菌整理剂 来自天然的植物、动物、昆虫及微生物等的某些提取物可以作为纺织品的抗菌整理剂。

(1)植物类提取物。

①桧柏油。桧柏油由桧柏蒸馏而得,由两种组分组成,即作为香精原精的中性油和具有抗菌活性的酚类酸性油。酸性油中含桧醇(或称日柏醇),中性油主要成分为斧柏烯。桧柏油的抗菌机理是分子结构上有 2 个可供配位络合的氧原子,它与微生物体内蛋白质作用使之变性,它抗菌面广,尤其对真菌有较强的杀灭效果。可制成微胶囊处理织物。

②艾蒿。艾蒿为一种菊科多年生草本植物。端午节悬挂艾蒿以驱虫防病为我国传统习俗。艾蒿的气味有稳定情绪、松弛身心的镇定作用。艾蒿的主要成分有 1,8-氨树脑、α-守酮、乙酰胆碱、胆碱等,它们具有抗菌消炎、抗过敏和促进血液循环的作用。

日本用艾蒿提取物吸附在多孔的微胶囊状无机物中制得织物抗菌整理剂,还有以艾蒿染色的织物,用以制作变异反应性皮炎患者的睡衣和内衣。

③芦荟。芦荟为百合科植物,有300多种。大致可分为药用和观赏两种,如向阳芦荟、页岩芦荟和针舌芦荟等。有药效成分的芦荟,已应用于医药、化妆品和保健食品。芦荟的药效成分包括多糖类和酚类,其中起主要作用的芦荟素具有抗菌消炎和抗过敏等作用。近年来,芦荟提取物作为抗菌剂开始用于织物。日本推出的抗菌防臭剂中含有芦荟、艾蒿、紫苏等的萃取物,因其含有天然中药组分,除了抗菌作用,对皮肤也有一定的护理作用。

④山梨酸。山梨酸又名花楸酸,化学名称为2,4-己二烯酸,是一种从植物中分离出来的天然物质。山梨酸通过与微生物酶系中的—SH结合,破坏酶系作用而达到抗菌防霉的作用,对细菌、霉菌、酵母菌等都有明显的抑制性能。

⑤姜黄根醇。姜黄根醇是一种萜类化合物,从印度尼西亚一种传统植物姜黄的块茎中提取。姜黄和姜黄根醇一般作为药物使用,常用作黄疸肝炎、风湿等疾病的治疗,也可治疗消化不良、产后出血等症。姜黄根醇具有很好的抗各种微生物的功能。

⑥甘草。甘草是豆科多年生草本植物,根有甜味,可入药。甘草含甘草甜素,它可分离出多种黄酮类化合物。甘草制剂有镇咳祛痰、镇静、抗炎、抗菌和抗过敏等作用。甘草毒性小,对人体较安全,目前已应用于糖果、卷烟、药品和化妆品等领域,在纺织加工中的应用刚刚起步。

⑦茶叶。茶叶中含有多种化学成分,主要有多酚类化合物、生物碱(多为咖啡碱)、氨基酸、芳香物质等。可将茶叶中的天然抗菌成分混入腈纶中,制成抗菌地毯。

(2)动物类提取物。

①甲壳质和壳聚糖。甲壳质即聚-(1,4)-2-乙酰氨基-2-脱氧-β-D-葡萄糖,是自然界除纤维素外最丰富的天然聚合物。甲壳质的主要来源是蟹壳、虾壳、贝类和昆虫的外皮以及真菌和酶等的细胞壁。甲壳质是一种无色无味的晶体或无定形物,不溶于水、有机溶剂、稀酸和稀碱,可溶于浓硫酸、浓盐酸和85%的磷酸,同时发生降解。壳聚糖是甲壳质在浓碱溶液中脱去乙酰基的产物,壳聚糖在1%的乙酸溶液中形成透明黏稠的胶体溶液。壳聚糖对大肠杆菌、枯草杆菌、金黄色葡萄球菌和绿脓杆菌均有抑制能力。壳聚糖可用于制造抗菌纤维,亦可制成抗菌整理剂处理织物。

②鱼精蛋白。鱼精蛋白是一种相对分子质量从数千到12000的碱性多肽构成的抗菌物质,结构简单的球形蛋白质,含大量氨基酸,其中70%为精氨酸。主要来自大马哈鱼、鲱鱼的鱼精,分别称为大马哈鱼精蛋白、鲱鱼鱼精蛋白。它对细菌、酵母菌、霉菌有广谱抗菌作用,特别对格兰氏阳性菌抗菌作用更强,对枯草杆菌、巨大芽孢杆菌、地衣形芽孢杆菌、凝固芽孢杆菌、胚芽乳杆菌、干酪乳杆菌等均有良好的抗菌作用,最小抑菌浓度为70~400mg/mL。

鱼精蛋白抽提物热稳定性高,120℃加热30min也能维持活性。即使在210℃下维持90min仍有一定的抗菌能力。

③溶菌酶。溶菌酶是一种专门作用于微生物细胞壁的水解酶,最初是在人的唾液、眼泪中

发现的,之后随着研究的不断深入,在蛋清、哺乳动物乳汁、植物和微生物中都发现有溶菌酶的存在。作为一种存在于人体正常体液及组织中的非特异性免疫因素,溶菌酶对人体完全无毒、无副作用,且具有多种药理作用,它具有抗菌、抗病毒、抗肿瘤的功效。所以是一种安全的天然防腐剂。

溶菌酶又称胞壁质酶,是一种相对分子质量较低的球状蛋白质,存在于高等动物的组织及分泌物中,植物和微生物中亦存在。其中在鲜鸡蛋中的含量最高,蛋清中的含量达 0.25% ~ 0.3%。溶菌酶为白色结晶,是一种比较稳定的碱性蛋白质,最适 pH 为 6~7,最适温度为 50℃。相对分子质量为 14500,等电点 pH 为 10.5~11.0。在酸性条件下最稳定。加热至 55℃ 活性无变化,在 pH=3 时能耐 100℃ 加热 40min,在中性和碱性条件下耐热较差,如在 pH=7,100℃ 处理 10min 即失活。在水溶液中加热至 62.5℃ 并维持 30min,则完全失活。溶菌酶溶于食盐水,遇丙酮、乙醇产生沉淀。而在 15% 的乙醇液中于 62.5℃ 下维持 30min 不失活,在 20.5% 的乙醇液中于 62.5℃ 下维持 20min 亦不失活。蛋清溶菌酶是溶菌酶类的典型代表,也是至今了解最清楚的溶菌酶之一。它由 129 个氨基酸残基的单肽链蛋白质组成,含有 4 对二硫(S—S)键。

按作用的微生物不同可将溶菌酶分为三大类:细菌细胞壁溶解酶、酵母细胞壁溶解酶和霉菌细胞壁溶解酶。溶菌酶能催化细菌壁多糖的水解,从而溶解许多细菌的细胞壁。使细胞膜的糖蛋白类发生水解,而引起溶菌现象。溶菌酶对革兰氏阳性菌、枯草杆菌、地农型芽孢杆菌等均有良好的抗菌能力。溶菌作用的最适条件为:pH 为 6~7,温度为 50℃。食品中的酸性基团能影响溶菌酶的活性,因此将溶菌酶与其他抗菌物如乙醇、植酸、聚磷酸盐、甘氨酸加以复配使用,效果会更好。目前,溶菌酶已用于面类、水产熟食品、冰淇淋、色拉和鱼子酱等的防腐。

④昆虫抗菌性蛋白质。昆虫对环境适应能力很强,对细菌、病毒等微生物的侵袭有很强的抵抗力。从昆虫体内分离出的抗菌性的蛋白质,可作为天然抗菌剂。目前,由昆虫中分离出的抗菌蛋白约有 150 种以上,可分为防卫素型、杀菌素型、攻击素型、含高脯氨酸抗菌蛋白型、含高甘氨酸抗菌蛋白型等。昆虫抗菌性蛋白质一般具有耐热性,抗菌性广,对耐药性病菌有抑制作用。

许多天然矿物也有抗菌作用。如胆矾对化脓性球菌、痢疾杆菌和沙门氏菌均有较强的抑制作用。雄黄对多种皮肤真菌、耻垢杆菌和肠道致病菌有很强的杀灭作用。可将天然矿物粉碎成粉末,用一定的方法固着在纤维内部。

三、抗菌整理剂的抗菌机理

抗菌整理剂的种类不同,其抗菌作用机理不同。各种抗菌整理剂抗菌机理方面的研究目前还不是很深入。

1. 无机抗菌整理剂的抗菌机理　无机抗菌整理剂是广谱抗菌剂,属于离子溶出接触型抗菌剂,其抗菌作用是被动式的。目前对金属离子抗菌的作用机理流行着以下两种解释。

(1)接触反应机理。金属离子接触微生物,使微生物蛋白质结构破坏,造成微生物死亡或产生功能障碍。当微量金属离子接触到微生物的细胞膜时,因细胞膜带负电荷而与金属离子发生库仑吸引,两者牢固结合,即所谓的微动力效应,导致金属离子穿透细胞膜,进入微生物体内,与微生物体内蛋白质上的巯基发生反应:

$$酶\diagdown_{SH}^{SH} + 2Ag^+ \longrightarrow 酶\diagdown_{SAg}^{SAg} + 2H^+$$

此反应使蛋白质凝固,破坏微生物合成酶的活性,并可能干扰微生物 DNA 的合成,造成微生物死亡。同时金属离子和蛋白质的结合还破坏了微生物的电子传输系统、呼吸系统和物质传输系统。由于金属离子一般负载在缓释性载体上,在使用过程中具有抗菌性能的金属离子逐渐释放,而在低浓度下抗菌金属离子就有抗菌效果,因此通过抗菌金属离子的释放,无机抗菌剂可发挥持久的抗菌效果。

金属离子杀灭和抑制细菌的活性按下列顺序递减:

$$Ag^+ > Hg^{2+} > Cu^{2+} > Cd^{2+} > Cr^{3+} > Ni^{2+} > Pb^{2+} > Co^{4+} > Zn^{2+} > Fe^{3+}$$

Ag^+ 具有较高的氧化还原电位($+0.798eV$,25℃),所以反应活性很大,通过反应可达到其结构稳定状态。金属离子抗菌性能还与自身化学价态有关,对于银离子,其抗菌性能顺序如下:

$$Ag^{3+} > Ag^{2+} > Ag^+$$

高价态银离子还原势能极高,能使周围的空间产生原子氧而极大地提高抗菌效果。

(2)活性氧机理。加入抗菌剂后,材料表面分布着微量的金属元素,能起到催化活性中心的作用。该活性中心能吸收环境的能量,激活吸附在材料表面的空气或水中的氧,产生羟基自由基(·OH)和活性氧离子(O_2^-),它们具有很强的氧化还原能力,能破坏细菌细胞的增殖能力,抑制或杀灭细菌,产生抗菌性能。

锐钛型 TiO_2 属光催化型抗菌剂。由于光催化反应,使包括微生物在内的各种有机物分解而具有抗菌性能。锐钛型抗菌剂 TiO_2 的禁带宽度为 3.2eV,当 TiO_2 吸收波长≤387.5nm 的光子后,价带中的电子就会被激发到导带,并按下列反应式形成带负电的高活性电子 e_{cb}^-,同时在价带上产生带正电的空穴 h_{vb}^+,在体系内电场的作用下电子与空穴发生分离,迁移到粒子表面的不同位置。根据热力学理论,分布在表面的 h_{vb}^+ 可以将吸附在 TiO_2 表面的 OH^- 和 H_2O 分子氧化成羟基自由基 $HO·$,而吸附或溶解在 TiO_2 表面的 O_2 则易俘获 e_{cb}^- 形成 O_2^-。反应式如下:

$$TiO_2 \xrightarrow{h\nu} TiO_2(e_{cb}^- + h_{vb}^+)$$
$$H_2O \Longleftrightarrow H^+ + OH^-$$

$$e^-_{cb} + h^+_{vb} \longrightarrow 热量$$

$$h^+_{vb} + H_2O_{(ads)} \longrightarrow HO\cdot_{(ads)} + H^+$$

$$h^+_{vb} + OH^-_{(ads)} \longrightarrow HO\cdot_{(ads)}$$

$$e^-_{cb} + O_2 \longrightarrow O_2^-$$

$$O_2^- + H^+ \longrightarrow HO_2\cdot$$

$$2HO_2\cdot \longrightarrow H_2O_2 + O_2$$

$$H_2O_2 + O_2 \longrightarrow HO\cdot + OH^- + O_2$$

$$H_2O_2 \xrightarrow{h\nu} 2HO\cdot$$

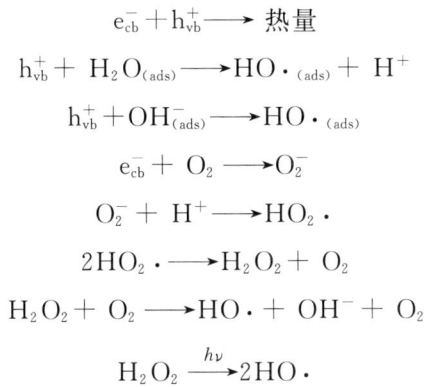

式中 cb 表示导带、vb 表示价带、ads 表示吸附。上述反应式表明，TiO_2 在光作用下在表面可以产生大量的羟基自由基和氧自由基，而这两种自由基都具有很强的化学活性，能使各种微生物发生氧化反应，当这些自由基接触到微生物时，也能和微生物内的有机物反应，从而在较短时间内就能杀灭微生物。因为自由基和微生物内有机物反应没有特异性，所以光催化性抗菌剂具有广谱的抗菌效果，对细菌、霉菌、病毒等多种微生物都有较好的抑制和杀灭作用。目前常用的 TiO_2 抗菌剂的颗粒多为超细或纳米量级。这主要是从下面几个因素考虑的：首先，从光催化型抗菌剂的抗菌机理看，抗菌效率和抗菌能力与体系产生的自由基浓度密切相关，而自由基浓度则与 e^-_{cb} 和 h^+_{vb} 浓度有关。随着 TiO_2 颗粒粒径的减小，表面原子数所占比例迅速增加，光吸收效率明显提高，从而增加了表面光生载流子的生成浓度。其次，TiO_2 颗粒粒径对光生载流子的复合率有很大影响。统计表明粒径为 $1\mu m$ 的 TiO_2 晶体中载流子从内部扩散到表面的平均时间为 $10^{-7}s$，而粒径为 $10nm$ 的 TiO_2 晶体中载流子从内部扩散到表面的平均时间仅需 $10^{-11}s$。粒径越小，载流子到达粒子表面所需时间越短，载流子在晶粒内部复合几率就越低。研究表明光生载流子的产生和复合可以在 $10^{-15}s$ 内完成。只有表面的载流子才能够产生自由基，具有杀灭微生物的潜能。再次，在光催化型抗菌剂的作用过程中，TiO_2 晶体晶粒表面的 H_2O 分子数和 OH^- 离子数直接影响抗菌剂的抗菌效果。在水溶液环境中，TiO_2 晶体表面的 OH^- 离子密度为 $5\sim10$ 个/nm^2。因此，TiO_2 晶体粒径越小，单位质量表面 OH^- 离子密度越高，抗菌效率越高。另外，根据能带理论，半导体价带的能级代表半导体空穴的氧化还原电位的极限，任何氧化电位在半导体价带位置以上的物质，理论上都可以被光生空穴氧化；半导体的导带则代表半导体电子还原电位的极限，任何还原电位在半导体导带以下的物质理论上均可被光生电子还原。光催化型抗菌剂是 n 型半导体，由于纳米材料的小尺寸效应，当其尺寸在 50nm 以下时，载流子就被严格限制在一个小尺寸的势阱中，从而导致导带和价带能级由连续变成离散，增大能隙，使导带能级负移，价带能级正移，显著加强了半导体材料的氧化还原能力，提高了光催化型抗菌剂的抗菌活性和抗菌效率。

2.有机抗菌整理剂的抗菌机理 有机抗菌整理剂是通过和微生物细胞膜表面阴离子结合逐渐进入细胞，或与细胞表面的巯基等基团反应，破坏蛋白质和细胞膜的合成系统，抑制微生物的繁殖。微生物细胞的外膜是半透膜,由脂肪层和蛋白质构成,内外两层是蛋白质,中间夹着脂肪层,因此要渗透微生物细胞膜需要有机抗菌剂具有亲水性和亲油性。

有机抗菌剂品种繁多,各种微生物的菌体间也各不一样,其作用机理也随种类而异。一般有如下途径。

(1)降低或消除微生物细胞内各种代谢酶的活性,阻碍微生物的呼吸作用。微生物在呼吸时消耗糖类物质,释放能量维持细胞内各种成分的合成和利用。能量储存及转化都涉及酶类物质。酶是一种大分子蛋白质,带有巯基、氨基或微量金属离子。如果抗菌剂进入菌体后能和酶类物质结合,并在一定程度上影响酶的活性,能量代谢体系的运转就会受到影响,呼吸作用也就被抑制或停止。如硫氰酸酯类化合物进入菌体后就可和菌体内酶分子中的巯基、氨基起作用,使之失活而产生抗菌效果:

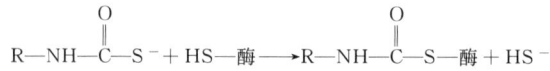

$$R-NH-\overset{\overset{\displaystyle O}{\|}}{C}-S^- + HS-酶 \longrightarrow R-NH-\overset{\overset{\displaystyle O}{\|}}{C}-S-酶 + HS^-$$

一般铜、汞、砷制剂、有机硫等具有这种作用机制。

(2)抑制孢子发芽时孢子的膨润,阻碍核糖核酸的合成,破坏孢子的发芽。这一机理对抑制产生孢子的微生物具有重要意义,尤其是对于抑制霉菌生长和繁殖有重要意义。有机锡抗菌剂能通过该机理抑制微生物。

(3)加速磷酸氧化体系,破坏细胞的正常生理机能。醌类抗菌剂通过该机理抑制微生物的生长繁殖。

(4)阻碍微生物的生物合成,干扰微生物生长和维持生命所需物质的产生过程。例如核酸储存复制生命信息,是生命物质的基础,部分有机抗菌剂能够破坏核酸的正常生成,这当然也就破坏了酶等蛋白质分子产生的物质基础,进而破坏了微生物的生长和繁殖。

(5)破坏细胞壁的形成。部分微生物如真菌有一层细胞壁,它是真菌等同外界进行新陈代谢、保持内部环境恒定的一种屏蔽物质。真菌的细胞壁由甲壳素组成,部分有机抗菌剂对乙酰葡萄糖胺转化酶起抑制作用,使待聚合的乙酰葡萄糖胺不能形成甲壳素,细胞壁的形成受到破坏,导致细胞内物质外泄,微生物死亡。

(6)阻碍类酯的合成。部分有机抗菌剂对蛋白质为基质的呼吸作用影响不大,但对醋酸酯基的夺取有阻碍作用,其作用点为抑制微生物的类酯类化合物的合成系统,达到抑菌或杀菌的目的。

常见的抗菌剂的抗菌机理,如有机硅季铵盐类抗菌剂可用于细菌细胞的表层,破坏细胞壁和细胞膜。作用方式有两种,一是抗菌剂的阳离子吸引带负电荷的细菌细胞壁,其长链烷基破坏细菌细胞壁而杀死细菌;二是抗菌剂的阳离子吸引带负电荷的细菌细胞壁,长链烷基接触细菌细胞壁的另一侧。由于受抗菌剂阳离子的吸引负电荷减少,继而细胞壁破裂,内溶物渗出而死亡。与纤维配位的金属类抗菌剂的抗菌机理是金属离子损害微生物细胞的电子传递系统,破坏细胞内的蛋白质结构,引起代谢障碍,并能破坏细胞内的 DNA。胍类抗菌剂的抗菌是破坏细胞膜,使细胞内物质泄漏出来,使微生物呼吸机能停止而死亡。壳聚糖类分子结构中含有多个羟基、氨基等极性基团,有极强的水合能力,分子结构中的质子化氨基能通过吸附带负电荷微生物离子与细胞壁的阴离子成分结合,阻碍细胞壁的生物合成,从而抑制微生物的生长。

第三节　抗菌纤维的生产

　　合成纤维纺织品的抗菌防臭功能可以通过三种途径来实施,其一是开发本身具有抗菌性能的纤维,即天然抗菌纤维,如甲壳素或壳聚糖纤维;其二是制造抗菌纤维,即将抗菌剂混入纺丝母粒中,纺丝后纤维本身即含有抗菌剂,具有抗菌防臭功能,则纺织品必然具有功能性;其三是形成织物后进行抗菌整理,从而赋予纺织品抗菌防臭功能。抗菌纤维制成的纺织品的抗菌效果的耐久性要比织物后整理方式好,但其成本相对较高。

一、甲壳素与壳聚糖纤维的生产

　　甲壳素广泛存在于虾、蟹、昆虫的外壳以及真菌和一些藻类植物的细胞壁中,是自然界中仅次于纤维素的第二大天然高分子物质。

　　甲壳素又称甲壳质、壳质、几丁质,是一种带正电荷的天然多糖高聚物。它是由 2-乙酰氨基-2-脱氧-D-葡萄糖通过 β-(1,4-)糖苷连接起来的直链多糖,它的化学名称是(1,4)-2-乙酰氨基-2-脱氧-β-D-葡聚糖,或简称聚乙酰氨基葡萄糖。壳聚糖是甲壳素大分子脱去乙酰基的产物,故又称脱乙酰甲壳素、可溶性甲壳素、甲壳胺。它的化学名称是(1,4)-2-氨基-2-脱氧-β-D-葡聚糖,或简称聚氨基葡萄糖。经计算壳聚糖的理论含氮量为 8.7%,而目前壳聚糖成品的含氮量仅在 7% 左右,说明产品壳聚糖分子中尚有相当一部分乙酰基未脱除。壳聚糖的脱乙酰度一般可用甲壳素分子中脱除乙酰基的链节数占总链节数的百分数来表示。凡是脱乙酰度在 70% 以上时即称壳聚糖。正是由于壳聚糖大分子中大量氨基的存在,才使壳聚糖的溶解性能大为改善,化学性质也较活泼。

　　甲壳素、壳聚糖与纤维素有相似的结构,它们可以看作是纤维素大分子中 2 位碳上的羟基(—OH)被乙酰氨基(—NHCOCH$_3$)或氨基(—NH$_2$)取代后的产物。它们的化学结构见图3-1。

　　甲壳素和壳聚糖具有广谱的抗菌效果,对多种细菌、真菌均具有抑制作用。它们具有极好的生物特性,与人体有很好的相容性,可被人体内溶菌酶分解而被人体吸收。用其制成的纤维或薄膜,可用作外科可吸收的手术缝合线、人造皮肤、止血棉、医用非织造布、纱布等,具有消炎、镇痛、止血、抑菌、促进伤口愈合等作用。

　　目前较普遍采用的纺制甲壳素或壳聚糖纤维的方法是湿法纺丝法。把甲壳质或壳聚糖先溶解在合适的溶剂中配制成一定浓度的纺丝原液,经过滤脱泡后,用压力把原液从喷丝头的小

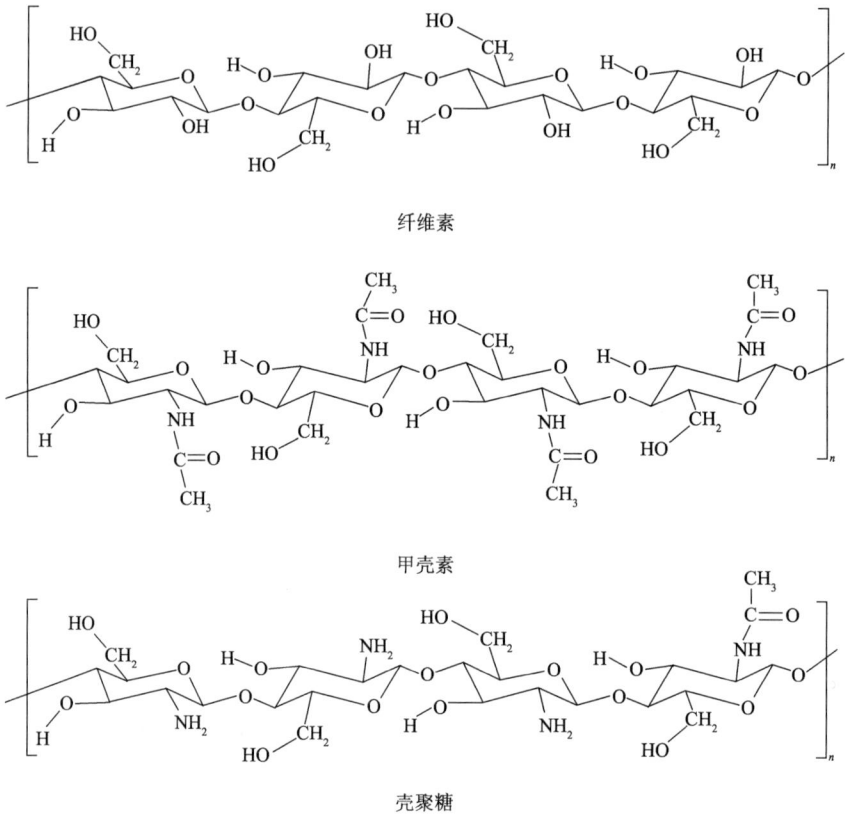

纤维素

甲壳素

壳聚糖

图3-1 纤维素、甲壳素和壳聚糖的化学结构式

孔中呈细流状喷入凝固浴槽中,在凝固浴中凝固成固态纤维,再经拉伸、洗涤、干燥等后处理就得到甲壳质纤维或壳聚糖纤维。其主要工艺流程如图3-2所示。

甲壳素或壳聚糖纤维生产的工艺很多,其主要原理、操作过程相似,只是在溶剂、凝固剂的选择,溶解、纺丝及后处理工艺等方面有所不同。

其工艺路线一般分为两类:

(1)甲壳素(壳聚糖)→溶解→纺丝原液→过滤→脱泡→计量→纺丝→一浴→牵伸→二浴→定型→洗涤→干燥→纤维

(2)甲壳素(壳聚糖)→改性处理→纺丝原液→过滤→脱泡→计量→纺丝→凝固浴→牵伸→定型→洗涤→干燥→纤维

以上两种工艺路线,后者制得的纤维强力比前者高一倍,其他性能变化不大。

甲壳素或壳聚糖纤维的生产工艺举例如下:

取3份甲壳质粉,溶解在5℃的50份三氯乙酸和50份二氯甲烷的混合溶剂中配成甲壳质纺丝浆液,用577网孔数/cm(1480目)不锈钢网过滤,再抽真空脱泡。纺丝时第一凝固浴用14℃丙酮,喷丝头孔径为0.08mm,孔数为48孔,纺丝速度10m/min。为确保纺丝顺利进行,在

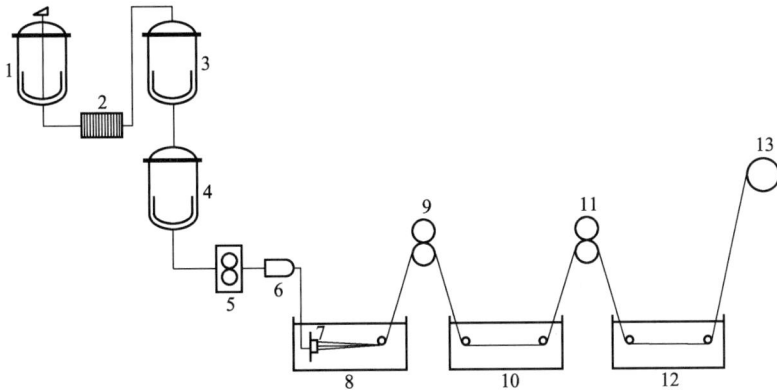

图 3－2　甲壳素与壳聚糖纺丝工艺流程图

1—溶解釜　2—过滤器　3—中间桶　4—贮浆桶　5—计量泵

6—过滤器　7—喷丝头　8—凝固浴　9—受丝辊

10—拉伸浴　11—拉伸辊　12—洗涤浴　13—卷绕辊

喷丝头前的输浆管用循环热水加热,以保证甲壳素纺丝浆液的温度为 20℃。凝固后的丝条通过输送带使纤维在无张力状态下引入第二凝固浴(15℃甲醇),处理时间为 5min,然后以 9m/min 的速度卷绕,将绕好的纤维浸在 0.3g/L KOH 的水溶液中中和 1h,用去离子水洗至中性,干燥后即得甲壳质纤维。

将甲壳素在室温下溶解,溶剂是含有氯化锂的二甲基乙酰胺溶液,比例是 LiCl∶DMAc＝1∶20。甲壳素浓度为 3%,过滤脱泡后即得呈透明黏稠的纺丝浆液。纺丝凝固浴用异丙醇,凝固后纤维用去离子水冲洗干净,干燥后得甲壳素纤维。

在搅拌下把壳聚糖溶解在由 5%醋酸水溶液和 1%尿素组成的混合液中,经过滤脱泡后得到浓度为 35%,黏度为 1.52Pa·s 的纺丝浆液。用孔径 0.4mm、180 孔的喷丝头,将纺丝浆液挤出到室温的凝固浴中,凝固浴为不同浓度的氢氧化钠与乙醇的混合液,凝固的纤维用温水洗涤,按 1.25 倍的伸长率卷绕,在张力状态下 80℃干燥 0.5h 即得壳聚糖纤维。

除了甲壳素与壳聚糖可以生产纤维外,它们的衍生物也可以生产不同用途的纤维。

甲壳质与壳聚糖纤维可纺制成长丝或短纤维。长丝主要通过去捻或编织成可吸收医用缝合线。切成一定长度的短纤维,经开松、梳理、纺纱、织布制成各种规格的医用纱布。将开松的甲壳质或壳聚糖短纤维梳理加工成网,再经叠网、上浆黏合、干燥或用针刺即成医用非织造布。这种纱布或非织造布由于多孔,有良好的透气性和吸水性,透气量为 1500L/(m²·s),吸水性为15%,裁剪成各种规格,经包装消毒,就成为理想的医用敷料。另外,可把甲壳质与壳聚糖短纤维制成各种规格与用途的纤维纸和纤维毡等,用于水和空气的净化。甲壳素和壳聚糖纤维的质量指标见表 3－3。

表 3-3　甲壳素和壳聚糖纤维的质量指标

品　　种	线密度(tex)	强度(N/tex)		伸长(%)		打结强度 (N/tex)
		干强	湿强	干伸	湿伸	
甲壳素纤维	0.17～0.44	0.097～0.22	0.035～0.097	4～8	3～6	0.044～0.115
壳聚糖纤维	0.17～0.44	0.097～0.27	0.035～0.12	8～14	6～12	0.044～0.13

二、共混型抗菌纤维的生产

共混纺丝法是将抗菌剂和分散剂等添加剂与纤维母体树脂混合,通过熔融纺丝、干法纺丝或湿法纺丝来生产抗菌纤维。熔融法共混纺丝时,要求抗菌剂耐高温性能要好。采用熔融法生产的抗菌纤维包括涤纶、锦纶、丙纶等,它们的纺丝温度一般在 $250\sim320℃$,因此要求抗菌剂在该纺丝温度下不分解。抗菌剂的粒径要足够小,对于成纤体系,一般要求抗菌剂的平均粒径小于 $1\mu m$,甚至达到纳米级才能有良好的可纺性。

1. 抗菌母粒制备　熔融纺丝法生产抗菌纤维,首先要制造抗菌剂含量较高的抗菌母粒。在纺丝时将普通切片加入一定比例的抗菌母粒,通过共混纺丝制成抗菌涤纶、锦纶、丙纶等。抗菌母粒制备工艺流程:

抗菌剂的精制→复配抗菌剂与载体树脂掺混、干燥→螺旋挤出机熔融共混挤出→造粒→抗菌母粒

抗菌母粒中抗菌剂的含量一般在 $5\%\sim20\%$。

2. 抗菌纤维的生产　抗菌纤维生产工艺流程为:

抗菌母粒┐
　　　　├→共混(或共混干燥)→纺丝→卷绕→拉伸→其他后加工(工艺与同类常规纤维同)
普通切片┘

如抗菌涤纶的生产,是将一定比例的抗菌聚酯母粒加入聚酯切片中,在转鼓干燥机中充分混合、干燥,以达到均匀分散的目的。工艺条件及过程按聚酯切片的干燥工艺实施。纺丝时,纺丝机卷绕速度 3200m/min,牵伸加捻变形机牵伸速度 150～800m/min;纺丝温度 282～288℃。如规格为 150dtex/36f 纤维的加工工艺为:加捻参数 D/T 为 1.55～1.70;卷绕速度 350～450 m/min;热定型超喂量 8.80%～9.50%,第二加热器温度 125～135℃;拉伸比 1.55～1.66。

第四节　抗菌纺织品的生产

采用卫生整理剂整理织物,要求卫生整理剂具备以下条件:

(1)用量极少即能对细菌具有抑制作用。

(2)对人体无毒、无致敏性。

(3)无色、无臭、无黏滞性。

（4）不能使细菌产生耐药性。

（5）与其他用剂具有相容性。

（6）应用工艺简单，具有一定的耐洗牢度。

（7）不致加速纤维光化或降解作用，不影响纤维和织物的力学性能。

一、织物抗菌整理的方法

织物卫生整理方法常用的有表面涂层法、浸渍→烘干（→焙烘）法和浸轧→烘干（→焙烘）法等。

1.表面涂层法　将抗菌剂添加到涂层剂中，按常规方法对织物进行涂层处理，使抗菌剂固着在织物表面的涂层膜中。某些无机抗菌剂或非水溶性抗菌剂可用此种方式，适用于任何纤维织物。

2.浸渍→烘干（→焙烘）法　将抗菌剂配制成一定浓度的整理液，需要时可添加其他助剂，织物置入整理液中浸渍，离心脱水至一定含水量时烘干，根据需要可进行焙烘固着。此法主要用于针织品及巾被类产品。

3.浸轧→烘干（→焙烘）法　此法是将整理液以浸轧的方式施加至织物上，主要适用于平幅连续加工，是机织物常用的整理工艺。

另外，根据不同的抗菌剂和织物形态，可以采用其他不同的整理方式，如可将非水溶性的抗菌剂制成微胶囊，添加黏合剂整理织物，有些织物如地毯等，也可用喷雾法施加整理剂等。

二、织物抗菌整理实例

织物卫生整理工艺应根据纤维种类、所用卫生整理剂的性能特点及卫生要求来确定。消费者往往要求纺织品有耐久的功能性，因此应选择在加工条件下能与纤维形成交联反应或借助于交联剂、黏合剂能与织物形成牢固结合的整理剂。

以 DC－5700 整理棉织物为例。其有效成分含量为 42%（甲醇作溶剂），其分子结构上的三甲氧基硅烷具有硅烷偶合物，当用水稀释 DC－5700 时，甲氧基的水解和释出甲醇即会形成硅醇基，硅醇基团可与纤维素大分子发生缩合反应，形成共价键牢固地结合在纤维表面。在形成硅醇基的同时，DC－5700 季铵基团因纤维表面带负电荷而被吸引，形成离子键结合；DC－5700大分子间的脱水缩合反应使其在纤维表面上形成牢固的覆膜，具有很好的耐久性。

DC－5700 整理工艺可用浸轧法或浸渍法，整理剂用量为 $1.5\%\sim3\%$（owf），浸轧或浸渍脱水后在 $80\sim120℃$ 烘干。配制工作液时要边加料边搅拌，如搅拌不良会产生局部凝聚，整理液中应加入适量渗透剂。

对于合成纤维织物，除了可采用抗菌纤维外，后整理获得卫生性能时应选择特殊结构的整理剂或借助于黏合剂来完成。如涤纶织物抗菌防臭可选用 2,4,4'－三氯－2'－羟基二苯醚作为整理剂，因其结构类似于分散染料，既可采用轧—烘—焙工艺，也可采用高温高压法来完成整理过

程,还可在高温高压染色时同浴整理。轧—烘—焙整理工艺条件如下:

抗菌剂(有效成分 10%)	15~50g/L
交联剂(40%)	30~50g/L
渗透剂	2g/L

二浸二轧(轧液率 70%～80%)→烘干(100℃,3min)→焙烘(160～165℃,3min)

高温高压同浴染色法的工艺条件与分散染料染色工艺相同,抗菌剂用量为 3%～5%(owf)。

对于不溶于水的无机抗菌剂或纳米氧化物抗菌剂,整理时须添加黏合剂以固着于织物上。如纳米氧化锌对棉织物的抗菌整理工艺:

纳米氧化锌	5%
黏合剂	17%
分散剂	2%
水	加至 100%

轧—烘—焙工艺同上。

第五节　消臭纺织品的生产

消臭与抗菌的概念不同,抗菌是通过抑制织物上细菌的增殖或杀死细菌而达到抗菌和防臭的目的;而消臭则是指消除环境中已经生成的臭气。在地球上的大约 200 万种化合物中,估计有 10000 种属于恶臭类物质,常见的恶臭物质有 300～400 种。硫化氢、甲硫醇、三甲胺、氨气被称为四大恶臭气体,分别散发出臭鸡蛋味、大蒜味、腐败鱼臭味、刺激性臭味。这些臭气在空气中只要有极低的浓度,就会使人产生明显的不快,而且会产生生理危害。如硫化氢能使中枢神经麻痹,使呼吸停止和精神失常。硫醇类物质有麻痹作用,会损害神经组织。氨气的刺激使反应性神经中枢兴奋,血压上升,呼吸急促,大量时会使口腔、咽喉和胃部刺痛,引起呕吐,甚至导致窒息死亡。日本自 20 世纪 80 年代至今开发出了一系列消臭织物及其制品。消臭织物作为一种新型功能性纺织品正在受到人们的关注。

消臭织物的开发首先是针对病患老年人的护理工作。老年人卧床不起或行动不便,由于粪尿处理不好和不能及时洗浴,散发臭气,因为恶臭刺激,患者头晕目眩。使用消臭织物后,臭气基本消失。

随着人类物质生活和文化程度的提高,环境卫生意识明显提高,不仅仅是老年人、婴儿等的护理和卫生,生活中多种恶臭的消除,这些问题日益受到重视。目前,消臭织物在医护用品、生活用品、装饰用品和产业用品中已经广泛使用。

细菌在 100% 的相对湿度环境下成长较快,这种条件易于在棉上获得。因为纤维素纤维是亲水和多孔的,这些孔隙内是细菌易于繁殖的地方。细菌繁殖速度很快,条件适宜的话每隔

20～30min,细菌总数可增加一倍。真菌能在较干燥的条件下成长,通常,真菌的成长要比细菌慢得多,因此细菌在较短时间比真菌容易散发出臭味。短时间内潮湿的纺织品产生的臭味都是由细菌造成的,较干燥的纺织品经较长时间放置所发出的霉味,较大可能地是真菌所产生的。有许多细菌和真菌会产生纤维素酶,附着在纤维素纤维上会使纤维素降解为糖。纤维素是一种碳水化合物,不能产生像氮之类的营养源。污物、灰尘、汗渍和一些整理剂都能起到营养源的作用,在代谢这些养分的过程中,生成的废物可能会有挥发性臭味的分子。人体的特有臭味是由 3-甲基-2-己烯酸产生的,而脚臭则是低分子量的羧酸、醛类和胺类等臭味分子产生的。能分泌尿素酶的细菌可将尿素破坏生成氨,这是婴儿尿布上刺激性臭味的来源。由于 pH 较高,还会使婴儿生尿布皮疹。

一、消臭剂的消臭机理

按有效成分分类,消臭剂可分为无机消臭剂、有机消臭剂和无机有机混合消臭剂;按形态分有溶液型消臭剂、固态型消臭剂和粉末型消臭剂。这些消臭剂的消臭机理不尽相同。

1. 感觉消臭　所谓感觉消臭是使人从嗅觉上感到臭气消失,其消臭机理包括掩盖作用和中和作用。掩盖作用是用感觉程度强的气味将感觉程度弱的气味压下去,它并不能使臭气消除,而是一种嗅觉上的麻醉。芳香剂是最典型的体现掩盖作用的消臭剂,所用芳香剂是植物精油等天然芳香剂和合成芳香剂。芳香剂与恶臭物质也发生中和作用,使之相互抵消,其中也兼有相互之间的化学、物理作用。诸如松香精油、薰衣草精油等对硫化氢就有很好的中和作用。

2. 物理消臭　物理消臭以不改变恶臭分子的化学结构为特点,比如封闭恶臭源和通风疏散,就是人们对付臭气采取的简单措施。但更主要的物理消臭方法是利用消臭剂对恶臭分子进行吸附和吸收。吸附是指利用活性炭、浮石、硅胶等多微孔物质和特定盐类物质把恶臭分子固定在其表面并溶解吸入到其内部而显示消臭性。活性炭是与纺织品相结合的早期应用的消臭物质。这类物质凭其分子间作用力完成对恶臭分子的吸附,是非极性吸附。硫酸锌等金属盐和氧化铝等金属氧化物能对恶臭分子形成离子作用,是极性吸附。吸附是指通过表面活性剂等物质把恶臭分子溶解吸入到其内部,使用这类活性物质对织物进行涂层,则可以显示出消臭作用。物理消臭往往具有容易饱和而降低消臭效果和臭气再释放问题。

3. 化学消臭　化学消臭是使恶臭分子和消臭剂发生化学反应,生成没有臭味的物质。其反应机理涉及中和、氧化、还原、加成、脱硫、络合、缩聚以及离子交换反应等。酸、碱、某些盐类能和恶臭中的氨、胺、硫化氢、硫醇等分子发生中和反应;臭氧、过氧化氢、次氯酸等溶液能使恶臭物质被氧化;硫酸亚铁、氯化铁等能使硫化氢脱硫。化学消臭是现代消臭技术的有效途径。开发消臭织物的著名消臭剂之一是由日本白井松新药公司开发的山茶科植物萃取物,其消臭成分是黄酮醇、黄烷醇、单宁酸等有机高分子物质,为淡黄色液体,能通过中和反应、加成反应等复合作用达到消臭目的。日本另一种著名消臭剂"阿尼科"是由硫酸亚铁和 L-抗坏血酸构成的复合消臭剂,消臭效果是活性炭的 100 倍。硫酸亚铁能和酸性恶臭物质反应使之分解,能和碱性物质反应生成氨络物。L-抗坏血酸的作用是抑制亚铁离子被氧化,保持其活性状态。可用这种消臭剂对织物进行后处理,也可用无机粉末含浸这种消臭剂纺入纤维之内。

4. 生物消臭 通过微生物的生物功能来消除恶臭是一种古老而新颖的方法。利用微生物或酶的生物消臭剂已投放市场。基于对铁卟啉这一氧化酶功能高分子模型的建立,开发了人工酶。这是一类铁酞菁物质,具有显著的消臭效果,并且容易和纺织品相结合。

二、消臭纤维的制造

消臭纤维的制造可分为混合法、原丝固着法和聚合物改性法等。

1. 混合法 一般须使消臭剂分散在纤维表面,使它和臭气物质能直接接触。为满足此要求,常采用以下方法:将有官能团的单体和树脂固着在纤维上,再使此官能团和消臭剂成分化学结合。如在黏胶丝的纺丝原液中加入并瞬时混合粒径为 0.5μm 的活性炭分散水溶液,活性炭含量约为纤维质量的 30%,然后在硫酸和硫酸钠凝固液中纺丝。此时,黏胶与水及硫酸反应产生的硫化氢通过表层打开了无数微孔。这些微孔和活性炭的孔相贯通,将臭气成分吸附在活性炭中,从而达到消臭的目的。

2. 原丝固着法 用原丝固着法加工纤维是目前较新的方法,如将常规黏胶丝浸渍在 10% 阳离子化碱性处理剂(Cationon UK)中,80℃下处理 60min;然后用 0.1mol/L 醋酸溶液在 60℃ 下中和 20min;接着充分水洗、脱水,80℃下干燥 3h;然后在 3% 铁菁八羧酸水溶液中,50℃处理 60min;再浸渍在 0.5mol/L 醋酸溶液中,水洗后,经干燥处理即可制得消臭纤维。

3. 聚合物改性法 原液纺丝容易将消臭剂成分分散在纤维中。例如,湿法纺丝的腈纶和黏胶丝的消臭加工,就是将消臭剂加在原液中进行纺丝,从而赋予纤维以消臭功能;而熔融纺丝的涤纶纤维消臭加工,则是通过制成多孔质纤维和复合纤维后,才赋予其消臭功能。

例如,用铜(Ⅱ)—钛(Ⅳ)—二氧化硅—二氧化钛的组成物作为消臭剂,将它加在锦纶 6 的聚合物中,用量为锦纶 6 的 20%;然后在 260℃混合熔融 20min,用挤出机挤出,制成消臭功能母粒,将消臭功能母粒和锦纶 6 再以 1:3 比例混合后,就可作为制造皮芯层消臭纤维皮层用的母粒。另外,将 100g 对苯二甲酸,60g 乙二醇,0.04g 三氧化锑,2g 粒径为 0.5μm 的二氧化钛,在升温至 160～240℃的同时,进行酯化反应,减压下升温到 280℃进行缩聚,得到极限黏度为 0.75 的聚酯高聚物,此高聚物就可作为制造皮芯层消臭纤维芯层用的树脂。将上述皮层用树脂和芯用树脂以 1:1 比例于 280℃在同一纺丝孔中进行纺丝,并在纺丝速度为 1000m/min 的条件下进行拉伸,再进行加捻加工,就制成皮芯性复合纤维,这种纤维就具有消臭功能。

三、织物消臭整理

织物通过后处理加工赋予其消臭性能的具体方法有喷雾法、浸渍法、浸轧法、涂层法、层压法和印花法等。

织物消臭整理可利用包合消臭剂的微胶囊或能形成多孔质薄膜的树脂处理织物,或利用反应性树脂将消臭剂固着在纤维上。此外,通过共聚反应使纤维接上羧基等,或将含官能团的单体或树脂固着在纤维上,使这些官能团和消臭剂发生化学结合,从而赋予纤维或织物消臭功能。如用4％的1,2,3,4-丁烷四羧酸,2％的无水磷酸钠,3％的黄酮-3-醇类(山奈黄素、栎精、杨梅酮的混合物)组成的处理液,用浸轧法处理丝光棉织物,轧液率60％,然后干燥,160℃热处理2min,即可得到固着有黄酮-3-醇类的消臭织物。

四、消臭效果评价

评价消臭纤维和纺织品的消臭效果关键在于测定臭气的浓度。臭气浓度的测定有化学分析法和官能团试验法两种。

1.化学分析法　化学分析法包括气体探测管法、气相色谱法和臭气识别传感器法等。对于高浓度的臭气,用气体探测管法是最方便的,检测时将一定量的消臭纤维或织物装入一密闭容器中,注入一定浓度的臭气,按一定时间间隔用气体探测管测定容器中的臭气浓度,即可知消臭纤维或织物随时间变化的消臭率。在实际使用中臭气浓度通常很低,且臭气在不断产生,因此评价消臭纺织品时不仅要测定消臭率,还要评价其消臭效果的持久性。精确但较麻烦的方法是气相色谱法,如果臭气低于仪器可检测浓度,可用液体氧浓缩。

2.官能团试验法　官能团试验法可分为直接采点法和稀释法。直接采点法包括六档臭气强度表示法、九档愉快和不愉快感觉表示法。稀释法基于以下原理:不管多么强烈的臭味或香味,用无臭空气稀释总能稀释到人嗅觉感知不到为止,将人刚好能感知到臭味时所需要的稀释倍数作为臭气的浓度。

第六节　纺织品抗菌性能测试方法及标准

一、织物抗菌性能测试方法分类

织物抗菌性能的测试分为定量测试方法和定性测试方法,以定量测试方法最为重要。

1.定量测试方法　目前纺织品抑菌性能定量测试方法及标准包括美国AATCC 100—2012、奎恩实验法等。

定量测试方法包括织物的消毒、接种测试菌、菌培养、对残留的菌落计数等。它适用于非溶出性抗菌整理织物,不适用于溶出性抗菌整理织物。该法的优点是定量、准确、客观,缺点是时间长、费用高。图3-3是菌数测定法测试结果的例子。

2.定性测试方法　定性测试方法主要有美国AATCC 90—2011(晕圈法,也叫琼脂平皿法)、AATCC 147—2011(平行划线法)和JIS Z2911—2010(抗霉性法)等。

定性测试方法包括在织物上接种测试菌和用肉眼观察织物上微生物生长情况。它是基于离开纤维进入培养皿的抗菌剂活性,一般适于溶出性抗菌整理,但不适用于耐洗涤的抗菌整理。优点是费用低,速度快,缺点是不能定量测定抗菌活性,结果不准确。图3-4是晕圈法测试结果的例子。

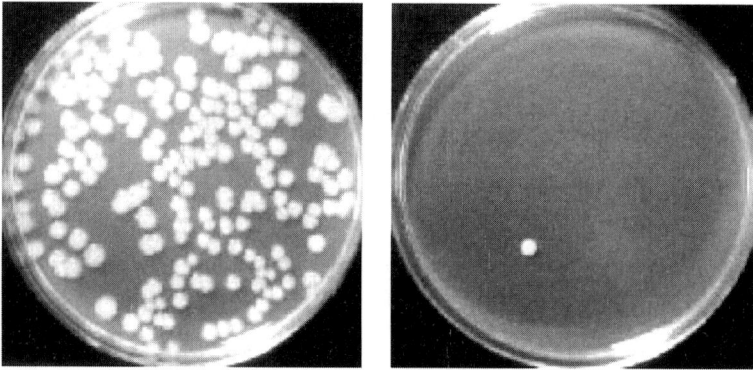

图 3-3 菌数测定法测试结果示意

图 3-4 晕圈法测试结果示意

二、测试菌种的选择

在抗菌纤维抗菌性能的评价中,菌种的选择必须具有科学性和代表性。表3-4列出的菌种在自然界和人体皮肤及黏膜上分布最为广泛。金黄色葡萄球菌是无芽孢细菌中抵抗力最强的致病菌,可作为革兰氏阳性菌的代表。巨大芽孢杆菌是芽孢类细菌中常见的致病菌;枯草杆菌易形成芽孢,抵抗力强,可作为芽孢菌的代表。大肠杆菌分布相当广泛,已作为通常的革兰氏阴性菌的代表性菌种用于各种试验。黄曲霉、球毛壳霉作为规定的防霉试验用菌种,已列入我国国家标准(GB/T 2423.16—2008),其他所选择的霉菌,则是侵蚀纺织品或高分子材料的常见霉菌。白色念珠菌是人体皮肤黏膜常见的条件致病性真菌,对药物具有敏感性,具真菌的特性,菌落酷似细菌而不是细菌又不同于霉菌,因具有酷似细菌的菌落,易于计数观察,常作为真菌的代表。因此,为考核抗菌纺织品是否具有广谱抗菌效果,较合理的选择是按一定的比例,将有代表性的菌种配成混合菌种用于检测。目前大部分抗菌产品的抗菌性能,往往仅选择金黄色葡萄球菌、大肠杆菌和白色念珠菌分别作为革兰氏阳性菌、革兰氏阴性菌和真菌的代表。但实际上仅用这三种菌是远远不够的。

表 3 - 4　代表性的供试菌种

菌种		代表品种	菌种		代表品种
细菌	革兰氏阳性菌	金黄色葡萄球菌 巨大芽孢杆菌 枯草杆菌	真菌	霉菌	球毛壳霉 宛氏拟青霉 腊叶芽枝霉
	革兰氏阴性菌	大肠杆菌 荧光假单胞杆菌		癣菌	石膏样毛癣菌 红色癣菌 紫色癣菌 铁锈色小孢子菌 孢子丝菌 白色念珠菌
真菌	霉菌	黑曲霉 黄曲霉 变色曲霉 桔青霉 绿色木霉			

三、抗菌性能评价方法的选择

有关纺织品抗菌效力评价方法的研究,国外已开展了多年,并陆续建立了一些具有代表性的、相对稳定的、可在多个实验室重复进行的测定方法(表3-5和表3-6)。这些方法大多数存在一定的局限性,各种方法的测定结果之间没有严格的可比性。

表 3 - 5　抗菌效力测定方法

实验方法		定性或定量	评价依据
晕圈法	AATCC 90—2011	定性	阻止带宽度
	改良 AATCC 90—2011(喷雾法)	定性	显色的程度
	改良 AATCC 90—2011(比色法)	定量	显色的程度
	Petrocci 法	定量	阻止带
菌数减少法	浸渍法 AATCC 100—2012	定量	菌减少率
	改良 AATCC 100—2012	定量	菌减少率
	细菌增殖抑制法	定量	增殖抑制效果
	菌数测定法	定量	增减值差
	Latlief 法	定量	菌减少率
	Isquith 法	定量	菌减少率
	Majors 法	半定量	滴定值
	新琼脂平皿法	定量	杀菌抑菌活性
	振荡法 振荡瓶法	定量	菌减少率
	改良振荡瓶法	定量	菌减少率

	实验方法	定性或定量	评价依据
菌数减少法	其他方法 Quinn 法	定量	菌减少率
	平行划线法	定性	阻止带
	AATCC 147—2011	半定量	阻止带宽度

表 3-6 抗霉菌效力测定方法

实验方法	定性或定量	评价依据	实验方法	定性或定量	评价依据
JIS Z2911—2010 抗霉性法	定性	菌发育情况	增湿瓶法	定性	菌生长情况
AATCC 30—2013	定性	强度残留率	真菌生长抑制法	半定量	对菌生长抑制
AATCC 90—2011	定性	阻止带宽度	真菌生长繁殖阻止效果法	半定量	菌生长程度
AATCC 147—2011	半定量	阻止带宽度	真菌定量评价法(滤纸接触法)	半定量	菌生长程度

目前国际上比较通用的是 AATCC 系列标准,其中 AATCC 30—2013 是用于抗真菌效果评价的定性方法,AATCC 90—2011 是用于抗菌剂筛选的抗菌效力快速定性方法,AATCC 147—2011 是对纺织品抗菌效力的半定量实验方法。上述三种方法均采用琼脂培养基接种菌种,放置试样后,经一定时间和温度的培养,观察试样周围的抑菌圈半径或抑菌宽度,以此评定样品的抗菌效力。AATCC 100—2012 则是一种容量定量分析方法,适用于抗菌纺织品抗菌率的评价。

美国 AATCC 100—2012 要求在接种菌种时,样品必须被充分地滋润以保证样品与菌种的充分接触从而将其杀灭。显然,对化纤产品,特别是纯化纤的纤维样品在静止状态下很难达到此要求。因此,在实际采用中,往往会考虑到纤维试样与织物试样的不同,为使试样能充分润湿(与菌液的充分接触),在维持接种菌落数不变的情况下,会增大菌液容量,并适当振摇,以保证试样与菌液的充分接触,其余操作均按标准进行。

由于大部分真菌无法计数菌落数,因此,纺织品抗真菌性能的评价主要通过观察试样接触真菌后,在一定的温湿度的条件下,经过一定时间以后真菌在试样上的生长情况来评定的,通常采用恒温、恒湿悬挂法来评价样品的抗真菌性能。而对真菌生长程度的评定,则采用英国标准 BS 6085—1992 来进行等级评定,其中 0 级为试样在规定条件下,真菌完全不能生长,而 5 级则为无任何抗真菌效果,一般等级在 2 级以下被认为是具有抗真菌效果。

☞ 思考题:

1.试述抗菌剂的分类及抗菌机理。

2.合成纤维的抗菌防臭功能可以通过哪些途径实现?

3.常用的织物抗菌整理方法有哪些?举例说明棉织物抗菌整理工艺。

4.消臭纤维的制造方法有哪几种?

第四章 抗静电、导电纤维及纺织品

本章学习要点：

1. 掌握静电产生的机理及消除方法。
2. 掌握抗静电、导电纤维的种类。
3. 熟悉抗静电、导电纤维及纺织品的生产方法。

第一节 概　述

一、静电产生的机理

构成纺织材料的原子不同，原子核对价层电子的吸引力（称为电负性）就不同。电负性大的材料会吸引电负性小的材料上的价层电子向本身移动或转移，从而导致有的材料带正电荷，有的材料带负电荷。使材料产生电荷的过程叫做起电现象。因条件和环境的不同，材料表面的电荷既可以产生，也可以逸散，当达到平衡态时若材料不呈电中性，所带的电荷叫做静电荷。材料带电及由此所引起的行为称作静电现象。

纤维及其制品在生产加工和使用过程中，由于受摩擦、牵伸、压缩、剥离及电场感应和热风干燥等因素的作用而产生静电。图 4-1 为部分纤维材料与金属材料摩擦时所产生的带电序列示意图。

羊毛 锦纶 黏胶纤维 棉 丝 麻 醋酯纤维 维纶 涤纶 腈纶 氯纶 丙纶 乙纶 氟纶

图 4-1　纤维材料与金属材料摩擦后所产生的带电序列

当前后两种纤维材料相互摩擦时，前者会带正电荷，后者会带负电荷。摩擦起电的机理通常用偶电层理论解释。

偶电层理论认为，当两种材料摩擦接触面间距小于 2.5×10^{-7} cm 时，界面两侧的分子就会产生较强烈的相互吸引。电负性大的一侧吸引界面电子向内部移动，界面呈阳荷性，电负性小的一侧电子则向界面移动使界面呈阴荷性，从而形成偶电层，如图 4-2 所示。

偶电层间存在电位差：

$$U = Q/C$$

式中：U——电位差，V；

Q——电量，C；

C——电容,F。

实际上,两种材料摩擦接触时存在着起电和放电过程,或者说是电荷的集聚或逸散过程。所谓的带电是指达到平衡时的残余电荷量。当两种形成偶电层的材料快速分开时,一种材料表面带正电,另一种材料表面便带负电。两种材料的电负性差值越大,电量越大,摩擦接触面间距越小,电容越大,则电位差越大。尽管摩擦产生的绝对电量很小,但仍可以带上万伏的静电压。这也就是纤维材料摩擦起电以致放电、起火花的原因。

图 4-2 偶电层产生示意图

纤维材料的静电性能既取决于材料的分子组成和原子结构,又与材料及制品在使用中所处的环境条件及摩擦状态密切相关。如,纤维摩擦所带电荷不仅与原子电负性有关,还与纤维上的官能团有关。供电子能力强的基团易带正电,受电子能力强的则易带负电。部分官能团的带电能力如下所示:

$$(+)—NH_2>—OH>—COOH>—OCH_3>—OC_2H_5>—COOCH_3>—Cl(-)$$

环境的相对湿度对静电性能影响较大。环境相对湿度较高时,带电纤维周围的离子化较容易,材料上的电荷向环境的逸散速率较大;另一方面,相对湿度较高时,纤维的吸湿率高,使得本身比电阻下降,导电性提高,静电衰减加快,静电压下降。纤维材料含水率 M 与体积比电阻 ρ 存在如下经验关系(n、K 为与纤维种类和极性有关的常数):

$$\lg\rho = -n\lg M + \lg K$$

除此之外,纤维材料的静电性能还与环境温度、摩擦形式及摩擦条件有关。

二、静电的危害

1.影响服装的穿着性能 不同质料的服装产生的静电会使衣服相互纠缠,穿着不便。衣料与皮肤电荷不同时,会相互吸附出现"裙抱腿"现象,使人步行困难。化纤衣服因静电严重,特易吸附空气中带异号电荷的尘埃微粒,易使衣服沾污;化纤衣服还特别易吸附头皮屑。贴身穿着化纤内衣,皮肤会产生刺痒感,穿着舒适性下降。穿着化纤衣服,由于摩擦起电,产生的静电压很高,在触摸金属物件等可导电物或与人握手时便会放电,产生电击感而令人不适。

2.引发意外事故 穿着化纤衣服,集聚的静电荷会击穿空气小间隙而产生火花,火花的能量足以使周围的易燃易爆气体着火甚至爆炸。当人体对地电容为 $200\mu F$ 时,人体带电电压达 $2000V$,带电量为 $0.4mJ$,这比汽油和空气混合物的发火极限值($0.2mJ$)高出一倍。因穿化纤衣服引爆汽油桶、医院的乙醚麻醉室、工厂的粉尘,静电使降落伞打不开导致人员伤亡等事故均有

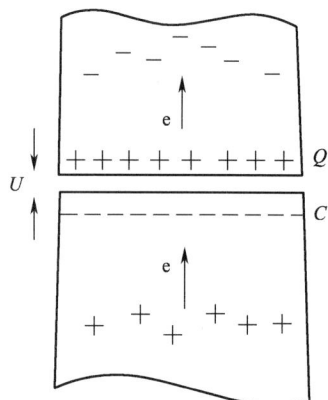

发生。

3.影响人体健康 静电对人体的作用机制尚不明确。有的人认为静电会使血压升高;有的人认为静电会使血液中的钙流失;还有的人认为静电会导致皮肤过敏等。但有一点非常明确,人们在研究人造器官时,选用材料的静电问题可能对人体的影响已引起人们的普遍重视。

4.影响纺织产品质量 在开松纤维工序,静电使疏松的纤维贴附于机框、管道等处造成输出纤维层厚薄不匀,还会缠绕压辊、罗拉等,使生产发生困难。在梳理工序,带电纤维易缠绕在机件上影响生产,并会使短纤维尘埃飞扬,污染环境。

在织造工序,静电可能会使排列整齐的纱线发生紊乱,邻纱间发生缠绕而影响产品质量,挡车工有时会产生电击感。化学纤维还会出现相邻毛羽纠缠成球,影响制造质量问题。

在染整工序,静电效应较明显的是烘干与热定形工段。高温低湿状态下的纯合成纤维织物尤为显著。如轻薄织物易吸附于导布罗拉,成布折叠困难。在烘干机、热定形机、轧光机、拉幅机、起绒机等后整理设备上的静电压可达几千伏特,操作工会受到不同程度的电击,对染整质量也有一定影响。

另外,静电放电产生的电磁辐射会对各种电子设备、信息系统造成电磁干扰等。但值得指出的是,静电效应仅在不需要静电的场合下是负效应,在其他场合下可能会成为正效应。如,穿着氯纶衣裤对风湿性关节炎有一定的辅助疗效,还有静电纺纱、静电植绒、静电除尘等技术都是对静电效应的妙用。

第二节 纺织材料抗静电原理及方法

一、纺织材料抗静电原理

一般静电的产生主要分为两种方式,一种经接触产生静电;另一种为受到静电诱导而产生静电。接触产生静电最主要是由于电荷的移动产生的,物体经过摩擦接触后,一物体表面开始累积正电荷,另一物体表面则带有负电荷,进而产生静电。而通过静电诱导产生静电则是当导电体在导体或绝缘体附近时,靠近导电体的导体侧或绝缘体侧就会开始累积电荷,经长时间的诱导后,可使导体或绝缘体的正负电荷被完全分开,产生静电的效果。这两种情况所导致的结果都可称为电荷转移效应。因此,抗静电就是指抗静电织物能够将电荷转移效应减到最小,防止静电的聚集,减少与制品的摩擦或接触,进而达到抗静电的目的。通常所采用的方法如下。

1.提高纤维的亲水性 水是电的良导体,当纤维或织物上含有较多的水分时,电荷可以通过水分快速逸散掉,纤维的吸湿能力越强,越不易产生静电。所以把含亲水性基团的助剂加到纤维织物上,以增加纤维或织物的吸湿性是改变纤维或织物抗静电性能的重要方法之一。

2.电荷中和法 将处于静电序列两端的两种材料混合应用,使不同极性电荷互相中和。这种中和不是消除电荷,只是抵消表面电荷。在现实生产中,因受到各种助剂、设备材料、纤维混纺比例的限制,所以此法有较大局限性,但也有可取之处。如纤维摩擦产生正电荷,生产时可考虑用阴离子型抗静电剂。

3. 电晕放电法 电晕放电法即在不接地的情况下将纺织品上的静电导走。这包括金属纤维、碳系纤维、导电聚合物等导电物质均一型导电纤维,合成纤维外层涂覆炭黑等导电成分的导电物质包覆型导电纤维,碳系或金属化合物与成纤高聚物复合纺丝得到的导电物质复合型导电纤维。其机理是使导电纤维之间产生电晕放电。电晕放电是一种很缓和的放电形式,当静电压达到一定的数值后,即产生无火花的电晕放电,使静电消除。这种现象通常认为是织物中的导电纤维在静电场的作用下,使周围的空气产生电离作用而形成正负离子,正负离子中的一种与织物所带静电荷相反而中和,另一种则与环境或大地中和,从而消除了静电。

二、纺织品抗静电方法

实际生产所采用的抗静电方法主要是提高周围环境湿度的方法和增加纤维材料电导率。而最基本、最主要的方法是降低纤维电阻,提高纤维的导电性。

纺织品的抗静电方法通常有三种方法:第一种,用抗静电整理剂整理织物;第二种,纤维的亲水接枝改性以及和亲水性纤维的混纺和交织;第三种,混纺或嵌织导电纤维。前两种方法的作用机理均属提高织物回潮率、降低绝缘性、加速静电泄漏,因此在干燥环境中或经多次洗涤后,加工效果或不耐久,或不显著;第三种方法可持久、高效地解决纺织品的静电问题,并可应用于防静电工作服等特种功能性服装。

1. 抗静电剂整理 抗静电剂是抑制电气绝缘性能好的材料表面所产生的静电荷或消除已积累的静电量所使用物质的总称。抗静电剂已广泛用于合成纤维和塑料制品。它们在合成纤维和合成树脂薄膜生产、加工、使用过程中发挥着不少作用,特别是阻止静电发生、积累,克服纤维相互摩擦产生的电荷。

抗静电剂种类很多,根据抗静电效果的持续性可分为暂时性抗静电剂和耐久性抗静电剂;根据应用的方法和场合的不同,可分为外部用抗静电剂和内部用抗静电剂;根据化学结构,主要可以分为阳离子型、阴离子型、两性型、非离子型等类型。

(1)阳离子型抗静电剂。阳离子型抗静电剂有烷基季铵盐、聚乙烯多胺、烷基胺盐、氨基脂肪酸等。这类抗静电剂既有良好的抗静电效果,又有良好的平滑性和吸附性,但毒性较强,耐光性低,会使染料变色,腐蚀金属,刺激皮肤,而且耐热性较差,难以适应高温聚合纺丝的需要,多数用于表面处理。

(2)阴离子型抗静电剂。这类抗静电剂有脂肪酸胺盐、烷基磺酸盐、烷基硫酸酯盐、烷基磷酸酯盐等。油脂、脂肪酸、高级醇的硫酸酯盐或磷酸酯盐的抗静电作用最有效,胺盐、乙醇胺盐等的效果相对较差。此类抗静电剂的水溶性较好,易被洗除。

(3)两性型抗静电剂。这类抗静电剂有羧基甜菜碱、硫酸基甜菜碱、烷基丙氨酸等。此类抗静电剂渗入聚合物表面的速度很慢,能充分防止水的迁移,兼有阴离子型抗静电剂和阳离子型抗静电剂的性能,但在较高温度下易褪色,且价格较贵,也可叫做内部或外部抗静电剂。

(4)非离子型抗静电剂。这类抗静电剂有聚氧乙烯烷基醚、聚氧乙烯烷基胺、聚氧乙烯烷基酰胺、烷基多元醇等,该抗静电剂具有一定的耐洗涤性,对皮肤刺激小、毒性小,大部分内部抗静电剂中含有非离子型抗静电剂,它也可以用作外部抗静电剂。

(5)无机盐型抗静电剂。这类抗静电剂主要有 LiCl、$CaCl_2$、$MgCl_2$、硫酸盐等,与前几类抗静电剂共同使用,能起到明显的增效作用;单独使用时,抗静电效果不大。无机盐易使金属生锈,影响纤维手感和外观。

(6)高分子型抗静电剂。这类抗静电剂有聚氧乙烯多胺、聚醚酯等。这类抗静电剂耐洗涤性良好,尤其适于纤维内部共混改性。

(7)复合型抗静电剂。这类抗静电剂是亲水性高分子化合物、低分子化合物的混合物,有时还混有少量无机盐或其他物质。这类抗静电剂是一种后加工用抗静电剂,广泛用于涤纶生产后加工,具有一定的耐久性。

2. 纤维改性或不同纤维混纺 例如用亲水性的聚乙二醇、烷基磺酸钠等,与聚合物共混或共聚改性以改善纤维的抗静电性。目前较多采用的是复合纺丝法,即把纤维制成海岛型或芯鞘型复合纤维,其中岛相和芯部为含静电剂的聚合物组分,作为海相和鞘部的基体聚合物对抗静电组分起保护作用,以保持长期抗静电性能,同时不失去纤维原有的风格。图 4 - 3 为海岛型纤维结构示意图。

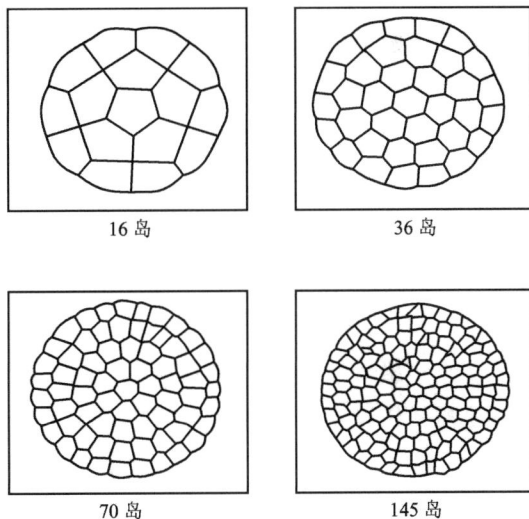

16 岛   36 岛

70 岛   145 岛

图 4 - 3 海岛型纤维结构示意图

3. 混纺或交织导电纤维 在织物中用混纺或交织的方式混入少量导电性纤维,防静电效果比较理想。用于纺织品的导电纤维应有适当的细度、长度、强度和柔曲性,能与其他普通纤维良好抱合,易于混纺或交织,具有良好的耐摩擦、耐屈曲、耐氧化及耐腐蚀能力,能耐受纺织加工和使用中的物理机械作用,不影响织物的手感和外观,导电性能优良,且耐久性良好。

第三节 抗静电、导电纤维的生产

抗静电纤维和导电纤维都是为了起到改善合成纤维静电性能的作用。但抗静电纤维和导电纤维在静电指标上有较大区别。以纤维比电阻为例作比较,一般抗静电纤维都大于 $10^7 \Omega \cdot cm$,导电纤维的比电阻一般都在 $10^6 \Omega \cdot cm$ 以下。各类抗静电、导电纤维的静电性能如表 4 - 1 所示。

表 4－1　抗静电、导电纤维的静电性能

纤维分类		纤维电阻率($\Omega \cdot cm$)
导电纤维	金属纤维	10^{-3} 以下
	金属涂、镀层纤维	$10^{-5} \sim 10^{0}$
	高分子型导电纤维	$10^{-10} \sim 10^{2}$
	金属化合物系导电纤维	$10^{-2} \sim 10^{5}$
	碳系导电纤维	$10^{-2} \sim 10^{6}$
抗静电纤维	抗静电剂共混纤维	$10^{7} \sim 10^{10}$
	抗静电剂表面改性纤维	$10^{7} \sim 10^{12}$
普通合成纤维		10^{13} 以上

一、抗静电、导电纤维的种类

按导电成分分类，纤维可分为抗静电剂型、金属系、炭黑系抗静电导电纤维；高分子型导电纤维和纳米级金属氧化物型抗静电纤维等。

1. 抗静电剂型抗静电、导电纤维　抗静电剂型抗静电、导电纤维的加工工艺简单，抗静电剂对树脂的原有性能影响不大，可以在材料表面形成导电层，降低其表面电阻率，使产生的静电迅速泄漏；同时，还可赋予材料表面一定的润滑性以降低摩擦系数，抑制和减少静电荷的产生。目前常用的抗静电剂主要是一些表面活性剂，其分子结构中含有亲油基和亲水基两种基团。亲油基与聚合物结合，亲水基面向空气，排列在材料表面，形成"水膜"。因此，抗静电剂的使用效果取决于用量和诸多外界因素，如温度、相对湿度等。

2. 金属系抗静电、导电纤维　这类纤维是利用金属的导电性能制得的。主要方法是直接拉丝法，将金属线反复过模具、拉伸，制成直径为 $4 \sim 16 \mu m$ 的纤维。常用的金属有不锈钢、铜、铝、金、银等。类似的方法还有切削法，将金属直接切削成纤维状的细丝，与普通纤维混纺制成导电性织物。另外还有金属喷涂法，它是将普通纤维先进行表面处理，再用真空喷涂或化学电镀法将金属沉积在纤维表面，使纤维具有金属一样的导电性。金属系抗静电纤维的导电性能好、电阻率低，但纤维的手感比较差，而且纤维的混纺工艺难于控制，因此限制了它的进一步推广使用。另外，用喷涂法和沉积法制得的导电纤维拉伸模量不高，目前民用的导电纤维大多不采用此法生产。

3. 炭黑系抗静电、导电纤维　常用的抗静电、导电无机物有炭黑、纳米碳管、石墨及石墨烯等。制造导电纤维的方法可分为以下三种。

(1)掺杂法。将上述无机物与成纤物质混合后纺丝，赋予纤维抗静电性能。一般采用皮芯层纺丝，既不影响纤维原有的物理性能，又使纤维有抗静电性。

(2)涂层法。在普通纤维表面涂上炭黑。该法可采用黏合剂将炭黑黏结在纤维表面，或直接将纤维表面快速软化并与炭黑黏合。

（3）纤维炭化处理。有些纤维，如丙烯酯系纤维经炭化处理后，分子主链为碳原子，这种碳纤维具有优异的导电能力。

炭黑系抗静电纤维突出的缺点是产品的颜色单一，只能是黑色或深灰色，并且炭黑容易脱落，手感不好，在纤维内部和表面不易均匀分布。此外，采用皮芯层纺丝时需要专用设备，制造成本很高。

4. 高分子型抗静电、导电纤维　高分子材料通常被认为是绝缘体。20 世纪 70 年代聚乙炔电导材料的研制成功，打破了这一观念。以后相继产生了聚苯胺等多种高分子型导电物质，对高分子材料导电性能的研究也越来越多。利用此特性制备导电纤维的方法主要有以下两种：一种是直接纺丝法，多采用湿法纺丝，将聚苯胺配成浓溶液，在一定的凝固浴中拉伸纺丝，但其合成机理比较复杂，尚在研究之中。另一种是后处理法，在普通纤维表面进行化学反应，让导电高分子吸附在纤维表面，使普通纤维具有抗静电性能。这类纤维的手感很好，但稳定性差，抗静电性能对环境的依赖性较强，且抗静电性能会随着时间的延长而缓慢衰退，这就使其应用受到限制。

5. 纳米级金属氧化物型抗静电、导电纤维　纳米级金属氧化物粉体的浅色透明特征，可制得浅色、高透明度的抗静电纤维。在合成导电纤维的诸多手段中是最时尚、最有潜力的方法之一。目前，已产业化的导电纤维所使用的导电粒子就是炭黑和金属化合物（如 SnO_2、CuI 等），后者是制备白色抗静电纤维研究的重点，但 CuI 有毒，使用受到限制。因此，纳米级 SnO_2 透明导电粉末在抗静电纤维制备中占有重要的地位。通常采用此法制备抗静电纤维的过程为：首先制得纳米级 SnO_2（掺锑）透明导电粉末，然后在表面处理装置中加入一定量的表面处理剂进行局部包覆，得到分散性良好的纳米级透明导电粉末或其分散体，最后选择纤维材料基体，根据抗静电等级、按比例加入浓缩的导电色浆，充分分散，获得纺丝前驱体，经湿法或干法纺丝制得抗静电性能优良的纤维。表 4-2 为各类导电添加物的特性比较。

表 4-2　各类导电添加物的特性比较

填料种类	电阻率($\Omega \cdot cm$)	主 要 优 缺 点
炭黑	0.1~1	廉价，稳定；因产品颜色黑而影响外观，要求粒度小；电阻率较高
碳纤维	≥0.01	有优异的抗腐蚀、耐辐射性能；高强度、高模量；电阻率较大，而且加工困难
银	$10^{-5} \sim 10^{-3}$	性质稳定、电阻率低；价格昂贵，存在银的迁移问题
氧化锌晶须	10	用量少，稳定性好，颜色浅；电阻率较高
二氧化钛	10	稳定性好，颜色浅；电阻率较高
纳米二氧化锡（掺锑）	1~2	稳定性好，颜色浅，粒径小，透明度较高

二、抗静电、导电纤维的生产

(一)抗静电整理

利用抗静电剂对纤维进行整理，以获得抗静电纤维的制造方法总体说来有两大类：外部抗静电法和内部抗静电法。

1. 外部抗静电法 使用外部抗静电剂附着在纤维表面的方法称表面整理法,表面整理法可分为暂时性和耐久性抗静电整理两种方法。

(1)暂时性抗静电处理。一般采用外部喷洒、浸渍和涂覆(也常用在织物上)等方法防止纤维制造和加工过程中静电的干扰。暂时性抗静电剂多为表面活性剂,它们的耐洗涤性和耐久性差,在加工完成后,抗静电性就基本消失。暂时性抗静电剂需要具备以下特点:不易挥发、低毒性、无泛黄效应、低可燃性以及在低湿度环境下(相对湿度低于 40%)明显无腐蚀。这类抗静电剂可分为四类,即非离子型、阳离子型、阴离子型和两性型。通常非离子型抗静电剂和阳离子型抗静电剂使用得较多,因为它们与纤维有更好的相容性,且吸湿率更高,油溶性也好。

(2)耐久性抗静电处理。耐久性抗静电处理是在纤维表面,通过电性相反离子的互相吸引而固着,或通过热处理发生交联作用而固着,或通过树脂载体而粘附在纤维表面上,从而具有一定的耐洗涤、耐摩擦和耐久性。但是织物的风格和外观会受到较大的影响,往往手感变得粗硬、舒适性、透气性变差。理想的耐久性整理应是在纤维周围形成皮层,并在中等湿度或低湿度时具有尽可能高的回潮率,且在水中具有尽可能低的膨胀率。

2. 内部抗静电法

(1)实现途径。将抗静电剂掺入纤维内部的方法有以下三种实现途径。

①纺丝前对纤维聚合物进行改性,通常将具有亲水性的化合物与纤维单体进行共聚后再纺丝。

②用共混纺丝法,使成纤聚合物与抗静电剂进行共混或复合纺丝。

③在纤维表面涂覆可导电的金属或炭黑(实际上也属于表面整理),或采用复合纺丝法制备含炭黑的抗静电纤维。

(2)内部用抗静电剂应具备的条件。

①高效性:应在较小的添加量下就能显示出明显的抗静电效果。

②热稳定性:内部抗静电剂要经过或部分经过纺丝、拉伸、变形、定型、染色、整理等加工,应经过高温处理。

③内部抗静电剂应与纤维聚合物之间有适宜的相容性和较好的流变匹配性,应耐水洗、汽蒸,并且没有毒性。

④对聚合物的性能没有不利的影响。

(二)纤维的化学改性

通过化学反应对纺织纤维进行改性以获得抗静电纤维的方法总的说来有两大类。一类是化学改性法制备抗静电纤维,另一类是共混法或复合法制备抗静电纤维。

1. 化学改性法 一种是在聚合阶段用共聚方法引入抗静电单体或通过化学方法引入吸湿性抗静电基团,就可制得抗静电纤维。杜邦公司将含有大于2个羟基的硼酸多元醇酯加入对苯二甲酸二甲酯、乙二醇和催化剂,按一定比例配制成混合物,再进行缩聚,得到了具有良好染色性能的抗静电 PET 纤维。日本帝人公司用 3,5 -二甲基苯磺酸钠、特定聚氧烷撑二醇、PET 进行共缩聚,制得了具有耐火的抗静电 PET 纤维。

另一种方法是表面接枝法。它利用亲水性单体在纤维表面进行接枝共聚。两种共聚法制备的抗静电纤维具有本质上的区别,表面接枝法只改变聚合物表面的结构、性能。而前者对聚合物本身进行改性。从耐用性来看,表面接枝法是很好的后加工方法,若能在技术上、经济上进一步改进,前景可观。例如,将 PET 用紫外线照射 90min 后,在 PET 表面上接枝 PEM(甲基丙烯酸聚乙二醇酯),用此法纺制的抗静电 PET 纤维的耐洗涤性、耐久性良好。20 世纪 70 年代初美国表面活性剂公司开发了聚酯纤维低温等离子体改性 SAC 技术,改善了织物的亲水、染色和抗静电等性能。这种技术的出现为抗静电聚酯纤维的进一步发展打好了基础。光津敏博等研究利用等离子体处理聚酯纤维表面,然后再用丙烯酸或丙烯酰胺与聚酯接枝聚合,最后用 2%～5%NaOH 水溶液处理共聚酯,所得纤维具有良好的吸湿性和抗静电性。

2. 共混法或复合法　在纺丝过程中用共混或复合纺丝法将亲水性表面活性剂或聚合物渗入纤维内部的方法,可以制得性能优良的抗静电纤维。采用共混纺丝法制备抗静电纤维是当前制取抗静电纤维的主要方法之一,此方法的研究具有较长的历史。1964 年,美国杜邦公司首先发表了专利,它是以聚乙二醇及其衍生物作抗静电剂制备的抗静电纤维,抗静电剂在聚酯或聚酰胺基体中以细长的粒子状(针状)分布,从此拉开了研究高分子型抗静电剂的序幕。国外最早开发成功并实现了工业化的抗静电纤维,是日本东丽公司的尼龙 PAREL(1966 年商品化)。从 20 世纪 70 年代末期开始,日本的帝人和东丽公司相继发表了开发成功抗静电涤纶的消息,它们都是采取聚氧乙烯系聚合物共混纺丝的方法。

(三)镶嵌或混纺导电纤维

导电纤维产生于 20 世纪 60 年代末期,最早是表面涂覆炭黑的有机导电纤维,随后出现表面镀覆金属的导电纤维。罗门哈斯公司用化学镀层方法在尼龙表面镀银制成导电纤维 x—Static,东洋纺用低温融态金属浸渍制成具有金属皮层的导电纤维。Statex 公司的 Ex—Stat 则是采用非电解镀银技术制成导电纤维。纤维表面金属化的导电纤维力学性能与普通纤维差异较大,使混纺较为困难,因而并未得到广泛的应用。

1975 年杜邦公司采用复合纺丝技术制成含有炭黑导电芯的复合导电纤维 Antron(3),从此,各大化纤公司纷纷开始以炭黑为导电成分的复合纤维的研究与开发。孟山都公司制成并列型 Utron 导电纤维,钟纺公司开发了 Belltron 锦纶导电纤维,尤尼吉卡公司开发了 Megana(3) 导电纤维,可乐丽公司开发了 Kuracarbo,东洋纺织开发了 KE-9 导电纤维。这一时期炭黑复合型导电纤维得到了很大的发展,到 20 世纪 80 年代末期,日本炭黑复合型导电纤维的年产量达到 200t。但由于炭黑复合型导电纤维以炭黑为导电成分,因此纤维通常为灰黑色,使应用范围受到限制。

20 世纪 80 年代开始了导电纤维的白色化研究。普遍采用的方法是用铜、银、镍和铜等金属的硫化物、碘化物或氧化物与普通高聚物共混或复合纺丝而制成导电纤维。如 Rhone—poulence 公司利用化学反应制成 CuS 导电层的 Rhodiastat 导电纤维;帝人公司制成表面含有

CuI 的导电纤维 T-25；钟纺公司制成 ZnO 导电的 Belltron632、Belltron 638；尤尼吉卡公司开发了 Megana。以金属化合物或氧化物为导电物质的白色导电纤维导电性能较炭黑复合型导电纤维差,但其应用不受颜色的影响。

国内对导电纤维的研究与开发较晚。20 世纪 80 年代开始生产金属纤维和碳纤维,但产量很少。不锈钢丝等金属纤维在油田工作服、抗静电工作服等特种防护服面料中有较广的应用。近年来,国内也开发成功了多种有机导电纤维。例如表面镀 Cu、Ni 的金属化 PET 导电纤维、CuI 导电的腈纶导电纤维、CuI/PET 共混纺丝制成的导电纤维、炭黑复合导电纤维等。以上导电纤维已有商品化产品,但产量低,质量不稳定,价格常高于国外同类产品。

第四节　抗静电织物的生产

一、抗静电织物的服用性能与设计要求

抗静电织物在满足普通服用织物外观等要求的同时,必须满足其抗静电性能要求。由于抗静电织物主要应用于有抗静电要求的特殊环境,如航天航空、国防、石油、采矿、化工、电子、医疗卫生等,日常生活中大多作为外衣用产品,所以织物组织设计应以厚重织物为主。

在设计织物组织结构时,主要考虑经纬向密度、经纬纱所用的纱线规格。在设计有机导电纤维的混纺比例时,主要是以普通合成纤维为主体,混入少量的有机导电短纤维。为了确定合理而有效的混纺比,以摩擦带电电荷面密度作为设计依据。日本等国家规定抗静电织物的摩擦带电量应控制在 $7\mu C/m^2$ 以下,可满足在大多数可燃性气体的环境下穿着。通过测试织物的实际带电量并与设计带电量作比较,从而合理增加或减小有机导电纤维的混用比例,以达到最小的比例取得最佳的抗静电效果。采用 1.7% 和 2.1% 的混纺比,可达到抗静电织物的抗静电要求。在选用主体纤维时,要求主体纤维与导电纤维的材质相一致,便于纺纱、织造、染整加工。有机导电短纤维的混和采用条混的方法,使有机导电短纤维与涤纶混纺,有机导电纤维显露于织物表面,以提高抗静电性能。

二、抗静电织物的生产方法

下面以腈纶抗静电织物的生产为例,来说明抗静电织物的生产方法。

抗静电腈纶的制备一般是通过对腈纶进行抗静电改性来实现的,通常采用以下方法:纤维表面处理法、共混改性法、本体化学改性法、复合纺丝法及导电物质填充法等。

(一)纤维表面处理法

纤维的表面抗静电处理一般采用能导电的金属盐或具有抗静电性能的表面活性剂(又称抗静电剂),采用喷淋、浸渍、涂覆等方法对纤维及其织物进行表面处理。表面处理法一般采用耐久性抗静电剂,大多是具有可交联基团的非离子型线型高分子,可非常容易地参加固化交联反应,立体交联结构要非常稳定,耐水解,有较高的机械强度。该方法的优点是工艺简单,不需要

对常规纤维的生产设备进行大的改造,在湿法纺丝干燥致密化前用抗静电剂对纤维进行浸渍处理,干燥固化即可。

1. 添加表面活性剂　表面活性剂抗静电的作用原理为表面活性剂分子疏水端吸附于纤维表面,亲水性基团指向空间,形成极性表面,吸附空气中的水分子,其中阳离子表面活性剂的抗静电效果最好。常用于腈纶的表面活性剂如表 4－3 所示。

表 4－3　常用于腈纶的表面活性剂

表面活性剂种类	主　要　成　分
阴离子型	烷基(苯)磺酸钠、烷基硫酸钠、烷基苯酚聚氧乙烯醚硫酸酯
阳离子型	季铵盐、烷基吡啶盐
两性型	氨基酸型、甜菜碱型、咪唑啉型
非离子型	多元醇、聚氧乙烯醚类
其他类型	有机硅类、复合型

使用甲基硅油与 β－氨乙基甲基丙烯酸盐混合,可用作腈纶抗静电剂,140℃下焙烘而获得良好的抗静电性。

2. 涂敷导电层　通过物理、机械、化学等途径在纤维表面涂敷固着金属、炭黑、导电高分子材料等导电物质的方法有如下几种。

(1)化学电镀法。化学镀铜的基本原理是借助合适的还原剂使溶液中的铜离子还原成金属铜,从而沉积在基体表面上的。目前绝大多数化学镀铜是以甲醛为还原剂,甲醛必须在 pH＞11 的碱性介质中才具有还原作用,化学镀铜反应机理如下:

$$Cu^{2+} + HCHO + 3OH^- \Longrightarrow Cu\downarrow + HCOO^- + 2H_2O$$

由于甲醛有毒,无甲醛化学镀铜应运而生。20 世纪 90 年代以来,次磷酸盐成为化学镀铜新的还原剂,反应机理如下:

酸性化学镀铜:

$$Cu^{2+} + H_2PO_2^- + H_2O \Longrightarrow Cu\downarrow + H_3PO_3 + H^+$$

碱性化学镀铜:

$$Cu^{2+} + H_2PO_2^- + 2OH^- \Longrightarrow Cu\downarrow + H_2PO_3^- + H_2O$$

举例说明:用化学法还原铜离子使之沉积于腈纶表面制成导电纤维,其横截面微观结构呈三层,一层为密实铜沉积层,具有很高的导电率;第二层为过渡层,铜呈现树状沉积;第三层为腈纶层。表面金属化导电纤维的电阻率可达到 $10^{-4}\,\Omega/cm$,但耐久性、染色性能较差,应用范围受到限制。化学镀铜液配方和工艺条件:$CuSO_4 \cdot 5H_2O$ 0.10mol/L;EDTA 0.08mol/L;37% HCHO 0.24mol/L;温度 50℃;时间 60min。

（2）缝隙式机械涂敷法。导电粉末如金属粉末或炭黑添加于黏合剂（白乳胶、丙烯酸树脂、环氧树脂等）中，然后将其定量注射到缝隙上，使纤维连续通过缝隙，混有导电粉末的黏合剂即涂敷于纤维表面，固化后经防水处理，制得导电纤维，电阻率可达 $10^{-3} \sim 10^{-2} \Omega/cm$。

（3）络合法。1977年波兰 Okoniew Skim 等将腈纶浸于铜盐溶液中，使其吸附二价铜离子，再用还原剂使二价铜离子还原为一价铜离子，一价铜离子与腈纶上的氰基络合并生成硫化物，在纤维表面形成导电层。该过程分为吸附、络合、结晶三个阶段。

吸附即 Cu^{2+} 被腈纶吸收并结合的过程，络合是指腈纶分子上的—CN 与 Cu^+ 以配位键结合的过程（其中 Cu^+ 是 Cu^{2+} 与加入的硫还原剂发生如下反应所得：$2Cu^{2+} + 2S_2O_3^{2-} \Longrightarrow 2Cu^+ + S_4O_6^{2-}$）。这种络合盐并不稳定，随着温度升高，则转化为深棕色的 Cu_2S 和 S 的混合沉淀物，总反应式可写成：

$$2Cu^{2+} + 2S_2O_3^{2-} + 2H_2O \Longrightarrow Cu_2S \downarrow + S \downarrow + 4H^+ + 2SO_4^{2-}$$

结晶过程是在腈纶上生成 CuS 晶体导电层的过程，纤维上吸附的部分 Cu^{2+} 可与还原剂中的 $S_2O_3^{2-}$ 直接反应生成不溶性的 CuS_2O_3 沉淀：

$$Cu^{2+} + S_2O_3^{2-} \Longrightarrow CuS_2O_3 \downarrow$$

CuS_2O_3 经短时煮沸分解成 CuS，反应式为：

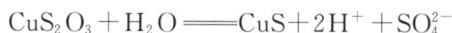

$$CuS_2O_3 + H_2O \Longrightarrow CuS + 2H^+ + SO_4^{2-}$$

Cu_2S 与 CuS 共同构成导电层。

总之，涂敷法制导电纤维可获得较低的电阻率，导电成分分布在纤维表面，放电效果好，但在摩擦和反复洗涤后，皮层导电物质较易脱落。

（二）共混改性法

在腈纶中加入少量导电物质（炭黑或金属氧化物）或抗静电剂，与腈纶原液共混纺丝可制成耐久性抗静电腈纶。这类抗静电纤维，具有耐久的抗静电效果，但所加抗静电剂必须具有一定的热稳定性、可加工性及与纤维的相容性。共混、共聚抗静电 PAN 纤维的共同特点是通过共混或共聚使体系中含有吸水性的组分，提高吸湿性，从而获得抗静电性，表4-4是共混法常用的表面活性剂。

表4-4 共混法常用的表面活性剂及种类

表面活性剂种类	主 要 物 质
阴离子型	膦酸酯、烷基丙烯基膦酸、聚苯乙烯磺酸铵盐
阳离子型	烷基胺的无机盐和有机盐、烷基胺环氧乙烷加成物、季铵盐
非离子型	聚乙二醇（PEG）、聚丙二醇、烷基酚环氧乙烷加成物高级脂肪酸的甘油酯或聚乙二醇酯
两性型	丙氨酸、羧酸、胺、间二氮杂环戊烯型两性金属盐

另外,不饱和单羧酸、二羧酸的聚合体或其金属盐,无机电解质和金属氧化物,如 $CuCl_2$、MgO、TiO_2,各种金属粉末和炭粉等都可作为共混改性的活性剂。

共混纺丝法对抗静电剂有着特定的要求,它必须具有一定的热稳定性、可加工性及与纤维的相容性,能够同纺丝原液进行均匀的混合,从而纺出性能优良的纤维。共混纺丝法需要在纤维的生产工艺流程中增加一道混合工序,以获得性能良好的纺丝原液。

(三)本体化学改性法

在腈纶共聚体的合成过程中加入亲水性单体,通过共聚反应合成亲水性腈纶,提高产品的吸湿性,从而使腈纶具有抗静电性能。如将常用的第二单体丙烯酸甲酯用聚氧乙烯改性后与腈纶共聚,制得含大量羟基(—OH)的吸湿性腈纶,或将常规腈纶大分子中氰基(—CN)部分水解,制得含大量羧基(—COOH)的吸湿性腈纶,一旦产生静电会很快散逸移去。

(四)复合纺丝法

复合纺丝制得的腈纶导电纤维中导电组分沿轴向连续,易于电荷逸散。复合结构有皮芯结构、单点或多点内切圆结构、三明治结构或夹心结构。炭黑或金属化合物在复合结构中受到保护,故有良好的耐久性,但是纺丝工艺复杂,成本较高。

(五)导电物质填充法

复合纺丝的导电芯层即为导电物质填充导电纤维,这里将其单独列出是因为此处并非复合纺丝,而是在纤维纺丝液中加入导电组分。炭黑是目前导电填料中应用最广泛的一种,因为炭黑是天然的半导体材料,体积电阻率在 $0.1\sim10\Omega/cm$ 之间,且价格低廉,适用性强,可根据不同导电要求进行调节。随着专用炭黑和炭黑表面处理新工艺的开发,其应用前景非常广阔。缺点是产品颜色只有黑色而影响外观。金属导电填料主要是分散的金属粉末、金属纤维、金属氧化物粉末等。提高导电物含量有利于纤维的导电性,但导电物质在聚合物基体中难以分散,纺丝液流动性差,纺丝困难,生产填充导电纤维的关键在于提高导电物质在基体中的分散性。

对于不同纤维的纺织品,其抗静电加工有其各自的特性,和腈纶织物的整理存在着差异,但总的加工方法基本一致。

第五节　抗静电纺织品性能测试

一、纺织品的静电性能参数及相关标准

静电测试包括危险静电源参数测试、材料和制品静电性能检测以及易燃易爆物品静电感度的测试。表征材料和制品静电性能的主要参数有电阻率、泄漏电阻、电荷面密度及半衰期、摩擦带电电压及半衰期等。纺织材料静电性能的评价有电阻类指标(体积比电阻、质量比电阻、表面比电阻、泄漏电阻、极间等效电阻等)、静电电压及其半衰期、电荷面密度等指标以及吸灰试验、张帆试验、吸附金属片试验等简易测试方法得到的低精度指标。我国现行国家标准和纺织行业标准中与纺织品防静电功能有关的产品标准有 GB/T 12014—2009;与纺织品静电性能有关的

测试方法标准有 GB/T 12703.1—2008、GB/T 12703.2—2009、GB/T 12703.3—2009、GB/T 12703.4～12703.7—2010,FZ/T 01059—2014 等。

二、纺织品静电性能的测试方法

纤维或织物的带电性的测试方法大致可分为定性分析和定量分析两类。定性分析可观察有无放电火花、电击、放电音及吸引(灰尘附着、沾污、缠绕身体)。定量分析可进行纤维电阻率、静电电位、半衰期的测定或织物的摩擦带电电压、半衰期、摩擦带电电荷量、摩擦带电衰减性的测定,还可测定电阻率、缠贴性。

GB/T 12703.1—2008、GB/T 12703.2—2009、GB/T 12703.3—2009、GB/T 12703.4～12703.7—2010 是我国目前最系统、最完备的纺织品静电性能测试方法标准,它提出了六种测试方法。

1. 静电压半衰期法 用+10kV 高压对置于旋转金属平台上的试样放电 30s,测感应电压的半衰期(s)。此法可用于评价织物的静电衰减特性,但含导电纤维的试样在接地金属平台上的接触状态无法控制。导电纤维与平台接触良好时电荷快速泄漏;而接触不良时其衰减速率与普通纺织品类似。同一试样在不同放置条件下得出的测试结果差异极大,故不适合于含导电纤维织物的评价。并且该法规定的试样尺寸仅为 4.5cm×4.5cm,当以导电长丝嵌织方法添加到织物里面去时,导电长丝的间距通常为几毫米到几十毫米,采样位置不同,即可造成很大的导电长丝含量差异,故此法也不可取。

2. 摩擦带电电压法 试样(4 块,2 经、2 纬,尺寸 4cm×8cm)夹置于转鼓上,转鼓以 400r/min 的转速与标准布(锦纶或丙纶)摩擦,测试 1min 内的试样带电电压最大值(V)。此法因试样的尺寸过小,对嵌织导电纤维的织物而言,导电纤维的分布会随取样位置的不同而产生很大的差异,故也不适合于含导电纤维纺织品的防静电性能测试评价。JIS L1094—2014 也规定了该法不适合于含导电纤维的纺织品。

3. 电荷面密度法 试样在规定条件下以特定方式与锦纶标准布摩擦后用法拉第筒测得电荷量,根据试样尺寸求得电荷面密度($\mu C/m^2$)。电荷面密度法适合于评价各种织物,包括含导电纤维织物经摩擦积聚静电的难易程度,所测结果与试样的吸灰程度有一定的相关性。由于试样与标准布间的摩擦起电是人工操作实现的,故测试条件的一致性、测试结果的准确性和重现性易受操作手法的影响。

4. 动态静电压法 根据静电感应原理,将测试电极靠近被测体,经电子电路放大后推动仪表显示出其数值。此方法适用于纺织厂各道工序中纺织材料和纺织器材静电性能的测定。

5. 电荷量法 用内衬锦纶或丙纶标准布的滚筒烘干装置(45r/min 以上)对工作服试样摩擦起电 15min,投入法拉第筒测得工作服带电量(C/件)。此法与电荷量测量方法基本一致,与电荷面密度法也相一致,与防静电工作服产品标准 GB/T 12014—2009 所规定的电荷量测量方法基本一致,适合于服装的摩擦带电量测试。其技术实质与 C 法(电荷面密度法)也相一致。

6.电阻率法 织物试样与接地导电胶板良好接触,按规定间距和压力将专门的电极夹持于试样,经短路放电后施加电压,根据电流值求得极间等效电阻(Ω)。含导电纤维织物与导电胶板接触时会引起导电纤维暴露的局部区域之间的短路,难以测得真实的等效电阻。FZ/T 01059—2014《织物摩擦静电性吸附性能试验方法》将织物以规定方法摩擦后吸附于金属斜面,据吸附时间评价织物防静电性能。此法设备简单,适合于反映服用织物因静电吸附肢体的程度。但测试结果受操作手法的影响过大,属简易测试方法。对含导电纤维的织物试样而言,金属与裸露导电纤维的接触状态的不确定性也将导致测试结果的失稳。

因此,现行国家标准和纺织行业标准中适合于含导电纤维织物静电性能测试的方法标准,只有GB/T 12703—2009(或FZ/T 01060—1999)中的"电荷面密度法"有实际使用意义。GB/T 12014—2009《防静电服》标准规定的"防静电织物"的概念是"纺织时大致等间距或均匀地混入导电纤维或防静电合成纤维或者两者混合交织而成的织物",规定的测试方法是:对经规定时间和规定方法洗涤(33h和16.5h两档,对应洗涤50次和100次两档)的防静电工作服试样,由内衬锦纶、丙纶标准织物的回转式滚筒摩擦机进行摩擦起电,由法拉第筒检测试样的带电电荷量(应满足 < 0.6μC/件),由带电电荷量来评价防静电工作服的防静电功能。由此可见GB/T 12014—2009标准也采用电荷面密度作为评价含导电纤维纺织品的评价指标。有关文献在研究含导电纤维纺织品的导电丝种类、用量、使用条件与织物防静电性能的关系时,限于国内检测手段的现状,采用了电荷面密度这一指标。对于一般纺织品而言,用电荷面密度评价织物抗静电性能是比较可信的。但对于含有机导电纤维纺织品而言,由于导电纤维所含静电荷往往与基础纤维所含静电荷极性相反,光从电荷面密度考虑,不能反映织物峰值电位,在有限的被测面积上,导电长丝以较宽的间距嵌织时,裁样方法的不确定性显然会导致检测结果的显著误差,并且检测的灵敏度、多次检测结果的一致性均较低,难揭示有机导电纤维的抗静电机理,难以解释含有机导电纤维织物在干燥多灰的地区的吸灰问题。

☞**思考题**:

1.试用摩擦起电的机理,解释羊毛和涤纶摩擦后,羊毛带正电荷而涤纶带负电荷的原因。

2.纺织品抗静电的方法有哪几种?

3.试述抗静电、导电纤维的种类。

第五章 拒水拒油纺织品

本章学习要点：

1. 掌握拒水、拒油、易去污整理的原理。
2. 掌握常用整理剂的性能及拒水、拒油、易去污纺织品的生产方法。
3. 熟悉纺织品拒水、拒油、易去污整理的检测方法及技术指标。

第一节 拒水拒油纺织品研究概况

随着纺织品应用领域的扩展，对部分特种用途的织物已不满足于单纯的拒水整理，拒水拒油性能的纺织品由于其良好的耐污性而成为主要的发展方向。

织物的拒水性是指织物将水滴从其表面反拨落下的性能。拒水整理的目的是阻止水对织物的润湿，利用织物毛细管的附加压力，阻止液态水的透过，但仍然保持了织物的透气透湿性能。

当织物通过油类液体而不被油润湿时，即称此织物具有防油性或拒油性。为使织物具有这种防止油类沾污的特殊性能所使用的助剂称为拒油整理剂。合成纤维（如涤纶）疏水性强，天然纤维（如棉）尽管是亲水性纤维，但经树脂整理后，其亲水基团被封闭，亲水性下降。基于这些原因，合成纤维织物及天然纤维与合成纤维的混纺织物易于沾污，沾污后又难以去除，同时在反复洗涤过程中被洗下来的污垢易于重新沉积到织物上。为了外观和穿着的舒适性，应尽可能使外来的污垢不容易附着在织物上，从卫生角度考虑，对于内部来的污垢应能通过洗涤而除去，所以在拒油剂的基础上，又推广了防污整理剂，因此拒油往往也和防污联系在一起。

美国科学家 Zisman 曾测定了各种低能表面的临界表面张力的数值，满足拒油条件的整理剂只有含氟物质，如含氟的丙烯酸酯类整理剂。由于含有大量的碳—氟键化合物的分子间凝聚力小，使其界面自由能很低，具有各种液体很难润湿与附着的特有性质，拒油整理后往往同时具有拒水效果，因此此类整理剂也称为拒水拒油整理剂。

一、拒水拒油整理剂的发展概况

织物拒水整理的历史源远流长。最古老又最经济的拒水整理方法，是用疏水性物质如石蜡涂布于织物表面。石蜡和蜡状物质可以固态形式用于织物，而后加热，使其成熔融状态；或以有机溶剂的溶液及乳液的形式应用。

19世纪初出现了铝皂和石蜡乳液的二浴法拒水整理工艺,先将织物浸轧用肥皂分散的石蜡乳液,再浸轧醋酸铝溶液。这种工艺有很好的拒水性,但不耐洗涤。第二次世界大战中,又发展了锆化合物一浴防水剂,以乙酸锆或铝氧化锆代替铝盐。由于锆化合物的耐洗涤性较铝皂—石蜡乳液优越得多,可有效地改善整理品的耐久性。

20世纪30年代,出现了一端具有反应性基团的长碳链拒水剂,如羟甲基硬脂酰胺、烷基醚化二羟甲基脲与长碳链醇和长碳链酰胺合并使用等。其中最重要的是硬脂酰胺亚甲基吡啶氯化物,由英国ICI公司于1937年推出,商品名为Velan PF。这类防水剂能与纤维素大分子生成纤维素醚,具有良好而持久的拒水性。后来发展了用于棉织物拒水整理的羟甲基三嗪型拒水剂,它是醚化多羟甲基三聚氰胺与硬脂酸、十八醇和三乙醇胺以不同摩尔比进行改性,与石蜡拼混的拒水整理剂。这类拒水剂由于加入了石蜡,抗渗水性比吡啶类好,拒水效果好而持久,并且在整理过程中不产生有害气体,也可用于部分合成纤维织物。

20世纪40年代,杜邦公司的R. K. Iler提出了配价络合型拒水剂,其商品牌号为Quilon Werner,为硬脂酸或豆蔻酸的铬络合物,但这类拒水剂本身呈深绿色,限制了它的使用范围。

有机硅拒水剂是1947~1948年间出现的,该类整理剂特别适用于各种合成纤维和羊毛织物,也可用于纤维素纤维织物。拒水剂中含有一定的反应性基团,在催化剂作用下,通过氧化、水解或交联成膜,或与纤维素上的羟基进行结合,达到不溶于水和其他溶剂的持久性拒水效果。有机硅类拒水剂整理织物的耐气候牢度是其他各种拒水剂所不及的。

近年来,含氟化合物在织物拒水、拒油、防污整理方面的应用发展迅速,美国杜邦公司率先发表了以四氟乙烯乳液作为织物拒水拒油整理剂的专利。20世纪50年代美国3M公司研制开发了以全氟羧酸铬的络合物为主要成分的织物整理剂,但很快被性能更好的含氟丙烯酸酯形成的聚合物所取代,率先推出了商标为Scotchgard的拒水拒油整理剂。20世纪60年代,含氟聚合物的研究和应用在美国和日本得到了进一步的发展,通过引入共聚单体以降低价格,改善耐久性。20世纪70年代以后,随着氟有机化学的发展,一些新型的含季铵盐、聚氧乙烯链段以及羟基等亲水基的氟丙烯酸类单体相继出现,使含氟聚合物不仅具有拒水拒油性,而且还有防污和抗静电性能,为新一代的拒水拒油整理剂的问世提供了必要的条件。但有机氟聚合物整理的织物手感偏硬,目前有科研工作者研究氟硅混合型拒水拒油整理剂,并已有商品推出,如美国3M公司的Scotchgard FC-5102、Scotchgard FC-3548等,这些整理剂整理的织物具有优良的拒水、拒油性和柔软性。

二、超细纤维在拒水拒油纺织品中的应用

超细纤维近年来发展迅速。超细纤维织物一般采用涤锦剥离型超细复合丝,单丝线密度一般在0.1~0.2dtex。用超细纤维制作的超高密织物,纤维间的空隙介于水滴直径和水蒸气微滴直径之间,因此具有防水透汽效果。虽然密度很高,但质地轻盈,悬垂性好,手感柔软而丰满,结构细密,即使不经涂层和防水处理,也同样具有很高的耐水性,是一种高附加值的纺织产品。

超细纤维由于直径很小,比表面积很大,可做成高性能清洁布。它是超细纤维制品的一个代表产品。其织物由于具有比普通织物多无数倍的微细毛孔,有较高的比表面积和微孔,因而具有很强的清洁能力、除污快而彻底、不掉毛、洗涤后可重复使用。在精密机械、光学仪器、微电子、无尘室及家庭等方面具有广阔的用途。

三、荷叶效应在拒水拒油纺织品中的应用

近30多年来,德国科学家通过扫描电镜和原子力显微镜对荷叶等2万种植物的叶面微观结构进行观察,揭示了荷叶拒水自洁的原理,并申请了专利。滴于荷叶表面的水不能渗透荷叶,而只能形成水珠顺荷叶表面滑落,这种现象称为荷叶效应。根据荷叶效应(Lotus effect)原理,德国科学家已经研制成功具有拒水自洁的建筑物表面涂料,具有荷叶效应的服装也已研制出来。

荷叶效应的秘密主要在于它的微观结构和纳米结构,而不在于它的化学成分。Holloway于1994年对荷叶等植物的表面化学成分进行了分析。所有植物表面都有一层表皮,表皮将植物与周围环境隔开。植物表皮的主要成分都是埋置于多元酯母体内的可溶性油脂,因此,植物的表皮都具有一定的拒水性。经过对2万种植物表面进行分析后发现,具有光滑表面的植物没有拒水自洁的功能,而具有粗糙表面的植物,都有一定的拒水作用。在所有的植物中,荷叶的拒水自洁作用最强,水在其表面的接触角达到160.4°。除了荷叶外,芋头叶和大头菜叶的拒水自洁作用也很强,水在其上的接触角分别达到160.3°和159.7°。

水滴在荷叶上总是能聚成球形并四处滚动。研究发现水珠在荷叶上的流动是由于荷叶表面有大量的微细凹凸结构。这些凹凸部分的表面均被一层表面张力很小的蜡状物质所覆盖,使水滴不能进入荷叶内部。水在荷叶上形成水珠,将空气密封在荷叶表面的凹坑里,覆盖在荷叶凹凸表面上的蜡状物质与空气之间的复合界面起到了支撑水的作用。由此,人们模拟荷叶的这种组织结构特征,用超细纤维制成了具有类似荷叶结构的织物。这种织物不仅有很高的防水性,而且还兼透湿性和透气性。这种织物广泛应用于室外运动服、普通服装以及工业用纺织品。

通过研究荷叶效应的拒水自洁原理可知,具有高度拒水自洁的织物必须具备:纤维表面具有基本的拒水性能(即水在其表面的接触角大于90°)和织物具有粗糙的表面。有人研究利用纳米技术、等离子体处理技术和涂层浸轧技术达到荷叶效应。如:利用高温下有机过氧化物等分解形成自由基,引发自由能较低的含硅或含氟的有机单体,对织物表面接枝改性。虽然织物表面本身是非常粗糙的,但这种粗糙结构是以纤维为最小单位,远大于纳米结构的要求。拒水自洁织物表面的粗糙应达到纳米级水平。

荷叶的表面是一有规则的微结构表面,能够防止液滴浸湿。该微结构使液滴和荷叶表面之间藏有空气。德国西北纺织研究中心使用脉冲UV激光(激发态激光)产生的潜能,试图模仿这种表面。纤维表面用脉冲UV激光进行光子表面处理,以产生一个有规则的微米级结构。若在气态或液态活性介质中改性,光子处理能与疏水或疏油整理同时进行。利用辐照全氟-4-甲

基-2-戊烯,能与末端疏水基键合。这种自洁效果以及使用时所需维护少的特性,在高技术织物上具有很大的应用潜力。

四、超疏水材料在拒水拒油纺织品中的应用

一般有机物及高聚物为低能表面,不易润湿,而氧化物、硫化物、无机盐等为高能表面,容易润湿,当表面上水的接触角大于 90°时,为疏水表面;当接触角大于 150°时,称为超疏水表面,不仅疏水也疏油,也称为双疏表面。

Hoefnagels 在棉纤维表面通过原位法引入 SiO_2 粒子构建纳米粗糙结构,当用聚二甲基硅氧烷(PDMS)来修饰时,表现出超疏水性,用全氟癸基三氯硅烷(FDTS)修饰时,也出现超疏油性。Balu 先用 O_2 等离子体选择性刻蚀纤维素表面的非晶部分,然后在刻蚀表面用等离子体强化化学气相沉积法(PECVD)在其上沉积一层含氟化合物,制得超疏水表面。Xu 通过湿纤维化学法在棉纤维表面引入定向六边形氧化锌纳米线,然后用十二烷基三甲氧基硅烷(DTMS)修饰制得超疏水表面。以纤维素材料为原料制备的超疏水涂层材料,将成为服装面料、包装、卫生用品等领域的新材料,并将广泛应用。

五、花瓣效应在拒水拒油纺织品中的应用

形态学上认为花瓣是一种叶性附属物,其表皮层上也有表皮毛,有些植物花瓣的表皮层细胞垂周壁上呈波纹状或具内脊。花瓣表面也具有非光滑结构,具有拒水性能。研究者发现了更多的超疏水态,如 Cassie 渗透浸润态,这种超疏水态不仅具有大的接触,而且具有较大的接触角滞后,玫瑰花瓣表面就属于这种超疏水态。花瓣表面上具有紧密的微乳突阵列,每个乳突顶部有许多纳米褶皱,这些有层次的微/纳米结构为超疏水性提供了足够的粗糙度,同时与水有很强的黏附力,这个现象被定义为"花瓣效应"。与荷叶效应相比,花瓣效应不仅有较强的疏水性,还有很好的黏附性。

有研究以红玫瑰花瓣为模板,用纳米压印图案转移法进行仿生合成,获得具有多功能性的 PDMS 高分子薄膜,PDMS 薄膜较好地复制了花瓣表面的微结构,具有很强的疏水性和黏力。

六、纳米技术在拒水拒油纺织品中的应用

纳米粒子是指颗粒尺寸为纳米级的超细微粒,它的尺寸大于原子小于通常的微粒,一般在 $1\sim100nm$ 之间。这类纳米材料凭借其内部所特有的小尺寸效应、表面效应、量子尺寸效应、量子隧道效应等,拥有完全不同于常规材料的奇特的力学性能、光学性能、热学性能、磁学性能、催化性能和生物活性等性能,为纳米材料在各个领域包括纺织业的应用奠定了基础。将具有特殊功能的纳米材料与纺织原料进行复合,可制成各种功能织物。纳米材料除能够直接添加到合成纤维中使材料改性外,也能通过对天然纤维的整理赋予其特殊的性能。如纳米自洁面料采用纳米级水滑石层状结构及改性防水剂、防油剂为原料,运用纺织面料的表面加工处理技术,其全称

为"二元协同超双疏(疏水、疏油)纳米界面材料",经过该纳米处理过的超双疏性界面物性材料具有自洁、易洗、防污、防油、防水等功效。

采用纳米功能材料对织物进行防水、防油整理的研究方兴未艾。根据织物的用途不同,整理工艺分为吸尽法、浸轧法以及涂层法三种。选定相应配套的后整理助剂,如分散剂、增稠剂、黏合剂、稳定剂、柔软剂等以及合理的成浆工艺、浆料稳定工艺、后整理工艺等。其中浸轧法主要应用于生产衬衫、T 恤、帽子和男女休闲服等要求穿着柔软、舒适的夏、秋季服装面料。涂层法是将纳米材料在织物表面形成柔软的薄层,防水、防油性持久、效果明显,主要用于工业和装饰用纺织品方面。

从事纳米纺织技术研究成果突出的主要有美国的 Nano—Tex、Donaldson 等公司以及一些美军研究机构。近年来,它们开发出了具有疏油、疏水、防皱功能的聚酰胺、聚酯纤维面料;具有防水和防污功能的棉织物等。Nano—Tex 公司研制出的不沾污渍、无褶皱的裤子、衬衫等已投放市场。

七、其他研究状况

国内研制出具有优异拒水拒油性的氟烷基改性氨基硅油,并以此为主体开发出 TFSF - 10 型拒水拒油助剂,能够同时满足纺丝的生产要求与纤维的拒水拒油性能。在丙纶现有的生产工艺条件下,以该助剂替代常规纺丝油剂,制得拒水拒油丙纶,纤维的拒水性达到 6 级,拒油性达到 5 级。织物拒水拒油效果均匀,透气性更好。采用 TPX - Ⅱ型拒水拒油整理剂也生产出类似的拒水拒油纤维。

通过等离子体处理,使含氟或含硅物质接枝或沉积在材料表面,可以赋予材料拒水拒油性能。氟碳化合物等离子体处理主要是氟化物在纤维表面接枝,既可以获得拒水效果,又可保持纤维原有的品质。英国的 Coulson 等在高真空度下利用脉冲等离子体对棉纤维织物等进行沉积,得到性能较好的拒水拒油织物,其表面能极低。含有碳碳双键的长链氟烯烃能获得相对于氟烷烃更好的选择性和更高的沉积速率。

第二节　拒水拒油整理机理

一、拒水整理机理

织物的润湿就是使水或溶液在织物表面迅速展开。一滴液体滴在固体表面上,会受到液体和固体表面张力(分别用 γ_L 和 γ_S 表示)以及液固间的界面张力(γ_{LS})的作用,当液滴在固体表面处于平衡状态时(图 5 -1),这三种力应满足下列方程:

$$\gamma_S = \gamma_{LS} + \gamma_L \cos\theta$$

$$\cos\theta = \frac{\gamma_S - \gamma_{LS}}{\gamma_L}$$

在拒水整理中可将液体(水)的表面张力(γ_L)看作常数。从拒水要求来看,若 $0°<\theta<90°$,则液滴部分润湿该固体表面;若 $\theta>90°$,则不能润湿固体表面,液滴在固体表面上成珠状。θ 越大,润湿性越差;若 $\theta=0$,则液滴在固体表面扩散(铺展),固体被液滴完全润湿。接触角 θ 越大越有利于水滴滚动,即 $\gamma_S-\gamma_{LS}$ 越小越好。同时,织物拒水性能的好坏也表示水滴从织物表面离去的难易,可用水滴在倾斜或粗糙的固体表面形成接触角来说明(图 5-2)。后退接触角越大,水滴就越容易从表面脱离,即防水性能越好。纤维种类不同,其接触角也不同。在纤维中,一般吸湿性和膨润性小的,其接触角较大。羊毛的接触角较大与其表面鳞片的结构有关。但水在多种纤维表面的 θ 都小于 $90°$,所以都能被水部分润湿。

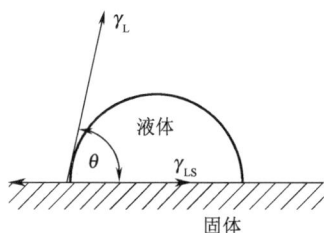

图 5-1　液滴在固体表面上的
平衡状态示意

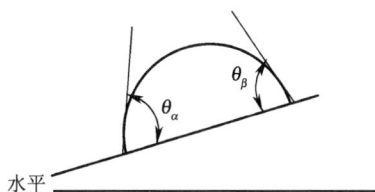

图 5-2　液滴在倾斜或粗糙的固体
表面形成的接触角

接触角并非润湿的原因,而是其结果,因此有人采用固体的表面能来预测某液体在该固体上的润湿性能。由于固体表面张力几乎无法测量,为了了解固体表面的可润湿性,有人测定它的临界表面张力(接触角恰好为 0 时该液体的表面张力,可采用外推法求得)。临界表面张力虽然不能直接表示该固体的表面张力,而是表示了 $\gamma_S-\gamma_{LS}$ 的大小,却能说明该固体表面被润湿的难易。临界表面张力概念,对于预测某种拒水整理品的化学性能是相当有用的。水具有高表面张力($72.8mN/m$,$25℃$),因此,临界表面张力为 $30mN/m$ 左右的疏水性脂肪烃类化合物,或用表面张力为 $24mN/m$ 的有机硅整理剂,可具有足够的拒水性。

一般拒水整理剂大多为含有长链脂肪烃的化合物。碳链为 $C_{17\sim18}$,或分子外层为连续的—CH_3、—CF_3 或—CF_2— ,而分子的另一端为极性基团。用拒水剂处理织物时,整理剂的反应性基团或极性基团定向吸附于纤维表面,而整理剂的碳氢长链或连续排列的—CH_3、—CF_3 等基团排列于织物表面,形成疏水性的连续薄膜;或防水剂分子的活性基团在一定条件下,在纤维表面发生相互聚合成三维空间结构,成网状薄膜(如有机硅类防水剂)。这样就使得纤维表面张力减小,$\cos\theta$ 值变小,θ 角加大,从而达到了拒水整理的目的。

由以上机理可以看出,在织物表面吸附一层物质,使其原来的高能表面变为低能表面,就可获得具有拒水效果的织物,且表面能越小,效果越好。根据不同物质的表面能大小,可以选择石蜡、硅氧烷、含氟化合物等作为织物拒水整理剂。为了保证拒水效果及耐久性,整理剂应与织物具有较强的结合力,如在整理剂分子上引入能与纤维形成化学键的基团等。

二、拒油整理机理

拒油整理的机理与拒水整理的机理极为相似,但是两者的要求不同。拒水整理后,要求织物能抗拒一定压力水的透过,因此水不能润湿织物,其接触角应大于90°;而拒油整理仅要求织物在遇到油时,油在其表面不铺展,此时接触角大于零即可。油的界面自由能数值比水的界面自由能数值要小的多,一般情况下油的表面张力数值为20~30mN/m。因此要达到拒油的目的,就要求有更低的气固界面张力,一般应小于油的表面张力。

拒油整理剂常是一些含氟烃类化合物,这是因为氟原子半径最小,极化率小,电负性高,碳氟键的极化率也小,含有较多碳氢键的化合物的分子键凝聚力很小,具有低能表面。表5-1是一些常见聚合物的临界表面张力,表5-2是一些常见液体的表面张力,表5-3是部分低能固体的临界表面张力。

表5-1　不同聚合物的临界表面张力

聚 合 物	表面张力(mN/m)	聚 合 物	表面张力(mN/m)
石蜡类拒水整理品	29	脂肪酸	22
聚四氟乙烯	18	聚二氯乙烯	40
聚三氟乙烯	22	聚对苯二甲酸乙二醇酯	43
聚二氟乙烯	25	聚己二酸乙二醇酯	46
聚一氟乙烯	28	纤维素纤维	72
聚乙烯	31	锦纶	46
聚氯氟乙烯	31	羊毛	45
聚苯乙烯	33	聚乙烯醇	37
聚氯乙烯	39	氯纶	37
聚甲基丙烯酸甲酯	39	有机硅类拒水整理剂	26
含氟类拒水整理品	10	全氟脂肪酸(—CF_3)	6

表5-2　一些液体的表面张力

液 体	表面张力(mN/m)	液 体	表面张力(mN/m)
水	72.8	汽油	22
80℃水	62	棉籽油	32.4
雨水	53	橄榄油	32
电动机油	30.5	白矿物油	26.0
花生油	40	红葡萄酒	45
含氟表面活性剂溶液	18	苯	26
正庚烷	20	氟化烃	12
牛乳、可可	43	石蜡油	33

表 5-3　低能固体表面的临界表面张力

表 面 结 构		临界表面张力(mN/m,20℃)
含氟烃类表面	—CF₃	6
	—CF₂H	15
	—CH₃ 和—CF₂—	17
	—CF₂—	18
	—CH₂—CF₃	20
	—CF₂—CFH—	22
	—CF₂—CH₂—	25
	—CFH—CH₂—	28
烃类表面	—CH₃(结晶)	22
	—CH₃(单层)	24
	—CH₂—	31

由表 5-1～表 5-3 可知,一些脂肪烃油类的表面张力为 $20\sim30mN/m$,所以必须用含氟烃类整理剂才能使纤维的临界表面张力降到 $15mN/m$ 以下。所以,拒油剂应选用全氟烷基为拒油基团,整理到织物上后,可形成低表面能的新表面,使油不能润湿。

含氟拒油基在纤维表面的分布状态是影响拒油性能的一个很重要的因素。为了达到最大的拒油性能,所需拒油剂量取决于织物的结构及含氟拒油剂的结构。在相同数量的碳原子条件下,正全氟烃比取代支链烃更为有效。在其他条件相同的情况下,以—CF₃基紧密排列的表面其表面能最低,因而拒油性最好。

三、防污、易去污整理机理

1. 防污整理机理　防污整理包括防油污(不易沾油污)、沾污后易洗除(易去污)、洗涤时不发生再污染(防再沾污)和防止产生静电、不易吸尘(抗静电)。为使织物达到防污目的,必须通过三个途径来完成,即防油污整理、易去污整理和抗静电整理。

油污是一个十分笼统的概念,实际上可以认为是油溶性污物、水溶性污物和其他污物的总称。但就其来源来说,不外乎人体的皮肤分泌物和外界侵入物两种。为使织物具有防污性能,一般有三种方法,即上浆法、薄膜法、纤维化学改性法。

上浆法是在织物表面形成浆料的防护层。这种防护层在洗涤时全部或部分松开,促使吸附的污垢除去,达到容易清洗的目的。这种防污作用不耐久,属暂时性防污整理。

薄膜法是使用高分子化合物在纤维表面生成耐洗的、亲水性的薄膜,促进纤维在洗涤时的润湿性,有助于清除附着的污垢。

纤维化学改性法是将棉和合成纤维进行化学改性以改善防污性能。例如将棉进行接枝引入阴离子型支链化合物或非离子型疏水性物质(如苯乙烯等),在锦纶、涤纶表面接上非离子型亲水性聚氧乙烯基,都能促使防污性能显著改善。

2. 易去污整理机理 亲水性防污整理即易去污整理,或称脱油污整理。通过亲水性防污整理,降低了纤维表面临界张力,使织物上的污垢变得容易脱落,并改善洗涤过程中的再污染现象。

易去污机理与水及净洗剂向油污—纤维界面的扩散作用有关。易去污整理剂可促进水向织物及纤维束内部和油污—纤维的界面内扩散。当其界面和纤维表面被水化后,则可使油污与纤维分离。当纤维表面用易去污整理剂涂层后,水可通过污垢下面的易去污整理剂扩散,并导致油性污垢的分离,见图5-3。

(a)无易去污整理剂   (b)含易去污整理剂

图5-3 易去污整理剂的作用

纺织品易被沾污的原因,除了纤维的疏水性容易产生静电对油污吸附的原因外,与纤维的亲油性也有密切关系。油性污垢如不能将纤维"润湿",也就不易沾附。当液体油污的临界表面张力小于固体纤维的临界表面张力时,液体油污就能"润湿"纤维。根据测定,油性污垢的临界表面张力在30mN/m左右,而涤纶的临界表面张力为43mN/m(棉纤维在水中的临界表面张力大于72.8mN/m),所以涤纶(包括棉)容易为油性污垢"润湿"而沾污。人们曾做过以下试验,把棉纤维浸入水中,它在水中的临界表面张力从空气中的72mN/m降至2.8mN/m,这一数值大大低于油污的临界表面张力20～40mN/m。因此,棉纤维上的油污易于去除,且不易发生再沾污。疏水性的涤纶浸入水中,它在水中的临界表面张力比在空气中的临界表面张力(43mN/m)还要高;其数值仍然大于油污的临界表面张力,因此,涤纶上的油污不如棉上的油污容易去除,而且容易发生再沾污。涤纶经过易去污整理后,其亲水性能得到提高。把经易去污整理的涤纶浸入水中,它在水中的表面张力降至4.3～9.9mN/m,大大低于油污的表面张力。因此污垢易于洗涤,并且不容易再沾污。

四、"三防""四防"整理机理

对织物拒水拒油整理的研究日益趋向含氟整理剂与其他功能性整理剂混拼使用,如免烫整理、阻燃整理、防紫外线整理和抗菌整理等,以生产多功能整理产品,继而出现了"三防""四防"整理。

"三防"整理是通过物理的和机械的作用,在织物表面形成一层由低表面能原子团组成的保护膜,不损伤织物天然手感的情况下赋予织物耐久性的拒水、拒油、防污的性能,使水、油等液体污渍不能润湿并在织物表面形成小球而滚落,但不封闭织物的孔隙而保持织物原有的透气性能,使织物的亲水性降低到最小,疏水性达到最佳状态。经过"三防"整理后一旦被污渍沾污,就很难通过正常的洗涤过程清洗干净。而棉型织物进行"三防"和易去污双效整理后,在干燥状态下具有优良的"三防"功能,即使被油性污渍沾污,也较易于清洗。"四防"就是拒水、拒油、防污和防皱整理。

第三节　拒水拒油纺织品生产

拒水整理使用的拒水剂主要有石蜡—铝皂乳液、吡啶季铵盐和硬脂酸铬络合物、羟甲基三聚氰胺衍生物、有机硅型化合物、有机氟系列化合物等几种类型。其中,有机氟化合物的拒水、拒油、防污性能优异。

一、一般拒水整理

(一)暂时性防水整理剂

1. 铝皂和锆皂　将织物用肥皂液浸渍后,再用乙酸铝处理,形成碱性乙酸铝和结构尚未确定的氢氧化物,固着在织物上,这种方法称为两浴法。

两浴法的缺点是黏着力差,而且易起灰尘,后发展为一浴法来代替。即将铝皂制成分散液,以明胶、聚乙烯醇为保护胶体。后来又有乳化石蜡和铝皂并用的方法,石蜡铝皂类拒水剂价格低廉,工艺简单,拒水效果好。缺点是耐洗涤性差、不耐磨。由于锆皂的疏水性和耐洗性都比铝皂好,因此以锆盐代替铝盐,可以有效地改善整理品的耐久性。

2. 蜡和蜡状物　石蜡和蜡状物质能够以固态形式用于处理织物,然后加热,使其呈熔融状态,或以有机溶剂的溶液以及乳液的形式应用。将铝皂和乙酸铝及石蜡的乳液一起应用,可提高拒水效率。而以乙酸锆、碳酸三氯二锆的铵盐、氯氧化二锆代替乙酸铝,可增强整理品耐干洗和水洗的能力。

在石蜡乳液中引入聚合物,可改善其稳定性和整理品的耐久性,如聚乙烯醇、聚乙烯、聚丙烯酸酯、聚丙烯酸丁酯等。通过引入交联剂可改善整理效果的耐久性,提高纤维素纤维织物的尺寸稳定性和抗皱性。

石蜡—铝皂使用方便、价格低廉,属于环保类拒水剂,特别适用于工业用布的拒水整理,但整理效果不耐洗涤。

石蜡—铝皂一浴法拒水整理工艺是将醋酸铝和石蜡肥皂乳液混在一起使用。为避免破乳发生沉淀,在乳液中要预先加入保护胶体,如明胶等。

拒水浆液配方:

石蜡	60g/L
醋酸铝	55g/L
烧碱	11g/L
松香	20g/L

明胶	15g/L
甲醛	10g/L
硬脂酸	5g/L

工艺流程：

二浸二轧(拒水液 20～30g/L,轧液率 100％,轧液温度 35～40℃)→烘干→成品

配制拒水整理液时,先将松香、硬脂酸、明胶及烧碱等混合,加热至 60～70℃,注入熔融石蜡,不断搅拌至充分乳化。最后将乳液徐徐加入已溶好的醋酸铝溶液中,充分搅拌均匀,加水到配制液量。

在进行拒水整理时,应注意明胶用量要适当,用量少,乳液易发生破乳现象;用量过大,拒水效果会降低。另外,整理前织物应为中性,不含渗透剂等亲水表面活性剂。

3. 高分子树脂类拒水整理剂 高分子树脂类拒水整理剂主要是由 C_{11} 以上的烷基酚类制成溶液,织物浸渍后干燥,再用甲醛和乙二醛溶液处理,焙烘后即生成拒水性树脂。其结构如下:

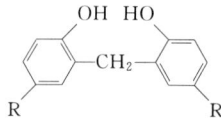

它的优点是能够沉积在织物上,赋予织物高度的拒水特性。缺点是处理液带酸性,在烘干及热处理时,容易使纤维素纤维织物发生脆损,整理织物变色,采用直接染料染色的织物尤为严重。久用或经洗涤后,拒水作用陆续丧失。

十八烷基酚、异十二烷基酚、异十四烷基酚等都可用作拒水剂。十八烷基脲、硬脂酰脲、十二烷基酰胺、多胺等也能和甲醛反应生成拒水性树脂。

(二)耐久性拒水整理剂

为了使织物具有耐洗涤性、耐干洗性的耐久拒水性,拒水剂必须能和纤维的官能团发生化学反应而彼此牢固地结合,从而发展了反应性拒水剂。

1. 脂肪酸的铬络合物 金属络合物主要是硬脂酸的铬络合物,铬离子对环境有严重污染,不符合生态纺织品的要求。常用的有防水剂 CR、AC,其结构如下:

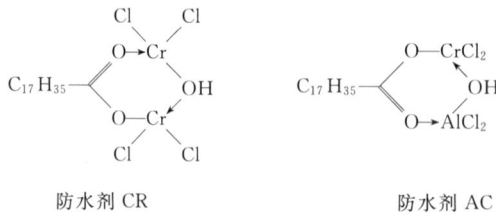

防水剂 CR   防水剂 AC

它们是阳离子性的。用水稀释后,溶液的 pH 会升高,加热会引起络合物水解,进一步加热或放置时间过长,会进一步聚合而形成—Cr—O—Cr—键,在溶液中能被纤维吸附。用铬络合物处理后的织物于 150～170℃焙烘时,络合物发生进一步聚合。同时,该络合物也可与纤维表

面的羟基、羧基、酰胺基或磺酸基等反应形成共价键。络合物的无机部分键合于纤维表面,有机疏水部分远离纤维表面而垂直于纤维表面排列如下所示,从而赋予织物以拒水性能。在天然或合成纤维织物上可获得半耐久性的拒水效果,但铬络合物呈蓝绿色泽,主要用于深色织物的拒水整理。为了消除颜色,后来采用肉豆蔻酸的铝络合物,但拒水效果较差。

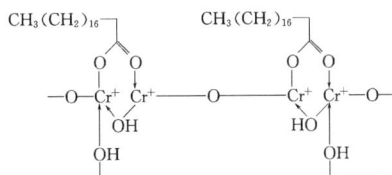

$$\begin{array}{c} CH_3(CH_2)_{16} \qquad\qquad CH_3(CH_2)_{16} \\ \end{array}$$

防水剂 CR 加工工艺如下:

浸轧液配方:

防水剂 CR	7%
六亚甲基四胺	0.84%
加水合成	100%

工艺流程:

二浸二轧(温度 40℃以下,轧液率 60%～70%)→烘干(温度 60～70℃)→焙烘(温度 110～130℃,时间 3～5min)→皂洗(温度 50～60℃)→水洗→烘干

防水剂 CR 在未加水稀释时很稳定,在加水加热条件下,铬的氯化物逐渐水解形成铬的氢氧化物,经焙烘相互缩合,以不溶性硬脂酰铬的形式沉积在纤维表面,或与纤维素羟基形成氢键结合,也可能与纤维素结合。

防水剂 CR 在水解时释放出的 HCl,能损伤纤维素纤维,因此在浸轧液中常加入缓冲剂六亚甲基四胺[$(CH_2)_6N_4$],用量为防水剂 CR 的 12%。

2. 吡啶季铵盐类防水剂 国外商品牌号有防水剂 Zelan A、AP 和 Cerol 等。国内的商品名为防水剂 PF,它属于硬脂酰胺亚甲基吡啶氯化物,能与纤维素反应,生成纤维素醚。防水剂 PF 的水溶液呈阳离子性,不能与阴离子表面活性剂同浴,也不适于 100℃以上的高温反应,其结构如下:

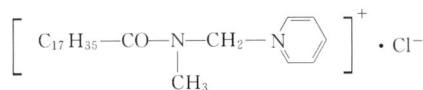

$$\left[C_{17}H_{35}-CO-\underset{CH_3}{N}-CH_2-N\bigcirc \right]^+ \cdot Cl^-$$

硬脂酰胺亚甲基吡啶氯化物

只要有 2% 的硬脂酰胺亚甲基吡啶氯化物与纤维素反应,在棉织物上就能产生满意的拒水效果。因吡啶化合物具有一定的毒性,故不属于环保类产品,该类拒水剂应逐渐淘汰。

防水剂 PF 的应用工艺:

防水剂 PF	6%
酒精(95%)	6%
结晶醋酸钠	2%

水（40℃）	25％
加水合成	100％

工艺流程：

浸轧整理液（温度 40℃，轧液率 70％）→热风烘干（温度 70～80℃）→焙烘（温度 150℃，时间 2～3min）→皂洗（肥皂 2g/L，纯碱 2g/L，温度 40～50℃）→水洗→烘干

酒精的作用是使防水剂 PF 调成浆状，在水中更好地分散。通过轧→烘→焙工艺将整理剂施加于纤维素纤维织物上，但在反应过程中会放出刺激性很强的有毒气体吡啶，同时还有氯化氢放出。故需加缓冲剂醋酸钠，用量是防水剂 PF 的 30％～40％，中和焙烘过程中释放出的盐酸，以防止损伤纤维。配液时温度不能过高，否则会分解而逸出盐酸，温度以 35～40℃为宜。

防水剂 PF 对热较为敏感，在焙烘过程中，一部分分子与纤维素纤维分子上的羟基发生化学反应而形成醚键，使织物具有耐久性的柔软拒水性能。另一部分分子则自身缩聚成二聚体，成为具有高疏水性的双硬脂酰胺甲烷（$C_{17}H_{35}CONHCH_2NHCOC_{17}H_{35}$）而附着于纤维表面。焙烘前织物要充分烘干，如水分过多，防水剂易被水解而影响拒水效果。

3. N-羟甲基化合物类拒水整理剂 N-羟甲基化合物用于纤维素纤维的耐久性拒水整理。在酸性催化剂和高温作用下，N-羟甲基可以与纤维素纤维的羟基反应：

$$—NHCH_2OH + HO—Cell \longrightarrow —NHCH_2O—Cell + H_2O$$

N-羟甲基化合物与纤维素纤维反应的同时，伴随着不同数量的树脂产生。由于 N-羟甲基化合物可以与醇、胺和羧酸等含有活泼氢的化合物反应，因此，有利于将疏水性基团引入拒水剂分子。因为酸能催化 N-羟甲基化合物缩合成树脂，所以通常用醇如甲醇，使 N-羟甲基化合物转变成醚，以增加其稳定性，使之与长链脂肪酸反应而形成拒水剂。以 N-羟甲基化合物为基础的最简单的拒水剂是从硬脂酰胺衍生而来的。

这类整理剂属含长碳链脂肪烃的氨基树脂初缩体，是用高级醇和高级脂肪酸将氨基树脂初缩体中的部分羟甲基进行醚化和酯化后的产物，通过未反应的羟乙醚与纤维素反应或自身进行缩聚，而获得持久的拒水效果。

这类产品 1953 年投于工业生产，汽巴—精化公司的商品名为 Phobotex FTC、FTG，国产防水剂 AEG、MDT、MWZ 等，拒水剂中加入了工业石蜡。该类整理剂在整理过程中无有害物质释放，但整理后的织物中残留大量甲醛，仍不属于环保型拒水剂。此类拒水剂有以下几种。

（1）N-羟甲基十八酰胺（$C_{17}H_{35}CONHCH_2OH$）。先用 N-羟甲基十八酰胺乳液对织物进行整理，以氯化铵或磷酸二氢铵为催化剂，用甲醛处理，使其与甲醛的反应在织物上进行，成为具有优良耐久性的防水剂。它的化学结构和吡啶季铵盐化合物防水剂的基本相同，反应机理也类似。特点是没有吡啶臭味，不使染色织物变色，可以和其他氨基树脂合用。但缺点是不易乳化，需用大量乳化剂。

(2)羟甲基三聚氰胺硬脂酸衍生物。这类防水剂的代表是 Permel Resin(ACC)(国内称为防水剂703),是用途较为广泛的防水剂,可用于纺织、皮革和造纸等行业。它由三聚氰胺与甲醛缩合生成六羟甲基三聚氰胺,再与乙醇作用制成部分乙醚化的六羟甲基三聚氰胺,然后加硬脂酸酯化,得乙醚化的六羟甲基三聚氰胺硬脂酸酯。再加三乙醇胺,制得三元碱缩合物,最后加甘油二硬脂酸酯和白石蜡复配而成。

此类整理剂主要用于棉及涤/棉的拒水整理,整理后的织物适于做风雨衣、旅游服,其应用工艺如下。

整理配方:

防水剂	6%
醋酸(40%)	1.5%
热水(95℃左右)	适量
温水	适量
硫酸铝(结晶)	0.3%～0.4%

工艺流程:

二浸二轧(轧液率60%～65%,pH=4.5～5.5,温度30～50℃)→预烘(温度80～90℃)→焙烘(温度155～160℃,时间3～3.5min)→水洗→烘干

4.其他反应性拒水剂 除了吡啶和羟甲基化合物以外,还有其他化学反应性拒水剂,以共价键和纤维结合,并产生耐久性的拒水效果。

十八烷基异氰酸酯与乙烯亚胺反应生成氮丙啶基的化合物,与纤维素纤维反应,还伴随有氮丙啶基的聚合作用,同时添加二氮丙啶化合物可改善拒水效果的耐久性。

利用环氧氯丙烷和纤维素纤维羟基反应性强的特点,将脂肪醇和多胺类化合物与其缩合,生成具有反应性环氧基的拒水剂。结构式如下:

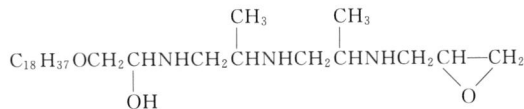

$$C_{18}H_{37}OCH_2\underset{OH}{CH}NHCH_2\overset{CH_3}{CH}NHCH_2\overset{CH_3}{CH}NHCH_2CH\text{—}CH_2\ (O)$$

棉织物通过硬脂酸异丙烯醇酯的酰化作用,可赋予其拒水作用。其与纤维素纤维的羟基反应如下:

$$C_{17}H_{35}\overset{O}{C}\text{—}O\text{—}\overset{CH_3}{C}\text{=}CH_2 + HO\text{—}Cell \longrightarrow C_{17}H_{35}\overset{O}{C}\text{—}O\text{—}Cell + CH_3COCH_3$$

纤维素纤维与反应性染料的染色化学,也可应用于耐久性拒水整理。通过—NH—键合疏水性基团的一氯和二氯均三嗪类染料可以得到应用。

(三)有机硅油乳液

有机硅化合物具有一般高分子化合物的性能,能使整理的织物具有很好的拒水作用而不影

响织物的透气性,且能提高织物的撕破强度、腐蚀强度和防污性能。

纺织品拒水整理所用的有机硅拒水剂有溶剂型和乳液型两种。溶剂型有机硅需要有适应溶剂整理的特殊设备,而且由于溶剂的毒性和危险性,目前已很少应用。乳液型有机硅整理织物的拒水性通常低于溶剂型的,这是因为残留的乳化剂会影响拒水性。

该类拒水剂目前应用较多,它适用于棉、麻、毛、丝及合成纤维织物的拒水整理,可以通过在纤维表面形成有机硅树脂薄膜而达到目的。有机硅类拒水剂在合成纤维织物上的拒水效果及持久性均超过纤维素纤维织物。

采用聚二甲基硅氧烷作为拒水整理剂处理后的织物虽具有良好的拒水透气性,但耐洗性能差。聚二甲基硅氧烷中的甲基中的氢原子易被氯原子取代,形成一氯或三氯衍生物。这种氯化物在氢氧化钠中可以水解,同时产生交联反应,对提高整理纺织品的耐洗性能具有一定的作用。但相对而言,聚甲基氢硅氧烷作为拒水整理剂的应用更为广泛,用其处理后的织物拒水耐久性能好。该类商品有拒水剂 PS(羟基硅油和含氢硅油为主的乳液),国外商品有 Silicone conc. V (Dow Corning)、Phobotone WS(Ciba - Geigy)、Perlit SI - SW(Bayer)等。这类整理剂是以初缩体聚甲基含氢硅氧烷为主体,用各种离子型乳化剂乳化成乳液。为了配制稳定的 O/W 乳液,而又不影响其拒水性,乳化剂的选择是关键。研究表明,暂时性复合型阳离子性乳化剂可以有效地将聚硅氧烷乳化为稳定的乳液,而且还能够在整理焙烘过程中分解,较好地解决了乳液稳定性和拒水之间的矛盾。配制浸轧工作液时,再加入催化剂(锌、钛等金属盐)。为使产品有很好的手感还可拼入聚二羟基硅烷,该类整理剂应在低温下保存,乳液颗粒直径应在 $1\sim2\mu m$ 之间,pH 为 $4\sim6$,乳化程度与稳定性有关。整理前,织物上不能有其他残存物质,催化剂选择合适,可以降低焙烘温度和时间,这样可以减少织物强度的损伤。

有机硅拒水整理剂主要有以下几种类型。

1. 甲基含氢聚硅氧烷 甲基含氢聚硅氧烷简称 HMPS,是由甲基含氢二氯硅烷聚合而成的硅油。其化学结构如下:

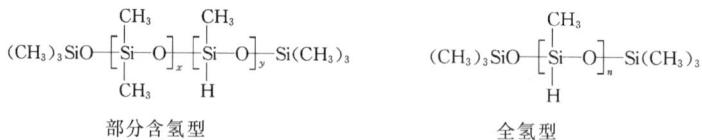

在催化剂和热的作用下,它能在纤维上形成网状聚合物,甲基在纤维表面呈密集、定向排列,形成拒水层。由于成膜较硬,故掺入一部分二甲基聚硅氧烷,以改善手感,增加弹性。HMPS 在高温下和空气中的氧发生作用,使氢转变为醇基,并进一步与纤维素纤维的羟基反应产生醚键结合,因而具有耐洗的拒水性能,透气性也良好。它在使用时,用中性的非离子型乳化剂配制成乳液,并用锆、钛等金属盐为催化剂。用其处理织物后,先在 $100\sim110℃$ 干燥,再在 $150\sim160℃$ 焙烘固着。

2. 乙基含氢硅油　乙基含氢硅油的化学结构式如下：

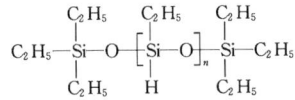

$$\begin{array}{ccccc} & C_2H_5 & & C_2H_5 & & C_2H_5 \\ & | & & | & & | \\ C_2H_5-Si-O & \multicolumn{1}{c}{[} & Si-O & \multicolumn{1}{c}{]_n} & Si-C_2H_5 \\ & | & & | & & | \\ & C_2H_5 & & H & & C_2H_5 \end{array}$$

乙基含氢硅油是目前各种拒水剂中,具有耐久性强、润湿角大、效果良好的一种拒水剂。它不仅能赋予材料以优良的拒水性能,而且还能改善材料的力学性能和电绝缘性能。

3. 二甲基含氢聚硅氧烷　二甲基含氢聚硅氧烷简称 DMPS,是由二甲基二氯硅烷聚合而成的硅油,相对分子质量为 6 万～7 万。这类化合物在常温下干燥脱水,生成的聚合物拒水性较低,但高温焙烘时,则成为网状结构的不溶性树脂,从而产生较强的拒水效果。如在织物上加热焙烘时,聚合物的氧原子和纤维的羟基反应而形成醚键结合,甲基在纤维或织物表面排列成类似石蜡的结构,从而增强织物的拒水性,又能保持良好的透气性和手感,但其耐洗涤性较差。DMPS 在使用时和 HMPS 一样,制成中性非离子型乳液,使用同样的金属盐作为催化剂。用其处理织物后,在100～110℃干燥,再在150～160℃焙烘固着。拒水剂整理工艺举例如下：

整理液配方：

羟基二甲基硅油乳液(30%)	70g/L
甲基含氢硅油乳液(30%)	30g/L
618 氨化环氧树脂(31.8%)	14g/L
醋酸锌	11g/L
二氯氧化锆	5.4g/L
乙醇胺	22g/L

操作步骤：按配方中各组成及用量,调制成浸轧液,用乙醇胺调节 pH 至6～7。取漂白或染色卡其织物二浸二轧(轧液率 65%),在 80～90℃下烘干 5min,再经 150～160℃焙烘 3～5min。

二、有机氟拒水、拒油、防污整理

含氟化合物不仅具有拒水性,而且对表面张力低的各种油类还具有拒油性,有机氟类整理剂与其他整理剂的整理效果比较见表 5-4。

表 5-4　几种整理剂的比较

拒水剂	拒水性	拒油性	耐久性	成　本	适用范围	整理产品风格
石蜡类	一般	差	差	低	纤维素纤维及其他	金属皂感,增重大
三嗪等反应性类	好	差	一般	中	纤维素纤维	油腻,厚实
拒水剂	拒水性	拒油性	耐久性	成　本	适用范围	整理产品风格
有机硅类	好	差	一般	中	各种纤维	太滑
有机氟类	好	好	好	中～高	各种纤维	柔软,手感可调节

1. 含氟化合物的主要性能 氟原子是电负性最强的元素,碳氟键(C—F)键长短(C—F 为 0.1317nm,C—C 为 0.1766nm),键能高,表面能低,因而表现出优异的疏水疏油性。氟原子的共价半径为 0.064nm 略大于氢原子,相当于碳碳键(C—C)键长 0.131nm 的一半,氟原子可以把碳链很好地屏蔽起来,保持高度的稳定性。含氟化合物主要性能表现如下:

(1)一般的表面活性剂溶于水时,可将水的表面张力下降到 30mN/m 左右,而有机氟化合物则可使水的表面张力下降到 10～15mN/m,而且这种大幅度降低的倾向无论在水中还是在有机溶剂中都相同,因而表现出优异的疏水性和疏油性。

(2)有机氟整理剂的表面张力极度降低,使得润湿力和渗透力大为提高,在各种不同物质的表面都能很容易润湿和铺展。

(3)有机氟整理剂热稳定性和化学稳定性好,在强酸、强碱中均显示出稳定性,不分解,故适用于各种环境。

(4)低浓度高效果。只需使用很低浓度,即可发挥优良效果,不影响织物的手感、透气性、透湿性、染色牢度和色光,也不影响其他后整理的进行。

总之,这类含氟整理剂与有机硅类和烃类整理剂相比,在表面活性、拒水性、拒油性、防污性、耐洗性、耐热性和耐腐蚀性等方面有着不可比拟的优点。在拒水性方面,其耐洗性比有机硅防水剂高 10 倍以上。由于有机氟化合物可以赋予纺织品优异的性能,因此从它问世以来,发展极为迅速。

2. 含氟整理剂的分子结构构成 丙烯酸类含氟聚合物是典型的纺织品拒水拒油整理剂,目前,国际上生产含氟聚合物类拒水拒油整理剂的厂家较多,主要有旭硝子、杜邦、3M、赫斯特及汽巴公司等。例如,日本旭硝子公司称已开发了 40 多个品种,如 Asahi‐guard AG‐710 适用于合成纤维织物;AG‐310 适用于纤维素织物;若耐久性要求高些,可分别选用 AG‐370 和 AG‐471。

这类商品的化学结构通式(以三元共聚物为例)如下式所示:

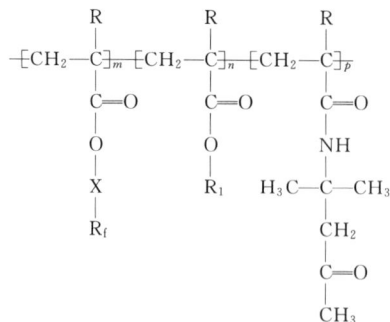

$$\left[CH_2-\underset{\underset{\underset{\underset{R_f}{|}}{X}}{\underset{O}{|}}}{\overset{R}{\underset{|}{C}}}\right]_m\left[CH_2-\underset{\underset{\underset{R_1}{|}}{O}}{\overset{R}{\underset{\underset{C=O}{|}}{C}}}\right]_n\left[CH_2-\overset{R}{\underset{\underset{\underset{\underset{\underset{CH_3}{|}}{C=O}}{CH_2}}{H_3C-\overset{NH}{\underset{|}{C}}-CH_3}}{\underset{C=O}{C}}}\right]_p$$

式中:R 为 H、CH$_3$;R$_1$ 为 C$_n$H$_{2n+1}$;R$_f$ 为 C$_n$F$_{2n+1}$(n＝7～9);X 为—(CH$_2$)$_3$—、—SONH—等连接基团。

该类助剂实际上是聚丙烯酸酯共聚物,仅其中有含氟烷基丙烯酸酯单体而已。它与染整生产中所用的聚丙烯酸酯制剂具有相同的共性。此外,氟碳链的长度也与其拒水拒油性有关,整理剂中含氟碳链越长,整理织物的拒油性越高,而拒水性则增加不多。研究结果还表明,欲使含氟聚合物具有较高的拒水拒油性,R_1 基团的最短链长应在 C_7 以上,大多数在 $C_{8\sim10}$ 范围内,以抗拒生活和工业中的一般油水物质的沾污。有机氟化合物分子结构与拒水性、拒油性之间的关系见表 5-5。

表 5-5　有机氟化合物分子结构与拒水性、拒油性之间的关系

R_f	拒油性[1]	拒水性[1]
CF_3	0	50
C_2F_5	60	70
C_3F_7	90	70
C_5F_{11}	100	70
C_8F_{15}	120	70
C_9F_{19}	130	80

①该项的数值越大,效果越好。

　　早期的含氟均聚物乳液,其整理织物的拒水拒油性虽得到显著改善,但耐洗性低下。近年来,人们通过选择共聚物单体,加入添加剂和交联剂等途径对含氟聚合物进行了多方面的改性,加入第二单体和第三单体于含氟单体中形成的三元共聚物基本上可以克服上述不足。含氟整理剂的分子结构通常由下列四部分构成。

　　(1)氟碳化合物。它是赋予织物拒水拒油和拒污性的核心结构,如全氟烷基等。其化学结构有三类。

　　①全氟烷基醇的丙烯酸酯类。

　　②全氟烷基磺酰胺衍生物的丙烯酸酯类,它们是最常见的含氟拒水拒油整理剂成分(特别是用于易去污整理时)。它们 0.1% 浓度水溶液的界面表面张力数值可达 10mN/m。

　　③含有芳环和叔胺基的有机氟聚合单体。

　　(2)缓冲链节。氟碳链的强极性易造成分子稳定性的减弱。因此,常在分子中增加缓冲链节以增加分子内稳定性。缓冲链节主要包括—CH_2CH_2—,—SO_2NH—等。

　　(3)高分子链节。即含氟整理剂的"骨架"。通常是与丙烯酸、乙烯、苯乙烯等含双键的分子相连,再聚合而得的高分子化合物。

　　(4)改性部分。为使含氟整理剂具备某些特性,通常在分子中引入一些改性基团。例如引入亲水基以赋予整理织物的易去污性和抗静电性;引入反应性基团,使其能自身交联或与纤维反应,从而提高在纤维上的附着牢度,改善其耐洗性。

3. 常见的含氟拒水拒油整理剂的结构

　　(1)全氟烷基丙烯酸酯化合物。此类整理剂结构式为:

$$R_f CH_2 CH_2 O—C=O$$

$$—[CR_1 CH_2]_x—[CHCH_2]_m—[CHCH_2]_n—[CHCH_2]_p—$$

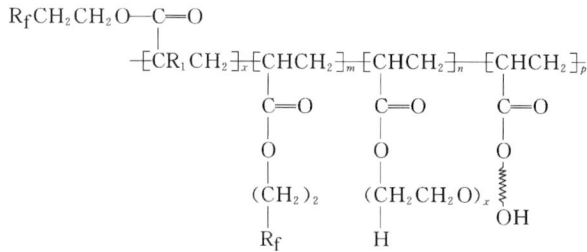

式中：R_f 为全氟烷基；R_1 为 H，CH_3。

在空气介质中，上式疏水性的含氟基 R_f 定向分布纤维表面上，而亲水链处于其下层，故表现出拒油拒污性。

（2）全氟烷基磺酰胺衍生物。该类结构在含氟整理剂中最常见，品种最多，其结构式为：

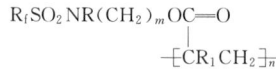

$$R_f SO_2 NR(CH_2)_m OC=O$$
$$—[CR_1 CH_2]_n—$$

式中：R_f 为全氟烷基；R 为羟乙基、烷基；R_1 为 H，CH_3。

由于整理剂中含磺酰胺基、羟基等亲水基，故也可作为易去污型整理剂。

（3）含叔胺基和芳环的氟聚合物。此类整理剂结构式为：

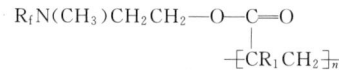

$$R_f N(CH_3)CH_2 CH_2—O—C=O$$
$$—[CR_1 CH_2]_n—$$

式中：R_f 为全氟烷基或含芳烃的全氟烷基；R_1 为 H，CH_3。

4. 含氟整理剂的混合使用 有机氟是一种拒油剂，单独使用拒水效果不理想，可和非含氟拒水剂混合使用。近几年来，含氟拒水拒油剂主要与含有交联剂的耐久性石蜡乳液一起应用。但在有机氟中加入吡啶类拒水剂，不仅不影响它原有的拒油效果，而且提高了拒水性和耐洗性，该类整理剂适用于各类纤维，例如美国的 Quarpel 整理剂是用吡啶类拒水剂和有机氟混合应用，拒水整理剂 Velan PF 与有机氟并用，不但提高拒水性能，还兼有拒油作用，而且对有机氟的分散体还有稳定作用。

虽然各种疏水性烃类拒水剂可以增强含氟聚合物的拒水拒油性和耐久性，但是有机硅拒水剂则会降低其拒油性。也有文献介绍可由含氟聚合物和有机硅组成拒水（油）剂，在同一个分子上含有氟和硅原子的拒水基。Pittman 等使用六氟丙酮为原料合成了氟烷基聚硅氧烷，在羊毛织物上得到了良好的拒水和拒油性。此后，又出现了大量的关于含氟和硅的拒水拒油剂用于棉、锦纶及涤纶拒水拒油整理的专利。

近年来，美国 3M 公司等开发了具有高拒水拒油和优良柔软性的氟硅混合型产品，这种产品有支链和镶嵌共聚型两种。支链型是聚硅氧烷在氟聚合物链上以化学键连接，可赋予织物优良的拒水拒油和柔软性能，聚合过程难以控制，聚硅氧烷链段易发生链转移。嵌段共聚型是氟碳链段与硅氧烷链段形成嵌段共聚结构，如 3M 公司的 Scotchgard FC－5102、Scotchgard FC－

3548等,在低温(100~130℃)下焙烘就能使织物具有优良的拒水拒油性和柔软性。

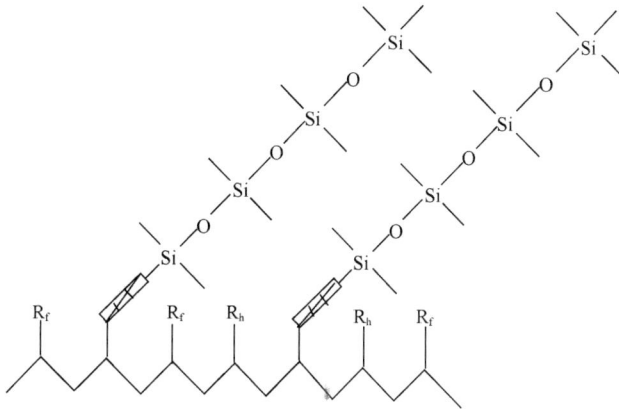

有机氟硅支链型(— R_f 为氟碳链,— R_h 为碳氢链)

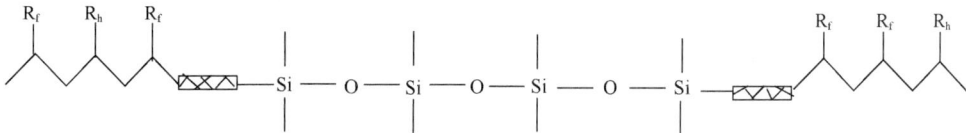

有机氟硅嵌段型(— R_h 为碳氢链,— R_f 为氟碳链)

二、防污、易去污整理

一般来说,防污整理并不特别困难,只需在树脂整理时加入合适的添加剂即可达到目的,这种具有防污性能的添加剂就称为防污整理剂。

防污整理剂可以按其耐久性分,类别如下:

$$
防污整理剂
\begin{cases}
暂时性防污整理剂
\begin{cases}
铝、硅和钛的氧化物 \\
淀粉和淀粉衍生物
\end{cases} \\
\\
耐久性或半耐久性防污整理剂
\begin{cases}
羧甲基纤维素 \\
磷酸衍生物 \\
环氧乙烷缩合物 \\
聚丙烯酸类 \\
有机氟化物
\end{cases}
\end{cases}
$$

织物整理主要用耐久性或半耐久性防污整理剂。另外,还可以按与纤维或织物的固着方法分类。

1. 交联固着型防污剂　这类防污剂本身和纤维、织物并无结合能力,但可与树脂整理剂或交联剂合用,因交联作用而固着于纤维上,从而增进防污的耐久性。

(1)羧甲基纤维素。羧甲基纤维素单独使用于防污整理时,只是一种浆料,属于暂时性防污剂,如与二羟甲基乙烯脲(脲醛)树脂合用,则能进行交联而固着于织物上,提高防污的耐久性。

(2)膦酸酯类。脂肪醇膦酸酯是效果较好的抗静电剂,如与树脂整理剂合用,也能使织物具有防污性能。用于防污整理的,一般是膦酸双酯。

2. 高分子成膜物

(1)聚丙烯酸类防污、易去污整理剂。聚丙烯酸类易去污整理剂,能在纤维上形成稳定而有弹性的薄膜,赋予纤维以平滑的表面,从而使纺织品具有易去污性。另外,其对纤维材料具有亲和力,因此耐洗性好。聚丙烯酸类易去污整理剂大多由丙烯酸及其酯、丙烯腈、N-羟甲基丙烯酰胺及苯乙烯等共聚而成。

通常,共聚物中(甲基)丙烯酸的含量应在15%~30%范围内,含量过低,亲水性不足,过高则会导致其在纺织品上的耐洗性下降。研究表明,在丙烯酸酯共聚单体中,丙烯酸甲酯、丙烯酸乙酯具有良好的易去污性,而丙烯酸丁酯的效果不如前两者,但对整理织物的手感柔软性有所改善。另外,在合成丙烯酸类共聚物时,添加如N-羟甲基丙烯酰胺的交联单体,能提高易去污整理剂的耐洗性。俄罗斯莫斯科纺织工学院曾研究了以丙烯酸共聚物乳液为基础的多种整理剂的易去污效应,结果发现,由下列单体组成的三种整理剂效果最好,见表5-6。

表5-6 整理剂的单体配比

整 理 剂	单 体 配 比(%)		
	丙烯酸丁酯	甲基丙烯酸甲酯	甲基丙烯酸
MEM-20	46	37	17
MEM-30	42	34	24
MEM-40	30	40	30

若在丙烯酸共聚物中加入带有反应性基团的乙烯系单体,能够提高易去污整理剂的耐洗性,例如,加入N-羟甲基丙烯酰胺,用量以1%~5%为宜。

(2)聚乙二醇型防污、易去污整理剂。聚乙二醇与对苯二甲酸酯的嵌段共聚物,也是一种性能优良的易去污整理剂。这种嵌段共聚物中聚乙二醇的相对分子质量在1500左右,聚乙二醇含量为40%~65%,聚合度比较低,通常做成水分散液使用。

嵌段共聚物中的聚醚链段,与水有亲和作用,而聚乙二醇对苯二甲酸酯链段,则又可与聚酯纤维表面起共晶作用,通过140~180℃高温处理,即能在纤维表面形成一种不溶性的结晶覆盖层。这种易去污整理剂能使聚酯纤维产生耐久的吸湿性和易去污性。

(3)含氟防污、易去污整理剂。含氟整理剂处理后的合成纤维织物一旦污染,其污物不易洗去。原因在于整理织物表面自由能极低,即使在表面活性剂存在下也难被水润湿。为使含氟整理剂具有拒污和易去污双重功能,通常采取加入改性基团或改性共聚物的方法,将亲水性基团引入其中,例如:

$$CH_2=C(CH_3)COOCH_2CH_2N^+(CH_3)_3Cl^-$$

这类含氟整理剂分子结构中除含全氟烷烃的疏水链之外,同时存在羟基、羧基或聚醚等亲水性链段,疏水性的含氟基定向分布纤维表面上,而亲水链处于其下层,故表现出拒油拒污性;洗涤时,在表面活性剂作用下,亲水链定向排列于纤维表面上,疏水链分布于下层,从而改善了织物润湿性,使附着污物易脱落。烘干时,亲水链段脱水,氟碳链段重回原位置,整理剂再度呈现良好的拒污性。

美国 3M 公司 Scotchgard FC 系列中含氟易去污整理剂,即在分子中引入强亲水性的聚氧乙烯醚链节,使其具有拒污、易去污和抗静电的性能。氧乙烯$-(CH_2CH_2O)-$链段干态时成螺旋形,而氟链段铺展于纤维表面,因而呈现有机氟表面特性,拒油拒污性提高。当其浸入水中,氧乙烯链段的水化作用,使其铺展于纤维表面,呈现氧乙烯的表面特性,亲水性提高,从而有利于水向纤维内部的渗透,提高易去污性。近年来出现的新产品还有硅氧烷基团的聚氧乙烯碳氟系整理剂,可自乳化或自分散的含脲交联的烷氧基聚氧乙烯氟代氨基甲酸酯等。

四、"三防""四防"整理

有机氟聚合物采用适当的整理工艺,可以赋予织物表面以保护层,从而使织物具有"三防"功能。有机氟聚合物可以把织物表面能降低到油、水和污渍不能浸润和穿透纤维的程度。这种作用体现在有机氟聚合物能够形成连续的、看不见的保护膜,这层膜把纤维包裹起来。液态无溶剂时,纠缠在一起的有机氟聚合物形成膜,在纤维表面扩展开来,含氟侧链在干燥处理热作用下伸直取向。同时,聚合物通过反应基团或在端基封闭的异氰酸酯的促进作用,与纤维牢固结合。

有机氟类整理剂的产品主要有 Forapel(法国 Atocthem),3589 和 3585 系列(3M 公司),Zepel 1588 和 Teflon(DuPont 公司),Nuva F(瑞士 Clariant 公司),Asahiguard AG-480 和 AG-710(日本旭硝子),TG-410、TG-421、TG-527(日本大金公司),EC50(日本日华),WRS系列(香港先进)。

1. 特氟龙"三防"整理剂整理工艺　浸轧整理液(二浸二轧,轧液率 $80\% \sim 100\%$,整理液质量浓度 $45g/L$,$pH=6$)→预烘($105 \sim 110℃$,$2min$)→焙烘($170℃$,$50s$)→自然冷却

2. "四防"整理　传统的"四防"整理是把"三防"整理剂与免烫整理剂分成两浴使用,工序长而繁冗且浪费资源,而新型的"三防"整理剂的研制与新工艺的开发,使得整理产品具有良好的"四防"效果。整理条件如下所示。

整理液配方:

"三防"整理剂亨斯迈特氟龙 7700	40g/L
低甲醛免烫整理剂 F-ECO(BASF)	50g/L
催化剂 F-M	13g/L
柔软剂 SIO	30g/L
冰醋酸	60%
pH	5~6

整理工艺：

待整理织物→浸轧整理液(轧液率 70％)→扩幅烘干→焙烘(185℃,60s)→自然冷却

第四节　纺织品拒水拒油性能测试

一、拒水性能测试

1. 拒水级别测试　对织物的拒水级别测试一般用淋水性能测试方法,大多参考 AATCC 22—2014 实验方法。截取 18cm×18cm 的试样 3 块,试验前,试样应在(21±1)℃和(65±2)％ 的相对湿度下至少处理 4h。将试样紧绷于试样夹持器(金属弯曲环)上,并以 45°放置。使织物 的经向顺着布面水珠流下的方向,实验面的中心在喷嘴表面中心下的 150mm 处。将 250mL (27±1)℃的蒸馏水迅速倾入如图 5-4 所示的玻璃漏斗中,使水在 25~30s 内淋洒于织物表 面。淋洒完毕,取起夹持器,使织物正面向下呈水平,然后对着一硬物轻敲两次。将实验织物与 标准图片对照(图5-5),评定拒水级别,每个试样的评定结果是单独的,不可取平均值。

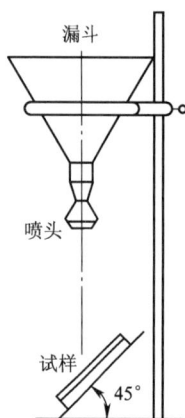

图 5-4　沾水实验

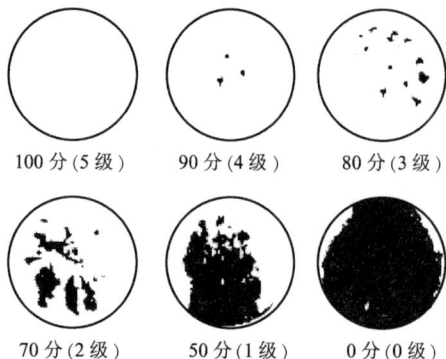

100 分(5 级)　90 分(4 级)　80 分(3 级)
70 分(2 级)　50 分(1 级)　0 分(0 级)

图 5-5　标准沾水等级

2. 耐水压性能测试　用连通管型水压仪测定试样的耐水压性能。试验前先将试验仪的水 槽、水柱高度与试样夹持器的平面校正在同一平面上。

测试时,先把 17cm×17cm 试样平置于试样夹持器上,再用螺杆旋紧使之紧闭。开动电动 机,使水柱上升。由于连通管的作用,使试样夹持器中充水(应使用蒸馏水),水压随水柱槽高而 增加。试样受水压力亦逐渐增大,直至水透过试样,在布面上出现 3 滴水珠时,即为测试终点。 随即关闭进水及出水阀,关闭电动机,同时读取水柱高度(厘米数值)。做 3 次平行试验,求其平 均值。在测试时应注意不能用手抚摸试样。

3. 织物耐水洗性的测试　服装总要定期水洗,大多数用氟碳类化合物涂层的织物经过水洗 后,其表面能会升高,会逐渐失去拒水拒油的能力。因此,耐水洗性能也是拒水拒油织物的重要

性能。耐洗性测试一般根据 GB/T 28895—2012 的标准方法:采用弱碱性不含酶和增白剂的洗涤剂,浓度为 2g/L,浴比(织物:洗液)为 1:30,洗涤温度为(30±3)℃,pH≤9,水溶液为 30L 以上,中速洗涤,洗涤 10min 排水,漂洗 2min,脱水 2min,晾干或烘干,重复至 30 次的洗涤后,再测取剩余拒水拒油性能。此时应注意,在测定剩余拒水拒油性能之前,试样必须经过干燥箱 150℃焙烘处理 4min 或用相同温度的熨斗熨烫 2min,目的是通过加热活化有机高分子,来重新修复纤维表面经过洗涤后的有机高分子在纤维表面的排序和结合,然后再用标准配比的试剂进行检测,此时得出的检验结果比较真实。在此过程中采用 150℃焙烘处理 4min 的方法处理试样较为科学,而用熨斗熨烫 2min 的方法很难被检验人员把握,其中 150℃的温度难以保证,熨烫力度难以掌握,造成不同检验人员检验出的结果差异较大。

4. 织物的透气性能测试　根据 GB/T 5453—1997 的标准,对于劳保用拒水服装,夏季透气性≥$6\times10^{-2}\,m^3/(m^2\cdot s)$;冬季透气性≤$2.3\times10^{-2}\,m^3/(m^2\cdot s)$。织物的透气性主要决定于织物表面的孔隙,孔隙的大小主要决定于织物的组织和密度。织物的透气性能可以用织物透气仪测定。

二、拒油性能测试

用不同表面张力的碳氢化合物所组成的一系列标准试液涂在涂层表面,观察涂层织物的润湿情况。拒油等级以织物表面不润湿标准液的最高编号来确定。此法最早是 3M 公司提出的,而 AATCC 118—2013 应用了 8 个表面张力依次降低的烃类液体的同系物。

取两个尺寸在 20cm×20cm 到 20cm×40cm 之间大小相等的试样置于温度(21±1)℃下,相对湿度(65±2)%的标准大气中至少调湿 4h。置于密闭容器中,立即转移至通风良好的房间内实验。将试样平放在光滑的平面上(例如玻璃、台面等),用滴瓶吸管小心地吸一管 1 级拒油标准试液,试样表面与滴管距离 0.6cm,同时滴 2 小滴,每滴直径大约为 5mm,以约 45°角观察液滴在(30±2)s 内的润湿情况。如果试样不润湿,在液滴邻近处再滴加高一个拒油等级的标准试液,再观察(30±2)s,继续这个操作,直到某级标准试液滴在织物上,(30±2)s 后在液滴下面或液滴周围显示明显的润湿为止。

结果评定:

(1)织物润湿的正常迹象是油滴处织物变深,油滴消失,油滴外圈渗化或油滴闪光消失;

(2)拒油等级评定是以操作过程中,所试各级标准试液使涂层织物表面不润湿的最后一个等级来评定。例如滴 4 级标准试液时,涂层织物不润湿,而滴 5 级标准试液时,涂层织物明显润湿,则评定的拒油等级为 4 级;

(3)如测定结果二滴等级不一致,滴第三滴,若第三滴等级与前两滴等级有一个相同,那么拒油等级为第三滴等级;若第三滴等级与前两滴等级均不同,那么取三者中位数作为拒油等级。

三、易去污性能测试

1.污液的配制

(1)干洗污液。在装有冷凝管、搅拌棒和温度计的500mL三口烧瓶内,加入30g的织物干洗残渣,然后加入270mL三氯乙烯,在50~60℃保温搅拌,使其冷凝分解。

将上述污液用水泵或真空抽滤,除去未溶解物质,然后将抽滤好的污液稀释成45%的污液,保存在棕色瓶中,放在避光的干燥容器中,待试验用。

(2)人工污液。备好炭黑40g,猪油20g,液体石蜡20g,三氯乙烯8000g。配制方法是:用烧杯称好猪油和液体石蜡,加热溶解,然后加进炭黑搅拌,再将三氯乙烯倒入混匀,充分搅匀使其分散溶解变成污液。

2.试验方法

(1)滴污法。将试样剪成6cm×6cm大小的方块。将污液倒入滴定管中,将试样放在100mL的烧杯上,使滴定管离布样3cm,每块试样上滴一滴(以每毫升约80滴的量),待自然阴干后,用玻璃纸隔开,再用1000g砝码压置1h。取出试样,放在旋转式洗涤机里进行洗涤,洗后取出,用温水洗、冷水洗,熨斗熨干,评价去污效果。

洗涤条件:

皂粉	3g/L
浴比	1:50
温度	60℃
时间	10min

(2)摩擦沾污法。取上述污液使其温度保持在15~20℃,将干燥的30cm×40cm的漂白织物(双面绒布)浸渍在污液中,中途搅动一次约1min后,取出污布进行轧压,再重复一次,自然晾干,放在干燥器中备用。为确保洗涤性能稳定,以放置10~30天内使用较宜。取上述污布平铺在摩擦牢度试验机的摩擦平板(垫有呢绒)上面,将试样安装在摩擦圆柱头上往返10次进行洗涤,洗后试样用白布沾色样卡进行评级。

☞ **思考题:**

1.阐述拒水、拒油、易去污整理的机理。

2.纺织品的表面粗糙度和毛细管间隙大小对织物的拒水拒油性能有何影响?

3.脂肪烃类拒水剂要达到较好的拒水效果,碳原子数必须在16以上,而有机硅类拒水剂中的疏水基是甲基,为什么有机硅类拒水剂具有优异的拒水性能?

4.为什么亲水型含氟嵌段共聚物既有较好的防污性能,又有较好的易去污性能?

5.如何衡量纺织品的拒水拒油性能?

第六章　防水透湿纺织品

本章学习要点：

1. 了解防水透湿织物的技术原理及实现方法。

2. 掌握形状记忆聚氨酯的化学与微结构特点及主要性能。

3. 掌握智能型防水透湿织物的实现原理与方法。

4. 了解防水透湿织物的舒适性。

第一节　概　述

防水透湿织物（waterproof and moisture permeable fabrics），国外称为可呼吸织物（waterproof,windproof and breathable fabrics，简称WWB），是集防水、透湿、防风和保暖性能于一体的多功能织物。织物在一定的水压下不能被水润湿，但人体散发的汗液却能通过织物扩散或传递到外界，不在体表和织物之间积聚冷凝。根据穿着试验及测定人体从事各项活动时的出汗情况（表6-1）可以看出，防水透湿织物必须有一定的透湿能力，其最低值应为$2500g/(m^2 \cdot 24h)$，最好在$4000g/(m^2 \cdot 24h)$。具备这种透湿能力的织物，不仅能满足人们在特殊作业环境（如严寒、雨雪、大风天气，沙漠、雨林等恶劣环境）中活动时的穿着需要（如作战服、野外考察服等），也适用于人们在日常生活中对雨衣等防水衣物及各种高档服装面料的要求，具有广阔的发展前景。

表6-1　不同活动状态下的工作强度和蒸发速率

活 动 状 态	工作强度（W）	蒸发速率（g/24h）
睡眠	60	2280
坐	100	3800
行走	200	7600
疾走	300	11500
轻负荷疾走	400	15200
重负荷疾走	500	19000
超重负荷疾走	600～800	22800～38400
超强度劳作	1000～1200	38000～45600

一、防水透湿技术的发展

织物防水透湿技术的发展可分为三个阶段,其发展过程的主线是涂层和层压织物,辅线是高密织物的发展。

第一阶段从20世纪40年代初开始。最初的防水透湿纺织品在技术上多采用聚氯乙烯、聚氨酯等高分子材料对纺织品涂层来实现防水透湿功能。这类涂层防水织物虽然有一定的防水效果,但透湿性很差,服用者常会产生不舒适甚至低温寒冷的感觉。在随后的20年中,人们使用聚丙烯酸酯、亲水性聚氨酯等亲水性涂层剂,虽可以使织物具有较好的透湿性,但涂层剂吸水后机械强度下降,防水性和牢度变差。

第二阶段始于20世纪70年代初。人们利用特细的疏水性聚酯或锦纶长丝生产高密织物,其防水、防风性优于传统防水透湿织物。同时,开始研制聚氨酯微孔涂层织物和亲水聚氨酯薄膜织物,到80年代中期,国外相关产品已达几十个品牌。

第三阶段从20世纪80年代初期至今。1976年,美国试制成功用聚四氟乙烯(PTFE)薄膜与织物进行层压复合制得的第一代商品名为Gore-tex的防水透湿层压织物。它虽具有优越的防水透湿性能,但在随后的使用中发现,以第一代Gore-tex制成的服装随着服用时间的增长,其防水透湿效果逐渐变差,甚至会出现面料渗水的现象。为解决这一问题,1979年日本润工社和高尔公司合作,推出的第二代PTFE膜,克服了第一代产品的缺点。

由于Gore-tex层压织物在军用、商业和技术上的成功,触发了对聚合物涂层的研究和开发。20世纪80年代中后期开始,对由聚氨酯材料或不同类型的聚氨酯复合以及由聚醚/聚酯共聚物等制成的非微孔膜型材料(亲水性薄膜)的研究异常活跃,新工艺、新品种不断面世。此外,随着超细纤维的迅速发展,各种用超细纤维制作的超高密织物大量涌现。这种以高密织制为其主要设计思想的防水透湿织物由于超细纤维的不断发展一直应用至今。

二、防水透湿织物的加工方法

防水透湿织物的发展,从有文献记载到现在,已有几百年的历史。在此期间,逐渐形成了以下加工方法。

1. 高密度织物 采用细特棉纤维或超细合成纤维长丝织成高密织物,使这类织物纱线间隙小,阻止水滴通过。这类织物防水性能差,但具有优良的透湿性、悬垂性和较好的手感。

2. 涂层织物 通过采用干法或湿法涂层工艺技术,使织物表面孔隙为涂层剂所封闭或减小到一定程度,从而得到防水性。由于这种方法本身的局限,未能很好地解决透湿与防水、耐洗涤之间的矛盾,但其价格较低。

3. 层压织物 采用特殊的黏合剂,采用层压工艺,将具有防水透湿功能的微孔或亲水性薄膜与普通织物层压复合在一起,形成防水透湿织物。层压织物很好地解决了透湿性、防水性、耐洗涤之间的矛盾。

涂层织物和层压织物由于既可以达到很高的防水透湿性能,又可按需要提供不同档次(如高防水低透湿型和低防水高透湿型等)、不同要求(如保温、迷彩、阻燃等)的产品而占据市场的主导地位。高密织物虽无法达到很高的防水性,但其优越的手感和良好的透湿性,使其在市场上仍占有一席之地。

第二节　防水透湿织物技术原理

一、超高密度结构法

低线密度低捻度的纯棉高密织物(Ventile)是这类防水透湿织物的典型代表。纱线之间的微孔比较大,能够提供高度透湿的结构。一旦润湿,棉纤维膨胀并迫使纱线间的孔隙缩小,其直径由 $10\mu m$ 减小到 $3\mu m$,在短时间内可以防止水的渗透。这一闭孔机制同特殊的拒水整理相结合,使得织物不被雨水进一步渗透,可用于外科手术服、户外穿着服等。日本防卫厅早在 1960 年就开始利用它来制造耐寒防水救生服。

近年来,随着纺丝技术的迅速发展,超细纤维($0.1\sim0.3$dtex)制成的超高密度织物大量出现。有报道称,一些织物即使不采用拒水整理也可达到 $9.8\sim14.7$kPa 的耐静水压。日本钟纺公司以分离型纤维(1dtex)制成织物后再经高收缩处理,密度为普通织物的 20 倍,耐静水压可达 6kPa 以上,透湿量达 $7000g/(m^2 \cdot 24h)$。

20 世纪 80 年代初,日本一些公司利用超细纤维($0.1\sim0.3$dtex)和特殊的收缩技术得到超高密织物,经防水处理后,获得了具有长时间防水效果的透湿织物。如日本帝人公司根据荷叶防水机理,利用超细纤维制成拒水、防水织物"Microfit Rectax",该织物具有极佳的透湿率[$>8000g/(m^2 \cdot 24h)$]、防风性[$0.5cm/(cm^2 \cdot s)$]和耐水压性能[$5.88\sim6.86$kPa($600\sim700$mmH$_2$O)]。采用涤纶微细旦纤维织造高密织物并利用组织的浮长线来模拟荷叶表面的乳头状突起,使织物表面具有细小的凹凸,同时对坯布进行收缩处理和拒水整理,使其具有良好的防水透湿性。

由于织造高密织物的难度较大,从而出现了通过整理手段来实现高密度的高密整理织物。这种织物的原料纤维具有皮芯结构,芯线是较粗的高收缩纤维,皮线为超细原料。如帝人公司开发的以涤纶皮芯异收缩纤维为原料的"Sorela"和日本尤尼契卡公司生产的以乙烯与乙烯醇共聚长丝为芯线,以锦纶为皮线的皮芯异收缩织物"Nnaiva"等。

二、微孔技术法

能降落到地面的雨滴直径通常在 $100\sim3000\mu m$,而水蒸气分子的大小为 $0.0004\mu m$(表 6-2)。微孔防水透湿织物正是根据水滴与水蒸气分子的大小相差悬殊,通过设计织物微孔直径,使织物外侧的水不会穿透织物而渗透到织物内侧,但人体散发的汗蒸气却能够通过微孔扩散到外界,从而具备防水透湿的功能。微孔高聚物薄膜可以通过层压或涂层等工艺方式与织物复合,从而赋予复合体以防水透汽的功能。

防水透湿织物 Gore-tex 是这类防水透湿织物的典型代表。Gore-tex 薄膜厚度约为 $25\mu m$,气孔率为 82%,每平方厘米有 14 亿个微孔,平均孔径为 $0.14\mu m$,孔径范围为 $0.1\sim5\mu m$,小于轻雾的最小直径而远大于水蒸气分子的直径,故水蒸气能通过这些永久的物理微孔通道而扩散,而水滴则无法通过。同时由于 PTFE 薄膜是拒水的,因此具有优良的防水透湿性能。

表6-2 水在各种形态下的直径

类型	直径(μm)	类型	直径(μm)
水蒸气	0.0004	小雨	900
轻雾	20	中雨	2000
雾	200	大雨	3000~4000
毛毛雨	400	暴雨	6000~10000

Gore-tex问世以后,为了获得既具防水透湿性能,成本又低的功能织物,研究人员还尝试利用聚偏氟乙烯(PVDF)替代PTFE以制备新型防水透湿膜。美国一家公司开发出一种PVDF涂层材料,其涂层微孔平均直径仅为0.1μm。

除了聚四氟乙烯外,其他薄膜层压防水透湿纺织品还有聚乙烯膜、聚酯膜、聚氨酯膜、聚丙烯膜层压制品等。由于聚氨酯本身的物理性能尤其是弹性、手感、力学性能较好以及其相对较低的加工成本,因而微孔涂层法以聚氨酯(PU)类防水透湿产品为主体。

总体来说,这类织物的耐水压性、透湿性、防风性及保暖性都较好,但加工过程较为复杂,生产成本较高。特别应注意的是,微孔在长期使用过程中难免被堵塞,从而导致织物的防水透湿性能下降。

三、致密亲水膜技术法

致密亲水膜防水透湿织物是近年来研究的新动向。它是利用高聚物膜的亲水成分提供足够的亲水性基团作为水蒸气分子的传递阶石,水分子由于氢键和其他分子间力的作用,在一定的温度和湿度梯度下,于高湿度一侧吸附水分子,通过高分子链上的亲水性基团传递到低湿度一侧解吸,形成"吸附—扩散—解吸"过程,达到透气的目的。

亲水成分可以是分子链中的亲水性基团或是嵌段共聚物的亲水组分,其防水性来自于薄膜自身的连续性和较大的膜面张力。利用薄膜与织物进行层压或涂层赋予其防水透汽的功能。

这类织物的典型产品有荷兰Akzo Nobel公司的Sympatex层压织物、美国宝立泰国际股份有限公司的Qualitex多功能防水透湿织物等。

Sympatex是一种基于含20%~50%聚环氧乙烷的对苯二甲酸丁二酯的共聚薄膜,属由聚酯嵌段高聚物制成的实心体。液体完全不能透过薄膜而透湿途径也不会被堵塞。其厚度仅为5~10μm,甚至70~100μm,具有重量轻、手感柔软和水蒸气由里向外的扩散距离短等优点。其主要性能为:透湿率2700g/(m² · 24h)、防水性为10^5Pa(约10000mmH₂O)条件下无渗水。目前Sympatex层压织物的外层材料由3M公司的Scotchguard保护剂进行处理后,可保证层压织物的长期透汽性。

Qualitex膜是以聚氨酯为主,由近十种化学原料反应合成的多相高分子材料,属无孔亲水性薄膜。薄膜在吸水后,仍能保持良好的机械性能,从而解决了薄膜的亲水性与薄膜牢度的矛盾,其涂层织物的防水透湿性能接近 PTFE 层压织物。

聚氨酯涂层剂具有玻璃化温度低且易于调节、低温强度和柔韧性优良等优点,是用于防水透湿目的的常用涂层剂。提高无孔涂层透湿性的关键是如何发挥聚氨酯分子结构中软段分子的作用,即导入亲水性的软段分子,作为吸附和释放水分子的部分。采用聚氨酯涂层剂涂层之后,由于溶剂挥发形成无孔薄膜,通过亲水基团和氢键对水分子的"吸附—扩散—解吸"作用达到透湿的目的。由于膜中没有微孔,因此防水性能很好,但透湿汽性能有待提高。

致密膜防水透湿织物加工简单,不存在粉尘、汗渍和油垢的污染,但对设备、涂层剂有特殊要求。所涂层的织物具有良好的耐水压性能,但却难以获得较高的透湿性。

尽管防水透湿织物有多种加工方法,但在实际生产中常常将它们结合起来使用。例如,Gore 公司的第二代 Gore - tex 产品就是将 PTFE 薄膜层压与亲水 PU 涂层相结合以实现防水透湿功能且服用过程中不堵塞微孔;比利时 UCB 公司将 Ucecoat 2000 微孔 PU 涂层和 NPU 亲水涂层相结合,制成防水透汽雨衣,耐水压超过 29.42kPa(3000mmH$_2$O),透湿量大于 4500g/(m^2 · 24h);日本 Toray 公司开发的 Entrant GII 则是将两种聚氨酯材料复合,内层聚氨酯含微孔和超微孔(<0.5mm),利用其类似于"芯吸"的作用,达到防水透汽效果,耐水压达 98.07kPa(10000mmH$_2$O),透湿量大于 8000g/(m^2 · 24h)。

第三节 防水透湿织物发展趋势

一、防水透湿织物的智能化

随着形状记忆聚氨酯的问世,涂层整理必将推动智能型防水透湿和舒适性涂层整理产品的开发。日本三菱重工业公司生产的形状记忆聚氨酯及其防水透汽织物 Diaplex 产品,其防水性能达到 196.12~392.26kPa(20000~40000mmH$_2$O),透湿汽量达到 8000~12000g/(m^2 · 24h),而且具有良好的抗冷凝性。这种织物的透湿汽性能会随着人体温度的变化而变化,达到"智能"效果,使其适宜于在各种条件下穿着。类似的产品还有该公司的形状记忆聚氨酯涂层织物 Azekura。

此外,近年来人们正在致力于开发一种新型的聚氨酯材料——调温功能聚氨酯。这种材料除防水透汽外,还兼有调温功能,这样穿着者在环境温度多变或人体发热出汗等情况下,都会感到舒适(如宝立泰公司的 Qualitex)。

天津工业大学则通过在纤维表面引入刺激响应性高分子凝胶层,利用其在一定条件下发生体积相转变的特性开发智能型防水透湿面料,为开发新型拒水纺织品提供了新途径。

Stomatex PE 材料可将滞留于织物下部的蒸汽由该材料中的微型泵排除。每个泵基本上是由一个变形孔腔和一个出气口组成。在使用过程中,依靠织物的弯曲作用使蒸汽从孔腔中释放。随着穿衣者身体活动的加剧,泵的功能也相应提高,材料的性能因此与穿着者的出汗程度相适应。

二、防水透湿织物的多功能化

结合防水透湿织物的特性,研制各类特种或功能性防水透湿织物是当前防水透湿织物发展的重要方向之一。

从表6-3中可以看出,我国为抗击"非典"的需要而于2003年4月紧急出台的《医用一次性防护服技术要求》(GB 19082—2009)中对医用防护服的要求便是一个典型的多功能防水透湿织物。

表6-3 医用一次性防护服技术要求

项 目	指标要求
耐静水压(kPa)	1.67
透湿量[g/(m² · 24h)]	2500
渗透性(kPa)	1.75
沾水(级)	≥3
强力(N)	45
伸长率(%)	≥15
过滤效率(%)	≥70
阻燃性(级)	B2
带电量(μC/件)	≤0.6
—	消毒和杀菌

对于聚四氟乙烯微孔薄膜层压复合织物,由于PTFE材料具有极优异的耐化学腐蚀性、低表面能、阻燃性能,加上薄膜的微孔结构又使其更具有优越的防水透湿性,可作为防护有毒化学物质和其他恶劣环境的理想材料,因此最适合防水透湿、阻燃、防生化和防毒等复合织物的开发。例如,Gore-tex公司2000年发表的表面处理技术,是在多微孔薄膜中再加上含硅发泡体,应用于防火衣物上,可以在难燃织物与里层织物间形成空气缓冲层,服装的透汽性与舒适性因而大为改善。Gore-tex的一款功能性透汽防护衣料Gore-tex Antistatic,是于Gore-tex膜中均匀地加入导电性的纳米微粒物质,使得涂覆在织物上的透汽薄膜能够形成导电的网状结构,从而达到抗静电的防护效果。

中国人民解放军军需装备研究所研制并投入应用的非典防护服也是一个以聚四氟乙烯微孔薄膜并辅以亲水性PU涂层层压复合织物为基础的,集阻燃、抗静电、杀菌等功能于一身的防水透湿织物。而各种功能性聚氨酯的开发及其在纺织上的应用,对改善织物舒适性、克服环境污染等具有重要的意义。

在PU涂层剂中添加其他添加剂,不仅可以提高PU薄膜的透汽性,而且还能赋予织物某些特殊功能。例如,在PU中掺入具有较高远红外线发射率的陶瓷粉,或在树脂中掺入金属粉末形成金属层,以使织物保暖性提高;有些陶瓷还具有吸收氨、硫化氢等异味的功能,混入涂层后,成为除臭的防水透湿织物;采用在聚氨酯涂层剂中添加甲壳质、纤维素粉等物质的方法,不但可以提高 PU 薄膜的透湿性,而且还能赋予织物杀虫、灭菌等功效以及优良的手感;若将纳米级的功能微粒植入防水膜,则可使原先的防水透湿织物具有抗菌、抗紫外线等复合功能。

三、纺织品防水透湿加工的绿色化

无论是干法还是湿法生产的 PU 涂层,所用的 PU 溶液绝大多数是溶剂型的,含有 70% 左右的二甲基甲酰胺(DMF)、甲苯、甲乙酮等有机溶剂。这些溶剂对操作者有一定的危害,且易燃、易爆,还污染环境,同时溶剂的回收难度也较大。因此,发展水乳性聚氨酯涂料,以减少环境污染及对人体的危害具有重要的现实意义,也是当前发展的热点与难点。

美国 Nextec 公司以胶囊介入防护工艺(EPIC),于织物上形成防水透汽的防护层。此工艺成囊于织物内部,填充在纤维之间,为一种超薄的有机硅树脂薄膜,形成一层耐久的可吸汽但不透水和风的屏蔽层。这种工艺无环境污染问题。

此外,放电涂层及等离子体技术的应用也是一个很好的方向。放电涂层在光学和电子工业上已经取得了很大的成功,如能充分发挥其优势,探索出适合织物或其他高聚物涂层的工艺和设备,将对此领域有很大的影响。

防水透湿织物是一种高附加值的产品,不同生产工艺生产出的产品各有其特色。在涂层材料中,聚氨酯涂层材料具有广泛的应用前景,其中功能性聚氨酯(调温性、形状记忆性)的开发及其在纺织领域中的应用,对改善涂层织物舒适性具有重要的意义,也是当前防水透汽织物发展的重要方向之一。

第四节 防水透湿整理剂及整理工艺

一、聚氨酯(PU)类防水透湿整理剂

聚氨酯大分子中含有大量的极性基团,分子间力很强,导致其具有优良的成膜性,能够在织物上形成坚韧而耐久的薄膜,具有良好的防水透湿能力。其原因是:一方面聚氨酯中的极性基团或亲水基团,如—OH、—NH—、—NHCO—、—SO₃H 及—COOH 等的"化学阶梯石"作用,使水蒸气分子沿着阶梯从高湿度一侧迁移到低湿度一侧;另一方面聚氨酯由软段和硬段组成,分别形成结构中的无定形区和结晶区,由于无定形区分子链段比较松散、活动能力强,水分子容易进入,并迁移和扩散,从而达到透湿目的。

聚氨酯涂层剂的优点是:涂层柔软并有弹性;涂层强度好,可用于很薄的涂层;涂层多孔性,具有透湿和通气性能;耐磨、耐湿、耐干洗。其不足之处是:成本较高;耐气候性差;遇水、热、碱会水解。

聚氨酯涂层剂可按组成、涂层工艺、使用介质等方法进行分类。

1. 按组成分类 聚氨酯涂层剂按组成可分为聚酯系聚氨酯、聚醚系聚氨酯、芳香族异氰酸酯系聚氨酯、脂肪族异氰酸酯系聚氨酯等。

2. 按涂层工艺分类

(1)微孔聚氨酯。织物经过防水涂层后,在表面形成了一层连续的薄膜,封闭了纱线之间的空隙,使透湿性减弱,甚至不透湿。要使织物保持透湿性,就要把涂层的连续薄膜变成不连续的含有无数微孔的网状结构薄膜。这种微孔能与织物纱线之间的空隙形成一个通道,织物正反两面存在着一定的水蒸气压差,湿空气便可由通道一侧向另一侧扩散。

产生微孔的方式有:泡沫法、相分离法、相转化法三种方式。

①泡沫法。泡沫法是采用聚氨酯中加入阴离子或非离子表面活性剂,在涂层过程中加入发泡剂形成泡沫状涂敷到织物上,当空气从膜中逸出后,膜形成微孔,从而使其有透气性能,但由于微孔的存在,其防水性能较差。聚氨酯的发泡有机械发泡和化学发泡等多种方式。涂层的方式大多采用直接涂层法。

②相分离法。主要是使聚氨酯溶于易挥发溶剂中,溶剂挥发过程中聚氨酯凝聚形成微孔。主要有两种方式:

a.湿法浸渍凝聚。当溶于 DMF 的聚氨酯涂液涂敷到织物上,放置于水中,由于聚氨酯不溶于水,而 DMF 与水可以互溶,使得水与聚氨酯内的 DMF 发生置换,当水干燥后在聚氨酯膜上形成微孔。

b.盐凝聚法。聚氨酯乳液由于盐的加入产生凝聚形成微孔膜。

③相转化法。即利用聚氨酯溶液中含有非溶剂成分(甲苯/丁酮),选择适当的蒸发梯度,从而使聚氨酯凝聚成微孔薄膜的方法。

(2)亲水性无孔聚氨酯涂层。聚氨酯涂层剂中含有亲水基团或分子主链上含有亲水成分,涂层之后,溶剂挥发形成无孔薄膜,通过亲水基团或氢键对水分子的吸附—传递—解吸作用达到透湿的目的。由于膜中没有微孔,因此防水性能很好,但透湿气性能有待于提高。另外,这类涂层织物的缺点是表面需经拒水整理来改善防水性。

(3)亲水整理与微孔的复合。结合亲水性涂层与微孔性薄膜特点,在微孔薄膜上加一层亲水性无孔膜,对微孔薄膜进行亲水性整理来改善微孔薄膜的防水性,但亲水性整理要保证不影响原有的透湿气性。

(4)形状记忆聚氨酯无孔薄膜。形状记忆聚氨酯膜的透湿气性能可以随着外界温湿度的改变而改变。将形状记忆聚氨酯应用于纺织品上,合理设置其温度突变的范围,就可以在不同环境下满足穿着者对舒适性的要求,从而实现智能透湿的效果。同时由于形状记忆聚氨酯为无孔膜,故可以保证良好的防水效果。采用这种形状记忆聚氨酯制备防水透湿织物可以通过纺丝得到纱线并赋予纱线有记忆功能,也可作为织物涂层剂进行织物功能性涂层处理,如采用无孔层压/涂层方式等,避免了微孔在使用过程中易阻塞的缺点。更重要的是织物的透湿、透气性能随着人体温度的变化而变化,达到"智能"效果,使其适宜于各种条件下穿着。日本三菱重工业公司生产的形状记忆聚氨酯及其防水透气织物 Diaplex 产品,其防水性能达到 196～392kPa (20000～40000mmH$_2$O),而透湿气性达到 8000～12000g/(m^2·24h),而且具有良好的抗冷凝性。

3. 按使用介质分类

(1)溶剂型聚氨酯涂层剂。溶剂类聚氨酯具有良好的强伸度和耐水性,但毒性大,易燃烧。从组分上来说,它还分为双组分类和单组分类。双组分产品由预聚物和交联剂组成。预聚物是将异氰酸酯与低聚多元醇反应生成物的末端为羟基,交联剂则是含有三个以上异氰酸酯的化合物。在涂层整理时,预聚物与交联剂反应,形成网状薄膜,给予纺织品优良的性能。溶剂型聚氨酯涂层剂大多使用 DMP 或甲苯、异丙醇、甲氧基丙醇混合物作为溶剂。

为达到防水透湿的效果,溶剂型涂层整理剂一般采用湿法涂层工艺(又称加水凝聚法)加工织物。其原理是将聚氨酯的 DMF 溶液在织物上涂层,然后浸渍于水中,利用聚合物之间强有力的分子凝聚力和溶剂 DMF 与水的亲和力,使 DMF 在水中溶解和析出,结果聚氨酯在织物上形成多孔状薄膜,最后经干燥即可。由于形成的孔是互相贯通的,而且孔径低于水滴的最小直径,因此这种膜防水透湿,而且耐水压性能好。需要说明的是,在干燥之前,要尽量减少 DMF 在聚氨酯涂层中的残留量。否则过多的 DMF 在干燥过程中浓缩,溶解掉一部分已形成微孔的聚氨酯,使微孔倒塌,涂层表面凹凸不平。因此 DMF 的残留量应不高于 3%,干燥温度应控制在 120℃以下。

除湿法涂层之外,其他制造微孔薄膜的加工方法,如双溶剂法和可溶性物质抽取法等也有所应用。总之,这些用于溶剂型聚氨酯涂层剂的应用方法均较复杂,而且形成微孔后表面积增大,易吸尘和吸附洗涤剂,造成微孔堵塞使透湿性下降或外观不良等问题。

(2)水系聚氨酯涂层剂。水系型又分为水溶性和水分散型。水系聚氨酯用于织物涂层整理,量大面广,如日本的 Superflex 系列,德国的 Imperanil 水分散系列。水系聚氨酯成膜性好,并有较好的防水性,可制成非离子、阴离子和阳离子分散液。水分散型聚氨酯对酸、碱敏感,在酸存在下,阴离子聚氨酯将凝聚;在碱存在下阳离子聚氨酯不稳定。

水系聚氨酯涂层通常应用于干法涂层,为提高涂层产品的耐水性、柔软型和耐久性,应进行前、后防水整理。

二、聚丙烯酸酯(PA)防水透湿整理剂

为改善聚丙烯酸酯类涂层整理剂加工织物的通气透湿性,自 20 世纪 80 年代以来,日本将含有羧基、羟基、氰基等亲水性基团的丙烯酸类共聚物溶解于与水能混溶的有机溶剂中制成涂层胶,涂层后经温水处理,去除溶剂并使共聚物凝固,干燥去水使共聚物在织物上形成微孔薄膜。这种涂层胶以湿式涂层法加工织物,其通气透湿性良好,但以常规的干式涂层法处理则效果大为降低,见表 6-4。

表 6－4　干式和湿式涂层织物性能比较

涂层织物性能	干式	湿式
拒水性(%)	100	100
耐水压(kPa)	14.7	9.3
通汽度[mL/(cm² · s)]	0.03	0.6
透湿度[g/(m² · 24h)]	700	2200

　　干法直接涂层采用具有防水透湿功能的涂层胶,用特殊的涂布工艺在织物表面形成具有防水透湿功能的高分子膜,其透湿指标在 2000～8000g/(m² · 24h)范围,耐静水压指标在 19.6～68.6kPa(2000～7000mmH₂O)范围。用该方法生产的主要优点是工艺比较简单,成本相对较低,性能范围较大,可满足不同层次的用户需求。

　　与干法相比,湿法涂层较为复杂,因此开发既能干法涂层加工,又能防水透湿的涂层整理剂势在必行。目前国内已有这样的产品,如 PP－3 涂层整理剂,系由聚丙烯酸类单体乳液聚合而成。在共聚单体中,除加入一般的软单体、硬单体和交联单体外,还要加入一些具有特定空间结构、易于形成网状体系和具有较大极性的亲水性功能基团,以便形成微孔型网络结构。其孔径为 0.2～5μm,仅允许水蒸气通过,而水滴(100～3000μm)则被阻挡。另外,分布在微孔四周和膜内的极性亲水基团(如—OH、—NH₂、—SO₃H 及—COOH 等)作为阶梯,使水蒸气分子得以迁移。

　　为改善乳液型聚丙烯酸酯类涂层整理剂的透气性,在合成时添加双甲基丙烯酸的多元醇酯有一定的促进效果。核/壳聚合是一种新型聚合法,近年来也以此制备涂层整理剂。胶粒具有软核和硬壳,不仅对织物的黏合力强,而且手感好、不发黏。

三、防水透湿整理工艺

　　1. 涂层织物　利用含有亲水性基团(—OH、—COOH、—NH₂ 等)的物质进行涂层,所形成的阻挡层一般为致密实心层,起到防水的作用,涂层聚合物本身含有的某些基团可以吸收、扩散和解吸水蒸气,能很好地透湿。

　　聚氨酯涂层剂具有玻璃化温度低、易调节以及低温强度和柔韧性优良等优点,是常用的防水透湿涂层剂。

　　涂层织物一般加工简单,其特点是透湿小、耐水压不大。由于原料、工艺及这种方法本身的局限,一直不能解决透湿、透气和耐水压、耐水洗之间的矛盾。

　　防水透湿涂层整理剂的整理工艺举例如下。

　　(1)聚氨酯类涂层剂 PU－195 的防水透湿涂层整理工艺。

　　①工艺配方:

　　前防水整理:

　　Sumiflouil EM－11　　　　　　　　　　　　　　　　20g/L

涂层整理：

PU－195	100份
Mirox AM(增稠剂)	3份
有机硅289	5份
MD树脂	2份

后防水整理：

Sumiflouil EM－11	20g/L
防水剂H	40g/L
催化剂HA	20g/L

②工艺流程：

前防水整理(一浸一轧,轧液率70%～80%)→烘干(100～200℃)→涂层→烘干(100～200℃)→后防水整理(二浸二轧,轧液率70%～80%)→烘干(100～200℃)→焙烘(150℃,3min)

(2)聚丙烯酸酯类防水透湿型涂层整理剂整理工艺。

①工艺配方：

前防水整理：

AG－310	5g/L
防水剂H	10～20g/L
6MD树脂	10g/L
防水剂HA	50～10g/L
$MgCl_2 \cdot 6H_2O$	3.8g/L

涂层整理：

涂层剂PP－3	1000份
透明增稠剂	50～200份
6MD树脂	40～100份

后防水整理：

AG－310	30g/L
防水剂H	50～60g/L
6MD树脂	60g/L
防水剂HA	20～30g/L
$MgCl_2 \cdot 6H_2O$	20g/L

②工艺流程：

前防水整理(一浸一轧,轧液率70%～80%)→烘干(100～120℃)→涂层→烘干(100～120℃)→后防水整理(二浸二轧,轧液率70%～80%)→烘干(100～120℃)→焙烘(160℃,2min

或 180℃,40s)

2. 层压织物 层压织物的代表性品种是美国 Core‑Tex 公司的系列产品。该类织物是经过特殊层压方法而制成的三层织物,一般是以锦纶或涤纶机织物作表层,锦纶的经编织物作里层,中间层是聚四氟乙烯(PTFE)复合膜。加工方法是 PTFE 树脂与液体润滑剂经混炼后,压制成毛坯,再经过挤出、压延等工序制成生料带,将此生料带在加热的情况下除去润滑剂,同时进行拉伸,即形成原纤维状的微孔结构薄膜。

该产品的优点是具有较高的透湿性[可达到 $10000g/(m^2 \cdot 24h)$]和较高耐水压。以前由于主要材料聚四氟乙烯复合膜必须依赖进口,价格十分昂贵,使其应用受到限制而很难推广。目前国内已有厂家研制出聚四氟乙烯复合膜,并用其来生产层压织物。

尽管防水透湿织物有多种加工方法,但在实际生产中常常将它们结合起来使用,比如,Core公司的第二代 Core‑Tex 产品是将 PTFE 薄膜层压与亲水 PUs 涂层相结合。

第五节　防水透湿织物性能测试

一、透湿性能测试

织物透湿性检测方法主要有三种,即吸湿法、蒸发法和模拟法。

(一)吸湿法

1. 倒置法 倒置法分为干燥剂吸收法和透湿杯醋酸钾法。

(1)干燥剂吸湿法。把一组织物样品和一套金属环紧密地固定在一个装有颗粒干燥剂的干燥器杯口上,然后把杯口朝下放置在恒湿环境中,一定时间后,通过检测干燥剂的重量变化,并且测定各块布样的重量,来衡量织物的透湿性能。这种方法不适于测定高透湿性材料,高透湿性材料会使里面的干燥剂表面变湿;但是这种方法也不适于低透湿性的材料,检测低透湿性材料时,干燥剂将使材料或材料的一侧变得很干,而产生很高的阻力。

(2)透湿杯醋酸钾法。该法适用于测定较难浸透水的织物的透湿性能。实验采用可以放置并固定试样架的较大水槽,试样架规格为内径 80mm,高度约 50mm,厚度约 3mm 的合成树脂圆形框架。

①剪取 3 块 20cm×20cm 的试样,将试样绷架在试样架上面,并以胶带固定。

②将温度为 23℃的水倒入水槽,试样架以织物试样的里面浮于水槽中的水面上,试样的正面向上的位置固定在水槽上面。

③将水槽放在 30℃恒温装置中。

④向透湿杯中倒入 23℃的醋酸钾溶液,约 2/3 透湿杯的容积。醋酸钾溶液为 100mL 水中加入 300g 醋酸钾后,放置 24h 析出结晶的溶液。

⑤将聚四氟乙烯薄膜(厚度 $25\mu m$,孔隙率 80%)作为测定透湿性的辅助膜覆盖在透湿杯上,并用胶带固定。

⑥称量装有醋酸钾和辅助膜的透湿杯质量 m_1。

⑦将透湿杯倒置放在试样架上。15min 后取出，反转后取其质量 m_2。

⑧结果计算：

$$透湿度 = \frac{40 \times (m_2 - m_1)}{S}$$

式中：S——织物透湿面积，cm^2。

2. 正置法

（1）按中国大陆标准测试。中国国家标准 GB/T 12704.1—2009《纺织品　织物透湿性试验方法　第 1 部分：吸湿法》采用正置吸收法测定织物透湿量的操作步骤如下：

①在干燥的透湿杯中加入烘燥的氯化钙吸湿剂，并使吸湿剂平面至杯口 3～4mm。

②将直径 7cm 试样 3 块，测试面朝上放在 3 个透湿杯上，用垫圈、压环和螺帽固定。

③将透湿杯放入试验箱平衡 1h。

④盖上对应杯盖，放入硅胶干燥器中平衡 1h，分别称量透湿杯质量。

⑤去掉杯盖，将透湿杯放入试验箱 1h 后取出，再按照④方法称重。

⑥透湿量计算：

$$WVT = \frac{24\Delta m}{S \cdot T}$$

式中：WVT——每平方米每天（24h）的透湿量，$g/(m^2 \cdot 24h)$；

　　　Δm——同一透湿杯两次称量的质量之差，g；

　　　S——试样试验面积，m^2；

　　　T——试验时间，h。

（2）按中国台湾标准测试。中国台湾标准 CNS 12222—2009《纺织品透湿度试验法》采用正置吸收法测定织物透湿度的操作步骤如下。此方法与 JIS L1099—2012《纤维制品透湿性能试验方法》等同。

①试样规格：取 3 块直径 7cm 的圆形试样。

②将透湿杯加热至 40℃，放入氯化钙吸收剂至杯口 3mm。

③将试样用垫圈和螺丝在透湿杯口固定，并且用胶带密封，作为试样组合体。

④将试样组合体放入恒温恒湿（温度 40℃，相对湿度 90%）装置，1h 后取出并称取试样组合体质量 m_1。

⑤再将试样组合体放入恒温恒湿装置 1h 后，第二次称质量为 m_2。

⑥透湿度计算：

$$P = \frac{10 \times (m_2 - m_1)}{S}$$

式中:P——透湿度,g/(m² · h);

S——透湿面积,m²。

(二)蒸发法

蒸发法包括正相杯法和反相杯法,它们是测定在一定温度、一定湿度和一定的风速下单位时间内透过织物单位面积的水汽量,一般用 g/(m² · 24h)来表示。正相杯法与反相杯法的根本区别在于前者织物涂层一侧与水面保持一定的距离,而后者被测织物涂层一侧紧贴水面。

正相杯法的测试条件与人体在静止或少量运动状态下所穿织物的透湿性相近,这时人体排出的汗液较少,皮肤与织物间有一定的空隙,且它们之间存在较大水汽浓度的空气。

反相杯法的测试条件与人体在剧烈运动状态下的透湿性相近,在这种状态下,人体排出的汗液急剧增多,织物与人体皮肤上的汗液直接接触。

美国标准 ASTM E96/E96M—2015 中的程序 B 及中国国家标准 GB/T 12704.2—2009 均属正相杯法,ASTM E96/E96M—2015 中的程序 BW 属反相杯法。ASTM 的测试条件规定温度为 23℃,相对湿度为 50%,风速为 2.5m/s,测试的条件允许改变。

日本 JIS L1099—2012 中的水法和英国的 BTTG 法〔此法为英国纺织科技集团(British Textile Technology Group)所推出的一种透湿度的测试方法〕均属蒸发法,只是测试条件不同。另外还有 LYSSY 法,此种测试方法以电阻式阻抗检测器在温度为 28℃,相对湿度为 90% 的条件下,测定一定时间内水蒸气透过单位面积试样的质量,因此也可以将其视为蒸发法中的一种。由于其测试时间较短,且测试结果是由计算机自动换算后,再经打印机直接打印,故此法为众多测试方法中最为省时的一种方法,缺点是不能同时测试多块试样。

(三)模拟法

模拟法是测试在周围空间的温度、湿度条件下,模拟人体出汗时,纤维材料的透湿性能。就模拟测试而言,环境控制室则成了必不可少的条件,用来模拟各种天气环境和人体运动状态,测试舒适性。环境控制室中装有人工雨塔,可把水从 10m 高处以 450L/(m² · h)的流量如暴雨般地泄向人体模型,直径约为 5mm 的水滴从顶部 2000 个孔中喷出,其速度约为 40km/h(空气中最大雨滴速度的 90%)。通过调节,在大约 2m² 的面积上大小程度不同的阵雨均可模仿。在人体模型身体表面装满了传感器,目的是测定最终水透过的时间和位置以及其他指标。这种测试手段较实地测试而言,所需时间大为缩短,数天内便可完成,但花费较高。

二、防水性能测试

对经防水透湿整理后织物防水性的测试可分为三类。

第一类为静水压试验,可以在织物的一侧不断增加水压,测定直至织物另一侧出现规定数量水滴时织物所能承受的静水压之大小。如 YG312 型水压仪就是用来测定织物防水性能的。美国的 ASTM D751—2006(2011)以及美国联邦标准测试法 FED—STD—191A 5512 都是测定织物的静水压,其所用仪器为牧林水压测试仪(MullenTester),所测得的结果不仅与防水透湿材料有关,而且与织物本身的性质有关系。另外除了测试静水压的大小外,也可以在织物的一侧维持一定的水压,测定水从这一侧渗透到另一侧所需要的时间;还可以在一侧维持一定的水压,测定单位时间内透过织物的水量,当然压力要大到足以使水能够从织物的一侧渗透到另一侧。

第二类是喷淋试验,即从一定的高度和角度向待测织物连续滴水或喷水,可测定水从织物被淋一侧浸透到另一侧所需的时间,也可测定经过一定的时间后试样吸收的水量或观察试样的水渍形态。ISO 4920—2012 中的防雨性能测试即采用此方法。

第三类是吸水性实验,它是测定经防水透湿整理后织物在水中浸渍一定时间后的增重率,这种测试方法简单、方便。

除对织物透湿性和防水性进行测试外,考虑到实际穿着中防水透湿织物往往仅为服装系统中一部分,而以前的大部分测试工作均把重点放在了单层织物上,忽略了组成服装系统其他层织物对整个织物性能的影响,因而有人指出服装系统应作为不可分割的整体去评估,于是模拟实际穿着系统来研究防水透湿整理后织物的透湿速度。测试方法采用 BS 7209—1990 中的蒸发盘法,此方法的重现性较好,且这种方法中纺织品的分类与服装领域里的分类类似,实验同时对单层和多层防水透湿整理后织物进行了透湿量测量,周围环境温度为 (20 ± 1)℃,相对湿度为 (65 ± 2)％。

除此之外,还有人利用穿孔的金属圆柱体来研究热和湿汽同时透过织物的情况,通过热损失线和湿汽损失线来分析衣着体系内的冷凝问题,试图通过调节饱和线和湿汽浓度线来解决衣着体系内的冷凝问题。总之,整理后织物的防水透湿性测试的方法各异,测定时要根据需要,选择合适的测试手段,同时必须说明测试方法与测试条件,各种透湿性能测试结果只能作相对比较。

思考题:

1. 防水透湿纺织品的实现方法有哪些? 简述其优缺点。
2. 如何理解亲水性聚氨酯实体膜的"分子导湿"?
3. 智能型防水透湿纺织品的基本性能要求是什么? 如何实现?
4. 目前有哪些功能性防水涂层整理方法?

第七章 抗紫外线纤维及纺织品

本章学习要点：

1. 了解抗紫外线整理的机理。
2. 掌握抗紫外线整理剂的分类以及常用的抗紫外线整理剂。
3. 了解抗紫外线纤维和织物的生产方法。
4. 掌握常用的织物抗紫外线整理性能的评价方法。

第一节 概 述

一、紫外线的分类及作用

太阳光谱中除可见光外,还有肉眼看不见的紫外光和红外光。紫外光是比可见光波长短的电磁波,约占光谱的 6%。紫外线的波长范围为 200~400nm。根据紫外辐射的波长和不同的生物学作用,分成三个波段,其中,320~400nm 光波称为"紫外线 A(UV-A)";290~320nm 光波称为"紫外线 B(UV-B)";200~290nm 光波称为"紫外线 C(UV-C)"。紫外线 A 占紫外线总量的 95%~98%,能量较小,能够穿透玻璃、某些衣物、人的表皮,能透射到真皮组织下面,和真皮组织反应,逐渐破坏皮肤弹性,使皮肤松弛,出现皱纹,加速其老化。紫外线 B 占紫外线总量的 2%~5%,能量大,可穿过人的表皮,它是引起晒伤、皮肤肿瘤及免疫抑制的罪魁祸首,童年时代严重的红斑或晒斑和日后致癌有联系。紫外线 C 能量最大,作用最强,可引起日晒伤、基因突变及肿瘤,但在未到达地面之前,几乎已被臭氧层完全吸收,对人类不会造成伤害。

一般来说,适当的紫外线对人体是有益的,它能促进维生素 D 的合成,对佝偻病有抑制作用,并具有消毒杀菌作用。但近年来,由于人类生产和生活大量地排放氟里昂之类的氯氟化烃化合物,使地球的保护伞即大气层日益遭到破坏,特别是在地球两极及我国青藏高原上空出现了臭氧空洞,地球的保护圈即臭氧层变薄变稀,到达地面的紫外线辐射量增多,因过度的紫外线照射引起的疾病越来越多。一般情况下,人体皮肤所能接受紫外线的安全辐射量每天应在 20kJ/m² 以内,而紫外线到达地面的辐射量阴天时为 40~60kJ/m²,晴天时为 80~100kJ/m²,炎夏烈日时可达 100~200kJ/m²,普通衣料对紫外线的遮蔽率一般在 50% 左右,远远达不到防护要求。另外,长期的紫外线照射也会引起纺织品的褪色和老化。因此,有必要对纺织品进行抗紫外线整理。

二、研究纺织品抗紫外线性能应考虑的因素

光照射到纺织品表面时,一部分被反射,一部分被吸收,其他的则透过纺织品。纺织品由不同的纤维材料组成,而且具有比较复杂的表面结构,对紫外线既可以吸收又能发生漫反射,从而降低紫外线的透过率。而散射和反射作用则因单纤维表面形态、织物组织结构和色泽深浅等差异而有显著的变化。因此,研究纺织品抗紫外线辐射性能时,要综合考虑如下各种因素。

1. 纤维种类　不同的纤维品种对紫外线的吸收与漫反射作用差异较大,这与纤维的化学组成、分子结构、纤维表面形态、纤维的截面形状等有关。棉、真丝等天然纤维对紫外线的吸收能力低,因而防紫外线性能差,其中棉织物是紫外线最易透过的面料,羊毛则稍好一些;合成纤维对紫外线的吸收能力强于天然纤维,其中涤纶最强,这是因为聚酯结构中的苯环和羊毛蛋白质分子中的芳香族氨基酸,对波长小于300nm的光都具有很强的吸收性。同样的纤维材料组成,不同的纤维截面对紫外线的反射不同,接触面大小不同其吸收能力也不同,扁平和异形丝化纤织物优于圆形截面化纤织物。短纤织物抗紫外线能力优于长丝织物;加工丝产品优于化纤原丝产品;细纤维织物比粗纤维织物好。不同原料织物的紫外线防护系数(UPF 值)见表7-1。

表 7-1　不同原料织物的 UPF 值对比

产品名称	覆盖系数(%)	织物定重(g/m^2)	UPF 值
涤纶塔夫绸	98	142.9	34
纯棉斜纹布	100	264.8	13
涤纶针织布	81	106.1	17
棉针织布	83	124.1	4
涤纶机织物	82	133.0	12
棉印花布	81	106.1	4

2. 织物结构　织物厚度、紧密度(覆盖或孔隙率)和原纱结构因素,截面中纤维根数(和其细长有关)、捻度、毛羽等都对纺织品的紫外线防护性能产生影响。织物越厚,紧密度越大,其孔隙越小,紫外线的透过度也越小。从织物结构来讲,机织物优于针织物;稀松的织物,其覆盖系数很低,尤其是对一些网眼织物,光线受到有限的屏蔽,其防护作用小。

3. 染料　织物颜色的变化主要是染料对可见光辐射选择性吸收的结果。有些染料的吸收带伸展到紫外光谱区域,因此它起着紫外线吸收剂的作用。不同染色方法和未经染色的高分子纺织材料对光谱的吸收是不同的。一方面,不同性质和不同分子结构的染料,对光谱的吸收也不同;另一方面,同一种性质的染料,由于色系以及使用量不同,被染织物对紫外线的屏蔽性能也是不同的。一般来说,同一种材料的纺织品经同一种染料染色,颜色越深,对紫外线的吸收也越多,对紫外线的遮蔽性能就越好,深色的棉布紫外线防护性能明显优于浅色。

4. 后整理　经过特殊的非抗紫外线整理的织物,其抗紫外线的性能也会有所增强,如涂层整理、拒水拒油整理等,一方面织物的厚度会增加,织物的孔隙率也会降低;另一方面,由于整理

剂本身的缘故也可能增强屏蔽紫外线的作用。

5. 湿度 织物的防紫外线能力随着其含湿率变化而变化,含湿率越高,防紫外线能力越差,这是因为当织物含水时其对光的散射减少。

第二节 抗紫外线整理机理及抗紫外线整理剂

一、抗紫外线整理机理

从光学原理上讲,当光射到物体上,有一部分在表面上反射,一部分被物体吸收,其余的则透过物体,在一般情况下,透过率＋反射率＋吸收率＝100%。抗紫外线加工的原理就是利用紫外线屏蔽剂对纤维或织物进行处理,当光辐射到织物上时,一小部分通过织物上的间隙透过织物,绝大部分则被紫外线屏蔽剂反射或选择性吸收并将其能量转换成低能而释放,从而将紫外线遮断,因此纺织品对紫外线的防护机理分为反射和吸收两种。

有机紫外线屏蔽剂分子结构上大多连接有发色基团(如C=N、N=N、N=O、C=O等)和助色基团(如—NH_2、—OH、—SO_3H、—COOH等),它们能强烈地、选择性地吸收高能量的紫外线,发生光物理和(或)光化学反应,将紫外线转化为其他的能量形式释放。一般当紫外线屏蔽剂吸收紫外线能量后,分子中产生电子迁移,基态 S_0 激发成最低激发单线态 S_1 或更高激发的单线态 S_2,被激发的分子又可能通过发射荧光回到基态或内部先过渡到三线态 T_1,然后释放出磷光回到基态或将能量以热能的形式传递给其他分子而回到基态。这样一来就将高能的紫外线转化成无害的热能或低辐射能量释放出来,从而避免损害皮肤,防止高分子聚合物因吸收紫外线能量而发生分解。

无机紫外线屏蔽剂主要是利用某些无机物质对入射光具有良好的折射、反射、散射性能来达到防护紫外线的目的,与有机紫外线屏蔽剂相比,整个过程无能量的转换发生。

纳米微粒防紫外线整理剂,由于小尺寸效应,使其微粒的尺寸与紫外线的波长相当,吸收紫外线的能力增强。另外,由于其粒度小,透明度高,对织物的外观影响较小;而且其比表面积大,表面能高,易与材料结合。与同样剂量的其他有机紫外线吸收剂相比,在紫外区的吸收峰更高。对长波紫外线和中波紫外线都有屏蔽作用,而不像有机紫外线吸收剂那样,一般只单一地对长波紫外线或中波紫外线有吸收作用。

二、抗紫外线整理剂

常用的抗紫外线整理剂分无机和有机两大类。

1. 无机类抗紫外线整理剂 常用的无机类抗紫外线整理剂大多是金属、金属氧化物及其盐类,也称紫外线屏蔽剂。典型的如 TiO_2、ZnO、Al_2O_3、高岭土、滑石粉、炭黑、氧化铁、氧化亚铅和 $CaCO_3$ 等。这些具有紫外线屏蔽功能的无机物材料,具有无毒、无味、无刺激性、热稳定性好、不分解、不挥发、紫外线屏蔽性好等性能,是高效安全的紫外线防护剂。在 310～370nm 波长区,对紫外线的反射或防护,以氧化锌和氧化亚铅屏蔽效果为好,二氧化钛和高岭土也有一定作用。SiO$_2$对波长400nm以下的紫外线反射率高达95%。虽然炭黑也是一种有效的紫外线散射剂,但它不仅散射紫外线,连可见光也完全遮断了,所以只有在遮光涂层时才用,除特殊紫外线外,无机类紫外线屏蔽剂一般是不具色泽的微粒子。目前最常用的无机类紫外线屏蔽剂是氧化锌粒子,因它除了具有良好的紫外线屏蔽作用外,还具有抑制细菌和真菌等繁殖和防臭的功能。

无机类紫外线屏蔽剂粉末的细度直接影响着加工的难易和抗紫外线纺织品的防护效果以及耐用性。当将这些材料做成纳米粉体,微粒的尺寸与光波波长相当或更小时,小尺寸效应导致光屏蔽显著增强。无机材料粒径大小和它屏蔽紫外线的效果有重要关系,当粒径与光波长相比极大时,粒子的遮盖效果与粒径成反比,粒径越小,光的遮盖面积越大;当粒径与光波相比极小时,光散射系数降低,遮盖力降低;当粒径与光波长同级时,粒径为光波长一半左右时,光散射最大。关于最佳粒径的计算公式很多,不同的研究者采用的计算公式不同,结果也有差异。一般认为TiO$_2$粒径在$0.05\sim0.12\mu m$时,吸收效率最大(即透过率最小),也就是说纳米微粒的粒径不是越小越好。纳米ZnO(其粒径一般为$0.005\sim0.015\mu m$,医药和化妆用品为$0.01\sim0.02\mu m$)比锐钛型和金红石型的TiO$_2$屏蔽紫外线范围更宽些。因此紫外线反射剂若用于高质量的屏蔽纤维或织物后整理时,需先制成纳米级超细粒子(粉末或分散液),并降低粒子的表面活性,提高其在纤维中的分散性。

纳米无机微粒除了能对紫外线产生屏蔽作用外,还能够屏蔽阳光中的可见光和近红外线。当阳光照射到人体时,人会感受到热,这是由于阳光中的红外线作用的结果。当衣服不能遮蔽太阳光时,人体就会感受热,特别是在夏天。纳米微粒不仅对紫外线产生屏蔽,同时也能屏蔽$400\sim900nm$波长的太阳光。所以纳米材料还具有遮热功能。

2. 有机类抗紫外线整理剂 理想的有机类紫外线吸收剂大多具有共轭结构和氢键,吸收紫外线后能转化成热能、荧光、磷光,同时产生氢键成互变异构,如下式所示:

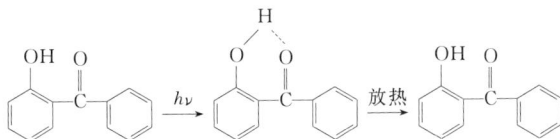

常用的有机类紫外线整理剂及其特性见表7-2。

表7-2 常见紫外线整理剂及其特性

化学名称	相对分子质量	有效吸收波长(nm)	外观	熔点(℃)
2,4-二羟基二苯甲酮	214	280~340	灰白色粉末	140~142
2-羟基-4-甲氧基二苯甲酮	238	280~340	浅黄色粉末	63~64
2-羟基-4-辛氧基二苯甲酮	326	280~340	浅黄色粉末	48~49
2-羟基-4-十二烷氧基二苯甲酮	380	270~280	浅黄色粉末	43~44

化学名称	相对分子质量	有效吸收波长(nm)	外观	熔点(℃)
2,2'-二羟基-4-甲氧基二苯甲酮	224	270~280	浅黄色粉末	68~70
2-(2-羟基-5'-甲基苯基)苯并三唑	225	270~370	灰白色粉末	128~132

有机类抗紫外线屏蔽剂具体分类如下。

(1)苯酮类化合物。

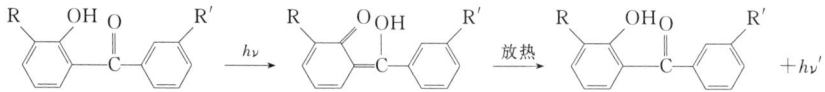

式中:R、R'为烷基、烷氧基。

此类化合物有 2,4-二羟基二苯甲酮、2-羟基-4-正辛氧基二苯甲酮、2-羟基-5-氯二苯甲酮等。可用于纤维素、聚酯、聚酰胺、聚丙烯等纤维。能吸收 280~400nm 的紫外线,对 280nm 以下紫外线吸收较少,有时易泛黄,价格较贵,应用较少。不过由于具有多个羟基,对一些纤维有较好的吸附能力。德国巴斯夫的 UV-9、美国 ACY 的 UV-531、美国 GAF 的 M-40 属于此类产品。如:

2-羟基-4-正辛氧基二苯甲酮   2-羟基-4-甲氧基二苯甲酮

(2)苯并三唑类。

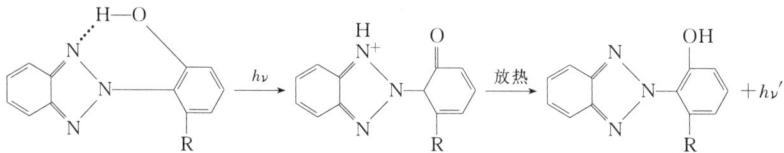

苯并三唑类对紫外线的吸收范围较广,可吸收波长为 300~400nm 的光,屏蔽紫外线效果好,而对 400nm 以上的可见光几乎不吸收,因此制品不会泛色,是目前应用较多的一类化合物。但是它没有反应性基团,活性不高,处理时要吸附于纤维表面才能达到紫外线吸收和屏蔽效果。它的分子结构和分散染料很近似,可以采用高温高压法处理并被涤纶吸附,对涤纶有较高的分配系数。一些水溶性的这类化合物适用于锦纶、羊毛、蚕丝和棉织物,但需在分子中接上适当数量的磺酸基。瑞士汽巴的紫外线吸收剂 UV-P、UV-236、UV-237 就属于这类产品。如:

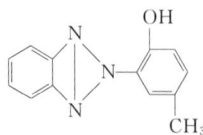

2-(2'-羟基-5'-甲基苯基)苯并三唑

（3）水杨酸类化合物。

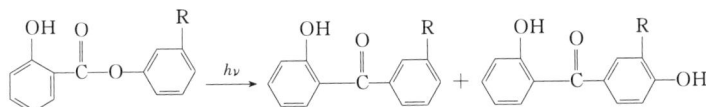

式中：R 为芳基或取代芳基。

水杨酸酯类紫外线屏蔽剂能大量吸收 UV-B，仅吸收少量 UV-A 紫外线，而且吸收波长分布于短波长一侧，应用较少。

这类紫外线吸收剂对紫外线吸收的能力在开始时很低，而且吸收的范围极窄（小于 340nm），但经紫外线照射一定时间后，对其吸收逐渐增大，直到最大吸收，这是由于其在紫外线照射下发生分子重排，形成了紫外线吸收能力强的二苯甲酮结构，从而强化其紫外线吸收作用。美国 DOW 公司的紫外线吸收剂 TBS，国产紫外线吸收剂 BAD 等属于这类产品。如：

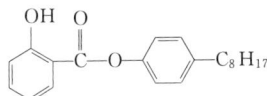

水杨酸对辛基苯基酯　　　　　　　　　　　　　水杨酸-4-叔丁基苯基酯

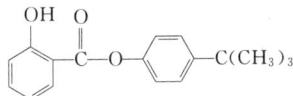

（4）有机镍聚合物。有机镍聚合物与一般的紫外线吸收剂的作用机理不同，前几种都是通过分子本身结构变化（光化学反应）来消散能量，而有机镍聚合物则通过分子间的能量转移（光物理过程）来消散能量。当紫外线照射时，高分子聚合物被激发成为激发态，有机镍聚合物与它作用，使激发态回到基态，把紫外线能量转化为低能量的光谱散发，从而保护高分子不被破坏。

常用这类化合物作为螯合物使用，能与部分纤维织物在一定条件下形成螯合物络合体，有屏蔽功能，主要用于提高染色的耐光牢度，但往往离子有颜色，使用有局限性。如：

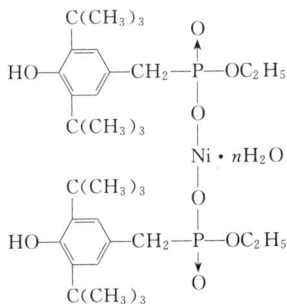

双（3,5-二叔丁基-4-羟基）苄基膦酸单乙酯　　　　　　N,N-二正丁基二硫代氨基甲酸镍

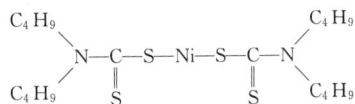

（5）三嗪类。瑞士科莱恩公司发明了一种新型的 1,3,5-均三嗪类化合物，非常适合用作织物的紫外线吸收整理剂（主要在 UV-B 和 UV-C 区域发生吸收，在 UV-A 区域几乎不吸收），它在显著提高整理后织物防晒因子 SPF 值的同时，还赋予织物防污性能。但是用这类化合物进行处理的织物会对阴离子染料发生抗拒作用。这类化合物能通过与纤维上的羟基和氨

基反应而使纤维获得持久的防晒和防污性能。处理纤维的方法与活性染料上染纤维的方法相似,能与活性染料染色同时进行。

三嗪类紫外线吸收剂对 280～380nm 的紫外光有较高的吸收能力。较苯并三唑类稳定剂吸收能力强,是一类高效的吸收型光稳定剂,它是 2 -羟基苯基三嗪衍生物,在邻位上含有羟基,其通式如下:

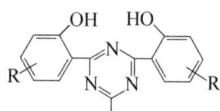

R＝H,烷基,4 -羟基,4 -烷氧基,4 -烯链的酯基

这类化合物吸收紫外线效果与邻羟基的个数有关,邻羟基个数越多,吸收紫外线的能力越强。引入不同取代基,能降低均三嗪环的碱性,但提高了化合物的耐光坚牢性及与树脂的相容性,其效果优于常用的紫外线吸收剂 UV - 9、UV - 531、UV - 327。其缺点是与高聚物的相容性差,而且还会使施加物着色。

(6)取代丙烯腈类。此类紫外线吸收剂的代表式为:

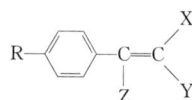

式中:R 为 H,CH$_3$O;X、Y 为羧酸酯或—C≡N;Z 为 H,C$_n$H$_{2n+1}$,芳基。

此类紫外线吸收剂能吸收 310～320nm 的紫外线,但吸收率较低。具有良好的化学稳定性和与高聚物的相容性,其典型品种为 N - 539 和 N - 35。

N - 35 的分子结构式为:

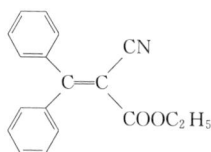

N - 35 强烈吸收波长为 270～350nm 的紫外线,它适用于聚氯乙烯、缩醛树脂、聚烯烃、环氧树脂、聚酰胺、丙烯酸树脂、聚氨酯、脲醛树脂和硝酸纤维素等,尤其适用于聚氯乙烯制品。耐碱性好,溶于甲苯、甲乙酮、醋酸乙酯等,微溶于乙醇、甲醇,不溶于水。用量一般为 0.1％～0.5％。

(7)肉桂酸酯类。结构通式如下:

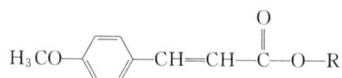

式中:R 为—C$_5$H$_{11}$(iso)、—C$_8$H$_{17}$(iso)、—C$_2$H$_4$OC$_2$H$_5$。

这类紫外线吸收剂对 280～310nm 波段的紫外线的吸收率很高,分子结构中存在不饱和共轭体系,体系中电子转移相应的能量吸收波长主要在 305nm 附近。日本资生堂将肉桂酸单体接到多糖上,表现出较好的安全性和水溶性,且在 230nm 和 310nm 处有较高的吸收峰。

(8)氨基苯甲酸及其酯类。这类化合物都是 UVB 紫外线吸收剂,易与水或极性溶剂分子缔合,而增加它们在水中的溶解度。但是氢键的作用,增强了溶剂对吸收波长的影响,使最大吸收波长向短波方向移动,影响防晒剂的效率。此外,羧基和氨基对 pH 变化敏感,游离胺也倾向于在空气中氧化,引起颜色的变化。常用的对氨基苯甲酸酯类紫外线吸收剂有以下六种:对氨基苯甲酸、对氨基苯甲酸甘油酯、N,N-二甲基对氨基苯甲酸戊酯、乙基-4-双(羟丙基)氨基苯甲酸酯、聚氧乙烯-4-氨基苯甲酸酯及 N,N-二甲基对氨基苯甲酸辛酯。典型品种为对氨基苯甲酸,它的结构式如下:

$$HOOC-\text{⬡}-NH_2$$

第三节 抗紫外线纤维及纺织品的生产

一、抗紫外线纤维

1991 年 9 月,可乐丽首先向日本市场推出了紫外线屏蔽纤维织物,商品名为 ESMO,ESMO 的出现激起了日本纺织界中紫外线屏蔽材料的迅速发展。ESMO 是混有 ZnO 微粉的聚酯短纤,其粒径在 $0.1\mu m$ 左右,把粉末均匀分散在聚合物熔体中。聚酯纤维中通常混合微粉的量最大为 1%,在 ESMO 中,为了获得足够的紫外线屏蔽能力,混合了 10% 的微粉。近些年来,日本开发的各类抗紫外线纤维有涤纶、锦纶、腈纶和丙纶等,有长丝也有短纤维。

近年来,我国抗紫外线纤维开发的速度也很快,特别是在涤纶防紫外线开发方面取得了突破性的进展。品种有涤纶短纤,涤纶 POY、FDY、UDY、DTY 等品种,有的涤纶防紫外线的阻挡率可达 94%～98%。

抗紫外线纤维的生产有多种途径,归纳起来有以下四种。

1. 后整理植入法 采用浸渍法、染色同浴法、轧烘焙法、印花法或吸尽法等后整理方法,将抗紫外线整理剂植入纤维中。由于纤维表面有很多微孔,整理剂和纤维之间能够发生物理吸附;此外,抗紫外线整理剂的表面活性很高,其表面具有许多活性基团,还可以直接或通过其他反应性化合物和纤维形成共价结合,故其耐洗涤牢度可以得到保证。为进一步提高抗紫外线整理剂对水洗及干洗的耐久牢度,还可采用树脂、微胶囊整理技术,微胶囊的芯材中装入有机的紫外线吸收剂,它能防止吸收剂的散逸。此方法主要用于生产具有抗紫外线功能的棉纤维等天然纤维。

2. 共聚纺丝法 先将紫外线吸收剂与成纤高聚物的单体进行共聚,然后制成具有抗紫外线功能的聚合物,再采用常规的纺丝方法制成抗紫外线纤维。此方法主要用于生产具有抗紫外线功能的聚酯类合成纤维。

(1)用至少一种芳香族二羧酸[如对苯二甲酸(TPA)、间苯二甲酸(IPA)等]和乙二醇(EG)为原料,在原料中或二羧酸的乙二酯中添加质量分数为0.04%～10%、可耐250℃高温的二价苯酚类化合物(如4,4′-二羟基二苯甲酮等),用常规的直接酯化或酯交换后缩聚的方法制得抗紫外线性能良好的线型聚酯,再通过常规的熔融纺丝法纺制成纤维。这种纤维具有良好的抗紫外线性能,能有效吸收波长为280～340nm的紫外线。

(2)制备通式为 $\left(O-Y-O-CO-X-CO\right)$ 的抗紫外线聚酯,式中80%～100%的X为对亚苯基,0～20%为间亚苯基。90%～99.9%的Y为 $C_{2\sim10}$ 的亚烷基,0.1%～10%的Y为3,6-双(羟基烷氧基)氧蒽-9-酮。用这类聚酯能纺制优良抗紫外线纤维。另外,在聚合前将无机物(如 TiO_2 系的陶瓷)微粒子与单体混合,然后进行聚合制成无机物均匀分散的高聚物,经纺丝得到抗紫外线纤维。

3.共混纺丝法 共混纺丝可分为直接共混纺丝和切片共混纺丝。对于直接法纺丝的化纤品种,抗紫外线整理剂的加入可采用两种途径,既可以在纺丝流体(纺丝熔体或纺丝溶液)中加入,也可以在聚合体中加入。如果熔融纺丝,则特别要注意抗紫外整理剂的耐热性。一般而言,无机类抗紫外线整理剂的耐热性更好,而有机类抗紫外线整理剂则稍差一点。对于切片法纺丝的化纤品种,则要求将抗紫外线整理剂制成母粒,采用母粒与切片共混纺丝。

4.复合纺丝法 复合纺丝法所得复合纤维一般为皮芯结构,其芯层含有抗紫外线整理剂,皮层为常规聚合物材料。由于具有皮芯结构,抗紫外线整理剂分布在纤维的芯层,与共混法相比可以减少抗紫外线整理剂的添加量,如可乐丽公司生产的埃斯莫长纤,以普通聚酯为皮层,含陶瓷微粉的聚酯为芯层。

除后整理植入法外,其他均属于纺丝法生产抗紫外线纤维,该类方法的优点是能够将抗紫外线整理剂均匀分布在纤维中,纤维的抗紫外线功能持久、稳定。通过纺丝法加工抗紫外线纤维,要求纺丝工艺不会使抗紫外线整理剂发生分解、升华等不良反应;而且采用的抗紫外线整理剂必须对人体安全无害,与纤维有较好的相容性,对纤维的性能(包括强度、透明度和染色性能等各项物理和化学指标)无严重影响。

二、抗紫外线纺织品

抗紫外线纺织品的生产,属于纺织品后整理的加工范畴,主要涉及抗紫外线整理剂的使用、整理液的配制以及整理工艺的选择。

生产抗紫外线织物时,各类抗紫外线整理剂可以单独使用,也可以多种配合使用。不同的抗紫外线整理剂,其吸收紫外线的波段不同。这主要由其结构所决定,如2,2-二羟基-4-甲氧基二苯甲酮对紫外线的最大吸收域在260～380nm,丙三基-P-氨基苯甲酸酯对紫外线的最大吸收域在264～315 nm。所以,实际生产加工中,经常是多种抗紫外线整理剂配合使用。

由于抗紫外线整理剂几乎不溶于水,若将其溶于非水溶剂中进行织物的整理加工,不仅操作不便而且污染环境。一般采用乳化处理,将抗紫外线整理剂均匀分散于水相中,并能较稳定的保持抗紫外线作用;或通过改变分子结构,赋予抗紫外线整理剂水溶性,但由于母体分子结构小,影响了其牢度,提高了成本。

抗紫外线织物的整理工艺与织物种类和最终用途有关。如夏季服装对柔软性和舒适性要求高,以采用吸尽法或浸轧法实施抗紫外线整理为好;如作为装饰、家用或产业用纺织品,则强调其功能性要求,可选用表面涂层法;对于混纺织物的抗紫外线整理,从技术角度来说,还是以浸渍法和轧—烘—焙法为好,因为这种工艺对纤维性能、织物风格、吸湿(水)性和强力影响较小,同时还可与其他功能性整理同浴进行,如抗菌防臭、亲水、防皱整理等。

1. 表面涂层法 在涂层剂中加入适量紫外线整理剂,借涂布器在织物表面进行精细涂层,然后经烘干及必要的热处理,在织物表面形成一层薄膜以达到抗紫外防晒功能。此法对纤维种类的适用性广,处理成本低,对应用技术和设备要求并不高,简单易行。涂层使用的紫外线整理剂,大多是一些高折射的无机化合物,它们屏蔽紫外线的效果与其颗粒大小有关,添加剂的浓度及涂层厚度对其防护效果有显著影响。该法加工的产品其风格、手感、吸水性和透气性会受到一定影响,常用于较厚重的工作服、遮阳伞、帐篷等织物的加工。

国外用涂层法对织物进行抗紫外线整理的产品已进入开发高峰阶段,许多著名的公司已进行了大量的工作,且不断有产品问世并推向市场,如日本钟纺的 NAVI - UV 产品,大和纺织的 Lentze 和仓敷公司的 Miroer 等。日本敷岛公司生产的 Ricaguard,洗涤前的 UV 透过率仅为 1.6%,30 次洗涤后,透过率为 3.4%,对紫外线的屏蔽效率大于 95%。

2. 浸渍法

(1)染色同浴法。涤纶用紫外线吸收剂具有疏水性,对涤纶有一定的亲和力,因而可采用高温高压染色工艺,使抗紫外线整理与染色同浴进行。

染液组成:

高温型分散染料(%,owf)	x
分散剂	3g/L
硫酸铵	3g/L
紫外线吸收剂	2%~4%

工艺流程:

60℃始染→以 2℃/min 的升温速度升温至 130℃,保温 60min→降温→还原清洗→水洗烘干→定形

(2)单独浸渍法。水溶性的紫外线吸收剂由于带有磺酸基,故可与酸性染料、金属络合染料等阴离子型染料一起同浴用于羊毛、蚕丝和锦纶的染色。在 pH 小于纤维等电点的情况下,紫外线吸收剂和阴离子型染料均能依靠静电引力被纤维吸附;在这种情况下,应注意染料和紫外线吸收剂的相容性或配伍性以及紫外线吸收剂的加入对染料上染量和上染速度产生的影响。这种加工方法特适用于羊毛、蚕丝、锦纶和棉织物。也可在练漂和染色后,采用紫外线吸收剂单独进行浸渍法整理。整理工艺举例如下。

整理液组成：

Albegal FFA	0.5g/L
Albegal A	0.5%
Gibafast W	3%～4%
用酸调节 pH 至	3.5～4.0
浴比	1∶(10～20)

工艺流程：

40℃加料→以 1～3℃/min 的升温速度升温至 80℃处理 30min→降温→水洗→烘干

该方法适用于羊毛、蚕丝、锦纶和棉织物，对涤纶织物不太适合，因为成本较高，且效果也不理想。

3. 印花法 为了提高印花织物的耐光牢度，有时也可将紫外线吸收剂加入到印花色浆中，与染料同浆印花。如汽车内装饰织物对耐光牢度的要求很高，故国外在其织物印花时多将紫外线吸收剂与高耐光染料同浆印花。

4. 浸轧法 浸轧法对各种织物均适用。水溶性的紫外线吸收剂能在亲水性纤维上发生吸附，不溶性的紫外线吸收剂在高温下也能在疏水性纤维上也能发生吸附，其机理类似于分散染料的热熔染色。分散液中的无机紫外线吸收剂除能在纤维上有一定量的吸附外，还能依靠添加的黏合剂黏合在织物上。如日本住友公司的氧化锌超微粒子在涤纶织物上的应用：

ZE－110 或 ZE－113 分散液[5%～15%（含黏合剂）]→浸轧整理液（轧液率 50%～60%）→烘干(100℃，2min)→焙烘(160℃，2min 或 180℃，1min)

5. 微胶囊整理 将紫外线吸收剂制成微胶囊，其囊衣以高分子聚合物，如苯乙烯、丙烯酸酯为佳，采用边聚合边微胶囊的方法制成。将紫外线吸收剂包于囊芯，然后用黏合剂和交联剂将微胶囊固着在织物上，可制成紫外线屏蔽率达 85%以上的纺织品，微胶囊可以缓释紫外线吸收剂，从而达到长效防紫外的目的。

第四节 织物抗紫外线性能评价

织物抗紫外线性能的测量有许多标准，如澳大利亚和新西兰的 AS/NZS 4399—1996，中国的 GB/T 18830—2009，美国的 AATCC 183—2014、ASTM D6603—2012、ASTM D6544—2012等。

早在 1990 年，澳大利亚就提出了太阳镜紫外线防护标准，1993 年澳大利亚和新西兰提出了防晒霜的相关标准。我国在 1997 年制定了织物抗紫外线测试方法 GB/T 17032—1997。1997 年德国的霍恩斯坦研究所提出 UV 801 标准，以评估纺织品的抗紫外线性能，授予合格的纺织品以防紫外线辐射标签。美国和英国也相继于 1998 年提出类似方法标准。

一、抗紫外线性能的评价方法

1. 标准检测方法 我国标准 GB/T 18830—2009《纺织品 防紫外线性能的评定》规定了纺织品防紫外线性能的试验方法、防护水平的评定和表示方法。具体方法是：对于匀质材料，至少取 4 块代表性试样，距布边 5cm 以内的织物不用；对于不同色泽或结构的非匀质材料，每种颜色或结构至少测试两块试样；试样在标准大气条件下调湿，测试紫外线辐射波长在 290～400nm 之间的透射比，每 5nm 至少记录一次；最后，计算每个试样的 UV - A 和 UV - B 透射率(T)的平均值，以最低 UPF 值作为该样品的测试值。

该标准规定，样品 UPF 值大于 40，且 T(UV - A)小于 5％时，可称为防紫外线产品。

2. 其他测试方法

(1)紫外线分光光度计法。采用紫外线分光光度计作为辐射源，产生一定波长范围(280～400nm)的紫外线，照射到织物上，然后用积分球收集透过织物的各个方向上的辐射通量，计算紫外线透射比。紫外线透射比越小，表明织物屏蔽紫外线的效果越好。分光光度计法可检测各个不同波长下的透射比，是目前国际上较流行和通用的测定方法。虽然国际上尚无统一的测试标准，但澳大利亚、新西兰、英国、美国、欧盟等均采用分光光度计法。

用紫外线分光光度计或者紫外线强度计测定各种抗紫外线试样的分光透过率曲线，可以判断各波长的透过率，并可用面积比求出某一紫外线区域的平均透过率，评价防护效果。该方法精度较高，因此，在研究过程中较多采用分光光度计来测试。

(2)紫外线强度累计法。利用紫外光(UV)照射放在紫外线强度累计仪上的织物，按给定时间照射，测定通过织物的紫外线累计量，然后进行计算。通过织物的紫外线累计量越小越好。

由于少时延长测定时间和多时缩短测量时间，测得的紫外线累计量结果相同，这种现象称为紫外线强度的累计性。

$$Q_s = \sum T_\lambda \cdot \Delta\lambda$$

式中：Q_s——通过试样的紫外线累计量，J/cm^2。

T_λ——波长为 λ 时的光透过率。

上述所谓的累计并不是时间上的累计，而是指波段上的累计。

(3)照度计法。用紫外灯为光源，照度计加装透紫外线玻璃，分别测定通过试样的累计量 Q_s 和未放试样的情况下的照射累计量 Q_k，透过率按以下公式计算：

$$透过率 = \frac{Q_s}{Q_k} \times 100\%$$

其中所谓的累计并不是指时间上的累计，而是指在波段上的累计。

(4)褪色法。将试样覆盖于耐晒牢度标准卡上，距试样 50cm 处，用紫外灯照射，测定耐晒牢度标准卡到 1 级变色时的时间。所用时间越长，则屏蔽效果越好。但该方法无法确定纺织品通过抗紫外线整理加工后所获得的防护效果。因为除了屏蔽剂会对紫外线产生屏蔽作用外，其他诸如纤维种类、面料颜色以及厚度等都会对紫外线的穿透产生影响。

显色物不同,具体评价方法也不同。下面列出了两种不同显色物对抗紫外效果的评价方法。

①光敏色布。利用光敏染料染色的基布,放在标准紫外光光源下,上面覆盖待测织物,开启光源,光照一定时间后,观察覆盖物下面光敏染料染色基布的颜色变化情况,颜色变化越小,说明待测织物屏蔽紫外线的效果越好。光敏色布可由光敏性可溶性还原染料染色而成,色布的颜色由浅至深,其屏蔽紫外线的效果由好至差。

②重氮感光纸。将同样的紫外线灯光透过织物试样照射在涂有重氮材料的感光纸上。紫外光透过量不同,感光纸曝光后定影。显示出深浅不同的颜色,与标准的蓝色标准相比较,就可以判定织物屏蔽紫外线性能的优劣。感光纸的颜色由浅至深,试样屏蔽紫外线的效果由差至好。

(5)皮肤直接照射法。在同一皮肤相近部位,以一块或几块织物覆盖皮肤,用紫外线直接照射,记录和比较出现红斑的时间,并进行评定。这类方法应属于主观测试,其优点是快速、简便、面广、量大,但所得结果受主观因素影响,人员间存在系统偏差,并且对人体有害。由于地理条件(纬度和海拔不同)、气温和湿度等对实验结果有影响,紫外线辐射的强度、稳定性、重现性和时间延续性等均难以掌握,甚至无法控制,所以目前大多采用人工模拟光源。此外,照射条件(如照射率、照射时间和部位及大小等)、试样(如厚度等)、实验者皮肤种类(如对紫外线过敏程度等)等差异也会对结果产生一定的影响。

二、评价抗紫外线性能的指标

1. 紫外线透射比　紫外线透射比(又称为透过率、光传播率)是指有试样时的 UV 透射辐射通量与无试样时的 UV 透射辐射通量之比。也有人描述为透射织物的紫外通量与入射到织物上紫外通量之比,通常分为长波紫外线 UV - A 和中波紫外线 UV - B 透射比。透射比越小越好。它以数据表或光谱曲线图的形式给出,一般情况下给出的透过率波长间隔为 5nm 或 10nm。可用下列公式求得 UV - A 和 UV - B 下的透射比。

$$T_{\text{UV-A}} = \frac{\int_{315}^{380} E_\lambda \cdot S_\lambda \cdot T_\lambda \cdot d\lambda}{\int_{315}^{380} E_\lambda \cdot S_\lambda \cdot d\lambda}$$

$$T_{\text{UV-B}} = \frac{\int_{280}^{315} E_\lambda \cdot S_\lambda \cdot T_\lambda \cdot d\lambda}{\int_{280}^{315} E_\lambda \cdot S_\lambda \cdot d\lambda}$$

式中:$T_{\text{UV-A}}$——织物在 315～380nm 区域内的透射比;

$T_{\text{UV-B}}$——织物在 280～315nm 区域内的透射比;

E_λ——相对红斑量光谱影响力(效应);

S_λ——太阳光谱辐射度,W/(m·nm);

dλ——波长间隔,nm。

使用透射比不但能直观地比较织物防紫外线性能的优劣,并且还可用公式计算,以评价织物的紫外透射比是否低于允许紫外透射比值,从而判断在特定的条件下,织物是否可以避免紫外线对皮肤的伤害。

2. 紫外线屏蔽率　紫外线屏蔽率(又称阻断率、遮蔽率、遮挡率)的计算公式为:屏蔽率=1-透射比。用屏蔽率来评价抗紫外性能更直观,更易被消费者所接受。日本提出了紫外线屏蔽率与紫外线透过量减少率相结合的标准。紫外线透过量减少率等于普通织物透过量与防紫外线织物透过量的差值与普通织物透过量的百分比。日本提出的标准是,织物首先要满足紫外线透过量减少率达到50%的要求,然后再根据绝对屏蔽率划分等级。一般分为 A、B、C 等三种级别。屏蔽率在90%以上者为 A 级,屏蔽率在80%～90%者为 B 级,屏蔽率在50%～80%者为C 级。从屏蔽率的计算公式可以看出,紫外线透射比和紫外线屏蔽率,是从两个不同的角度进行描述的,但实质是相同的。

3. 防晒因子(SPF)和紫外防护因子(UPF)　防晒因子 SPF(Sun Protection Factor)用于化妆品行业,紫外防护因子 UPF(UV Protection Factor)用于纺织行业。紫外防护因子 UPF 也称为紫外线遮挡因子或抗紫外指数,它是衡量织物抗紫外性能的一个重要参数。UPF 值是指某防护品被采用后,紫外辐射使皮肤达到某一损伤(如红斑、眼损伤甚至致癌等)的临界剂量所需时间阈值,与不用防护品时达到同样伤害程度的时间阈值之比,换句话说,是皮肤在使用纺织品前后可接受紫外线辐射量之比。即在一定的辐射强度下,皮肤在使用纺织品后可延长辐射时间的倍数。比如在正常情况下裸露皮肤可接受某一强度紫外线辐射量为20min,则使用 UPF 为5的纺织品后,可在该强度紫外线下曝晒100min。根据着眼点不同以及人体皮肤的差异,从理论上讲,某一防护品将有许多 UPF 值,但一般常以致红斑的 UPF 值作为代表。另外,紫外辐射的强度、稳定性、再现性和时间延续性,均难以掌握,所以目前大多采用人工模拟光源。UPF 的定义与测试,同样是建立在织物紫外光透过率的测试基础上的。

测算 SPF(UPF)值的方法,可采用下式:

$$SPF(UPF) = \frac{\int_0^\infty E(\lambda) \cdot \varepsilon(\lambda) d\lambda}{\int_0^\infty E(\lambda) \cdot \varepsilon(\lambda) \cdot T(\lambda) d\lambda}$$

式中:　λ——光波波长,nm;

$E(\lambda)$——紫外辐射在各波长段的强度;

$E(\lambda) \cdot \varepsilon(\lambda)$——表征在不加防护措施时,紫外辐射在各波长段直接损害人体的强度密度值;

$T(\lambda)$——紫外辐射在某波段的透过率(吸收率、透过率和反射率之和可视为1)。

1995 年改为以下公式：

$$SPF(UPF) = \frac{\sum S(\lambda) \cdot E(\lambda)}{\sum S(\lambda) \cdot E(\lambda) \cdot T(\lambda)}$$

$S(\lambda)$ 相当于 $\varepsilon(\lambda)$。

或采用下列公式：

$$UPF = \frac{\sum_{290}^{400} E_\lambda \cdot S_\lambda \cdot \Delta\lambda}{\sum_{290}^{400} E_\lambda \cdot S_\lambda \cdot T_\lambda \cdot \Delta\lambda}$$

式中：T_λ——试样的光谱透射比；

$\quad\quad E_\lambda$——相对红斑量光谱影响力（效应）；

$\quad\quad S_\lambda$——太阳光谱辐射度，$W/(m \cdot nm)$；

$\quad\quad \Delta\lambda$——波长间隔，nm。

以色列 Ramat—Gan 的 Schenkar 学院提出了一种简单、快速的测试纺织品抗紫外线性能的方法。该方法使用辐射测试仪来测量试样分别在 UV－B（280～315nm）和 UV－A（315～400nm）波谱内的平均光传播量，以确定织物的防紫外线性能。经过推导，下面的简化公式可计算 UPF 值：

$$UPF = 5.374/(4.705 T_B + 1.025 T_A)$$

式中：T_B、T_A——试样分别在 UV－B 和 UV－A 波谱内的平均光传播量，可用辐射测试仪较方便地测量。

UPF 是目前国外采用较多的评价织物抗紫外线性能的指标。UPF 值越高，织物的抗紫外性能越强。由于没有引入使用条件的限制，可以用 UPF 来评价不同织物防紫外性能的高低。严格按照标准要求来测定织物的紫外防护因子 UPF，需要非常昂贵的仪器和专业测试人员，相应的测试费用也相当高。这也是该方法在实际应用和科学研究中无法普及的一个重要原因。

UPF 的数值及防护等级见表 7－3。

表 7－3　UPF 的数值及防护等级关系

UPF 的范围	防护分类	紫外线透过率（%）	UPF 等级
15～24	较好防护	6.7～4.2	15,20
25～39	非常好的防护	4.1～2.6	25,30,35
40～50,50＋	非常优异的防护	≤2.5	40,45,50,50＋

4. 穿透率　穿透率是 UPF 值的倒数。在国家标准中将 UPF 值与 UV－A 透射比一起作

为评价抗紫外线性能的指标,规定为 UPF 值大于 30,UV-A 透射比不大于 5%。而由澳大利亚国家辐射实验室出具的织物检测报告中提出,当织物的 UPF 值为 50＋时,该产品才有资格作抗紫外线的广告宣传。

5.紫外线反射率　此指标应用不多,但对于经过防紫外线处理织物和未经防紫外线处理织物进行对比测量,其数据仍有一定的意义。

6.A、B 波段织物平均透射率的对数　可以分别用 UV-A、UV-B 波段布料平均透射率的对数来表征其抗紫外线能力。其理由为:

(1)用两参数替代透射率曲线更为方便;

(2)UV-A、UV-B 两波段防护目的和数量级不同,故分开表示;

(3)取对数,抗紫外线能力越强,其绝对值越大,符合人们的习惯,应用此参数有一定的意义。

👉**思考题:**

1.纺织品抗紫外线整理的目的和意义是什么?

2.影响纺织品抗紫外线性能的因素有哪些?

3.抗紫外线整理剂的机理、分类是什么?

4.常用的抗紫外线整理剂有哪些?

5.抗紫外线纤维及织物的生产方法有哪些?

6.织物抗紫外线性能的评价方法有哪些?

7.评价织物抗紫外线性能的指标有哪些?

第八章 远红外纤维及纺织品

本章学习要点:

1. 了解远红外服装保暖的机理。
2. 掌握远红外纤维及织物的生产方法。
3. 熟悉远红外纤维及织物的性能表征。

第一节 概 述

一、红外线的产生及分类

人体每时每刻都在发射红外线,而同时也在吸收红外线。人的生命从起源到发展一刻也离不开红外线,因此红外线被誉为生命之光,并非言过其实。1800 年,英国著名的天文学家威廉,在一次实验中发现太阳光谱的红光外侧存在着一种神奇的光线,虽然肉眼看不见,但有着明显的热辐射,科学家将这种热辐射称为红外辐射。

太阳光线大致可分为可见光及不可见光。可见光经过三棱镜后会折射出紫、蓝、青、绿、黄、橙、红颜色的光线。红光外侧的光线是不可见光,波长在 $0.76\sim1000\,\mu m$ 范围,称为红外光,又称红外线。红外线属于电磁波的范畴,是一种具有强热作用的放射线,波长介于红光和微波之间,一般分为近红外光、中红外光和远红外光三个波段。

自然界有无数的远红外放射源,宇宙星体、太阳、地球上的海洋、山岭、岩石、土壤、森林、城市、乡村以及人类生产制造出来的各种物品,凡在绝对零度(-273℃)以上的环境,无所不有地发射出不同程度的远红外电磁波。但只有在常温下远红外线的发射率达到 0.65 以上的纺织品,才能称为远红外纺织品。

由能量守恒定律得知,宇宙的能量不能产生,也不会消失,只可以改变能量的方式。热能是宇宙能量的一种,可以用放射(辐射)、传导和对流的方式进行转换,在放射的过程中,便有一部分热能形成红外线。红外线放射速度与可见光线相同,而且能够像光一样直线前进,如果使用反射板,便能改变它的传导方向。

通常把红外线中 $4\sim400\,\mu m$ 波长的范围定义为远红外线,其中 90% 的波长在 $8\sim14\,\mu m$ 之间。几十年前,航天科学家对处于真空、失重、超低温、过负荷状态的宇宙飞船内的人类生存条件进行调查研究,得知太阳光中波长为 $8\sim14\,\mu m$ 的远红外线是生物生存必不可少的因素。因此,人们把这一段波长的远红外线称为"生命光波"。

一般来说，燃料燃烧、电热器具热源等放出的红外线多属于近红外线，由于波长较短，因此产生大量的热效应，长期照射人体后会产生灼伤皮肤及眼睛水晶体等伤害。波长更短的其他电磁波如紫外线、X射线及γ射线等，会使原子上的电子产生游离，对人体伤害作用更大。远红外线则不然，由于波长较长，能量相对较低，所以使用时危害较少。

远红外线也和家用电器所放射出的低频电磁波不同，家用电器所释出的低频电磁波可穿透墙壁及改变人体电流的特性，而被人们高度怀疑其危害性。远红外线在人体皮肤的穿透力仅有 $0.01 \sim 0.1 \mathrm{cm}$，人体本身也会放出波长约 $9 \mu \mathrm{m}$ 的远红外线，所以和低频电磁波不可混为一谈。

二、远红外与人体健康

根据生物医学的研究，人体的血液循环系统作为人体一个重要的组成部分，担负着向人体各器官输送氧气和养料，并带走废弃物的重任。因此，保持人体的血液循环系统通畅是维持人体健康的一个重要因素。血液黏度增高，会使血流变慢，对人体会造成许多不良的后果。由于血液循环不畅通，供血不足所引起的病症有肢体疼痛、静脉曲张、坏疽等。将血液黏度保持在一个适当的水平，防止血液黏度增高是保证血液通畅、防止血栓的一个很重要方面。人体皮肤对远红外辐射吸收能力是很强的，在 $7 \sim 14 \mu \mathrm{m}$ 有较强的吸收峰，人体可以高效地吸收 $4 \sim 14 \mu \mathrm{m}$ 波段的远红外线，人体吸收了远红外线后，深入人体的远红外线便会引起原子和分子的振动，引起细胞、血液中的 $C—H$、$C—O$、$C—C$、$C—N$ 等化学键振动加剧，从而引起一系列有益的生理现象。通过共鸣吸收形成热反应，促使皮下深层的温度上升，并使微血管扩张，促进血液循环，将淤血等妨害新陈代谢的障碍全部清除干净，使血液与组织之间的营养成分交换增加，可以起到扩张毛细血管，增强血液循环，促进新陈代谢，增强淋巴液循环的作用。

远红外可以使细胞活化，使老死细胞排泄或赋予再生能力，可增强细胞能量，增强细胞的功能和活力等作用。

因红外辐射能使生物体分子产生共振吸收效应，所以在红外光谱的作用下，物体的分子能级被激发而处于较高能级，这便改变了核酸、蛋白质等生物大分子的活性，从而发挥了生物大分子调节机体代谢、免疫等活动的功能，有利于机体机能的恢复和平衡，达到防病、治病作用。人体内的一些有害物质，例如食品中的重金属和其他有毒物质、乳酸、游离脂肪酸、脂肪和皮下脂肪、钠离子、尿酸、积存在毛细孔中化妆品残余物等，也就能够借助代谢的方式，不必透过肾脏，直接从皮肤和汗水一起排出，避免增加肾脏的负担。

远红外线能穿透皮肤，触及神经，因此借助于神经和血液的反应，可对各种腺体的功能和人体物质总交换发生作用。

由于远红外织物有促进人体微循环、消炎镇痛、加速伤口愈合、活化机体、消除疲劳、调节自律神经等特殊功效，所以特别适用于制作保健绒毯，保健睡衣、裤、衬衣、内衣、内裤；关节防护用品，如护膝、护肘、护腕、护肩、护腰；保健被、袜、床垫、枕巾、床单、美容面罩等。对于体弱多病、气虚畏寒的老人和患者，衣着轻便、冬季训练的运动员，军队官兵和寒凉侵袭的室外或野外工作人员等来讲,远红外织物无疑是一种福祉。对普通的消费者,穿着远红外织物可起到保健的作用。

三、红外辐射吸收及远红外服装保暖的机理

红外辐射吸收的机理是光谱匹配共振吸收,即当辐射源的辐射波长与被辐射物的吸收波长相一致时,该物体就吸收大量的红外辐射。

人体是一天然的红外辐射源,其辐射频带很宽。无论肤色如何,活体皮肤的辐射率为98%。人体表面的热辐射波长在$2.5 \sim 15 \mu m$范围,峰值波长约在$9.3 \mu m$处,其中$8 \sim 14 \mu m$波段的辐射约占人体总辐射能量的46%。远红外织物就是利用远红外线的频率与构成生物体细胞的分子、原子间的振动频率一致性,当远红外线作用于皮肤时,远红外线能够迅速地被人体吸收。

根据基尔霍夫定律和斯蒂芬—玻尔兹曼定律,好的吸收体也是好的辐射体,温度高于绝对零度的物体都能不断辐射能量。因此,远红外物质除了强烈地吸收太阳光中的远红外线之外,也不断地积极向外辐射远红外线。人体也是远红外线的敏感物质,对远红外线具有强烈的吸收作用。当人体皮肤遇到远红外物质辐射出的远红外线时,会发生与振动学中共振运动相似的情况,吸收远红外线并使运动进一步激化,转化为自身的热能,皮肤表面的温度就相应升高。这种远红外线放射性物质在人体体温的作用下,能高效率地放射出波长为$8 \sim 14 \mu m$的远红外线,使服装内的温度比普通织物为高,具有保暖功能。当人们穿着和使用这种织物时,可以吸收太阳光等的远红外线并转换成热能,也可将人体的热量反射而获得保暖效果,实验证明,远红外纤维覆盖在人体上15min,表皮面层温度将升高$2 \sim 3 \degree C$,68%左右的人都可以感觉到。远红外织物适用于制作秋冬用滑雪衫、运动服、工作服、防寒服、风衣、各种轻薄型冬季服装,具有温热感的床单、被褥、窗帘、鞋垫、地毯、睡袋、袜类等。

人体对红外线的吸收取决于红外线的波长和皮肤的状态。人体皮肤含70%的水分,水是红外线的良好吸收体。因此,人体对红外线的吸收光谱近似于水。水分占人体质量的$60\% \sim 70\%$,水分子中氢键键能相当于$2 \sim 7 \mu m$的远红外光子能量。人体细胞生长繁殖以脱氧核糖核酸的合成复制为基础,其双螺旋结构中含有大量氢键,这些氢键的断裂和结合需要相应的远红外光子能量。人体组织中的氢氧键、碳氢键、碳氧键也一样,其对应的谐振波长大部分落在远红外波段。远红外物质通过吸收太阳光中的远红外线,将其转化为自身的热能储存起来。

四、远红外材料

产生远红外线的主要方法是选择热交换能力强、能放射特定波长远红外线的材料,然后加工制造成各种形式、各种用途的产品。

元素周期表中第Ⅲ、第Ⅴ周期中的一种或多种氧化物与第Ⅳ周期中的一种或多种氧化物混合而成的远红外辐射材料,在环境温度为$20 \sim 50 \degree C$时,具有较高的光谱发射率,是理想的远红

外辐射材料。

常见的能发射红外线的化合物有 Al_2O_3、ZrO_2、MgO、TiO_2、CuO、SiO_2、Cr_2O_3、Fe_2O_3、ZrO 等；ZrC、SiC、B_4C 等碳化物；TiB_2、ZrB_2、CrB_2 等硼化物；$TiSi_2$、$MoSi_2$ 等硅化物；Si_3N_4、TiN 等氮化物。常用的能产生远红外线的材料如下。

(1)生物炭。例如高温竹炭、竹炭粉、竹炭粉纤维以及各种制品等。

(2)电气石。例如电气石原矿、电气石颗粒、电气石粉、电气石微粉纺织纤维以及各种制品等。

(3)远红外陶瓷。例如利用电气石、神山麦饭石、桂阳石、火山岩等高负离子、远红外材料，按照不同的比例配制的各种用途的陶瓷材料，再烧制成各种用途的产品。

(4)远红外陶瓷制品。例如远红外陶瓷球、陶瓷装饰建材、陶瓷涂料、陶瓷酒具餐具、陶瓷灯具、陶瓷工艺品、陶瓷微粉纺织纤维、陶瓷能量板、家用电器陶瓷元件等。

目前，开发远红外织物所使用的远红外线放射性物质主要是陶瓷物质。在 50℃下，对波长 $4.0\sim15\mu m$ 远红外线的平均辐射率(黑体辐射强度作 100%)为 50% 以上的陶瓷称为远红外辐射陶瓷，如高纯度 Al_2O_3、多铝红柱石(Al_2O_3—SiO_2)、ZrO_2、MgO 等。其中以氧化铬、氧化镁、氧化锆等金属氧化物性能最佳。除陶瓷之外，某些天然矿石也具有远红外辐射功能，例如深海中的"五色石"。在使用前，必须将这种远红外陶瓷破碎至粒径为数微米乃至 $1\mu m$ 以下的微粉，且化学性质稳定并且无毒，用量在 1%～10% 之间为宜。采用涂层法加工的远红外织物，远红外粉含量可略大，一般在 4%～15% 之间。

五、远红外纺织品的发展

远红外保健织物是近年来新兴的一种功能纺织品，它具有保暖升温、保健等功能。远红外保健整理织物可用来开发保健蓄热产品、医疗用品等，如内衣、贴身保暖服、床罩、床单、毛毯等床上用品，坐垫、护膝、腰带、抗菌防臭保健鞋袜和电热制品等。

远红外纺织品目前正朝着功能高效化、新型化、复合化方向发展。国内外生产厂家不断寻求高效远红外线放射物质，用于远红外纺织品的开发。如日本开发出海藻炭纤维，其织物在 35℃时的远红外发射率达 94%。另有采用一种常温下具有远红外放射效果的液态物质，开发出一种称为"弗莱休"的超越陶瓷物质的新型远红外织物。采用在纺丝液或后整理剂中同时添加远红外粉和其他功能制剂，使织物具有多种功能。例如日本已开发出阻燃远红外涤纶、高吸湿性保温纤维等。国内开发的远红外纤维及织物品种少，且大多处于小规模生产，生产成本高。远红外纺织品的开发涉及的领域广泛，目前我国缺乏由医学界、生物界、物理学界、纺织界的专家组成的联合体，缺乏法定的测试方法与质量标准，这给比较产品辐射性能带来不便。另外，对远红外纺织品的远红外发射率应达到多少才具有保健作用，没有一定的标准。

为了进一步提高远红外织物的保健功能特性，人们正在寻求与其他功能的复合技术，例如与蓄热保温织物和电热织物的功能相结合。蓄热保温织物是一类能吸收太阳光能的材料，可使

波长 $2\mu m$ 以下的高能光线转化为热量,它能更好地发挥远红外织物的保健功能。随着科学技术的发展,近年来,电热织物获得了较大的发展,一般采用掺不锈钢纤维的纱线、涂层导电碳的纱线或导电聚合物纤维纱织造而成,以此作为远红外织物的热源,尤其适用于制作远红外电热毯等复合功能产品。

第二节　远红外纤维和纺织品的生产

一、远红外纤维

最初远红外纤维是采用添加陶瓷微粉的方法来制造的。远红外纤维在日本开发成功已近20年,最早开发的有日本的尤尼吉卡公司和东丽公司,随后日本的帝人、旭化成和钟纺等公司也开始研究开发远红外线纤维织物。钟纺公司采用涤纶、锦纶或丙纶布料中掺入远红外陶瓷微粉末以达到保暖功能,据称该服装制品能使保温效果提高 $2\sim4℃$。旭化成公司则采用双层结构,外层采用阳光蓄热材料以提高体感升温效果,内层采用混合远红外陶瓷材料,以降低人体散热造成的损失,从而达到保暖的目的。另外,日本的小松精炼公司,将玻璃微珠和红外线吸收剂添加在聚合物中制成了一种保温纤维 DynaLive,它利用红外线吸收剂的红外吸收功能以及利用玻璃微珠增加纤维中静止空气含量,保温性能比一般纤维织物高 20% 以上,服装内部温度较对比织物高 $3\sim7℃$。其他一些国家也将金属或非金属氧化物微粉添加在纤维中,制成了多种吸收和发射远红外线的纤维品种。目前,远红外纤维已成为国内保暖纺织品市场最具人气的卖点。

1994 年,日本森下仁丹等五家公司共同开发成功含有物美价廉的海藻碳远红外纤维。海藻碳是以海洋植物为原料煅烧而成,其低温(接近体温)远红外辐射率在 80% 以上,海藻碳纤维制造成本比陶瓷纤维低,其功能特点是除辐射远红外线外,还可刺激大脑产生电磁波($4\sim8Hz$),有使人松弛安神的效果。采用特殊的工艺将海藻碳化得到的海藻碳,粒径可达到 $0.4\mu m$,用共混纺丝法掺入到涤纶长丝内,制成远红外涤纶长丝。其织物在接近人体体温 35℃ 情况下,能高效地放射远红外线。当织物中含海藻碳纤维的用量达到 $15\%\sim30\%$ 时,就能获得较好的放射效果,且海藻碳价格便宜,可降低远红外织物的成本。

1. 远红外纤维的制备　远红外纤维制备的具体方法是,先把远红外粉分散于与成纤聚合物具有很好相容性的媒介物中,再与纺丝原液或聚合物熔体相混合,采用的纤维基材可以是聚酯、聚酰胺、聚丙烯、聚丙烯腈等常用合成纤维。如把远红外粉分散在纤维素衍生物的有机溶液中,制成分散液,然后添加到丙烯腈系共聚物的有机溶液中进行纺丝。

2. 远红外纤维的分类

(1)从纤维结构上分类。从纤维结构上可将远红外纤维分为两类,一类是远红外粉在成纤聚合物截面上均匀分散的单一组成纤维,另一类是具有一个或多个芯层结构,或类似于橘瓣形的复合纤维。

（2）从纤维外观上分类。从纤维外观上也可分为两类，一类是常规圆形截面纤维，另一类是异形截面纤维。这两类纤维均可制成中空纤维，以增加保暖效果。

3. 远红外纤维的熔法纺丝工艺路线

（1）全造粒法。即在聚合过程中加入远红外添加剂制得远红外切片，再将这种切片经纺丝可制得远红外纤维。但这种方法对设备磨损较大，一般不推荐使用。

（2）母粒法。即将切片粉碎到 40 目以上，与 40% 的远红外添加剂一起混合烘干，以去除添加剂中的水分，经螺杆挤压制成远红外母粒，然后与常规切片混合均匀后，再经纺丝可制得远红外纤维。母粒法具有加工路线简单、易于操作的优点，成本低，目前国内外厂家多数采用母粒法生产远红外纤维。

（3）注射法。即在纺丝过程中利用注射器，将远红外添加剂直接注射到高聚物纺丝熔体或溶液中制备远红外纤维。如在 PAN 纺丝原液中添加远红外陶瓷微粒开发远红外腈纶；将远红外陶瓷粉均匀地分散于黏胶溶液中，然后用常规的纺丝方法制备远红外黏胶长丝等。所制备的纤维具有优良的保健理疗功能、热效应功能和排湿透气抑菌功能。该工艺虽然简便，但需增加注射器，若粉末状无机粒子未经处理，无机粒子与基体树脂间会存在明显的界面层，缺乏较厚的过渡层而影响纺丝融体或溶液的过滤性、可纺性，以致最终影响成品丝力学性能。

（4）复合纺丝法。该法需在复杂的复合纺丝机上进行，通常以含有远红外粉体的聚合物为纤维的芯层，常规聚合物为皮层制成具有芯鞘结构的远红外复合纤维。该工艺纺制的纤维性能较好，但技术难度高，设备复杂，投资较大，生产成本高。例如 Hirano 制备了皮芯结构的远红外纤维，皮层为 PET，芯层为含有摩尔分数为 2.6% 的金属磺酸盐和质量分数为 15% 的硅酸锆的聚酯，皮层和芯层两组分以 50∶50（质量比）的比例经复合纺丝，制成具有远红外放射性的纤维。Iizuka 等研制了一种耐磨的远红外保暖复合纤维，该纤维也为皮芯结构，皮层由聚合物和3%～20% 的远红外陶瓷氧化物粉末组成，芯层由成纤聚合物组成。当皮层和芯层的聚合物为聚酯时，远红外陶瓷混合物可由质量分数为 10% 的 ZrO_2、SiO_2、Fe_2O_3（64∶35∶1）组成，粉末的粒径为 $0.9\mu m$，皮层与芯层聚合物以 50∶50（质量比）的比例复合纺丝。Kunieda 等制备的远红外纤维由三层组成，芯层由纯聚合物组成，中间层由含有远红外功能陶瓷粉末（Al_2O_3、ZrO_2、MgO、多铝红柱石，或它们的共混物）的聚合物组成，皮层由含杀蜱药的聚合物组成。

从实际应用及技术经济情况看，国内多以母粒纺丝法及注射纺丝法生产远红外纤维，复合纺丝法因技术难度高、设备复杂、投资较大和生产成本高等问题采用较少。国外采用复合纺丝法制备远红外纤维较多。国内制备远红外纤维选用的成纤聚合物以丙纶最多，涤纶次之。

也有借助于玻璃纤维纺丝技术，采用氧化铝等陶瓷物质进行高温熔融纺丝，其后通过聚合物熔槽而包覆一层薄膜，从而提高了纤维的柔软性。

4. 影响远红外纤维生产及性能的因素　制备远红外纤维对远红外添加剂的粒径和添加剂在聚合物中的分散性要求较高，这也是远红外纤维生产中的难点。尤其是目前纺丝从粗旦向细旦、异形丝方向发展，使得过滤网眼与喷丝板孔径减小，从而带来对添加剂细度要求的进一步提高。远红外添加剂的粒径越小,纤维的保温性越优异,纤维可纺性也越好,通常认为粒径小于 $5\mu m$,最好小于 $1\mu m$。但添加剂颗粒越细,流动性越差,在聚合物中的分散性能越低,给生产带来了困难。生产实践表明,堵塞过滤器的物质并不是单个的大颗粒陶瓷微粒,而是小颗粒的聚集体。同时,无机粉体与高分子材料之间的相互结合性能有差异,颗粒要进行表面处理,以使它们能均匀地分散在熔体中,使纤维强度不至严重下降。远红外添加剂的形貌应为圆形、椭圆形或纺锤形,以便颗粒在纺丝过程中尽量降低对喷丝板的磨损。目前,远红外添加剂的粒径过大、形貌不均匀或在聚合物中的分散性差等问题导致我国远红外生产停留在小试或短纤的水平上,无法组织规模生产,从而引起产品开发成本较高,市场竞争力不强。开发超细(亚微米级以及纳米级)远红外添加剂就成了生产远红外纤维的关键技术。添加剂在超细加工时将颗粒粉碎到 $1.0\mu m$ 以下时,颗粒之间的范德瓦耳斯力急剧增加,颗粒之间的团聚倾向增大,给超细粉碎带来困难。另外,由于远红外添加剂中多种无机矿物材料各自的可超细粉碎性与可分级能力差异很大,因此必须对各个粉体根据它们的可粉碎性与可分级性,选择不同的超细粉碎与分级设备,进行单独的粉碎与分级,确保粉体的粒径在 $1.0\mu m$ 以下。

远红外纤维的远红外辐射性能主要来自于纤维中的远红外粉,因而纤维中的远红外粉含量决定着纤维的比辐射率。有人认为纤维的保暖、保健功能与远红外粉的添加量成正比。最新研究结果表明,纤维的远红外发射率与远红外粉的含量间呈现复杂的曲线关系,曲线存在极值,在极值之后纤维的发射率迅速下降,甚至低于纯聚合物,该极值一般出现在纤维中远红外粉含量为 $4\%\sim15\%$。由此可见,一味加大纤维中的远红外粉含量并不可取。

远红外功能纤维经改性可兼有抑菌、吸收紫外线和 X 射线的功能,如在远红外功能纤维里添加第二、第三单体,可兼具优良理疗功能、热效能和透气抑菌等功能。

二、远红外纺织品

用远红外纤维经纺纱、织造加工成机织物或针织物,或直接加工成非织造布,其工艺难度主要取决于成品远红外纤维的力学性能。远红外纤维加工法的优点是织物的手感好、透气性好、耐洗涤性好,缺点是加工路线长、成本高。

1. 远红外纺织品的生产方法　将具有远红外发射功能的远红外微粒渗入到涂层液中,通过喷涂、浸渍(轧)涂层和辊涂等方式涂到织物上,从而使天然纤维及其纺织品具有远红外吸收和发射功能的方法属于后整理法。此方法操作简便,成本较低,对陶瓷粉末分散性要求不高,实用性好,但织物风格及耐久性较差,因此本法仅适用于加工非织造织物和制品。所用远红外陶瓷粉末的粒度决定后整理织物的质量,一般粒径在 $5\mu m$ 以下。

用浸轧、涂层的方法开发远红外织物与传统工艺没有太大的差别。喷涂方法常用于制作远红外絮片,对毛圈织物的毛尖部位开纤,然后喷涂远红外整理剂,能有效地提高其保温性和舒适性。

在远红外整理中,使用氯铂酸等触媒,可以提高陶瓷物质与纤维的结合力。日本中村研究所先用硅烷偶联剂对陶瓷粒子进行表面处理,然后再掺入整理剂中,结果使织物耐洗性大大提高。对天然纤维织物进行远红外后整理,可将天然纤维浸入特定的有机溶剂中加热切压,则纤维膨润形成微细孔隙,陶瓷粒子进入扩张后的孔隙,干燥后则留在纤维内。在染色液中加入远红外陶瓷粉末可以同时获得染色和远红外效果,在印花色浆中加入远红外陶瓷粉末可以使印花部位具备远红外功能。

2. 棉纤维及织物的远红外整理　棉纤维及织物的远红外整理一般是采用涂层加工的方法。为了使远红外微粉与纤维亲和,通常采用两种加工方法。一种方法是把低温熔融型金属氧化物与涂层剂混合后涂覆到织物上。这种方法中的金属氧化物是在焙烘的过程中形成的,因此颗粒细而分布均匀。另一种方法是将远红外微粉分散在涂层剂中形成涂层浆料,再涂覆到织物上。一般要求选用的远红外微粉能使纺织品在涂覆后远红外发射率不低于80%。根据所使用的涂层剂的不同,通常经过涂层的织物除了具有远红外辐射功能外,还会使织物附加其他功能,如防水透湿性等。整理工艺举例如下:

整理液配方:

远红外物质	5%
分散液	1%
黏合剂	10%
中药液	84%
消泡剂	适量

将上述配方除黏合剂外加热至 80～90℃ 时,通过搅拌器的作用,分散的效果已经达到要求。这时加入黏合剂,就制得了远红外多功能整理液,即可对织物进行整理。

工艺流程:

浸轧(中药液)→轧干→浸润(远红外整理液)→轧干→烘干(90℃,5min)→焙烘(150℃,3min)→水洗→烘干(90℃,5min)

3. 羊毛纤维及织物的远红外整理　在生产远红外毛织物面料时,可在毛织物后整理之前,采用苛性钠水溶液使毛纤维表面的鳞片膨润,能有效地吸附远红外陶瓷微粉。当低温下鳞片恢复原状时,远红外陶瓷微粉被封入毛纤维内,从而提高了远红外毛织物的质量和性能。

对羊毛纤维或织物进行远红外后整理有一定难度,通过添加阳离子助剂则很有效。在远红外陶瓷粉末分散液中加入具有阳离子基和成膜性能的树脂,这种树脂包覆陶瓷粒子使其带正电荷,毛纤维或织物要预先进行处理,使纤维表面带负电荷,正负电荷的吸引可以提高纤维吸附陶瓷粒子的能力。因此,对羊毛的远红外整理需经过三个步骤来完成,即羊毛纤维表面改性、陶瓷微粒的吸附和陶瓷微粒的树脂固着处理。

(1)羊毛纤维表面改性。羊毛纤维表面改性是利用碳酸钠等碱性物质或次氯酸钠和双氧水等氧化剂对羊毛表面的鳞片进行处理,使羊毛表面产生多种阴离子基团,并使其具有与阳离子性陶瓷微粒形成离子结合的能力。实验结果表明,对羊毛纤维进行表面负离子改性时,氧化剂法优于碱性法。

(2)远红外微粒的吸附。远红外微粒吸附的目的是将陶瓷微粉制备成阳离子型的稳定的含硅分散体系,并使其与经表面改性的羊毛表面阴离子基团产生离子吸附,从而附着在羊毛纤维表面及孔隙中。阳离子助剂一般选用阳离子型有机硅柔软剂,因为这样一方面可使陶瓷微粒带电荷,另一方面又起到柔软织物的作用。研究发现,陶瓷微粉分散体系的浓度对其在羊毛纤维上的吸附量有很大影响,过高或过低的陶瓷微粉浓度都不是最合适的。当陶瓷微粉的浓度在18%左右时,羊毛纤维上的阴离子基本上已达到吸附饱和,继续增加浓度已无意义。纤维上附着远红外陶瓷微粉的浓度一般低于陶瓷微粉分散体系的浓度。当纤维上实际附着远红外陶瓷微粉的含量在4%~15%时,远红外辐射效果最好。

(3)陶瓷微粒的树脂固着处理。陶瓷微粒的树脂固着处理是采用阳离子树脂,对已经吸附陶瓷微粒的羊毛或织物进行固着处理,使树脂与经表面改性的羊毛产生共价键结合,从而将陶瓷微粒也一同覆盖在纤维表面,使陶瓷微粒牢固地结合在纤维表面。阳离子性树脂一方面可与同样具有阳离子性的陶瓷粒子较好相容,另一方面也可与表面改性后羊毛表面阴离子结合。经陶瓷微粒的树脂固着处理后,羊毛织物的远红外耐洗牢度明显提高。此外,远红外陶瓷整理后的羊毛织物的性能如风格、吸湿、透气性等也会发生变化。

其他天然纤维的远红外改性与毛纤维类似,在此不再赘述。

第三节　远红外织物性能测试

远红外纤维及其织物的性能表征主要包括三个方面,即远红外辐射性能、远红外保温性能以及远红外纺织品对生物体的保健作用。

一、远红外织物辐射性能测试

材料的远红外辐射性能可利用傅里叶变换红外光谱仪和红外辐射测量仪来检测。远红外辐射性能一般以比辐射率,也称发射率来表示。发射率又可分为法向发射率和半球发射率。其中,法向发射率包括法向全发射率和法向光谱发射率,而半球发射率又包括半球全发射率或半球积分发射率以及半球光谱发射率。法向发射率一般较常用。国外一般都采用法向发射率来衡量产品的远红外辐射性能,而国内现尚无统一的测试方法。法向光谱发射率为物体在特定波长处向法向方向的辐射与同温度下黑体辐射的接近程度,其数值随波长不同而变化。法向全发射率为物体在法向方向整个波长范围内辐射与同温度下黑体辐射的接近程度,其数值与波长无关。由于只有波长在4~14μm范围内的远红外线在该领域有实际意义,因此以法向光谱发射率来衡量产品的辐射性能似乎更有意义。远红外发射率都是采用傅里叶红外光谱仪测定。

二、远红外织物保温性能测试

远红外纤维及纺织品的保温性能测试方法较多,大致可分为六种方法,即热阻 CLO 值法、红外测温仪法、皮肤表面温度测试法、不锈钢锅法、传热系数法和统计法。

1. 热阻 CLO 值法　在 0℃ 环境下,将试样放在 32℃ 热板上,向热板输入电能,平衡热能通过试样传递的损失,使热板温度维持 32℃ 不变,根据电能耗量求出试样的绝热值,再换算成 CLO 值,1CLO 值 $=0.155m^2 \cdot ℃ \cdot W$。

2. 红外测温仪法　在温度为 20℃、相对湿度为 60% 的恒温室内,用 100W(或 250W)红外灯光源,以 45°角恒定距离分别照射参比织物和远红外纤维或织物样品,用红外测温仪分别记录不同时间两组样品的表面温度 T_0 和 T_1,其温升 $\Delta T(℃)$ 可表示为 $\Delta T = T_0 - T_1$;织物吸收红外线越多,其表面温度越高,穿着织物后向人体辐射的远红外线也越多,保温性能越好。

3. 皮肤表面温度测试法　用相同规格和组织的普通织物和远红外织物分别做成护腕,套在健康者的手腕上,在室温为 27℃ 且达到辐射升温平衡后,用测温仪分别测定皮肤表面温度,求出温度差值,从而评定远红外织物的保温性能。

4. 不锈钢锅法　用薄不锈钢制成高 10cm、容积为 500mL 的不锈钢圆筒,圆筒上下底采用泡沫塑料,温度计插在盖上,分别将普通织物及远红外织物包覆在不锈钢圆筒外,在红外灯照射下,当达到温度平衡时,分别测试两种织物的温度值,求出温度差值。

5. 传热系数法　在恒定温差的条件下,测定热源在无试样和有试样两种情况下,单位时间、单位面积散发的热量,从而计算出材料的传热系数,用来比较其保温性能。

6. 统计法　将远红外织物制成成衣,选择一组试验者,进行穿着试验,在规定的环境及条件下,根据穿着者的感受对比,统计出两种织物的保温性能,或用测温仪测试衣服内部温度随时间的温度变化。

上述六种方法中,前五种为客观评价方法,后一种为主观评价方法。这些方法各有优缺点,但都能反映远红外纤维及织物的保温性能。在对不同远红外产品进行横向比较时,最好采用同一方法测试的结果。

三、远红外织物保健性能测试

评价远红外纺织品的保健性能,须进行临床试验,涉及的内容很多,如皮肤、皮下组织、肌肉及血液循环系统等在远红外辐射下的各种生理变化。实际上,远红外线对人体的作用很复杂,且是多方面的。有些测试难以排除人为的因素干扰,比如对于背酸肩疼的医疗效果究竟有多大,恐怕还需医疗界以大量的科学实验来证明。应由医学界、生物学界、物理学界、纺织界的专家进行深层次的研究、测试与论证,方能指导远红外纺织品朝着正确的方向发展。

思考题：

1. 试述远红外纤维的分类及制备方法。

2. 棉纤维及织物与羊毛纤维及织物的远红外整理方法各有哪些？

3. 远红外纤维及织物的性能表征主要包括哪几个方面？

第九章　电磁波屏蔽纤维及纺织品

本章学习要点：

1. 了解电磁波屏蔽原理。

2. 了解电磁波屏蔽材料类型。

3. 掌握电磁波屏蔽织物的生产方法。

4. 掌握电磁波屏蔽效能测试的原理及测试方法。

第一节　概　述

从 1831 年物理学家法拉第发现电磁感应定律以来，电磁理论在科学技术领域的应用内得以迅速发展，可以说现代人的生产生活都离不开电磁感应。可是电磁感应总是和电磁波联系在一起。电场和磁场的交互变化产生电磁波，电磁波向空中发射或泄漏的现象，叫作电磁辐射。高耸入云的电视发射塔、转播台、雷达站、星罗棋布的电台、通讯台、寻呼台、移动电话基站，密如蛛网的高压输电线，数以万计的手机、传呼机以及千家万户必备的家用电器等，都可以产生各种形式、不同频率、不同强度的电磁辐射。在人们居住的生活环境中，形成了一张看不见、摸不着、听不到、错综复杂的电磁网，人们整天生活在这张无形的巨网之中。

一、电磁波

电磁波本身载有电磁能量，此能量由电磁波从起源出发，由空间传送到有段距离的某个接受点的过程就是辐射。电磁波的种类很多，从物理学角度根据波长和频率可以分为无线电波（如长波、中波、短波、超短波、微波）、光波（如红外线、可见光、紫外线）、宇宙射线（如 X 射线、α 射线、β 射线、γ 射线及中子射线）等类。由于 X 射线、中子射线以及紫外线等对人体的危害较为直观明显，因而早已被认识并制定出相应的防护措施。但对于应用范围越来越广泛的无线电波系列（微波及长、中短波），它们对人体的影响远比上述的几种射线弱得多，因而并未引起人们足够的重视。事实上，越来越多的证据表明，无线电磁波对人体的危害要比实际想象严重得多。

无线电频段及波段划分见表 9-1（我国在 1982 年颁布）。从表 9-1 中可以看出，广播电台工作在中波和短波，电视和调频通信工作在米波和分米波。一般家用电器的辐射频率在 30MHz 以上，彩电辐射频率为 68～300MHz，属超短波，计算机、手机辐射频率在 1000MHz 左右，属微波范畴。

表 9 - 1   无线电频段及波段划分

频段名称	频率范围(不含下限)	波段名称	波长范围(不含下限)
极低频	3～30Hz	极长波	100～10Mm
超低频	30～300Hz	超长波	10～1Mm
特低频	300～3000Hz	特长波	1000～100km
甚低频(VLF)	3～30kHz	甚长波	100～10km
低频(LF)	30～300kHz	长波	10～1km
中频(MF)	300～3000kHz	中波	1000～100m
高频(HF)	3～30MHz	短波	100～10m
甚高频(VHF)	30～300MHz	米波(超短波)	10～1m
特高频(UHF)	300～3000MHz	分米波	10～1dm
超高频(SHF)	3～30GHz	厘米波	10～1cm
极高频(EHF)	30～300GHz	毫米波	10～1mm
至高频	300～3000GHz	丝米波	10～1dmm

二、电磁辐射场

电磁辐射场区一般分为近区场和远区场。

1. 近区场   以场源为中心,在一个波长范围内的区域,通常称为近区场,也可称为感应场。近区场的主要特点如下:

第一,近区场内,电场强度与磁场强度的大小没有确定的比例关系。一般情况下,对于电压高电流小的场源(如发射天线、馈线等),电场要比磁场强得多,对于电压低电流大的场源(如某些感应加热设备的模具),磁场要比电场大得多。

第二,近区场的电磁场强度比远区场大得多。从这个角度上说,电磁防护的重点应该在近区场。

第三,近区场的电磁场强度随距离的变化比较快,在此空间内的不均匀度较大。

2. 远区场   在以场源为中心,半径为一个波长之外的空间范围称为远区场,也可称为辐射场。远区场的主要特点如下。

第一,在远区场中,所有的电磁能量基本上均以电磁波形式辐射传播,这种场辐射强度的衰减要比感应场慢得多。在远区场,电场强度与磁场强度有如下关系:$E=377H$(国际单位),电场与磁场的运行方向互相垂直,并都垂直于电磁波的传播方向。

第二,远区场为弱场,其电磁场强度均较小。

通常,对于一个固定的可以产生一定强度的电磁辐射源来说,近区场辐射的电磁场强度较大,所以,应该格外注意对电磁辐射近区场的防护。对电磁辐射近区场的防护,首先是对作业人员及处在近区场环境内的人员的防护,其次是对位于近区场内的各种电子、电气设备的防护。

而对于远区场,由于电磁场强较小,通常对人的危害较小,这时应该考虑的主要因素就是对信号的保护。另外,应该有对近区场一个概念,对经常接触的从短波段 30MHz 到微波段的 3000MHz 的频段范围,其波长范围为 10～1m。

三、电磁波辐射的危害

低强度电磁波会干扰视网膜电位,中等强度电磁波会使细胞的结构排列变化,导致晶状体浑浊,高强度电磁波因晶状体散热较差而使晶体蛋白质凝固,并伴有酶系统的代谢障碍。

据我国的一些电磁污染调查报道,有的城市广播电视台周围的电磁场强度水平,近 10 年来增加了 1000 倍以上,电磁场强度大大超过国际规定的公众防护标准(10V/m)。城市电工、医疗射频设备附近电磁污染也很严重,有的超过标准 10 余倍。

据统计,我国手机使用量已超过 3 亿部,而目前手机的电磁波辐射剂量已超过国家对人体电磁辐射安全标准的 15 倍。对电磁波辐射的研究表明,电磁辐射不仅会造成电磁干扰、电磁信息泄漏,而且对人体有一定的影响。高频电磁波对人体影响较大,微波的影响最为突出。

1. 电磁干扰(EMI)影响各种电子设备的正常运行　如机场会由于 BP 机发射台大功率的电磁信号干扰,影响飞机正常起降;核电站会由于移动电话信号干扰使仪表显示错误,造成该核电站突然自行停止运转等。

2. 电磁信息泄密关系到国家政治、经济、军事等安全问题　计算机辐射的电磁波,可在 1000m 以外被接收和复现,造成政治、经济、国防、科技等方面的重要情报泄密。现代战争中电子设备高度密集,伴随出现代四维战场——电磁战,其中防止信息泄密是作战取胜的重要保证。

3. 电磁环境污染对人体、生物体健康造成危害　电磁环境污染被称为人类公害之一。生态系统经漫长的进化演变过程,与电磁环境形成了极高的协调及平衡关系。而现代电子技术的发展使电磁环境迅速发生变化,其速度远远高于生态系统的进化速度,因而电磁波环境与生态系统的不协调性日益突出。

人体长期处于电磁波辐射环境中,将严重损害身心健康,影响正常生活秩序。研究证明,电磁波辐射危害人体的机理主要是致热效应、非热效应等。

(1)致热效应。即高频电磁波对生物肌体细胞的“加热”作用,生物体接受辐射后体内的极性分子随着电磁场极性的变化做快速排列运动,分子相互撞击、摩擦而产生巨大热量。靠体温的调节无法把这些热量散发出去,则肌体升温,内部组织严重“烧伤”,肌体表面却看不出什么,显然致热效应会直接影响人体器官正常工作。

(2)非热效应。人体的器官和组织都存在微弱的电磁场,它们是稳定和有序的,一旦受到外界电磁场的干扰,处于平衡状态的微弱电磁场即将遭到破坏,人体也会遭受损伤。非热效应是低频电磁波产生的影响,生物体被辐射后体温并未明显升高,但干扰和破坏了人体固有的微弱电磁场。

上述两种效应连续作用于人体,使伤害无法恢复,发生累积,久而久之,最终将会造成永久性的病态，乃至危及生命。

四、电磁波屏蔽织物的发展

电磁辐射作为一种能量流污染，人类无法直接感受到，但它们却无时无刻不存在于我们的周围，有人把它们称为"隐形公害"。从20世纪60年代起，为了保护人们的身心健康，各国政府都相继制定了国家标准。20世纪90年代以来，美国、欧盟、澳大利亚、新西兰等都陆续采取了法律形式，禁止电磁兼容不合格的产品进入市场。我国政府对电磁污染也极为重视，1989年颁布了GB 9175—1988《环境电磁波卫生标准》。目前能有效地抑制电磁波的辐射、泄漏、干扰和改善电磁环境主要以电磁屏蔽为主。对电磁屏蔽材料已经有了大量的研究，并广泛应用到航天、航空、保密通讯、电子、电气和电器等高新技术领域。使用电磁屏蔽材料对电子电器设备的外壳进行电磁屏蔽，减少电磁波的辐射强度，提高设备的抗干扰能力；对房屋建筑进行电磁屏蔽，提高信息工作室的信息安全问题。目前使用的电磁屏蔽材料有：电磁波屏蔽涂料、电磁干扰垫圈、电磁屏蔽塑料防护盖、电磁屏蔽玻璃、电磁屏蔽织物等。其中电磁屏蔽涂料的应用占有重要的地位。统计表明，在美国使用电磁屏蔽涂料方法占各种屏蔽方法的80%以上。而这些屏蔽材料却不适用于做服用纺织品。在对电磁辐射源进一步加强屏蔽、兼容，以减少电磁辐射的同时，开始研制开发个体防护材料，进行防范。

防电磁波辐射纺织品已成为国内外纺织行业新兴的研究与开发领域。发达国家从20世纪30~40年代就开始进行特种防护服装与织物的研究。对于微波辐射的卫生学研究，是在20世纪50年代开始的。到了80年代，美国北美航空公司研制防止被雷达探测发现的防护衣和头盔。日本等国研究开发了用不锈钢软化纤维与织物纤维混纺织成的屏蔽织物，制成屏蔽服装用在微波防护上，比如雷达防护服等。为防止家用电器的辐射危害，特别是对妇女和儿童的影响，掀起了主妇穿屏蔽围裙、屏蔽大褂以及青少年穿着屏蔽马甲、屏蔽西装的热潮。从此，防电磁辐射屏蔽服装走进家庭。90年代，日本、韩国又开始了导电纤维的开发工作，到了90年代中期，日本率先研制成功金属化纤维，并用此种纤维织物制成高档衬衣上市，但价格太贵，推广困难。

德国是最早研究电磁辐射防护材料的国家，并制定出相应评价标准。德国开发的Smowtex织物用聚酯或聚酰胺纤维与铜、不锈钢、碳或其他金属合金混纺后织制而成，可以保护人类免遭不可知的有害电磁辐射。这种织物除了用于个体防护服装外，还可用作防护墙纸、防护衬垫、防护管状材料、汽车用纺织品、部队防护用品、民用和军用航空防护用品、医疗用纺织品、家用纺织品等。Holatary公司用Nomax(75%)和不锈钢纤维(25%)混纺并和棉纱交织生产出射频防护服，其中不锈钢纤维用棉/聚酯纤维包裹。在2~10GHz范围内其屏蔽效能达60dB，阻燃、耐磨、舒适、可机洗，用于直接从事电磁波作业及间接受电磁波影响人员和带有心脏起搏器及其他对电磁辐射敏感人群的防护。另外，德国最大的防护服生产厂家Tempex股份有限公司和纺织材料供应商Ploucquet合作，用银涂覆在织物的两面开发出的防电磁辐射纺织品，具有很高的拉伸强度，并且透气，制成服装后屏蔽效能不会因拉链和接缝而衰减。

美国 NSP 公司和 Euclid 服装制造公司合作,制造了由微细不锈钢纤维制成的织物。对于必须工作在很强的发射天线附近的人员来讲,织物中的金属成分能大大降低对射频能量的吸收。

莫斯科纺织材料研究院开发出能够屏蔽电磁波的防护材料和防护装具,由极细的含镍合金丝交织针织物制成。该织物已批准制作视频终端操作员防护服,对终端设备散发电磁波的屏蔽效能为 40dB(相当于使用电场强度减小 100 倍)。该织物只要按一般针织品水洗条件洗涤,能多次重复水洗,不损害功能和外观,且穿着舒适。

瑞士 Swiss Shield 公司与 Spoerry 公司,采用非常细的镀银铜丝,外覆聚亚胺酯膜或一种特殊的银合金,再在外层用专利纺纱技术包覆一层棉或聚酯纤维,开发出能提供有效电磁防护的薄型织物,屏蔽效能可达 50dB。所有织物可以成型、剪裁、折叠、缝制加工并可免烫。

最早用于个人防护的服装出现于 20 世纪 60 年代,是金属丝和服用纤维的混编织物,金属丝主要是由铜、镍和不锈钢及它们的合金制造的。它对电磁辐射有一定的屏蔽作用,但是手感较硬,厚而重,服用性能较差。

在此基础上,出现了金属纤维和服用纤维混纺织物,其服用性能有较大的改善。金属纤维除具有良好的导电性、导热性、耐高温外,还有较高的强度。金属纤维主要有镍纤维和不锈钢纤维两种,直径为 $4\mu m$、$6\mu m$、$8\mu m$ 和 $10\mu m$。一般情况下金属纤维的混纺比例是 $5\%\sim20\%$,特殊要求时可以低于 5% 或高于 20%。但是,由于两种纤维难于混合均匀,加捻成纱困难,屏蔽性能不很理想,还有尖端放电和刺人现象,对浅色和深色织物会影响色泽。虽然如此,这种屏蔽织物在现有的屏蔽织物中已占到 50%。

到了 20 世纪 70 年代初,出现了镀银织物,其保护效果好,轻而薄,服用性能较好,但手感仍然较硬。由于电子产品的普及,接触电磁波的人越来越多,而化学镀银织物价格昂贵,因而不能得到广泛的应用。20 世纪 70 年代末,国内外又研制成了化学镀铜或镍织物,用来代替镀银织物,其性能相似,但价格较低廉,为实际应用提供了有利条件。到了 80 年代初发展了硫化铜织物,既可抗静电,又可屏蔽电场,消除磁场,还可以阻隔少量的 X 射线、紫外线等。该织物是利用聚丙烯腈纤维大分子链上的氰基和铜盐,借助还原剂、硫化剂等,发生螯合形成的。从形成的金属化合物来看,主要是银、铜、锡等金属的硫化物和碘化物。属于具有 P 型半导体性质的导电体。

还有人研究了金属喷镀织物。把金属加热熔化后,利用高压气流直接均匀地喷洒在织物表面。该工艺流程短,金属层和织物的结合牢度大于化学镀层织物。织物性能类似化学镀层织物,但喷镀均匀度直接影响电磁辐射的防护效果。现在已有了喷铅、喷铝和喷锡织物。

由于军事隐身技术的需要,吸波材料获得了巨大的发展。将已分散好的电磁波吸收剂加入涂层剂中制成涂层整理织物;利用吸波材料开发的防电磁波辐射纤维,如本征型和复合型导电高聚物纤维、碳纤维和纳米级导电纤维等,制作防辐射织物。

我国于 20 世纪 60 年代开始研究电磁辐射防护服。于 1979 年 10 月提出了《微波辐射暂行卫生标准》,1985 年中央军委颁布了微波辐射的军用标准。70 年代正式生产铜丝与柞蚕丝混纺布制成的屏蔽服。70 年代、80 年代研制成功并生产了微波吸收防护服、不锈钢软化纤维屏蔽织物与服装。

近几年,国内研制出多功能电磁波防护材料,以纳米技术研制的金属纤维与棉混纺,并加入远红外保健材料,织成具有电磁波防护与远红外线保健双重功能的新织物,还推出了多离子织物产品,电磁屏蔽衰减值达到 99.4%,能防止手机、计算机、微波炉、电视机等电子产品产生的电磁波对人体的危害。该织物可广泛用于劳动保障部规定的 59 个需要作电磁防护行业的工种,还可运用于军队的保密、伪装等领域。

已经出现的电磁防护织物,从最早的金属丝与纺织纱混编织物到其后出现的金属纤维混纺织物、电镀织物、化学镀织物等都存在许多弊端,使得电磁防护织物的应用受到限制。而且现在的电磁辐射防护织物防护功能还不理想,当电磁波辐射到织物上时,主要是反射、吸收和散射,有少量透射出去。反射、散射会使环境产生二次污染。所以,针对多数人们经常接触到而且危害较大的短波、超短波及微波频段,采用特定的原理与方法研制具有良好的电磁波防护效果和适合于服装基本要求的各种特性,如对人体无理化刺激性、天然透气性、柔软性、耐久性、耐磨性和耐老化性等的电磁防护材料,具有重要的意义,已经成为人们日益关注的重要课题。

第二节　电磁波屏蔽的原理、影响因素及方法

电磁波屏蔽的目的主要有两个方面:一是控制内部辐射区域的电磁场,不使其越出某一区域;二是防止外来的辐射进入某一区域。

一、电磁波屏蔽原理

电磁波屏蔽就是用导电或导磁体的封闭面将内外两侧空间区域之间进行电磁性的隔离,以控制电场、磁场和电磁波由一个区域向另一个区域的感应和辐射,使从一侧空间传输到另一侧空间的电磁能量被抑制到极微量,这种抑制效果称为屏蔽效能,即 SE (Shielding Effectiveness)。具体讲,就是用屏蔽体将元部件、电路、组合件、电缆或整个系统的干扰源包围起来,防止干扰电磁场向外扩散;或者用屏蔽体将接收电路、设备或系统包围起来,防止它们受到外界电磁场的影响。

屏蔽的结果使电磁波的能量被屏蔽体表面吸收或反射而使其传导受阻,电磁波能量得到衰减,衰减程度的大小表示屏蔽效能的好坏,以分贝(dB)表示。分贝值越大,表示屏蔽效果越好(表 9 - 2)。

表 9 - 2　电磁波衰减分级标准

SE(dB)	0	10 以下	10~30	30~60	60~90	90 以上
衰减程度	无	差	较差	中等	良好	优

二、影响电磁波屏蔽效果的因素

1930～1940 年间,Schelkunoff 最先提出了一套完整的电磁屏蔽理论,其后经过多年的发展日趋完善。根据该理论,电磁波传播到达屏蔽材料表面时,通常有三种不同机理进行衰减(图9-1),一是在入射表面的反射衰减;二是未被反射而进入屏蔽体的电磁波被材料吸收的衰减;三是在屏蔽体内部的多次反射衰减。故屏蔽材料的屏蔽效果(SE)即为三者之和,可用下式表示:

$$SE = R + A + B$$

式中:SE——电磁屏蔽效果,dB;

　　　R——表面单次反射衰减;

　　　A——吸收衰减;

　　　B——内部多次反射衰减(只在 $A < 15dB$ 的情况下才有意义)。

一般来说,电屏蔽材料衰减的是高阻抗的电场,屏蔽作用主要由表面反射衰减 R 决定,吸收衰减 A 则不是主要的。所以,电屏蔽可以用比较薄的金属材料制作;而磁屏蔽体的衰减主要由吸收衰减 A 决定,反射衰减 R 不是主要的。

由于 SE 在 10dB 以上时,B 值过小可忽略不计,因此,上式可整理为:

$$SE = R + A = [50 + 10\lg(\rho \cdot f)^{-1}] + 1.7d(f/\rho)^{1/2}$$

式中:ρ——屏蔽物体积电阻率,$\Omega \cdot cm$;

　　　f——频率,MHz;

　　　d——屏蔽层厚度,cm。

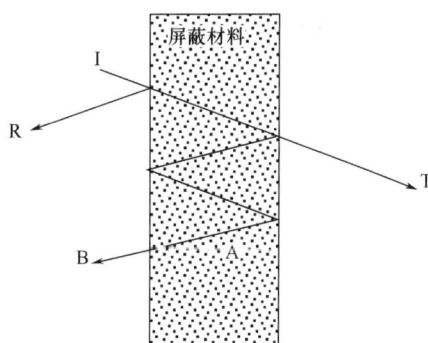

图 9-1　电磁屏蔽原理示意图

I—入射电磁波　R—反射电磁波

A—吸收电磁波　B—内反射电磁波　T—透射电磁波

由此可以看出,当 f、d 一定时,ρ 值决定屏蔽层导电性能,而 SE 值越高,屏蔽效果越好。

一般情况下,材料的导电性越好,屏蔽效果越好;随着频率升高,电磁波穿透力增强,屏蔽效果下降。

影响屏蔽体屏蔽效能还有两个因素:一个是整个屏蔽体表面必须是导电连续的,当干扰的频率较高,波长较短时不导电的缝隙会产生电磁泄漏(当波长远大于缝隙尺寸时,并不会产生明显的泄漏),另一个是不能有直接穿透屏蔽体的导体。

三、防电磁波辐射的途径

电磁波在传递过程中,在一般情况下一部分被物体表面反射,一部分被物体吸收,其余部分透过物体,透过率+反射率+吸收率=100%。当反射率和吸收率增大时,透过率就减少,对电磁波辐射的防护性就好,因此,防电磁波辐射的途径,一是利用材料的导电性,增加对电磁波的反射率;二是利用材料的磁性,提高对电磁波的吸收率,通过物体的表面反射、内部吸收及传输过程中的损耗、隔离等方法避免对人体产生危害。对于不同的电磁波,其着重点各不相同,可采用相应的屏蔽原理或方法。

(1)当干扰电磁波的频率较高时,利用低电阻率的金属材料中产生的涡流,形成对外来电磁波的抵消作用,从而达到屏蔽的效果。

(2)当干扰电磁波的频率较低时,要采用高导磁率的材料,从而使磁力线限制在屏蔽体内部,防止扩散到屏蔽的空间去。

(3)在某些场合下,如果要求对高频和低频电磁场都具有良好的屏蔽效果时,往往采用不同的金属材料组成多层屏蔽体。

开发防电磁波辐射功能服装,应针对不同的电磁辐射频率及不同辐射强度工作环境,采用不同的防辐射面料,做到既能发挥其防辐射效果,又能降低成本。

第三节　电磁波屏蔽纤维的生产

一、电磁波屏蔽用材料

电磁屏蔽用材料一般要求具有一定的导电性,其电导率在 $10^2\Omega/cm$ 左右。当材料的屏蔽效能达到 $30\sim60dB$ 的中等屏蔽值时,才能起到屏蔽效果,因而通常在材料中都要添加具有一定导电能力的物质才具有屏蔽效果。目前,电磁屏蔽材料的研究主要有三大类:填充复合型屏蔽材料、表层导电型屏蔽材料和金属化织物类屏蔽材料。

1.填充复合型屏蔽材料　填充复合型屏蔽材料由电绝缘性能较好的合成树脂和具有优良导电性能的导电填料及其他添加剂所组成,经注射成型或挤出成型等方法加工成各种电磁屏蔽材料制品。导电填料的品种很多,常用的可分成金属系和碳系两大类。

(1)金属填充型屏蔽材料。金属片和金属粉末是最初使用的电磁屏蔽材料的填料。金属是优良的导体,采用金属作为填料,尤其是将金属纤维填充到基体高分子中,经适当混炼分散和成型加工后,可以制得导电性能优异的复合导电高分子材料,由于这类材料比传统的金属材料质量轻、容易成型且生产效率高,因此,是近年来最有发展前途的新型导电材料和电磁屏蔽材料。目前典型的金属填料为银、铜和镍。银、铜、铝等是极好的电导体,相对电导率 σ_r 大,电磁屏蔽效果以反射损耗为主,这类材料也被称为导电型电磁波防护材料;铁和铁镍合金等属于高磁导率材料,相对磁导率 μ_r 大,电磁屏蔽衰减以吸收损耗为主,这类材料也被称为导磁型电磁波防护材料。

银具有优良的导电性能、耐氧化,化学稳定性好,不易被腐蚀,因此,银粉是优良的导电填充料,用银粉或镀银填料作电磁屏蔽材料具有突出的屏蔽效果。但银的价格昂贵,只适合作特殊场合的屏蔽原料。

铜的导电性能仅次于银,其价格却比银低得多,因而以铜作为导电填料制备导电涂料备受重视。但铜的密度较大,不易在聚合物基体中分散,从而影响复合材料的电磁屏蔽效果。铜在使用过程中很容易被氧化,但随着铜抗氧化处理技术的发展,铜在电磁屏蔽材料中的应用渐趋广泛。

镍的电导率较低,价格适中,化学稳定性好,耐腐蚀性强,不易被氧化。用其作为填充料制备的涂料对电磁波的吸收和散射能力强,磁矢量的衰减幅度大,用于电子设备的电磁屏蔽效果较好。因此镍粉作为填充料在电磁屏蔽材料中占有较大的比重,用它作屏蔽涂层,工艺简单,无需特殊设备,成本相对较低。

单组分填料制备电磁屏蔽材料,工艺简便且价廉,但其存在一些问题,首先,电磁屏蔽效能有一定局限性,不易满足高电磁屏蔽效能的要求;其次,难以实现宽屏屏蔽,因为单组分材料通常只在某些频段有较好的屏蔽效能。为了提高填料的综合性能,常将金属铜、镍或银混合使用。如在铜粉上敷一层镍或在铜粉上镀银,可达到理想的屏蔽效果。

(2)碳系填充型屏蔽材料。碳系填充材料包括碳纤维、碳纳米管、炭黑等,具有密度小、比强度高、化学稳定性好、成型性好等优点,在电磁屏蔽复合材料的应用方面受到了重视。

碳纤维既具有碳素材料的固有特性,又具有金属材料的导电性和导热性,其导电能力介于炭黑和石墨之间。碳纤维作为填充材料能使复合材料具有导电性以及良好的力学性能,其导电机理是加入到树脂中的短切碳纤维,相互搭接形成导电回路,从而利用碳纤维的导电特性,使其复合材料具有导电性;同时短切碳纤维还可以作为谐振子,当其长度接近于入射电磁波半波长时,将与外场产生强烈的谐振效应,所产生的谐振感应电流大量消耗在损耗性基体介质中,从而起到衰减电磁波能量的作用。

碳纳米管具有特有的螺旋、管状结构以及极大的长径比和优异的电学、磁学性能,令其具有独特的电磁吸波性能,利用其优异的吸波特性,将碳纳米管作为吸波剂与聚合物基体复合,可制备出兼具吸波性能和优越力学性能的吸波复合材料。但是碳纳米管的开发技术还不够成熟,不能做到规模化生产,成本较高,这对于碳纳米管填充聚合物基电磁屏蔽复合材料的生产和应用将会是一个大的阻碍。

炭黑是天然的半导体材料,其形状有粉体和纤维,具有价格便宜、密度小、比强度高、耐腐蚀性强等优点,它不仅原料易得,导电性能持久稳定,而且可以大幅度调整复合材料的电阻率($1\sim10^8\Omega\cdot cm$)。在高分子基体中炭黑的填充量和分散性是材料导电性和电磁屏蔽效能的主要影响因素,随着炭黑填充量的增加和分散性的提高均可增加粒子相互碰撞的几率,从而形成大量的导电网络通道,使材料的体积电阻和表面电阻降低。而且,随着炭黑填充复合材料电阻率的降低,屏蔽效果可迅速增加,如导电炭黑填充的室温硫化硅橡胶电阻率在$1\Omega\cdot cm$左右时可达到40dB以上的屏蔽效能。

2. 表层导电型屏蔽材料　表层导电型屏蔽材料主要有导电涂料和金属敷层屏蔽材料。

(1)导电涂料。当前国内外研究较多的主要是银系、铜系、镍系和碳系导电涂料。

银系导电涂料是最早开发的品种之一,美国军方早在20世纪60年代就将它用作电磁屏蔽材料,银系涂料性能稳定,屏蔽效果极佳(可达 65dB 以上),但由于其成本太高,目前主要应用于屏蔽要求较高的航空航天等高科技领域。

镍系涂料价格适中,抗氧化能力强,屏蔽效果好,是目前导电涂料中应用最广泛的电磁屏蔽材料,涂层厚度为 $50\sim70\mu m$ 时,体积电阻率约 $10^{-3}\Omega\cdot cm$,屏蔽效果可达 $30\sim60dB$($500\sim1000MHz$),但在低频区和高频区电磁屏蔽性能不理想。

铜系涂料的电阻率低,导电性好,但抗氧化性较差。目前主要采用如下两种处理技术来防止铜粉的氧化,一种方法是用抗氧化剂对铜粉进行表面处理,或用较不活泼的金属(如 Ag、Al、Sn)包覆铜粉表面,其中抗氧化剂包括有机胺、有机硅、有机钛、有机磷等化合物;另一种方法是在制备铜系涂料过程中,加入还原剂或其他添加剂等成分,从而制得具有一定抗氧化性的导电涂料。涂层厚 $30\mu m$ 的屏蔽效果相当于 $60\mu m$ 厚的镍系涂料,但价格较低,因此可作为一般工业用电磁屏蔽材料。

(2)金属敷层屏蔽材料。金属敷层屏蔽材料主要是通过金属熔融喷射、表层化学电镀以及表层贴敷金属等手段在树脂基体形成一导电层,从而起到屏蔽电磁波的效果。

金属熔融喷射法敷层是将金属锌经电弧高温熔化后,用高速气流将熔化的锌以极细的颗粒状粉末吹到高分子材料的表面上,从而在表面形成一层极薄的金属层,厚度约为 $70\mu m$。锌熔射层具有良好的导电性能,体积电阻率可达 $10^{-2}\Omega\cdot cm$ 以下,屏蔽效果可达 70dB 左右。

表层化学电镀敷层是将 Ni 或 Cu/Ni 采用化学电镀法镀到 ABS 塑料表面,镀层厚度为 $50\mu m$ 左右。用此法获得的金属镀层导电性好,粘接牢固,屏蔽效果可达 60dB 左右。

表层贴敷金属是指在已成型的塑料壳体上贴覆铝箔、铜箔、铁箔等导电金属箔,这种方法简单、操作性强、屏蔽效果较好,当金属箔厚度为 $30\mu m$ 时,其屏蔽效果达到 50dB 以上。

3. 金属化织物类屏蔽材料 金属化织物类屏蔽材料就是将金属纤维与纺织用纤维相互包覆混纺成纱,然后通过纺织工艺将纤维纺成织物,既具有良好的导电性能和电磁屏蔽,又不改变常规织物原有的柔软性、耐弯曲的特性。

这类织物就是把金属丝纤维纺入纱线内部,然后混纺成织物。这是目前防电磁辐射纺织品的主要材料,用于屏蔽织物的金属纤维主要有铜纤维、镍纤维和不锈钢纤维,用得最多的是不锈钢纤维。不锈钢纤维作为填料不仅导电性好、强度高、不易折断、能保持较大的长径比,而且耐磨、耐腐蚀、抗氧化性好,能使电磁屏蔽效能持久稳定。肖倩倩、王绍斌等对含有不锈钢纤维混纺织物的防辐射性能的研究结果表明,随不锈钢纤维含量的增加,混纺织物的电磁屏蔽效能增加,屏蔽效能可达到 $15\sim40dB$。

随着纳米技术的发展,纳米材料将成为新型的电磁屏蔽材料,纳米材料是介于分子和体相材料之间的中间项,纳米材料的特殊结构导致奇异的表面效应和体积效应,使其具有特殊的抗紫外线、抗老化、抗菌消毒以及良好的导电性和静电屏蔽效应。将具有这些特殊功能的纳米材料与纺织原料进行复合,可以混纺加工而成防电磁波织物,这是目前较为成功的防电磁辐射纺织品。

二、电磁波屏蔽纤维

金属纤维、碳纤维以及镀金属纤维已被证实具有良好的电磁波屏蔽性能,因而在防电磁波复合材料、织物、板材等结构中应用较多。黄铜纤维价格低、屏蔽效果好。铁纤维填充塑料是新开发出来的一个品种,其综合性能优良、成型加工性好。用铁纤维填充尼龙、塑料产品韧性好、尺寸稳定性好。不锈钢纤维具有耐磨、耐腐蚀、抗氧化性能好、弯曲强度高、导电性高等特点。虽然价格高,但用量少,对塑料制品和设备的影响也小。石墨、炭黑具有成本低、分散性好等特点,但往往在含量很高的条件下才能具有一定的电磁屏蔽效果,这样会导致产品的力学性能显著下降,而且制品本身为黑色,影响了产品的外观,应用范围受到限制。碳纤维具有高强、高模、化学稳定性好、密度小等优点,但碳纤维的导电能力不能满足电磁屏蔽的要求,需在纤维表面形成一层导电膜,才能提高其电磁屏蔽效果。

复合型高分子电磁屏蔽纤维类似于填充型电磁屏蔽塑料加工方式,即以高分子材料为主体,加入多种导电物质(如炭黑、石墨、金属微粉、金属氧化物等)纺丝而成。

本征型导电聚合物纤维是 20 世纪 70 年代以后开发的,它是用 AsF_3、I_2、BF_3 等物质以电化学掺杂方法制得的、具有导电功能的共轭聚合物,如聚乙炔类、聚吡咯类、聚苯胺类、聚杂环类等。但从实际来看,由于这类材料本身刚度大、难溶、难熔、成型成纤较为困难,导电稳定性、重复性差,成本极高,作为织物用纤维实用性有限。但是,将本征型导电聚合物分散于其他高分子物质中制成具有电磁屏蔽性能的共混导电纤维,如聚苯胺/PA11 共混导电纤维还是可行的,将此纤维纯纺或混纺可加工成具有抗电磁辐射性能的织物。

第四节　电磁波屏蔽织物的生产

电磁辐射防护织物应具有良好的电磁屏蔽效能,即具有良好的导电性和导磁性。良好的导电性是指织物受到外界电磁波作用时产生感应电流,感应电流又产生感应磁场,感应磁场的方向同外界电磁场的方向相反,从而与外界电磁场相抵消,达到对外界电磁场的屏蔽效果。较强的导磁性,能有效地起到消磁作用,使电磁能转化为其他形式的能量,由此达到吸收电磁辐射的目的;同时还要具有适合于服装基本要求的各种特性,如对人体无理化刺激性、天然透气性、柔软性、耐磨性和和屏蔽效果耐久性等;最后在具有保护功能的基础上再赋予一定的保健等其他功能。

目前,电磁波防护产品以镀膜屏蔽织物居多,但是,随着纳米技术的发展,也逐渐开展了将共混纺丝与纳米涂层技术相结合的工艺研究,以制备具有耐久性电磁防护功能的纺织品。常见的电磁波屏蔽织物的生产主要有以下几种方法。

一、电镀法

织物镀覆金属加工是一种较为成熟的整理工艺,一般采用化学镀膜技术来实现,主要包括织物表面催化和金属化学镀覆两步。一般织物整理工艺流程如下：

坯布→精练→定形→腐蚀→催化→活化→无电解电镀→干燥→检验→打包

将普通纤维先经过退浆处理后用溶剂浸泡,再经化学粗化、敏化、活化处理后用化学电镀法使金属沉积在纤维表面。这种方法制得的纤维导电率高,强度高,耐磨、耐腐蚀性好,但手感较差,抱合困难,金属不易匀化,耐洗牢度不高。

织物表面的催化可以通过敏化催化、活化催化和用胶体直接催化来实现。敏化是将织物浸泡在敏化液中使织物表面吸附一层易氧化的物质,保证在活化时表面发生还原反应。常用酸性的 $SnCl_2$ 溶液作为敏化液,通过敏化时表面吸附的 Sn^{2+} 还原活化液中的 Pd^{2+},被吸附在织物表面成为金属化学镀覆的核心,具备了化学镀覆的条件。直接催化是用胶体钯溶液对织物表面进行直接催化,从而消除了敏化过程中易于氧化的缺点,用胶体钯溶液催化后的织物表面通常都要进行解胶处理,用酸或碱溶液洗去织物表面的锡酸,显露出活化中心,有利于金属的沉积。

由于所镀金属导电性高低(就比电导率而言,Ag＞Cu＞Au＞Al＞Zn＞Ni)直接影响织物屏蔽效果,但考虑到加工成本及耐久性,采用先镀铜,再镀银的复合镀层方式,可以得到较好屏蔽及耐久性效果。总体而言,这类织物加工成本普遍较高,色调单一,而且镀层耐久性欠佳。

化学镀银织物于 20 世纪 70 年代利用银镜反应原理研制成功,产品质地轻薄、柔软透气,电磁辐射防护安全可靠。由于银资源短缺,价格昂贵,且化学镀银不是自催化反应,一次只能施镀一层,如果镀层厚度不够将影响防护性能,需施镀多次,这就限制了广泛应用的可能性。

化学镀铜是自催化反应,利用反应时间和反应速度可控制镀层厚度。但是化学镀铜织物耐蚀性差,尤其不利于在潮湿的海洋性气候条件下使用,为此开发了化学镀镍织物。化学镀镍织物的金属镀层不是纯镍而是镍、磷合金,磷的含量在 3%～15% 范围内,含磷量太多将影响防护效果。

随着人们对电磁辐射防护要求的不断提高,合金镀层织物、复合镀层织物、镀铁织物和镀铅织物相继问世。这类织物除具有电磁辐射防护功能外,还具有抗静电、防紫外线或保健功能等。

由于铜的抗蚀性能较差,特别是在具有较强的氧化环境条件下,铜易氧化,不仅使其表面变色,失去光泽,而且还降低其导电性,影响使用效果。为了克服单一镀层的不足,化学镀金属织物通常采用金属复合化学镀工艺,也就是在铜表面镀覆其他金属,如 Ni、Sn、Ag、Au 等,或涂聚合物涂层加以保护。镍虽然导电性不如铜,但由于具有优异的抗腐蚀性能,被列为镀覆金属中的首选元素,织物的化学镀镍一般都采用还原剂的化学镀液,酸性镀液和碱性镀液也都可采用,电磁屏蔽效果都比较好。通过在织物上化学镀铜后再进行镀镍,能够综合铜和镍的优点,使其导电性和抗蚀性都得到改善,用于电磁屏蔽,在 10～12kHz 范围内,电磁屏蔽达 60～70dB。

二、涂层法

在普通纤维表面涂上金属或金属化合物,可采用黏合剂使金属吸附在纤维表面,也可将纤维直接软化后与金属结合。这种方法的缺点是涂层易脱落,且不易分布均匀。目前也有人设想在利用导电纤维制成织物,并在其表面涂布一层纳米级导磁性吸波材料,将会进一步提高纺织品的吸波能力,从而对人体起到更好的防护作用。

涂层整理的关键是吸波剂的选择与匹配,另外整理工艺中保证涂层成膜牢固均匀,无针孔缝隙亦很重要。就目前应用及研究范围而言,所选的吸波剂可考虑下述几类。

1. 铁氧体系列　铁氧体是一种既有一定介电常数和介电损耗,又有一定磁导率和磁损耗的双复介质。它除具有一般电解质材料的欧姆损耗、极化损耗、离子和电子共振损耗外,还具有铁氧体特有的畴壁共振损耗、磁矩自然共振损耗和粒子共振损耗等特性,而且通过不同类型铁氧体的复合、匹配等优化设计可以获得宽频段的高电磁波吸收功能。

2. 金属微粉系列　包括羰基铁粉、羰基镍粉、坡莫合金微粉等。金属微粉活性极大,在电磁波能量下会使分子、电子运动加剧,促进磁化、极化和传导运动,使电磁能转化为热能。金属微粉不仅具有良好的电磁参数,而且可以通过调节微粉细度来调节电磁参数,有利于达到匹配和展宽频带的目的。

3. 纳米吸波材料　纳米吸波材料指粒径小于 100 nm 的材料,利用纳米级的导电纤维嵌入织物组织或对织物进行涂层制得,由于其特殊的结构引起的量子尺寸效应及隧道效应等,导致它产生许多不同于常规材料的特殊性能,使其对电磁波的反射及吸收率比微粉大得多,而且具有更大的磁感应强度。纳米吸波材料产品质量轻、厚度薄、吸波频带宽、吸收能力强。

三、复合纺纱法

将防电磁辐射金属纤维与普通纤维以混纺、混纤、交捻、交编或交织等形式进行复合纺纱,采用机织或针织工艺生产出具有优良电磁屏蔽功能的织物。例如,日本钟纺公司在 1998 年应用美国 SAVQVOIT 公司生产的镀银锦纶丝(含银率 30%)与其他短纤维进行复合纺纱,其制品可以阻断 96% 以上的电磁波,适用于受电磁波辐射较强环境下工作的人和心脏起搏器使用者。这种屏蔽织物,所选用的金属纤维,主要是镍纤维和不锈钢纤维两种。其直径有 $10\mu m$、$8\mu m$、$6\mu m$、$4.5\mu m$。在一般情况下,金属纤维的混合比例在 5%~30% 之间,如有特殊环境需要,还可低于 5%,或高于 30%,直到金属纤维纯纺。

金属纤维虽然柔性类似于纺织纤维,但因相对密度大、刚性强、弹性差、摩擦系数大、抱合力较小,所以纺制 9.84tex(60 英支)以上的高支纱还有困难。至今纺制的多为 28.12tex(21 英支)、19.68tex(30 英支)。屏蔽效能,在 0.15MHz~3GHz 范围内达 15~30dB 以上。

含 15% 不锈钢纤维的织物可染制成各种花色,其电磁屏蔽效果显著,经检测屏蔽效率大于 32dB。

四、共混纺丝法

将具有电磁屏蔽功能的无机粒子或粉末与普通纤维切片共混后进行纺丝,可制备具有良好的导电性和铁氧性的纤维,又使纤维不失去原有的强度、延伸性、耐洗性和耐磨性。共混法制得的材料具有成本低、寿命长、可靠性高等优点,但屏蔽性能不高,特别是高频时屏蔽性能会下降。

而增加填料的用量将损失材料的机械性能。

由于功能性纳米粉体尺寸小,且在高温纺丝时热稳定性好,当纳米粉体添加量达5%后,纺丝性能仍然良好。然而,与用同样纳米粉体进行表面镀膜的织物相比,电磁波防护性明显不足。因而对于电磁屏蔽纤维的共混纺丝法的研究将致力于改善填料性能、优化填料排列方式,以达到屏蔽性能、机械性能、工艺性能的和谐统一。现已实现了在100~1000MHz的频率范围内有25dB的屏蔽效果,且具有较好的柔软性、耐洗性和可染性。

五、其他生产方法

随着纺织、化学和材料科技的不断发展,多离子、多元素和纳米材料等新型电磁辐射防护织物不断出现。

多离子织物采用目前国际最先进的物理和化学工艺对纤维进行离子化处理。产品以吸收为主,将有害的电磁辐射能量通过织物自身的特殊功能转变成热能散发掉,从而避免了环境二次污染。多离子织物是目前屏蔽低、中频段电磁辐射最先进的民用防护材料。

金属喷镀织物就是把金属加热熔化后,利用高压气流直接均匀地喷洒在织物表面。该工艺流程短,金属层和织物的结合牢度大于化学镀层织物。织物性能类似化学镀层织物,但喷镀均匀度直接影响电磁辐射的防护效果。现在已有了喷铅、喷铝和喷锡织物。

第五节　织物电磁波屏蔽效能测试

目前,国内外关于抗电磁辐射织物屏蔽效能的测试方法有多种,概括起来主要有远场法、近场法和屏蔽室测试法三大类。

一、远场法

远场法主要用于测试抗电磁辐射织物对电磁波远场(平面波)的屏蔽效能。

1. ASTM D4935—10 同轴传输线法　同轴传输线法是美国国家材料实验协会(ASTM)推荐的一种测量屏蔽材料的方法。该方法根据电磁波在同轴传输线内传播的主模是横电磁波这一原理,模拟自由空间远场的传输过程,对抗电磁辐射织物进行平面波的测定。测试样品的参考试样屏蔽效应值与负载屏蔽效应值之差,即为被测样品的屏蔽效应。其优点是快速简便,不需建立昂贵的屏蔽室及其他辅助设备;测试过程中能量损失小,测试的动态范围较宽,可达80dB,适应范围的频率为30MHz至1.5GHz;材料的厚度可以薄至10mm的均匀的抗电磁辐射织物。其缺点是只可以测试远场的辐射源,测试的结果受材料与同轴传输装置的接触阻抗的影响,重复性较差。

2. 法兰同轴法　该方法是美国国家标准局(NBS)推荐的一种测量屏蔽材料的方法。这种方法的原理与同轴传输线相似,所不同的是改进了样品与同轴线的连接,使其接触阻抗减小,因此重复性较好。但对试样厚度有一定要求,负载试样的厚度≤5mm,其他的测试特点与 ASTM D4935—10 同轴传输线法相同。

二、近场法

近场法主要采用双盒法测试抗电磁辐射织物对电磁波近场(磁场为主)的屏蔽效能。该方法广泛应用于试样的近场 SE 的测量。双屏蔽盒的各个腔体分别安装一小天线用来发射和接收辐射功率。

其基本的测量方法是:不加试样时接收天线所接收到的功率为 P_0,加入试样后接收到的功率为 P_1,则屏蔽效能为:

$$SE = 10\lg\left(\frac{P_0}{P_1}\right)$$

该方法的优点是不需要昂贵的屏蔽室、辅助设备,测量快速简单、方便。缺点是腔体工作频率将随腔体的物理尺寸而产生谐振,并且该方法测量结果的重复性受指型弹簧支撑片的状态影响;其适用的频率范围为 1～30MHz;试样的厚度≤4mm;动态范围为 50dB。

三、屏蔽室法

由电磁学知识可知,屏蔽室测试法既不是远场法,也不是近场法,而是介于两者之间的一种方法。该方法的测试原理是测试有无抗电磁辐射织物的阻挡时,接收信号装置测得的场强和功率值之差,即为屏蔽效能 SE。此法测试结果较为准确,结果也受抗电磁辐射织物与屏蔽室连接处的电磁泄漏影响,但屏蔽室等设备较为昂贵,测试频率≥30MHz;对织物的厚度没有太大的要求。

四、几种测试方法的比较

以上几种测试方法中的抗电磁辐射织物的屏蔽效能如表 9-3 所示。这几种测试方法各有其优缺点,简单的比较见表 9-4。

表 9-3　测试频率与屏蔽效能的表示

频率(MHz)	测试参数	单位	屏蔽效能 SE
<20	H_1,H_2	$\mu A/m$	$20\lg(H_1/H_2)$
	V_1,V_2	μT	$20\lg(V_1/V_2)$
20～300	E_1,E_2	$\mu V/m$	$20\lg(E_1/E_2)$
300～1000	E_1,E_2	$\mu V/m$	$20\lg(E_1/E_2)$
>1000	P_1,P_2	W	$10\lg(P_1/P_2)$

注　H_1、V_1、E_1、P_1 分别为无抗电磁辐射织物屏蔽时测得的磁场强度值、电压值、电场值、功率密度值;H_2、V_2、E_2、P_2 分别为有抗电磁辐射织物屏蔽时测得的磁场强度值、电压值、电场值、功率密度值。

表9-4 常见的抗电磁辐射织物测试方法的比较

辐射源	测试方法	适用频率	材料厚度	动态范围
远场环境	同轴传输线法	30MHz~1.5GHz	≤10mm	80dB
	法兰同轴法	30MHz~1.5GHz	≤5mm	>100dB
近场环境	双盒法	1~30MHz	≤4mm	50dB
	改进 MIL—STD—285—1997 法	1~30MHz	范围较大	100dB 左右
日常生活的电磁环境	屏蔽室法	≥30MHz	范围较大	较宽

一般来说,当 $r>\lambda/2\pi$ 时,辐射源为远场源;当 $r<\lambda/2\pi$ 时,辐射源为近场源(其中 r 为辐射源到屏蔽体的距离、λ 为电磁波的波长)。日常生活离辐射源的距离可从几十厘米到几米的环境,电磁波的频率为几十兆赫(MHz)到几吉赫(GHz),电磁波的波长从几米到几毫米的范围。考虑到辐射频率为连续的频谱,而非单一的频谱,电磁波的波长与辐射源到屏蔽体的距离难以确定,因而较难准确划分我们生活所处的电磁环境是远场还是近场。因此,测试抗电磁辐射织物的屏蔽效能应考虑实际生活时人所处的电磁环境,才能准确地评定抗电磁辐射织物的屏蔽效能。综上所述,抗电磁辐射织物屏蔽效能除了与本身材料特性有关外,还与离辐射源的距离即辐射源的类型、电磁波的频率有关。

由表9-4知,从频率的范围来看,同轴传输线法、法兰同轴法、屏蔽室法适合实际的需求;双盒法、改进的 MIL—STD—285—1997 法不适合;从人们实际生活的所处电磁场环境来看,很难划分为远场或近场,而屏蔽室法测试时发射天线与屏蔽体的距离可模拟实际人与发射源的距离,也就是测试的结果相对准确。因此,屏蔽室法较能准确地评定抗电磁辐射织物的屏蔽效能,但设备昂贵。

☞ 思考题:

1.什么是屏蔽效能? 电磁波屏蔽原理是什么?

2.电磁波屏蔽材料主要有几种类型? 每种类型具体种类有哪些?

3.试述电磁屏蔽织物的生产方法。

第十章 医用和保健功能纤维及纺织品

本章学习要点：

1. 掌握一般医用纤维、纺织品开发的途径及方法。

2. 了解医用纤维和织物的制备方法。

3. 掌握生产芳香保健纺织品的思路及方法。

4. 掌握负离子保健纺织品的生产方法。

5. 掌握远红外保健纺织品的开发途径及工艺。

6. 了解防螨纤维及纺织品的开发思路。

第一节 概 述

一、医用和保健功能纤维及纺织品的发展

纤维和纺织品在医疗卫生方面的应用可以追溯到 4000 年前，当时人们用棉、亚麻、马鬃和毛发缝合伤口，后来又使用肠衣线和蚕丝。20 世纪 50 年代以来，合成纤维、纺织技术和消毒技术的发展，促进了生物医用材料的发展，中空纤维先后应用于人工血管、人工肾、人工肺、人工肝等器官，并且应用于临床。随着社会的进步及人们生活水平的提高，纤维和纺织品的应用已深入到疾病的诊断、治疗和预防，人体器官和组织的替代、修复以及卫生保健等各个领域。因而在纺织和医学相互交叉的领域内，医用纺织品获得了前所未有的发展，其品种不断创新，数量不断增长，应用不断拓展，概念不断延伸。它已不再只是纺织品在医疗卫生行业中的简单沿用，也不再只是具有纱布、绷带、缝合线等缝合包覆的传统功能，而是涉及许多新型纺织材料、纺织、整理技术的新兴领域，医用和保健类纺织产品万象纷呈、构思新颖，呈现出旺盛的活力。最常用的天然纤维是棉、蚕丝和人造丝黏胶，它们广泛地用作伤口敷料、绷带等和卫生保健用品（床上用品、衣物、尿布、卫生巾等）等。常用的合成纤维包括聚酯、聚丙烯、聚四氟乙烯、碳纤维等。特别是近二三十年以来，许多研制成功的新型合成纤维被用于人体疾病的诊断与治疗方面。医用合成纤维的应用分为体外和体内两方面：体外方面是用合成纤维制作手术衣、口罩、床单、病房里用的窗帘、地毯以及各种医用覆盖物和外科手术用的止血棉花、纱布等；体内方面则是用合成纤维制作手术缝合线、人工血管、人工器脏补片、人工辅助器脏及人工肾等。

医用纺织品包括机织物、针织物和非织造布，所使用的材料包括短纤维、单丝、复丝及复合材料，最终产品范围很广，而且新品种层出不穷，其中约 70% 为用即弃产品，30% 为重复使用

产品。

　　随着科学技术的进步,各种新型的生物降解纤维及织物进入医疗领域。这些纤维、纱线和织物在传统应用基础上又增加了许多医疗功能,如止血、消炎等药物功能。随着非织造布技术的发展,非织造布纱布已开始取代传统的机织纱布。在纱布的医疗功能上,目前又开发了止血纱布、不沾纱布和摄影纱布等新型产品。

　　近年来,随着"湿疗"概念在伤口治疗中的建立及外科手术和伤口治疗的实践,已开发了许多高性能的伤口纱布、伤口绷带,可对伤口起到"卫士"的作用,有利于伤口的愈合,同时降低了成本。例如,止血纱布是采用黏胶纤维针织物经特殊的氯化处理而制成,所生成的氯化纤维素构成羧基,具有凝集血小板的止血作用,进入人体后能降解为低分子物质排出体外。还有,磁疗织物、芳香织物、抗菌织物、高吸水织物和远红外织物等。新近开发的领域涉及含有机锗、放射元素、动物骨粉等的一系列保健织物。此外,杀死衣服上的细菌或阻止其繁殖,预防传染病,防止发生炎症等也是研究防病、治病保健服装的主要目的之一。

二、医用和保健功能纤维及纺织品的分类

　　医用和保健纺织品是指医学及其相关领域中应用的各类纤维制品,有不同的分类方法。如医用保健纤维按功能分类见表 10-1,医用纺织品按形态和应用分类见表 10-2、表 10-3,医用纺织品按加工技术分类见表 10-4。

表 10-1　医用保健纤维按功能分类

类　别	功　能　纤　维
卫生功能	抗菌纤维,消臭纤维等
保健功能	芳香纤维,磁化纤维,发热纤维,远红外纤维,防紫外线纤维等
生体功能	生体吸收性纤维,生体稳定性纤维,生体亲和性纤维,高吸水纤维等
中空纤维分离膜	人工肾用中空纤维,血液处理中空纤维,医疗水净化中空纤维,气体分离中空纤维等
其他功能	医药性纤维,防 X 射线纤维,防中子纤维,光导纤维等

表 10-2　医用纺织品按形态分类

形　态	应　用
线　状	缝合线、结扎线等
面　状	纱布、敷布、绷带、贴附剂、手术用材料、保健织物、卫生用品等
体　状	人工血管、人工骨、人工肌腱等人工假体及中空纤维医疗装置

表 10-3　医用纺织品按应用分类

类　别	应　用
医疗用品	纱布、敷布、绷带、缝合线、贴附剂、手术服及手术用织物等
卫生用品	尿布、卫生巾、失禁垫、消臭布、抗菌布等

续表

类　　别	应　　用
保健用品	抗菌织物、芳香织物、远红外织物、发热织物、磁疗织物、防紫外线织物等
人工假肢	人工腔管、人工心脏瓣膜、人工血管、人工肌腱等
医疗装置	人工肾、人工肺、血浆分离装置及中空纤维富氧装置等
医用杂品	医用包布、仪器屏蔽布、防护织物、过滤材料、复合材料等

表 10-4　医用纺织品按加工技术分类

类　　别	应　　用
非织造材料	手术服、手术帽、口罩、围裙、盖布、手术洞巾、手术帷帘、纱布、绷带、敷料、手术器械包布、病房床单、枕套、尿布、卫生巾、失禁垫等
机织材料	手术服、手术帽、围裙、盖布、手术洞巾、手术帷帘、纱布、绷带、敷料、手术器械包布、病房床单、枕套等
针织材料	外科手术绷带、人工血管、外科疝修补网等
涂层及层压材料	隔离服、手术服、手术帽、生物防护口罩、围裙、盖布、失禁垫等

三、医用和保健功能纤维及纺织品的作用

(一)医用纤维和纺织品的作用

医疗科学技术的进步,对人类寿命的延长和减少疾病的传播起到了重要的作用。如采用中空纤维的人工肾定期进行血液透析,可延长肾衰竭和尿毒症病人的生命最长可达 20 年以上;采用医用屏蔽织物可降低医务人员的交叉感染率 2.5 倍。

目前,在伤口保护方面正在开发和应用的医用纺织品主要为甲壳素纤维、海藻纤维和骨胶原纤维制品。它们对伤口治愈过程非常有用,特别是海藻纤维,能和渗出的体液相互作用生成钠钙海藻胶,具有亲水性、透氧性和拒菌性,有利于新组织生成。可将上述三种纤维制成无纺物,即为伤口敷料。

纱布和涂石蜡纱布是最常用的敷料,绝大多数纱布是棉质松软性平纹织物。因为伤口敷料的主要着眼点是消毒,可考虑使用非织造布。非织造布平整,大多数无掉纤毛现象,可减少碎屑遗留在伤口上的机会。

绷带可用于多种医疗场合,包括把敷料固定于伤口处。绷带可以是机织、针织或非织造产品,可以有弹性或不带弹性。弹力纱在绷带织物结构中发挥支撑和舒适效能,针织物可做成管状结构绷带。

体内用医用纺织品主要包括手术缝合线、软组织植入物、矫形植入物、心血管植入物等。

下面简单介绍几种代表性的医用纤维和纺织品的应用情况。

1. 外科手术缝合线　缝合线是暂时的植入物,用于封闭伤口以及在伤口愈合期间提供强

度。医用手术缝合线必须满足以下条件。

(1)可以进行彻底的消毒杀菌处理。

(2)有一定的机械性能,如适当的机械强度,20%左右的延伸度,有一定的柔软性和弹性回复,一定的湿润强度和摩擦系数。

(3)缝合、打结时操作方便,作结后持结性能良好。

(4)缝合线在体内一定时间内保持一定强度。

(5)对人体组织有适应性,不致因异物反应而发生炎症。

(6)对人体无毒、无副作用。

(7)产品质量稳定可靠。

(8)制作容易,价廉易得。

(9)最好在体内能被完全吸收。

根据手术缝合线的物理形态,可分为单丝、复丝、加捻丝和编织丝等。按缝合线的性能不同,则可将其分为两大类:非吸收类(包括在体外拆除的和在体内残留的)和吸收类。吸收类缝合线可分为天然和合成两大类,天然的有羊肠线、骨胶原,合成的有聚氨基酸线、聚醋酸维尼纶线(合成肠线)、聚二氧杂环己酮线、聚羟基乙酸线和聚乳酸羟基乙酸线等。

2. 人工肾 人工肾又称人工透析机。1913 年英国的阿黛尔用硝棉胶膜作为透析膜,生理盐水作为透析液为肾病患者进行透析,这就是人工肾的前驱研究。1937 年萨尔海莫应用赛璐玢作为透析膜以后,人工肾的研究又进了一步。1935 年黑斯首次将透析技术用于临床。1943 年荷兰医生科尔夫制成了第一个人工肾,首次以机器代替人体的重要器官。1960 年,美国外科医生斯克里纳发明了一种塑料连接器,可以永久装进病人前臂,连接动脉和静脉,与人造肾极容易连接,不会损伤血管,这样就能够为病人长期进行血液透析治疗。目前的人工肾还只能在人体外代替肾进行血液透析,今后人工肾的发展方向应像机体肾那样具有透析功能、过滤和再吸收功能,并能够埋植于体内。透析器主要为中空纤维,可用黏胶、醋酸、聚丙烯腈、聚砜等中空纤维制成。

3. 人工心脏机械瓣膜 人工心脏机械瓣膜的试制开始于 20 世纪 40 年代后期,当时只是在试验阶段。1960 年美国的外科医生斯塔尔与合作者爱德华兹首次为一名心脏病患者用人造球形瓣膜施行瓣膜置换手术。目前置换人造瓣膜已为成熟的技术。人工心脏瓣膜需用织物和缝线固定,常用涤纶、聚丙烯纤维、聚四氟乙烯纤维和碳纤维等。

4. 人工血管 人工血管可用丝、涤纶、聚四氟乙烯等纤维编织而成,主要用于血管硬化、血管瘤等疾病。

5. 人工肺 人工肺主要替代肺的功能,调节血内氧气和二氧化碳的含量。有膜式和鼓泡式两种,可用中空纤维或微孔膜制成。主要用于心血管手术时的体外循环,膜式人工肺也可用作急性呼吸衰竭的支持装置。

6. 妇女卫生巾、婴儿尿布、成人失禁垫 妇女卫生巾、婴儿尿布、成人失禁垫统称为吸收性卫生用品,目前以一次性产品为主。可用聚丙烯纤维、黏胶纤维、非织造布和高级吸水材料等制成。

7. 消毒包布　消毒包布主要用于医院消毒室包裹医疗器械和器具。外科手术要使用无菌器械,因此,各器械必须要进行严格的消毒程序。消毒包布主要采用 SMS(纺粘—熔喷—纺粘)非织造布,SMS 非织造布中包含的熔喷超细纤维防护层具有足够的微孔让大量消毒蒸汽进出包装袋,而对 $0.3\mu m$ 以下的微粒子(细菌)的过滤效率达 $80\%\sim90\%$。

8. 隔离口罩　口罩必须具有防止医生和病人之间通过空气相互传染的能力。手术室尘埃和医学上的病毒的直径一般在 $0.2\mu m$ 左右,病毒一般寄生在 $0.5\mu m$ 以上的尘埃上,并通过灰尘进入人体。传统的防尘口罩绝大部分为 $8\sim12$ 层纱布制成,其滤尘效率低。超细纤维非织造布材料制成的防护口罩,其阻隔效率相当于 16 层脱脂棉材料的防护口罩,医用防护口罩多在面层与内层间夹一层蓬松的聚丙烯纤网、熔喷法驻极化聚丙烯纤网,增强过滤细菌的能力。美国介绍了一种熔喷非织造布材料的隔离口罩,其纤维直径小于 $1.5\mu m$、定量小于 $10g/m^2$,因其纤维直径很小,保证了极好的气体过滤和细菌屏蔽功能,因此使非织造布中纤维的比表面积增大,其细菌过滤效率可达 $98\%\sim99\%$。

9. 医用防护纺织品　医用防护纺织品是以医学应用为特色,以纤维和织物为基础的纺织品。从字面上讲,医用防护纺织品是指用于医学防护目的的纺织品,为医护人员提供保护,使之在为病人从事诊疗、护理的过程中免受病菌、病毒侵害的特殊用品。

美国的 W. L. Gore 开发了专门用于医用防护品的纺织材料——Crosstech EMS 织物,它是一种层压纺织品,由表层、隔离层、里层组成,形成"三明治"结构。表层和里层为纺织品,隔离层为具有抗渗透、透气的 Crosstech 薄膜,Crosstech 隔离层是双组分透气性薄膜,一种组分是双轴向拉伸的聚四氟乙烯(PTFE)薄膜,每平方英寸薄膜大约有 90 亿个微孔,微孔直径为 $0.2\sim0.3\mu m$,另一种组分是贴合于微孔膜的一层亲水性的聚氨酯无孔膜,这样微孔膜和无孔膜优势互补。制备的 Crosstech 织物是唯一一种符合 ASTM F1671 标准的可重复使用的隔离织物,这种独特的既能防液体、病毒又具有透气性的织物为美国、加拿大和欧洲的手术室工作人员提供了超强的舒适性。图 10-1 为这种层压织物的示意图。

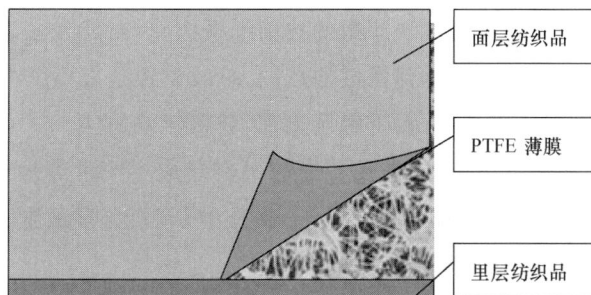

图 10-1　Crosstech 织物结构示意图

德国 Chemviron 公司推出了 Zorflex 100％活性炭布,现已被英国健康保护机构(HPA)证实为抗病菌和杀病毒制品。现有两种活性炭布:Zorflex VB 和 Zorflex VB Plus。含有 Zorflex VB 的材料可捕获高达 99.54％的病毒,而且一旦抓获后,Zorflex VB 活性层即可杀死 93％的病毒;而 Zorflex VB Plus 捕获率为 99.88％,并在活性层内杀死病毒率为 98％。这些碳布可应用于呼吸口罩、医用服、伤口敷料、病人的病服和病床等医疗领域。

近年来,采用光导纤维和中空纤维的新型医疗装置已经发挥了巨大作用,诸如内窥镜、光纤手术刀、人工肾等,发展了医疗诊断技术,使医学攻克了尿毒症、慢性关节炎、重症肌无力、巨红细胞血液病等疑难病症,使医学诊断达到了直接观察和治疗体内病变的新水平。人工假体的开发是生物医学工程的一个重要方面,目前已开发的有义齿、人工骨、人工韧带、人工脑膜、人工气管等。现代医学不仅采用生体功能性纤维,使人工假体适应生存环境,并与生体组织牢固结合,而且已进入到用人体细胞与纤维材料共同构成半生型人工脏器的阶段。仿制人体结构与器官是生物医学工程的宏伟目标,医用纺织品向这一领域的发展,充分体现了纺织品的新价值。

(二)保健功能纺织品的作用

保健功能纺织品通常包括抗菌防臭袜子、鞋、抗菌保健内衣内裤、护膝裤、暖胃背心、平喘背心、护肩服、护腰服、保健帽等。

1.按功能来源分类

(1)原料型保健纺织品。采用本身具有抗菌防臭和特殊保暖等功能的纺织原料制成的产品。主要有亚麻纺织品、罗布麻纺织品、天然彩色棉织物、高吸水纺织品、氯纶织物、真丝绸内衣及其他原料型保健纺织品。

(2)改性型保健纺织品。纤维经过改性、混纺交织或特殊整理后,使纱线和面料具有抗菌、抗紫外线、远红外辐射等功能的纺织品。

(3)复合型纺织品。纺织品与药、磁、玉、石、电子、器械等组合,使其具有药疗、理疗、磁疗、微波疗等功能。这类产品主要有保健垫类、保健袋类、保健巾类、保健护身品类、保健服装类及其他保健纺织品。

2.按纺织品加工形式分类　可分为三大类:

第一类是利用通过纤维改性的方法获得的抗菌纤维作原料,具有永久性的抗菌效果。

第二类是用疗效整理的方法来达到保健的目的,疗效整理是采用织物整理技术在织物上添加不同的药物,再将织物制成服装,药物可触及患部,获得疗效。

第三类是我国特有的保健服装,它是用普通的面料制成不同种类的衣服、裤子、帽子等,在这些服饰中的某些部位,缝有暗藏的口袋,口袋中装有中草药包,穿戴这种服饰,能预防和治疗胃病、腰痛、肩周炎、关节炎、气喘等疾病。

第二节　医用功能纤维和纺织品的生产

一、对医用纤维和纺织品的性能要求

医用纤维和纺织品用于治病救人，直接用于人体或与人体健康密切相关，因此进入临床使用的医用纤维和纺织品必须满足某些一般和特殊的要求，否则会引起不良的后果。对医用纤维和纺织品的性能要求主要有以下几个方面。

1. 对医用纤维和纺织品本身性能的要求

（1）耐生物老化。对长期植入的生物医学材料，不仅生物稳定性应好，而且不对宿主产生有害反应。而对于暂时植入的生物医学材料，则要求能够在确定时间内降解为无毒的单体或片断，通过吸收、代谢过程排出体外。

（2）有稳定的力学性能。针对不同的用途，在使用期内生物医学材料应保持一定的强度、弹性、尺寸稳定性、耐挠曲疲劳性和耐磨性。

（3）易于加工成制品。根据最终使用要求，医用纤维或纺织品应容易进行加工成型，做成丝条、编织带、机织物或针织物、毛毡或绒类织物等。

（4）其他要求。材料易得，价格适当，便于消毒灭菌。

2. 对医用纤维和纺织品人体效应的要求　异体材料与生物体接触时，生物体会出现各种生物化学性拒绝反应，所以，要求医用纤维和纺织品必须具有生物相容性。生物相容性是指生物医学材料在使用过程中与宿主的相互作用能力。材料的生物相容性一般包括血液相容性和组织相容性。对于暂时植入的生物医学纤维材料，还要求有生物降解吸收性。

3. 医用纤维和纺织品需具备效果显示功能　作为人工器官、组织、药物载体、临床检查诊断和治疗用生物医学纤维材料，除要求与生物体相互适应、融合共存外，还必须具有显示其医用效果的功能。例如，人工肾透析器用的中空纤维要有高度的选择透过功能，以有效清除血液中超过标准的肌肝和尿素；人工皮肤用的甲壳素短纤维非织造布要具有细胞亲和性和透气性，以保护伤口不受污染，促进伤口愈合。

4. 对医用纤维和纺织品的生产与加工的要求　对医用纤维和纺织品本身具有严格要求外，还要防止在生产、加工过程中引入对人体有害的物质。首先，要严格控制用于制备医用纤维和纺织品的原料的纯度，不能带入有害杂质，重金属含量不能超标；医用纤维和纺织品加工所用的助剂必须符合医用标准；对于体内应用的纤维和其制品，生产环境应具有适宜的洁净级别。

二、医用纤维和纺织品的开发

医用纺织品的发展与其采用新技术息息相关，它不仅选择性地使用传统纺织技术，而且更多地利用新技术实现本身的创新。医用纤维和织物的开发，主要依赖以下几个方面。

1. 新型纤维材料　医用功能纤维和织物的进步首先归功于纺织新纤维的开发。采用天然材料已开发出一系列纤维,有海藻酸盐及其衍生物、甲壳素、胶朊质等;采用合成材料已开发出的新纤维有聚乙交酯、聚二氧杂环乙酮、羟基磷芯石、含氟聚合物等。对于传统的天然纤维和化学纤维,采用接枝改性法、复合纺丝法、表面处理法、熔融共混法等方法,使其品种不断增加、功能不断丰富。

2. 新型织造技术 传统医用纺织品多采用机织技术,而新型医用纺织品总是伴随着最新技术的发展。如针织物不仅可以开发网状绷带、针织敷布,适应人体体位变化,而且便于组织内膜长入,适宜制作人工假体,可以用来制作像连裤袜那样有分支的人工血管和管状针织物构成的人工韧带。近年来,立体网状编织技术已应用于纤维复合材料的开发,采用这一技术编织出复杂形状的人工骨强化骨架。美国利用高强度聚酯丝与金属丝编织成麻花状的空心管状织物新材料,用于血管破裂的修复或代替受损的心脏二尖瓣作为"假体"植入材料。

3. 纤维化学改性 纤维的化学改性是获得功能性的重要方法,它包括基质改性和表面改性两方面内容。基质改性是在纺丝聚合物中加入功能性组分交联共聚而形成功能性共聚体,再进行纺丝。表面改性则是在成纤后对纤维进行化学处理。对具有反应性基团的纤维可采用交联剂先对纤维进行表面改性,再与功能基团相结合。

4. 共混纺丝技术 共混纺丝工艺是向纺丝原液中掺入功能剂,均匀混合后再纺成纤维。共混纺丝不仅适用于无机物质,也适用于有机物质。

5. 复合纺丝技术 复合纺丝的目的在于功能复合。一般来讲,复合的一部分为功能材料,另一部分为普通纤维聚合物,这样有利于节省添加剂和保持纤维的基本性能。复合形式已不是简单的芯鞘复合和并列复合,出现了镶嵌结构、海岛结构、不完全包芯结构和中空多芯结构等新结构,从而更好地形成功能效果。

6. 后整理技术 作为纺织行业的一种高附加值的加工方法,后整理技术也是医用纺织品的开发手段之一。现已采用抗菌剂、芳香剂、消臭剂、防紫外线剂等后整理剂,通过浸渍、浸轧、喷淋、涂敷等方法开发出品种繁多的卫生保健织物。

7. 层压加工技术 针对医学应用,单一的纺织品很难达到多种功能,可以将不同织物之间或者织物与薄膜之间进行层压加工,以实现功能的叠加。这种方法在新型医用纺织品的开发上具有很高的实用价值。利用层压技术开发的医用纺织品很多,诸如聚氨酯弹性绷带、网状层压纱布、层压型人工皮肤、层压型手术织物和保健织物等,都是通过织物和最新材料的复合来体现产品先进性。

8. 功能纤维组合技术 对于采用功能纤维的特殊医用纺织品,还涉及功能纤维的组合技术。比如,内窥镜中上万根纤维要按一定规则进行排列,人工肾、人工肺的中空纤维装置也需要使所用的中空纤维有序化。这类使功能纤维按特定规则排列的技术,称为"纤维组合技术"。这一技术将对纤维型医疗装置的发展产生很大的影响。

9. 非织造布技 近年来,非织造布在医用纺织品中所占份额不断提高,应用方向包括医用的口罩、手术服,手术间用的帏幔、药棉、敷料、纱布、绷带、手术巾、手术器械包布、探病服、病人床单及枕套等一系列医疗用品。在外科手术中,手术罩衣、外科鞋套、血液药品过滤、止血创口愈合敷料等都有应用。用作手术服的非织造布种类主要有水刺法非织造布、纺粘法非织造布、闪蒸法非织造布和 SMS 非织造布。非织造布医用材料再进行拒液、抗菌等功能处理,或制成复合材料,防护功能更加突出。表 10 - 5 为几种材料对血液的阻隔性,可见,非织造材料的血液阻隔性远好于棉机织物。

表 10 - 5　几种材料的血液阻隔性

材料类型	传统棉机织物手术衣	水刺法非织造布(无木浆)手术衣	SMS 非织造布手术衣	增强型非织造布手术衣	非织造材料与透气膜复合手术衣
血液穿透(%)	90	9	9	5	2

(1)水刺法非织造布。其特点是无环境污染,不损伤纤维,产品无黏合剂,不起毛、掉毛,不含其他杂质。水刺法非织造布手术衣的纤维材料由涤纶和木浆复合而成,有些以 100% 棉纤维为原料制成,或以涤纶和黏胶纤维混合制成。随着纤维新材料的出现,利用抗菌性甲壳质纤维制成的水刺法非织造布用来制成手术帽、口罩等,不仅有抗菌作用,用后可在热水中处理掉。

(2)纺粘法非织造布。用其制造手术服时,一般以聚丙烯切片为原料,产品的色泽通过在熔融纺丝过程中加入色母粒而获得。纺粘法工艺具有高产、高速的特点,具有良好的抗拉伸性能,生产成本较低,但均匀性和抗渗透性能较差,手感较硬,舒适性能也不够好,产品有纸质感,一般为病员服与探病服。

热黏合法非织造布是采用热轧或热风固结的纺黏法非织造布,用这种非织造布生产手术服时,主要以聚酯、聚丙烯等合成纤维为原料成网,其中加入起黏合作用的低熔点纤维,经热轧法或热风法加热使低熔点纤维熔融起到固结作用。由于可在主体纤维中掺入如远红外纤维、抗菌纤维、阻燃纤维、耐高温纤维、低熔点纤维等功能性纤维,延伸了产品的功能,应用范围更加广泛。

(3)SMS 非织造布。即纺粘—熔喷—纺粘复合非织造布,用其制造手术服时,以聚丙烯树脂为原料,采用纺粘和熔喷工艺在同一生产线上形成纺粘—熔喷—纺粘的纤维网,经热轧固结完成,其中间层是一种熔喷法超细纤维非织布防护层,结构紧密。熔喷法非织造布具有优良的过滤性能、吸收性能及阻隔细菌的效果,但其本身强力差,不能单独用作医用材料。纺粘法非织造布是由连续长丝构成,具有很高的强力和耐用性,但其缺点是阻隔性、吸附性差。SMS 复合法非织造布将两者的优势结合起来,互补其不足之处。SMS 手术衣除优良的阻隔性能外,还具有无绒毛脱落、抗拉伸性能及透湿性能好的优点。

当前,医用纺织纤维的发展主要是可生物降解纤维,加入了天然纤维素浆粕的水刺法非织造布,其抗菌性和穿着性良好。它一般指在一定时间和条件下,能被微生物逐步降解成水和二氧化碳的纤维。所制成的缝线、纱布、绷带等医用纺织品,在手术后留在体内不需拆除或取出,在一定时间后可被人体自行吸收或排出。这类纤维主要有海藻纤维、甲壳素纤维、改性 Lyocell

纤维等。

三、部分医用纤维和纺织品简介

1. 手术缝合线 大约在四千年以前,古埃及人就曾用亚麻纤维来缝合伤口。至公元前约 600 年,古印度人采用了马鬃、棉线和细皮革条等缝合。2 世纪和 11 世纪肠衣和蚕丝才分别被应用于伤口缝合。后来人们多采用丝线、聚丙烯、锦纶、聚酯纤维及高强醋酯医用缝合线。该类材料具有生物稳定性,并能在几年内保持强度。但这些缝合线有不同程度的组织反应,个别病例甚至产生异物感染等,且不能为有机体吸收,在伤口愈合之后必须经过再次手术去除。而在可吸收缝合线中,肠线及胶原线虽然克服了不能为机体吸收的缺点,但肠线的柔韧性欠佳,组织反应大,在消化液和感染环境下抗张强度耗损快,有时线上会出现弱点和纤维撕裂。掺有交叉连接剂铬制成的铬肠线可增加抗张强度和延长维持应力的时间,加碘制成的碘肠线有减少伤口感染率的可能,但两者仍无法避免上述缺点。加之肠线属酶吸收机理,吸水后会膨胀造成结扎不牢。而牛腿深层肌腱制成的胶原线虽有质量稳定、吸收均匀、使用方便和组织反应小等优点,但因过早吸收而未获广泛使用。

针对上述手术缝合线的缺点,同时为了得到具有更高柔韧性、更高强度和满足不同外科手术要求所需的不同降解性能的新的缝合线,通过研究人们获得了具有较优异性能的、可吸收手术缝合线。1962 年,美国 Cyananid(ACC)公司以聚乙交酯(PGA)为原料,成功地研制出第一种人工合成的可吸收手术缝合线 Dexon。随后,美国 Ethicon 公司又研制出乙交酯(GA)和丙交酯(LA)共聚的聚乙丙交酯(PGLA)纺制而成的可吸收缝合线 Vicryl。上述两种可吸收缝合线具有优良的抗张强度和良好的操作性能,具有均一性、稳定性和惰性,无毒性、无胶原性、无抗原性、无致癌性,能抗胃酸、胃酶和感染,组织反应极小,兼具可吸收缝合线与非吸收性缝合线的许多优点,被认为是较理想的缝合线。20 世纪 60 年代,人们发现聚乳酸(PLA)、聚乙二醇酸以及乙二醇酸与乳酸的共聚物也是吸收性缝合线的良好材料。近年来,国外又出现了几种新的缝合线,如聚二氧杂环己酮纤维(PDS)可作为手术缝合线用于临床,该纤维强度高、柔性好,可制成单丝缝合线,尤其适用于眼科手术,在人体内完全吸收周期为 180 天左右。由乙交酯和碳酸三甲酯共聚而成的手术缝合线具有比聚丙烯和锦纶更高的结节强度和拉伸强度,它的组织反应小,并能在 6~7 个月内完全吸收。聚乙烯醇和水溶性聚乙烯醇手术缝合线在国外已得到应用。此外,还有具有足够机械强度和抗菌性的生物吸收材料羟基纤维素和甲壳素纤维,甲壳素纤维可直接与胆汁、尿、胰液相接触而不产生副作用。另外,聚氨基酸、β-聚酯、α-聚酯等做成的手术缝合线也有应用。

2. 吸血纤维 近年来,显微外科手术作为一项先进的医疗技术,在国外已有广泛应用。我国在应用这项技术方面也取得了一定的进展,显微外科手术的实施,需要一种高吸血性材料。

纤维素纤维在亲水性乙烯基单体、溶剂、催化剂及热能的存在和作用下,能高效率地进行非均相接枝共聚反应,所得中间产物进行侧基置换后,即得到具有亲水性接枝链的变形纤维素纤维,再将上述变性纤维进行化学交联反应,可得到湿态强度较高的吸血纤维。如合成纤维所生产的高效吸血纤维——SB 显微手术用吸血片的制造工艺如下。

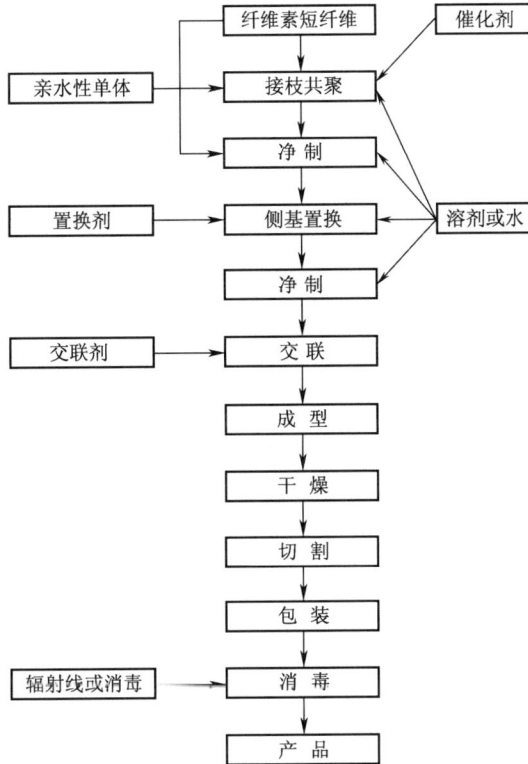

```
                    纤维素短纤维          催化剂
                        │                  │
亲水性单体 ──────────→ 接枝共聚 ←──────────┘
                        │
              ┌──────→ 净 制 ←──────┐
              │         │           │
置换剂 ────────────→ 侧基置换 ←───── 溶剂或水
                        │
                      净 制 ←────────┘
                        │
交联剂 ──────────────→ 交 联
                        │
                      成 型
                        │
                      干 燥
                        │
                      切 割
                        │
                      包 装
                        │
辐射线或消毒 ─────────→ 消 毒
                        │
                      产 品
```

将短纤维状纤维素原料、亲水性单体、催化剂及溶剂混合,进行接枝共聚反应。所得共聚物净制后,经侧基置换得到具有亲水性的共聚物,再将其净制后进行交联反应,然后净制并用水稀释,进行成型,脱水干燥,切割成所需形状的薄片。包装后用 γ 射线进行照射灭菌剂得到 SB 显微手术用吸血片产品。

3. 海藻纤维 海藻是海洋中生存最多的植物,是一个具有近 2 万个品种的庞大家族,马尾藻、海带、紫菜、裙带菜、石花菜等均属海藻的范围。

海藻酸盐是 α-L-古罗糖醛酸(简称 G)与 β-D-甘露糖醛酸(简称 M)的共聚物,在聚合链中,整个分子由 3 种片段构成:聚古罗糖醛酸片段(GG)、聚甘露糖醛酸片段(MM)和甘露糖醛酸—古罗糖醛酸杂合段(MG)。在天然状态下褐藻胶主要以游离酸(褐藻酸)、一价盐(钠盐、钾盐)和二价盐(钙盐等)的形式存在,商品褐藻胶主要以钠盐为主。具有抗肿瘤、增强免疫、促进生长等作用,广泛地应用于生物医学和生物技术领域。

早在 1944 年,Speakman 和 Chamberlain 就对海藻纤维的生产工艺作了详细报道,他们得到了和黏胶纤维性能相似的纤维。并且通过对海藻酸钙进行离子交换,许多种金属离子可以置换初生纤维上的钙离子,从而制成诸如海藻酸铁、海藻酸铝、海藻酸铜等不同的海藻酸纤维,以后英国的 Courtaulds 公司曾商业化生产海藻酸钙纤维。

目前,海藻纤维的生产方法是将海藻酸钠溶液挤压入氯化钙浴液中,这样海藻酸钠长丝便裹上一层水不可溶的海藻酸钙,再经冷凝而成。该纤维可以洗涤、牵伸、干燥、切割并进一步加工。

海藻纤维具有良好的防火性能和能溶解于稀碱溶液中的特性。1980 年年初,在传统的用途被合成纤维替代的情况下,Courtaulds 公司成功地把海藻纤维作为一种医用纱布引入"湿疗"市场,应用于流血流脓较多的伤口上,作治伤用的敷料。当纱布和脓血接触时,海藻酸钙纤维和人体中的钠离子发生离子交换,不溶于水的海藻酸钙慢慢地转换成水溶的海藻酸钠,从而使大量的水分进入纤维内部而形成一种水凝胶体,这给予了纱布吸湿性好、容易去除等优良性能。另一家英国公司 ConvaTec 开发出了海藻酸钙钠纤维。英国的 Advanced Medical Solutions 公司在 1990 年发明了一系列的以海藻纤维为主体的新型医用敷料,他们在海藻酸中混入羧甲基纤维素钠、维生素、芦荟等许多对伤口愈合有益的材料,从而进一步改善了产品的性能。

同时,由于海藻酸钠的生物相容性、低毒性和相对低廉的价格而被广泛地应用于药物释放体系和组织工程领域。例如 Glicklis 等制备出具有相互贯通多孔海绵结构的海藻酸盐水凝胶,将它作为肝细胞组织工程的三维支架材料,可增强肝细胞的聚集性,从而为提高肝细胞的活性以及合成纤连蛋白能力提供了良好的环境。用 Ca^{2+} 交联的海藻酸盐水凝胶也可作为鼠骨髓细胞增殖的基质,起到三维可降解支架的作用。

由于海藻纤维的强力低,可纺性差,连续化工业生产有一定困难,因此多年来一直没有形成规模化生产。朱平课题组自 2004 年开始研究海藻纤维,通过研究各种海藻酸的相对分子质量、相对分子质量分布和 M/G 比例,筛选出适于纺丝用的海藻酸原料;研究了海藻酸纺丝流体的流变性质和湿法纺丝工艺;通过小试、中试,开发出了性能良好的海藻纤维和抗菌海藻纤维;设计制造了一条适于海藻类纤维规模化生产的湿法生产线;自主设计了超声波清洗装置、连续式水流式切断装置、梯度脱水和离心脱水装置、松式真空连续干燥装置以及相配套的工艺技术,系统研究了纤维连续化和规模化生产过程中各工艺参数的实时监控、纺丝废液的绿色处理及循环利用工艺,创造性地采用"切断→离心脱水→开松→松式干燥"的工艺流程,解决了工业化生产海藻纤维存在的容易并丝、强力低、耐碱性差等关键技术,生产出性能良好的海藻纤维,形成了年产 500 吨海藻纤维的生产能力,使海藻纤维的规模化生产技术具有自主知识产权。

4. 甲壳素纤维　关于甲壳素的结构、性质及纤维的生产情况已在抗菌纤维及织物一章中作了介绍,这里不再赘述。由于甲壳素、壳聚糖及其衍生物纺制的纤维独具优良的生物医药性能,在医学领域有广泛的用途。除了用它们制造可吸收医用缝线和人造皮肤等医用敷料外,还可作为骨缺损填充材料;可作为桥接周围神经缺损的桥接材料。试验证明,甲壳素作为非神经组织代替神经组织修复周围神经损伤,是一种较为理想的新型生物材料。甲壳素、壳聚糖及其衍生物制作的人工透析膜,具有较大的机械强度,对尿素、维生素 B_{12} 等均有较好的渗透性,且具有良好的抗凝血性能。

利用甲壳素纤维制成缝合线,可开发出生物吸收性缝合线,这种缝合线无色而有光泽,有蚕丝手感,能在 25 天左右被人体吸收,因而创面愈合好,减轻患者痛苦。这种缝合线还对胰液、胆汁等碱性消化液有良好的耐受性,更适合于这些部位的手术。药理学研究表明,该类物质可以抑制血中胆固醇含量,同时还具有一定的抗癌效果。临床实验表明,甲壳素类人工皮肤具有刺激自身皮肤细胞的生长,加速伤口愈合,减少伤口疼痛的功能,因此具有很好的发展前景。

5. 改性 Lyocell 纤维　Lyocell 是由英国 Courtaulds 公司、奥地利 Lenzing 公司、德国 Akzo 公司等开发出的一种纤维素纤维,其生产一般采用纤维素直接溶解工艺,在特定条件下将纤维素溶于环状叔胺氧化物 N -甲基吗啉- N -氧化物与水的混合物中。

英国 Courtaulds 公司在 Lyocell 纤维生产技术的基础上,开发了一种称为 Hydrocel 的纤维,可代替海藻酸钙用于制作治疗伤口(如溃疡、烧伤等)的高级绷带。这是经化学改性而得的羧甲基纤维素纤维制品,与海藻纤维制品相似,可与伤口渗出液接触形成凝胶,提供非粘接性的润湿环境。并且 Hydrocel 纤维具有比海藻纤维更高的吸收性,可达自身重量的 35 倍,形成连续性较好的凝胶,从而易整片去除,便于更换绷带,避免损伤新组织的生长。

6. Lactron 纤维　1992 年,日本的 Shimaclzn(岛津)公司研制成功可生物降解的塑料 Lacty,继而与钟纺(Kanebo)公司合作开发了 Lactron 纤维。它是由玉米淀粉制成的一种可生物降解纤维。它首先利用淀粉发酵生成乳酸,接着以乳酸为原料聚合成 Lactron 纤维。该纤维具有尼龙般的韧性,可用常规方法制成纺织品,用作医学、服装等材料。在一般环境或水中,大约一年时间可被微生物降解成 CO_2 和 H_2O。

7. 胶原纤维　胶原是一种蛋白质,主要存在于动物(牛、猪、禽等)的结缔组织(包括软组织、动物皮和腱骨)和硬骨料组织中。胶原是哺乳动物体内含量最多的蛋白质,占体内蛋白质总量的 25%～30%,相当于体重的 6%。

胶原是人类有机体中软组织的主要组成部分,经胶原材料表面改性的人工植入物容易和软组织黏附。胶原还可以用作人造皮肤敷料,它和活的皮肤组成相同,因此被看作是与"活性皮肤等效"的杂化皮肤。日本学者以胶原研制了角膜保护剂,在实施白内障手术时使用,可保护眼角膜不受损伤。以胶原制备成贴剂、凝胶剂、喷雾剂、散剂等,可用于创伤治疗和伤口止血。

胶原的另一个用途是制成高强度纤维做手术缝合线。将明胶或胶原蛋白溶于水,在 60℃ 下边搅拌边慢慢加入环氧氯丙烷,或在 45℃ 下缓慢加入占干胶量 0.05% 的甲醛进行交联,增大相对分子质量。将这种胶液的浓度调节为 7%,过滤,除去杂质,即为纺丝溶液。经真空脱泡,用计量泵通过喷丝头压入凝固浴中,形成纤维。凝固浴为饱和硫酸钠溶液,pH 为 7.0,温度为 30℃。凝固后的纤维进行 3 倍的拉伸,然后进入后处理液中进行后处理。

8. 聚乳酸纤维　聚乳酸(PLA)是以乳酸为原料制得的。乳酸是一种常见的结构简单的羟基羧酸,又名 α -羟基丙酸、2 -羟基丙酸。所有碳水化合物富集的物质,如粮食、有机废弃物(如玉米芯、其他农作物的根和茎)都是乳酸生产的原料。聚乳酸也称为聚丙交酯,是一种线型聚酯类高分子。合成方法主要有两种,即丙交酯(乳酸的环状二聚体)的开环聚合和乳酸的直接聚合。聚乳酸及其共聚物的纺丝可采用溶液纺丝和熔融纺丝。

聚乳酸纤维及其共聚物在医疗领域主要做尿布、手术缝合线、骨内固定装置、组织工程支架、绷带、用即弃工作服、药物控释体系中的载药材料、人工管道、人工韧带或肌腱等。

9. 多糖复合纤维　朱平课题组通过溶液共混复合和表面交联包覆,开发了一系列多糖复合纤维,包括纤维素/壳聚糖、纤维素/海藻酸、海藻酸/壳聚糖、海藻酸/羧甲基纤维素、细菌纤维素/海藻酸、细菌纤维素/壳聚糖、海藻酸/羧甲基壳聚糖、海藻酸/胶原蛋白复合纤维等。这类功能性复合纤维可用于生产高附加值的医用敷料、止血纱布和手术缝合线等。

第三节　保健功能纤维和织物的生产

近年来,卫生保健纺织品的发展呈现多样化的发展势态,继抗菌织物、消臭织物、芳香织物、高吸水织物、防紫外线织物、远红外织物、磁性织物、电热织物之后,又兴起了药物织物。这类织物功能独特,具有广阔的应用前景。

一、药物纤维和织物

世界上开发较早的药物纤维是止血纤维。很多国家都已开发出不同品种的止血纤维。20世纪80年代中后期,英国人从一种褐色海藻中开发出海藻酸钙纤维,也有明显的止血效果。90年代初,日本人又在这类海藻酸盐纤维中掺入四环素等抗生素,能有效地防止伤口发生感染。不仅是止血纤维,麻醉纤维、避孕纤维、消炎止痛纤维、防心脏病纤维以及胃病药物纤维、药物缝合线等也相继问世。

在我国,用纺织品作为药物载体具有悠久的历史。其一是将中药装于布袋,通过缝、缀、佩戴的方式驱邪避秽,因其简单有效,故受到历代医家重视。另一方法是熬制膏药,附于织物上贴于体表特定穴位,使药物渗入体内,对于某些疾病比服药更为有效。这种医药纺织品的发展已走过一二百年的历程,包括药物敷布、药物贴附剂、含药物体内植入材料、口服药物纤维、药物织物等不同类型的产品。其中,药物织物是将医药科学和现代纺织科学结合的最新产物,尤其引人注目。

开发药物织物是设法使药物牢固地附着在织物上。目前,主要采用药物功能整理技术和药物纤维纺丝技术。在药物功能整理技术中,最简单的是药物浸泡织物。为改进这种药物织物的耐洗涤性和药效性,可以将药物掺入涂层剂,开发出药物涂层织物;将药物装入微胶囊开发出药物微胶囊织物;还可以使药物分子和织物纤维上的活性基进行接枝。在药物纤维纺丝技术中,可以把药物掺入纺丝液纺出共混纤维;或者是芯鞘结构、并列结构、镶嵌结构等多种复合纤维;也可以在纺丝过程中对纤维进行改性;或者使其形成多孔性;或者使其具有亲油性;或者使其具有化学结合能力,从而提高对药物的吸附性。

20世纪70年代,国外开始对药物织物进行探索。经历20年发展,无论是在技术开发还是在产品开发上,都取得了可喜的成果。

1. 药物织物的品种

(1)消炎止痛织物。所谓消炎止痛织物就是把这些药物掺入纤维中织成织物。其应用主要是制成护颈、护肩、护腰、护膝、护肘、护腕等制品,用于患部,通过透皮吸收而获得消炎止痛的疗效。在20世纪80年代中期,美国采用共混纺丝技术,把硫胺素、抗坏血酸、布洛芬等消炎止痛药物分别掺入到纺丝液中,纺出直径为0.15mm的药物纤维,其中已报道有掺入了布诺芬等消炎止痛药物,纤维中含药量达到10%～55%。日本泰萨托公司也以开发药物纤维而著称,它用具有时效分解或升华作用的聚合物对药物涂膜,掺入纺丝液,纺出纤维。调整涂膜聚合物的组成,可以控制药物的缓释速度。

(2)促进血液循环织物。用药物织物制成内衣穿在身上,能大面积接触人体,增大药物渗皮吸收量,因而非常适宜增进血液循环的药物发挥作用。开发这种药物纤维,既可以纯纺成纱,也可以混纺成纱,还可以同时用作经纱和纬纱,也可以和其他纱线交织。

(3)皮肤止痒织物。药物织物尤其适用于皮肤瘙痒症的治疗,目前已有中药止痒织物、丝绸止痒织物、微胶囊止痒织物和纤维改性止痒织物等。中药止痒织物是采用中药互接对织物进行浸煮,药效成分附于纤维间隙便于渗入皮肤,但这种织物不耐洗涤。日本钟纺公司在20世纪90年代初,采用微胶囊技术也开发出止痒织物。其所用止痒药物为硫酸氯苄咪唑、盐酸氨杂异丙嗪、苯海拉明等抗组织胺药物,当人体有意或无意地摩擦织物,会使微胶囊破裂,达到止痒结果。

目前开发探索中的药物织物还有很多,诸如止血织物、麻醉织物、止呕织物、平喘织物、防冻疮织物、防癌织物、激素补充织物等,不胜枚举,甚至还包括美容织物、矿泉浴织物。因此,努力发展药物纤维是改善人类生活的需要,能为人们治病疗伤提供方便。

2. 药物纤维和织物的价值

(1)提高药物的安全有效性。在一般用药过程中,药物溶入血液,循环至全身。这不仅使针对病源病灶的实际有效剂量非常微小,而且,药物在杀伤细菌、治愈病变组织的同时,对人体正常细胞也产生很大的毒副作用,增大肝、肾器官的清理工作负担。当前,药源性疾病的增加是一个不可忽视的问题。为此,提倡局部用药和内病外治。局部用药增加局部血液中的药物浓度,增加针对性,节省用药量。内病外治通过皮肤吸收,能减少药物对人体生理活动的干扰。药物纤维的开发为局部用药、体外用药提供了可能性,因而能提高药物的安全有效性。比如口服胃药纤维、植入避孕纤维都能充分发挥局部用药的效果,消炎止痛纤维、防心脏病纤维都是通过皮肤吸收而达到良好的治疗目的。

(2)避免频繁用药麻烦。有很多慢性疾病威胁着人类的健康,为治疗和预防这类疾病则要求患者每日频繁服药。这就增加了患者的生活负担,占用其时间和精力,在当今工作紧张的社会中,无疑会增加许多烦恼。药物纤维的开发着眼于药物的缓释性和长效性,无论采用哪种药物投放的方式,都能达到连续发挥药效的目的。

(3)改善用药的舒适性和方便性。为进行局部用药和体外用药,曾有很多贴附剂问世。这些制剂虽有一定疗效,但透气性差,常使皮肤有蒸闷的感觉,还会引起皮肤过敏,不能大面积使用和连续使用,并且,对于肘、肩、膝的关节部位,因为形状复杂、形态变化,贴附剂不能很好地与皮肤贴附,不易固定,给日常生活带来很多不便。而采用药物纤维制成织物或内衣,能包覆患部,虽接触皮肤,但不密封,不妨碍皮肤呼吸和出汗,能够长期使用,满足长效治疗的要求。这样,药物与服装融为一体,不仅舒适而且方便。

二、磁性功能纤维

人体细胞是具有一定磁场的微型体,人体有生物磁场。因此外磁场影响人体的生理活动,通过神经、体液系统,发生电荷、电位、分子结构、生化和生理功能的变化,可以调整人体的基体功能和提高抗病能力,具有医疗保健作用。

磁性纤维是纤维状的磁性材料,可分为磁性纺织纤维和磁性非纺织纤维。磁性纺织纤维是一种兼具纺织纤维特性和磁性的材料,具有其他纺织纤维所没有的磁性,又具有一些以往其他磁性材料所没有的物理形态(直径几微米到几十微米,长度一般大于 10mm,长径比一般在 500以上)及性能,诸如柔软、有弹性等,可通过纺织加工做成纱线、织物或加工制成非织造布及各种形状的制品。

磁性纤维根据基体纤维的材质可分为金属(和/或合金)磁性纤维、有机磁性纤维(基体为有机纤维)和无机磁性纤维(基体为无机纤维)。金属磁性纤维的机械性质与对应的基体纤维相仿或稍低一些。有机磁性纤维的机械性能如强度等一般比对应基体纤维低,其差异随制备方法的不同和纤维中磁性微粒的含量不同而不同。

磁性纤维的制备方法大致有两种途径:一是通过直接成型制备磁性纤维,二是通过基体纤维的化学、物理改性制备。

1. 磁性纤维的直接成型法 磁性纤维直接成型可应用于制备金属或合金磁性纤维以及各种磁性有机纤维。从纤维成型和加工的方法又可分为以下三种。

(1)金属纤维传统制造法。磁性金属纤维或磁性合金纤维的制备起步较早。它们一般是通过类似制造金属纤维的某些制造方法,诸如拉伸法、熔融挤出法、射流冷却法、熔融萃取法、切削法、须晶法等方法制备。从 20 世纪 70 年代后期开始,金属磁性纤维大多用于制备复合材料,也有用于制磁性涂料。

(2)有机金属络合物分解法。这是制备金属或合金磁性纤维的方法之一。1989 年 RobinE. Wright 在欧洲专利中介绍将金属铁、钴等在旋转金属原子反应器中,高真空加热使金属原子逸出与低温的甲苯等反应成为甲苯的零价金属络合物,如二甲苯铁[0]的甲苯溶液。然后将其置于低温和氮气保护下的加热管道,使二甲苯铁[0]分解,并导致形成含有磁性铁纤维的淤浆。这种方法制成的磁性金属纤维的直径可控制在 $0.1\sim100\mu m$,纤维的长径比可介于 $100\sim10\ 000$

倍。将这种含磁性金属纤维的淤浆经球磨和适当处理后可涂在聚酯薄膜上,制成磁性记录材料。

(3)共混纺丝法。用这种方法可以制备大多数磁性有机纤维。通常将粒径小于 $1\mu m$ 的磁性物质微粒混入成纤聚合物的熔体或纺丝原液中,经熔纺或湿纺制成磁性纤维。所得磁性纤维的强度主要取决于加入的磁性微粒的量和粒径。

1990 年,波兰 Krzysztof Turek 等将磁性合金和溶于甲苯的聚苯乙烯混合,在甲苯部分蒸发后,将混合物沿外加磁场方向拉伸成丝,制得直径 0.5mm 的有柔韧性的磁性纤维。它们又以磁性物质锶铁氧体微粒与聚酰胺共混纺丝制成磁性聚酰胺纤维。

在共混纺丝法的基础上,1994 年日本专利曾有制备芯—鞘型和三层并列型(三明治型)两种磁性复合纤维的报道。前者芯层具有磁性,后者中间层具有磁性。芯层和三层并列型的中间层均是采用共混的方法,将平均粒径 $0.05\mu m$ 钴铁氧体混入聚酰胺。鞘和三层并列型的外层均为 PET。芯—鞘型磁性复合纤维成品为 533dtex/20f,可用于纺织在布边或散织在布的某一些部位,以便布料在后加工的过程中能够实现自动生产管理和记录。

共混纺丝法的优点是混入纤维的磁粉可以是硬磁材料,也可以是软磁材料,可以采用熔纺,也可在某些湿纺或干纺场合下应用,甚至可制备磁性复合纤维或异形纤维。缺点是混入磁粉的量通常在18%以下,如上述磁性聚酰胺,当混入的磁粉为13%时,磁性聚酰胺的强度只有原聚酰胺纤维的50%左右。另外当在喷丝头处加强磁场时,一则使纺丝设备复杂,二则可能会造成磁污染。

2. 以纤维为基体的化学、物理改性法　这种方法适用于制备有机磁性纤维。

(1)腔内填充法。该方法主要用于磁性木质纤维素纤维的制备。因为木材纤维有胞腔,胞腔内的壁上又有通道,所以可通过物理方法将磁粉微粒填入木材纤维的胞腔中制成磁性纤维,用于制造磁性纸等。原则上,具有类似结构特征的纤维都可以用该方法制成相应的磁性纤维。

(2)表面涂层法。以适当方法将磁性物质涂布在各种纤维表面制成磁性纤维。例如,日本报道用表面沉积涂布法制成磁性钛酸钾纤维。方法是将亚铁盐水溶液与碱溶液在适当条件下先后加入钛酸钾纤维分散在水介质的体系中,经水解和空气氧化,生成的磁性氧化铁沉积在纤维表面,制得暗褐色磁性钛酸钾纤维,用于制造磁性复合材料。

(3)定位合成法。利用某些纤维中可进行阳离子交换的基团,使亚铁离子与其发生交换,然后再经过水解和氧化,转化为具磁性的 $\gamma - Fe_2O_3$ 或 Fe_3O_4(统称铁氧体)而沉积在纤维的无定形区中。所生成的磁性物质在纤维中所处位置受制于原来纤维中能进行阳离子交换基团的位置,故而称为定位合成法。由于磁性微粒是在空间很小的无定形区中形成,其尺寸通常很小,一般在 2~60nm 之间。如果基体纤维无阳离子交换基团,则可以借助纤维化学变性的各种方法,首先将阳离子交换基团引入基体纤维,然后再使用定位合成法。

用磁性纤维制成的医疗保健用品,诸如护膝、护腕、头套等经临床试用,发现对关节增生疼痛、滑膜炎、偏头痛、挫伤及骨内寒冷感等均有一定甚至明显的疗效。

三、芳香保健纺织品

社会经济的飞速发展使人们的生活节奏日益加快,来自社会、工作和家庭的各种压力也日益增加。因此越来越多的人开始崇尚自然、简洁和健康的生活方式。回归自然,追求健康已悄然成为都市生活新时尚。各种加香产品的蓬勃兴起不仅顺应了这一趋势,也赋予纺织品新的医疗保健功能。科学研究表明,许多芳香剂具有镇静、杀菌、保健等作用。一些芳香药物的镇静和药理作用见表10-6和表10-7。

表 10-6　芳香药物的镇静作用

情感	具有镇静作用芳香药物
不安	安息香、香柠檬、春黄菊、玫瑰、肉豆蔻、丁香、茉莉
悲叹	海索草、牛膝草、玫瑰
刺激	樟脑、滇荆芥油、橙花
愤怒	春黄菊、滇荆芥油、玫瑰
优柔	罗勒、柏木、薄荷、广藿香
过敏	春黄菊、茉莉、滇荆芥油
多疑	薰衣草
紧张	樟脑、柏木、香叶、茉莉、滇荆芥油、薰衣草、牛膝草、橙花、薄荷、广藿香
忧郁	罗勒、香柠檬、春黄菊、香叶、茉莉、薰衣草、橙花、薄荷、广藿香、荆香油
癔病	春黄菊、鼠尾草、牛膝草、滇荆芥油、薰衣草、橙花、茉莉
偏狂	罗勒、鼠尾草、茉莉、杜松子
急躁	春黄菊、樟脑、柏木油、薰衣草、牛膝草
冷淡	茉莉、杜松子、广藿香、迷迭香

表 10-7　芳香药物的药理作用

芳香药物名称	杜松	香草	姜	丁香	牛膝草	薰衣草	薄荷	洋葱	橘	牛至	迷迭香	鼠尾草	百里香	松节油	大茴香	罗勒	春黄菊	肉桂	葛缕子	柠檬	水杉	桉树	依兰
镇静作用	△	△	△	△	△	△	△	△	△	△	△	△	△	△	△	△	△	△	△	△	△	△	△
愈创作用	△	△				△		△		△							△						
利尿作用	△		△			△				△					△								
通经作用					△		△									△		△					
去痰作用				△													△						
催眠作用	△			△	△		△			△						△	△				△		
健胃作用	△																△						
发汗作用			△	△		△				△						△	△			△			

续表

芳香药物名称	杜松	香草	姜	丁香	牛膝草	薰衣草	薄荷	洋葱	橘	牛至	迷迭香	鼠尾草	百里香	松节油	大茴香	罗勒	春黄菊	肉桂	葛缕子	柠檬	水杉	桉树	依兰
祛风作用				△			△	△		△				△	△			△		△			
镇痛作用			△	△		△	△	△		△	△	△	△				△					△	
止泻作用	△																△					△	△
治疗感冒	△				△	△	△			△				△			△					△	
治疗风湿病	△			△			△	△											△				
催欲作用				△			△	△								△			△				
镇痉作用				△			△	△					△		△	△	△						
促进食欲											△						△						

注 △表示有此药理作用。

纺制芳香纤维技术优于芳香织物的涂层技术,且用其所制织物比芳香涂层织物具有更加良好的使用性能,如耐洗性好、芳香强度大、芳香性持久等。

1. 共混纺丝 可以将热塑性成纤聚合物和香料直接进行机械混合熔融纺丝。该工艺首先需解决好芳香物质和基质材料的相容性问题。其次,由于熔纺工艺条件限制,对香料有苛刻的要求(如沸点在250℃以上),使香料可选择范围大大缩小。日本可乐丽公司于1987年采用这种方法研制成功连续释放香气的纤维,并用它制成了絮棉。

1989年可乐丽公司改进的共混纺丝技术是将香料封入微胶囊内,微胶囊再与热塑性成纤聚合物进行共混纺丝,微胶囊壁材上有微细的孔道可以缓释香气,从而使芳香纤维留香长久。微胶囊壁材需选用耐热性的材料,使香料在共混纺丝过程中不致直接受热,抑制香料受热分解倾向。这种方法扩大了香料可以选择的范围,但其选用的材料及微胶囊的大小等都会严重地影响纺丝工艺。

2. 皮芯纺丝 在成纤聚合物中掺入香料或微胶囊,会对纤维力学性能产生不良影响,而皮芯纺丝由芯部提供芳香性能,皮层保持常规纤维的各项技术指标,因此各项性能较为理想。另外皮层还有防护芳香物质因沸点较低而从表面逸散的重要作用。此类方法有非中空皮芯纺丝、中空皮芯纺丝等。其中非中空皮芯纺丝是以热塑性成纤聚合物作皮层,维持纤维的机械性能,选用易吸附香料的聚合物作芯材,香料分散其中,香气沿纤维纵向扩散,挥发缓慢,流香长久。中空皮芯纺丝所用原料与非中空皮芯芳香纤维相同,其芯部制成中空纤维状,芳香物质挥发充满中空部分,使其发散能力提高。这种方法虽增强了芳香强度,但是芳香持久性将有所降低。具体工艺流程如下:

```
芯层螺杆──┐
          ├→复合喷丝组件→纺丝→集束→水溶拉伸→干热拉伸→卷曲→干燥定型→切
皮层螺杆──┘
```

断→复合芳香纤维

日本三菱人造丝公司在这方面做了大量的研究工作,将非中空皮芯纺丝、中空皮芯纺丝改进为中空多芯型皮芯纺丝,大大提高了芳香纤维的综合性能。其所用中空结构有多根芯部和皮层材料组成,减少了芳香物质的挥发强度,使芳香耐久性提高,平衡了芳香强度和耐久性。

3.改性共混纺丝 此纺丝技术是利用纤维中含有易吸附香料的物质,将芳香剂吸入到纤维中,使纤维获得芳香性。由于所用香料是非水溶性的,所以芳香纤维具有较好的耐水洗牢度。如将易吸附香料的聚合物以共混方式纺入常规化纤材料中,拉伸后将纤维进入芳香剂中,在加压或常压下保持一定时间,在不使香料分解和聚合物熔化的条件下可以加热提高吸收速度,混入的聚合物吸收芳香物质,使纤维获得芳香性。还可以以易吸附香料的聚合物作为芯材,常规化纤材料作皮层,但使芯材有一个部位露出皮层,以便在浸香时接触和吸入芳香剂。

芳香纤维能创造一种愉快的环境,令人赏心悦目。在日本,芳香纤维制品的形式、香型都在向多样化发展。如三菱人造丝公司1985年开发的库利比-65芳香纤维是一种多芯鞘结构的短纤维产品,具有柏木的清香,可用作被褥、枕垫、床垫的絮棉,也可制成芳香非织造布。

四、负离子保健纺织品

在森林或瀑布周围因存在大量负离子可使人的心情很舒畅,而在空气污染的街市、工厂地带和大楼办公室,因存在大量的正离子,人们会感到郁闷不爽、易烦躁。高温季节人群中常散发出人体异味,它来自只占汗水0.8%的一种高级脂肪酸。负离子远红外线纺织品的原料,采用弱碱性高分子纤维,汗液物质成分呈酸性,恰好互相中和,起到抗菌除臭功能。负离子功能纺织品可用于内衣、服装、床单、被套等。

采用海底矿物层中数十万年前海中的鱼类、微生物、海藻埋没堆积物作负离子的发生体,其主要成分是硅酸和铝、铁氧化物。这些多孔物的平均孔径约0.1μm,比表面积非常大,约37.8m^2/g。从这些物质中得到负离子发生体,采用后整理方式加工纤维制品,也就是把负离子发生体与各种材料的黏合剂树脂固着于纤维表面。

森林浴纤维纺织品,是将森林树木挥发的成分萜烯化合物微胶囊化,再附着于纤维或纺织品制成。森林浴纤维经摩擦、碰撞后微胶囊释放出香气及负离子,使人感到空气新鲜、心情愉快,还可消除周围的气味。

炭粉印花纺织品是将柏树炭微粒化(10~20μm)后加黏合剂,在棉布上以水墨画、书法等艺术形式进行印花,制成被套、花毡、窗帘等产品。这种炭粉具有产生负离子效果的特点,还具有抗菌、消臭作用。

五、防螨纤维及纺织品

1.防螨原理 纺织品的防螨有物理法和化学法。物理法一般是采用如日晒、加热、电磁波、红外线等手段使织物干燥,破坏螨虫的生活条件,从而杀死螨虫;物理法的另外一种方式是物理阻隔法,一般是采用高密织物阻隔螨虫的通过。化学法则是通过将防螨剂整理到织物上或用于纤维中获得防螨功能。作用原理有两种，一是使用除虫菊提取物、二苯基醚等杀死螨虫；二是驱避螨虫，即使用带有危害螨虫的气味或味道的物质，通过触觉、嗅觉、味觉将螨虫驱走。如除虫菊酯系驱避剂是通过接触，作用于螨虫的神经系统；甲苯酰胺系驱避剂是通过汽化，作用于螨虫嗅觉器官；也有驱避剂是应用嗅觉与味觉的复合作用。

2. 防螨纤维及织物　日本东丽公司的防螨被褥克利尼克（Clinicfuton）面料就是一种高密度织物，防螨通过试验结果发现，在缎纹织物上的通过量为 40 只，在菱纹织物上的通过量为 70 只，克利尼克高密织物的通过量为 0，表明其防螨效果良好。杜邦公司推出了名为特卫强（Tyvek® ADM）的特殊织物，这种织物采用单丝直径最细可达 0.5μm 的纤维制成高密织物，纤维直径远小于螨虫直径（螨虫身长为 0.3mm 左右，其粪便大小为 10～40μm），能够阻隔包括尘埃、液态水、油污、皮屑等物质的透过。这种织物具有永久物理防螨的功效，且具有防水透气、坚韧柔软的特性，可用作功能性防螨枕芯、被芯、靠垫芯、床垫保护垫和保护罩等。

防螨功能纤维的制备是将防螨整理剂添加到成纤聚合物中，经纺丝后制成防螨纤维以赋予纤维材料防螨性能。上海石化通过将防尘螨整理剂经特殊处理后添加到腈纶纺丝原液中，共混后进行纺丝、干燥、定型，得到防尘螨效果良好的腈纶。纤维经耐洗性试验，50 次洗涤后和洗涤前比较，防尘螨性能没有明显变化；东华大学将自行研制的防尘螨整理剂应用于黏胶纤维，制成具有防尘螨和抗菌双重效果的防尘螨抗菌黏胶长丝，该纤维具有优异的防尘螨抗菌性能，对尘螨驱避率达到 99.9% 以上，抗菌率达到 99.9% 以上。

后整理法防螨是将防螨整理剂配制成工作液，通过浸轧、涂层等加工方法对织物进行后整理，从而达到防螨效果。目前使用的整理剂有：冰片衍生物，如氰硫基乙酸异冰片酯；N,N-二乙基间甲苯酰胺，如 DEET、DEETMC；二苯醚系；萘酚类化合物；除虫菊酯类和天然柏树精油等。后整理工艺举例如下：

整理液配方：

SCJ-998A	50g/L
SCJ-998B	20g/L
SCJ-998C(50%)	20g/L

工艺流程：

织物→浸轧防螨工作液（二浸二轧，轧液率 70%～80%）→烘干（80～100℃）→焙烘（150℃、30s）

3. 纺织品防螨安全性要求　防螨织物的安全性是防螨纤维或织物制备时必须考虑的，安全性因素主要来自防螨整理剂的安全性，一般防螨助剂应具备以下基本条件：

（1）对人体具有安全性，使用过程中防螨助剂不对人体产生危害。

（2）对尘螨具有高度敏感性及高效性。

（3）无臭味，不降低织物的强力、手感、吸湿性、透气性，对染料色光、牢度、织物风格无影响。

（4）防螨助剂稳定性好，能承受加工条件（如加热、一定酸碱度等）。

(5)与常用助剂有良好的配伍性。织物整理工作液往往含有多种化学物质,配伍性差会使整理液出现絮凝、沉淀分层等现象,影响整理效果或使整理剂失效。

第四节 医用和保健功能织物评价

由于医用和保健功能织物种类繁多、发展迅速,难以找到一个客观标准用以全面、确切地评价其性质。因此,不同的领域有不同的标准,一般是通过人的主观感受来衡量。

一、医用纤维和纺织品的生物学性质的一般评价方法

对于医用纤维和纺织品的生物学性质的评价,按生物医学材料或其原料和中间制品在试管内、体内和体外的实验程序进行。表 10 - 8 列出了测定生物医学纤维材料对活细胞的毒性作用和与血液的相容性的主要实验程序。

表 10 - 8 生物医学材料基本生物学性质评价方法

评价内容		测试方法
毒性	在试管内	组织培养程序、溶血作用实验、细胞生长的抑制或细胞特性的改变(作为评价致变性的一部分)
	在体内	皮肤内发炎实验、系统的毒性实验、肌肉内植入实验、致癌性实验
与血液的相容性	在试管内	动态凝血实验、Lindholm 实验、椭圆细胞系统、蛋白质吸附和血小板黏合(血浆蛋白的稳定吸收和时变吸收,血小板的时变黏合)、微液滴中的血小板保持、剪切力引发的溶血作用
	在体外	静点流动系统、动静脉的分流系统
	在体内	腔静脉环实验、肾的栓阻实验系统
力学性能的保持		定期将以适当形式植入皮下或肌肉内的、或浸泡在适当缓冲介质中的生物医学材料取出,并检测它们的力学性能

二、芳香纤维和纺织品的芳香性能的一般评价方法

由于芳香是人对气味的一种嗅觉感觉,因而不同的公司对芳香纤维的性能评价有不同的标准。帝人公司是将芳香纤维密闭存放一定时间,切断到一定长度,作为标准芳香纤维。被评价的芳香纤维切断到与标准芳香纤维同样长度,经过处理(如水洗、干洗或在空气中存放一定时间)后,与标准芳香纤维的香味进行对比,对比结果分 5 级,见表 10 - 9。

表 10 - 9 帝人公司芳香性能评价标准

级 别	评 价
5	香味基本与标准物相同
4	香味比标准物稍弱
3	香味比标准物弱

0

级　别	评　　　　价
2	香味比标准物弱得多
1	无香味

而钟纺公司则是由 10 名专家评价,将香味分为 6 级。见表 10-10。

表 10-10　钟纺公司芳香性能评价标准

级　别	评　　　　价
5	良好的香味
4	稍微有所降低
3	降低一些
2	感觉到有一些
1	感觉到稍微有一些
0	无香味

三、纤维和织物防螨效果的一般评价方法

纺织品防螨效果评价主要有驱避螨虫效果和杀灭螨虫效果,对应的试验方法为驱螨试验法和杀螨试验法。表 10-11 列举了国内外的纺织品防螨性能检测与评价方法。

表 10-11　织物防螨评价法的分类

评价类别	试验方法	评价标准
螨虫死亡率评价法	螨虫培植法	死亡率60%～90%
	残渣接触法	死亡率90%以上
	螺旋管法	死亡率50%～90%
螨虫驱避率评价法	大阪府立卫生研究所	驱避率70%～90%
	阻止侵入法	驱避率80%以上
	地毯协会法	死亡率60%～90%
螨虫培植抑制率评价法	玻璃管法	抑制率60%以上
	培养基混入法	
螨虫透过率评价法	透过率测定法	

1. 杀螨试验评价法　这种方法是强制性地使试验用螨与检测试样直接接触,这样容易确认药剂用量与效力之间的关系,试验条件较简单,数据波动小。

(1)螨虫培植法。此法适用于测定纺织品的防螨功能。具体试验方法如图 10-2,将防螨

织物裁成直径为 6cm 的圆片,放入培养皿底部,放入一定数量的螨虫(100 只)和培养基,一定时间后用显微镜观察计数,计算螨虫的死亡率。

(2)残渣接触法(夹子法)。用药剂处理滤纸后裁成一定大小,对折成 10cm×10cm 的纸片,在中间放入 30 只螨虫,其余三边用夹子夹住,放置 24h 后测螨虫死亡率。这种方法适用于对防螨剂和被面、床单等的评价,是日本厚生省规定的最基础的杀螨试验法。

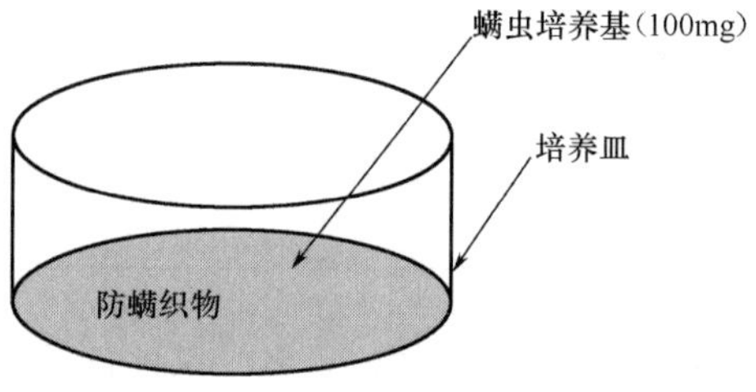

图 10-2　螨虫培植试验法

(3)螺旋管法。在 5mL 容量的玻璃螺旋管中放入 200mg 防螨试样,再放入一定数量的螨虫和培养基,一定时间后,测试螨虫的死亡率。

2.驱螨试验法　驱螨试验法是评价对螨虫的驱避力,是由螨虫的爬行行动决定的,试验条件容易影响试验结果,由于影响效力的因素很多,有一定的波动性。图 10-3 为大阪府立公共卫生研究所驱螨试验法的示意图,这种方法适用于对被面、床单、非织造布等薄型面料的测试。

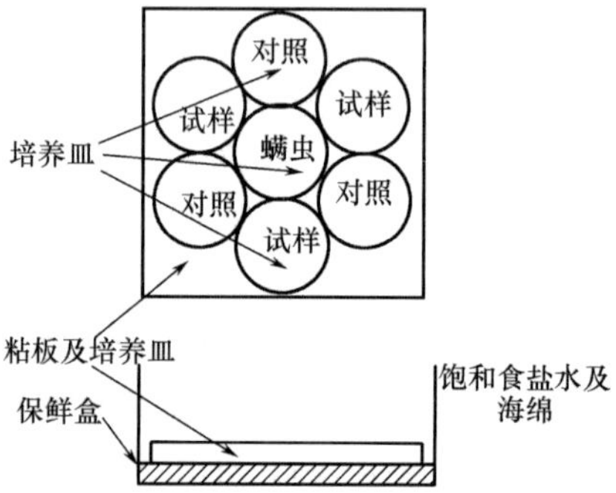

在胶粘硬纸板上将 7 只直径为 4cm、高为 0.6cm 的塑料培养皿按图 10-3 的方式摆放,保证 7 只皿的皿壁相互接触,中央培养皿内放有试验螨虫约 5000 只和一定量的培养基,外围

图 10-3　大阪府立公共卫生研究所
驱螨试验法的示意图

6 只培养皿分别与之接触,并且间隔地放入测试样和对比试样,试样应铺满皿底,且厚度约为 0.4cm,然后在试样上放置一个直径约 2cm 的绵纸片,纸片上放虫饲料 0.05g。将硬纸板和塑料皿放入大小适中的平底容器中的架条上,平底容器底部放有经饱和食盐水浸润的脱脂棉,架条放在脱脂棉上,将容器盖好。将组合体在 25℃和相对湿度 70%的条件下放置 24h,然后取出外围 6 只培养皿,计算防螨试样皿和对比试验皿内螨虫的数量,计算驱避率。

$$驱避率 = \left(1 - \frac{被测试样上的螨虫数}{对比样上的螨虫数}\right) \times 100\%$$

3.阻止侵入法　适用于对地毯防螨功能的评价,如图 10-4 所示。

取大小两个塑料培养皿,大皿外径 90mm,高 15mm;小皿外径 35mm,高 10mm,大皿内放入培养基和 10000 只螨虫,均匀分布,中间放小皿,小皿内放置剪好的防螨地毯试样及粉末饲料(没有螨虫),用食盐水调至 75%的相对湿度,在(25±1)℃全暗条件的恒温器内饲育 24h,计算生存的螨虫数。用对比试样进行同样的试验,计算驱避率。平行做 5 次,取平均值。

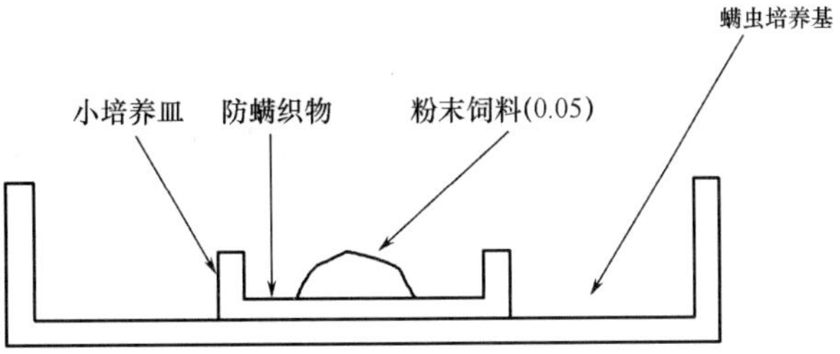

图 10 - 4 阻止侵入法示意图

$$驱避率 = \left(1 - \frac{试验区内的螨虫数}{对比样上的螨虫数}\right) \times 100\%$$

如果对比试样的螨虫数不超过 1000 只,则此试验无效。

👉 **思考题:**

1. 医用纤维和纺织品开发的主要途径有哪些?

2. 有哪些方法可以评价纤维和织物的防螨效果?

3. 磁性纺织材料对人体有哪些作用？一般的制备方法有哪些?

第十一章 亲水性纤维及纺织品

本章学习要点：

1. 了解纤维亲水性的含义及影响纤维亲水性的主要因素。

2. 了解纤维亲水性与服用舒适性的关系。

3. 掌握合成纤维亲水化的主要方法。

4. 掌握纤维亲水性能的测试方法。

合成纤维具有许多优良特性，在机械性能、物理和化学性质等方面，许多指标都超过了天然纤维。然而，随着生活水平的提高，人们对纤维及其制品的质量要求越来越高，合成纤维的不足之处亦随之愈加突出。与天然纤维相比，大多数合成纤维是疏水性的，吸湿性和透气性差，易产生静电，易沾污和易燃等，制成的衣料（尤其是内衣）在服用过程中不如天然纤维舒适，特别是在高温条件下穿着疏水性纤维衣料会给人以闷热不适之感。所以研制和生产亲水性合成纤维已成为化学纤维工业发展的一个重要课题。

天然纤维如棉、麻、丝、毛均属于亲水性纤维，而合成纤维如涤纶、腈纶、丙纶均为疏水性纤维。为了改进合成纤维服用材料的舒适性和卫生性，人们将涤纶、腈纶、锦纶、丙纶等合成纤维通过化学或物理改性制成亲水性纤维。这种改性大都是在研究天然纤维优良的亲水性原理基础上实现的。合成纤维的亲水化不仅改善了服用织物的舒适性和卫生性，还提高了它的应用价值。

为改进合成纤维的亲水性，最早采用的方法是与天然纤维混纺，如将涤纶与棉纤维混纺。但随着合成纤维工业技术的发展和生活水平的提高，仅靠纤维混纺已不能满足人们的要求。近三十年来，研究工作者对合成纤维亲水化技术进行了大量的研究工作，并取得了很大进展。1967 年德国拜耳公司开发出一种在水中不溶胀的亲水性聚丙烯腈纤维，商品名为 Dunova。该纤维具有皮芯双重结构，芯部沿纤维轴向有许多微孔，皮层也有导孔与芯部贯通。这种多孔结构使纤维的润湿和吸水性接近棉纤维，而去湿速度是棉纤维的 $2\sim3$ 倍，相对密度也较普通聚丙烯腈纤维小 30％ 左右。与此同时，日本的三菱人造丝、旭化成、爱克斯伦以及意大利蒙特公司也相继开发和试制出亲水性聚丙烯腈纤维。此外，日本的帝人、东丽、尤尼吉卡及东洋纺等公司先后研制出亲水性聚酯和聚酰胺纤维。近年来，我国在亲水性聚丙烯腈、聚酯纤维织物等方面的研究工作也取得了可喜的进展。

亲水性纤维是一种高附加值的纤维，随着纤维亲水性的改进，纤维的其他性能诸如抗静电性、防污性、染色性及保暖性等都将随之发生变化。开发亲水性纤维还常采用复合技术,通过一种改性方法同时改进纤维几种性能的复合技术常常带来意想不到的效果,同时对开发纤维新品种具有一定的借鉴作用。

第一节　纤维的亲水性

就纺织纤维而言,亲水性一般是指纤维吸收水分并将水分向邻近纤维输送的能力。由人体皮肤表面分泌出来的水分有两种形式,即气态的湿气和液态的汗水,因此一般习惯上将纤维的亲水性按机理分成吸湿性和吸水性两种形式。

气态水分受到纤维表面和内部的化学及物理作用而被吸收,这种性质称为纤维的吸湿性。吸湿性主要取决于纤维的化学结构,与物理结构也有较大关系。纤维的吸湿性的强弱常用吸湿率表示。它指单位质量的绝干纤维在一定温湿条件(如 20℃,相对湿度 65％)下所能吸收的水分量。吸湿性对纤维的力学性质、电学性质及热性质等都有影响。一般来说,纤维的模量、强度、弹性回复等均因纤维吸湿而降低。纤维的吸湿性好,不易产生静电,有利于纺织染整加工,穿着舒适性好。纤维吸收水分后,其耐热性有所减弱,特别是在水中,纤维高分子的玻璃化温度有明显的降低,容易发生变形或导致纤维制品的尺寸不稳定。

液态水分在纤维表面扩散,被纤维中的空隙、毛细管和纤维之间的空隙所吸收并握持,这种性质称为纤维的吸水性。吸水性的强弱既与纤维化学结构有关,也与物理结构相联系。对于疏水性纤维,后者起主要作用,即纤维中的空隙或毛细孔是决定其吸水性大小的主要因素。吸水性的定量描述可采用测定纤维保水率的方法来进行。

如前所述,纤维的亲水性可以解释为纤维吸收水分和传输水分的能力。它主要取决于纤维的化学结构和物理结构。纤维吸收水分后,力学性能、热性能、电性能等都会发生变化,这些变化将直接影响纤维制品的服用性能。

一、影响纤维亲水性的主要因素

纤维的亲水性取决于其化学结构和物理结构。纤维大分子中的极性基团,常见的有羧基($-COOH$)、酰氨基($-CONH-$)、羟基($-OH$)、氨基($-NH_2$)等,都是亲水性基团,对水分子有相当的亲和力,主要是通过氢键和水分子的缔合作用,使水分子失去热运动的能力,留存在纤维中。因此,纤维高分子结构中亲水性基团的数目越多,基团的极性越强,纤维的亲水性越好。部分极性基团的亲水性大小按以下顺序排列:

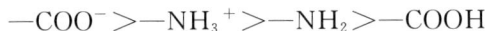

$$-COO^- > -NH_3^+ > -NH_2 > -COOH$$

天然纤维无论是动物纤维还是植物纤维,都含有较多的能够与水分子缔合的亲水基团,因为它们都是靠水分而形成,因而天然纤维的吸湿率和保水率都很高。聚酯、聚酰胺和聚丙烯腈等合成纤维中不仅所含亲水性基团数量少,而且基团的极性也弱,故吸湿率和保水率相对较低。

表11-1列出了几种天然纤维和合成纤维的吸湿率和保水率。天然纤维和黏胶纤维的回潮率和保水率都很高,而合成纤维无论是对气相或液相水的吸收率都很低,它们的回潮率与天然纤维相比几乎低1~2个数量级,特别是应用广泛的涤纶、腈纶和丙纶,亲水性很差。

物理结构也是决定纤维亲水性的重要因素。一般认为,在纤维高分子的结晶区和高序区,活性基团之间形成交联,如纤维素中的羟基间或聚酰胺中的酰氨基团之间形成氢键,所以水分子不容易扩散或渗入这些区域,这些区域就呈现疏水性。除了结晶度影响纤维的吸湿性以外,晶区的大小对吸湿性也有影响。一般来说,晶区小,晶粒表面积大,晶粒表面未键合的亲水基团也多,亲水性也高。而在非晶区或低序区以及形态结构粗糙、微孔或空隙很多的区域,水分子易于扩散和停留,这些区域就表现为亲水性。因此,纤维中各个部分所占比例大小直接影响纤维亲水性的大小。

表11-1 各种纤维的亲水性

纤维种类	羊毛	棉花	丝	黏胶纤维	聚酰胺4	聚酰胺6,聚酰胺66
回潮率①(%)	14~16	6~9	8~9	12~14	7~9	4.5~5.5
保水率②(%)	42	45~48	—	60~110	—	10~13

①回潮率即指相对湿度为65%时,纤维对气相水的吸收。

②保水率即指纤维对液相水的吸收。

二、纤维亲水性与服用舒适性的关系

由于大分子化学结构中的亲水基团而引起的吸湿和吸水,以及多孔疏水性合成纤维及细特合成纤维由于毛细间隙引起的吸水,对于衣着材料都是有价值的特性,直接影响衣服穿着时的舒适性和卫生性。

从生理角度考虑,纤维制成的衣料在使用时能调节体温和保护机体。正常人因新陈代谢而从体内散发出热量是通过呼吸、皮肤的传导、对流、辐射以及汗水蒸发等形式进行的。当环境温度低于25℃时,对流和辐射等非发汗蒸发传热是主要的,此时体内水分经皮肤向外界传输的过程称为不感蒸发;如果环境温度在30℃以上,环境与人体的温差小,发汗蒸发作用就成为主要的体温调节形式了,此时的不感蒸发变成感知蒸发。人体处于静止状态下,不感蒸发量约为$15g/(m^2 \cdot h)$。如果人所处的环境温度较高或从事重体力活动,从人体皮肤表面蒸发出来的水分量(发汗量),亦即感知蒸发量,约在$10015g/(m^2 \cdot h)$。图11-1为不感蒸发和感知蒸发的模型示意图。

从皮肤表面蒸发的气态水分,首先被纤维材料所吸湿,然后由材料表面放湿。同时,纤维内部的孔洞(微孔、毛细孔和表面缺陷等)以及纤维之间的空隙所产生的毛细管效应,也使水分在材料中吸附、扩散和放湿。两种作用的结果导致水分发生迁移。前一种作用主要与纤维大分子

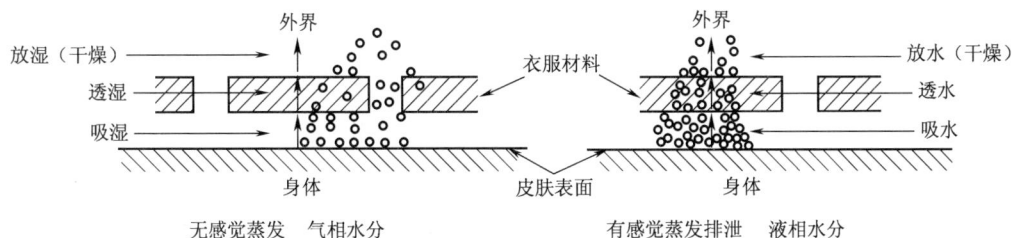

图 11－1　不感蒸发和感知蒸发的模型示意图

的化学结构有关,后一种作用则与纤维的物理结构相关。液态水分也是一样,被纤维材料吸收后,从材料表面放出,这一过程即干燥。如果人体能够供给无限量的水分,那么材料吸水、放水(干燥)的同时,水分也在纤维内部的孔洞以及沿着纤维表面不断迁移。另外,水分迁移能力和放湿能力除取决于纤维的特性外,纤维的密度、重量、组织及商品的设计影响也很大。所以,就纤维的亲水性而言,既包括纤维吸收水分的能力,也包括传输水分的能力。近些年来,市场上出现较多的吸湿排汗纤维是指具有吸收气相水分性质的纤维,属于亲水性纤维的范畴。它们多是采用异形截面、微孔等途径实现的。例如用疏水性的合成纤维作表层,亲水性的天然纤维作里层,这样制成的双重结构的运动服以及布表面凹凸(以减少和皮肤的接触面积)的绉纱内衣均是众所周知的。高吸水涤纶微孔吸水过程如图 11－2 所示。

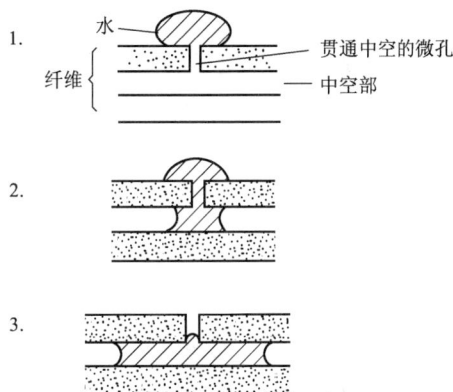

图 11－2　高吸水涤纶微孔吸水过程

吸湿性对纤维的力学性质、电学性质及热性质等都有影响。一般来说,纤维的模量、强度、弹性回复等均因纤维吸湿而降低。纤维的吸湿性好,不易产生静电,有利于纺织染整加工,穿着舒适性好。纤维吸收水分后,其耐热性有所减弱,特别是在水中,纤维高分子的玻璃化温度有明显的降低,容易发生变形或导致纤维制品的尺寸不稳定。

第二节　合成纤维亲水化改性方法

为了改善合成纤维织物因疏水性质而引起穿着时的闷热感,人们往往采用与天然纤维或再生纤维混纺的办法。例如,涤纶与棉混纺,所得织物兼有涤、棉两种纤维的优良性能。这种方法至今仍是一种混纺纤维间取长补短、开发纺织新产品的好方法,但对于提高纤维的亲水性却十分有限。因此,直接对合成纤维进行亲水化改性方法的研究越来越多,其中许多方法已付诸工业化生产。要使合成纤维亲水,总的方向就是要使合成纤维在保持原有基本特性的基础上,具有类似天然纤维的亲水性能。要赋予合成纤维亲水性能,就必须使合成纤维具有类似天然纤维的亲水基团和亲水结构。要在纤维中引进各种亲水基团,通过它们建立氢键与水分子缔合,使水分子失去热运动的能力,暂时留存在纤维上。常见的亲水基团有羧基(—COOH)、酰氨基(—CONH—)、羟基(—OH)、氨基(—NH$_2$)等。纤维中出现的孔隙、微孔、裂缝,既可以成倍地增加比表面,通过表面效应依靠范德瓦耳斯力吸附水分子;又可以通过毛细管效应吸收和传递水分。使纤维出现孔隙、微孔、裂缝的方法也很多,有共混法、化学处理法、孔洞固定法和纤维截面异形化法等。

目前,合成纤维亲水化的方法大致可分为化学方法和物理方法两大类。化学方法包括:与亲水性单体共聚、亲水性单体接枝改性、纤维表面的亲水化处理、与亲水性组分共混及含亲水性组分的复合纤维。物理方法则主要有使纤维具有多孔结构、表面粗糙化及横截面异形化等。从下面五个方面叙述合成纤维亲水化方法。

一、大分子结构的亲水化

天然纤维之所以有良好的亲水性,其主要原因在于纤维大分子中含有大量的亲水性基团,所以通过均聚或共聚在纤维大分子主链上引入亲水性基团,是改进疏水性合成纤维亲水性的有效方法之一。

以聚酰胺纤维为例,它的大分子基本结构中存在亲水性的酰氨基(—CONH—)。但聚酰胺6或聚酰胺66的吸湿性只有4.5%左右(在空气中,相对湿度65%),与棉纤维的吸湿性相比相差很大,主要原因之一是酰氨基在整个大分子的比例太少。若设法增加酰氨基的比例,减少非极性的亚甲基(—CH$_2$—)的比例,则纤维的吸湿性就明显增加。表11-2列出的各种脂肪族聚酰胺纤维的吸湿率数据充分说明了这个问题,其中,聚酰胺4的吸湿率甚至超过棉纤维。

表11-2 几种脂肪族聚酰胺纤维的吸湿率

纤维种类	单体名称	大分子基本结构式	吸湿率(%)	
			相对湿度65%	相对湿度100%
聚酰胺4	丁内酰胺	$\text{—[NH(CH}_2\text{)}_3\text{CO]}_n\text{—}$	9.1	12.8
聚酰胺6	己内酰胺	$\text{—[NH(CH}_2\text{)}_5\text{CO]}_n\text{—}$	4.3～4.7	9.5～11.0
聚酰胺8	辛内酰胺	$\text{—[NH(CH}_2\text{)}_7\text{CO]}_n\text{—}$	1.7～1.8	3.9～4.2
聚酰胺10	癸内酰胺	$\text{—[NH(CH}_2\text{)}_9\text{CO]}_n\text{—}$	1.25～1.40	3.9～4.2
聚酰胺12	十二内酰胺	$\text{—[NH(CH}_2\text{)}_{11}\text{CO]}_n\text{—}$	1.3	1.5～2.7

1. 改变大分子结构的规整性 聚酰胺纤维的结晶度及晶区的大小对纤维的吸湿性具有明显的影响。结晶性越好,吸湿性越差。根据这个原理,启发人们去寻求改善聚酰胺6和聚酰胺66吸湿性的新方法。这就是通过共聚的途径,改变大分子结构的规整性,从而适当降低纤维结晶度或缩小晶区的方法。这样,就能够使部分原来处于结晶状态的酰氨基脱除出来。虽然由于

少数其他单体的加入,使这类改性聚酰胺 6 或聚酰胺 66 中的酰氨基数目有所减少,但是处于游离状态、能够形成氢键与水分子缔合的酰氨基数目增多,所以纤维的吸湿性和吸水性就会出现明显的提高。例如,在聚酰胺大分子结构中导入哌嗪环,所制成的聚酰胺纤维具有与蚕丝相仿的吸湿率。这类导入哌嗪环的聚酰胺,由于对二胺的缩聚活性大,能在温和的条件下缩聚。

2. 在大分子主链上引进亲水基团　聚酯纤维是一种结晶性纤维,大分子主链上不含亲水性基团,是疏水性的,吸湿性差。其制品(尤其是内衣类)的吸湿、透气性差,穿着不舒适,所以改进聚酯纤维亲水性的研究工作历来受到人们重视。采用共聚的方法在聚酯大分子主链上引进亲水性基团,改进纤维亲水性的研究工作很多。例如,用一定相对分子质量的聚乙二醇与对苯二甲酸乙二酯进行缩合共聚,或者在聚酯缩聚阶段加入亲水性单体共聚等都可达到使大分子结构亲水化的目的,所得改性聚酯具有良好的可纺性,纤维的亲水性和手感都得到明显改进。再如,聚酯—聚醚嵌段共聚物、用硼氧化物和聚亚烷基二醇改性的聚酯、含间苯二酸磺酸酯单元的双羟乙酯-5-间苯二磺酸钠—乙二醇—对苯二甲酸二甲酯的共聚物、磺酸盐改性的聚酯等,用这些共聚酯或与未改性的聚酯共混熔融纺丝,制成的纤维的亲水性都有很大改进。

通过在纤维大分子主链上引进亲水性基团改进纤维亲水性的方法,对其他合成纤维也同样适用。例如,丙烯酸与丙烯腈共聚,可提高丙烯腈共聚物的吸湿能力;增加常规丙烯腈共聚物中第二单体(丙烯酸甲酯)的含量,纺丝成型后用 NaOH 水溶液处理纤维,使大分子链上的酯水解为酸,从而引入羧基,改进纤维的亲水性;用乙烯基吡啶或二羰基吡咯化合物作为丙烯腈的共聚单体,可以制取吸湿性聚丙烯腈纤维;采用氯乙烯或偏氯乙烯与丙烯腈共聚,湿法纺丝,所得纤维经 100℃ 的 NaOH 水溶液处理,水洗,干燥后其吸水量高达 950g 水/g 纤维。

应该指出,除聚酰胺纤维外,大分子结构的亲水化方法并不理想。因为亲水性单体在共聚物中所占的比例较少,纤维吸湿性的改善不明显;若亲水性单体引入较多,则会使纤维原有的优良性恶化。所以,实际上亲水性单体的加入量只能适可而止,纤维吸湿率的提高也是十分有限的。

二、与亲水性物质接枝共聚

接枝是指在有一种或几种单体生成的大分子主链上接上由另一种单体组成的支链的共聚反应。在纤维改性中,接枝反应常常在纤维成型后进行。通常是利用引发剂或高能射线(电子束、紫外线)照射,或用等离子体处理,使纤维表面产生游离基,然后亲水性单体(如丙烯酸、甲基丙烯酸、甲基丙烯酸羟乙酯等)在游离基上进行接枝聚合,从而形成有耐久性的、吸水性的、抗静电的新表面层。同样达到增加纤维中亲水基团的目的,采用纤维与亲水性物质进行接枝共聚的方法,要比大分子结构亲水化的方法可行。

早在 20 世纪 60 年代初,就曾有人利用放射线使丙烯酸、无水顺-丁烯二酸与聚酰胺 66 纤维接枝共聚,并用无机盐溶液进行处理,使纤维的亲水性和耐热性得到改进。

通过 [60]Co 放出的 γ 射线进行辐射,可将丙烯酸接枝到聚酰胺 6 纤维上。用上述同样方法,也可使丙烯酸接枝的聚酰胺 6 转换成钠盐或钙盐。丙烯酸钠盐接枝的纤维回潮率最高,且接枝量越高,回潮率一般来说也越高,见图 11-3。

用丙烯酸接枝的聚酰胺 6 纤维由于表面活性降低,附着在纤维上的油污很容易洗去。

也有研究者用各种方法使亲水性单体在聚酯纤维表面进行接枝聚合,以改善聚酯纤维的亲水性,但涤纶的表面接枝聚合比较困难。

另外,利用辐射加工可节约能源,减少环境污染。低温等离子体主要由带电粒子

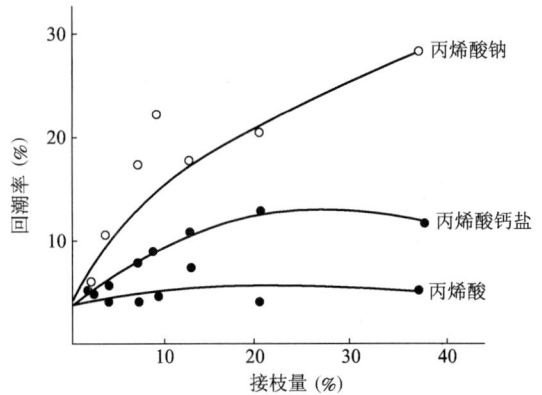

图 11-3   接枝百分率与回潮率的关系

和中性离子组成,由于其中含有大量的活性中心,常被用于高分子材料的改性。低温等离子体对聚酯纤维进行表面改性后,吸湿性有较大提高,约为未处理样品的 1.5~2 倍,这是由于处理后纤维中引入了—OH、—NH$_2$、—COOH 等亲水性基团,纤维的结晶度、取向度也下降了,所以纤维的吸湿性能提高。低温等离子体在聚合物表面改性是一种清洁并且可持续发展的技术,利用等离子体能够赋予纤维种类繁多的性能,并且有些性能是常规工艺所不能实现的。

关于聚丙烯腈纤维接枝改性的研究,日本的东洋纺织公司使用酪素蛋白与丙烯腈接枝共聚,以氯化锌水溶液为溶剂进行湿法纺丝,纺制出改性聚丙烯腈纤维。爱克斯伦公司用丙烯酸盐和丙烯酰胺的共聚物与聚丙烯腈纤维反应,制成超吸水纤维"兰西尔 F"。据称这种纤维可吸收自重 150 倍的水分。我国曾用丝肮蛋白接枝丙烯腈,试制出吸湿性丝肮接枝聚丙烯腈纤维;后又有用猪毛 α-蛋白接枝改性聚丙烯腈纤维的小试。

综上所述,除了丙烯腈与天然蛋白的接枝共聚以外,一般认为,与亲水性物质接枝共聚法和大分子结构亲水化方法类似,均不够理想。因为亲水性物质接枝的量不多的话,纤维的吸湿性改善不够明显。若接枝的量足已能满足吸湿要求的话,往往又使纤维丧失原有的一些优良特性,如染色牢度下降,手感硬化等。因此,实际上亲水性物质接枝的数量一定要控制在一定范围内。

三、纤维表面的亲水化

合成纤维表面亲水处理,可以是在纤维状态进行表面处理,也可以是对合成纤维织物进行表面处理。这种方法的生产工艺比前两种方法更简单,特别是对合成纤维(如锦纶、涤纶、腈纶)织物进行表面处理,工业化的产品甚多。

纤维或者织物表面亲水处理的关键是要有优良的亲水整理剂。通常,亲水整理剂与纤维大分子不形成化学键缔合。

一般的亲水剂往往是亲水性越强,亲水性基团就越大,在纤维热处理及使用过程中容易使染料(特别是分散染料)发生渗色现象,降低染色牢度,所以在选择亲水剂的同时要兼顾纤维的染色性能。耐久性主要指两个方面。首先,亲水性应能与纤维牢固地结合在一起,有良好的耐洗涤性、可挠曲性;其次,亲水剂本身应具有持久的亲水作用,化学性质稳定,不因遇光、热或化学物质而改变其亲水性质。

目前使用的亲水整理剂大致分为两类。一类是丙烯酸系单体。在整理过程中,他们往往与纤维表面的大分子通过引发游离基进行接枝共聚。一类是亲水整理剂商品。亲水整理剂的结构一般由两个部分组成。第一部分就是亲水性部分。这种亲水性结构一般要求耐洗涤,有持久的亲水效果,要能够使水在织物表面迅速扩散,而且化学性质稳定。具体来说,它们往往是聚醚类化合物或离子型表面活性剂。最典型的代表是聚氧乙烯基$\mathrm{-CH_2CH_2O-}_n$。第二个组成部分是固着性部分。固着性部分一般要求能形成柔软的薄膜,或者其结构是与合成纤维的分子结构相类似的单元,例如,用于聚酯纤维的亲水整理剂中的固着性部分往往是在整理过程中,通过焙烘能和被整理的聚酰胺纤维形成低的共熔结晶。

纤维或织物亲水整理的工艺一般分为浸渍法与浸轧法两类。在纤维或织物浸渍的过程中,提高附着的均匀性十分重要。因此,在操作过程中应注意升温的速度和盐类的添加,尽量使亲水整理剂中的有效成分均匀地凝集和吸附于纤维表面。

综上所述,纤维表面亲水处理法的优点是方法简便,成本低廉;能够在基本保持纤维原有特性的情况下,增加纤维的吸湿性和吸水性。但此方法的根本问题是亲水性的耐久性差,特别是耐水洗性差。

四、与亲水性物质共混

化学改性方法的基本出发点是采用化学方法,把各种亲水性基团引入到纤维中去,从而提高纤维的吸湿性和吸水性。通过实践,人们逐渐发现共混也是一种有效的方法。共混是在纺丝之前,把亲水性物质混入高聚物熔体或高聚物浓溶液,然后按常规纺丝方法进行纺丝就可以得到亲水性纤维。这里所说的亲水性物质,主要是亲水性高聚物,也有一些具有亲水性基团的低分子化合物。如用 4%~25% 的 N-己内酰胺和聚酰胺掺混纺丝,可以得到吸湿率为 8%~9% 的亲水性聚酰胺纤维;采用聚丙烯酰胺和聚丙烯腈共混制得高吸湿性的腈纶;用聚乙二醇衍生物、聚亚烷基二醇等亲水性高聚物与聚酯共混可以得到高吸湿的聚酯纤维。

虽然有不少关于采用亲水性组分共混的方法改进纤维亲水性的报道,但迄今几乎都未能实现工业化生产。主要原因是由于一般亲水性组分的价格都比较贵,使纤维的制造成本提高,而且共混后常常会影响纺丝原液的可纺性,使纺丝成型变得困难。亲水性共混组分的存在还往往影响纤维的其他品质,如耐热性、染色均匀性等,限制了此种改性方法的应用。

复合纤维也属于共混纤维的范畴。复合纤维就是将两种或两种以上成纤高聚物熔体或浓溶液利用其组成、配比、黏度或品种的不同,分别输入同一纺丝组件,由同一喷丝孔挤出成型,从而使一根纤维同时具有两种或两种以上的组分。纺丝时,选择一种亲水性组分和一种疏水性组分。前者使纤维具有亲水性,后者赋予纤维其他性能。由于两种组分的物理化学性质不同,复合纤维在吸湿、吸水后还往往显示自然卷曲的性质,使纤维具有良好的疏松性。如果用适当方法将复合纤维中某一组分剥离,则可制成超细纤维;用适当的溶剂将其中一种组分溶出,又可得到多孔或中空纤维。

以上四种亲水化方法都能改善合成纤维的亲水性,但都有其不足之处。

(1)用亲水性单体与合成纤维单体共聚或对其进行接枝的方法,由于使高分子化学结构发生改变,因此在改善亲水性的同时,也会使合成纤维失去某些优良的性质。

(2)用亲水性低分子化合物进行共混可能会降低合成纤维的耐热性和染色均匀性。

(3)合成纤维的表面亲水化很难达到永久的亲水化,且随着纤维织物洗涤、熨烫和日晒次数增加,纤维亲水性很快就会下降。

(4)复合纤维纺丝加工比较麻烦,喷丝结构复杂、孔数少且制造困难,产量也不如普通纤维高。

五、纤维微孔化和表面粗糙化

纤维的聚合物组成和吸水性有密切关系,而纤维的物理结构也是一个影响吸水性的重要因素。

1.纤维微孔化 该方法着眼于改变纤维的形态结构,使合成纤维也像棉、羊毛等天然纤维那样,具有许多内外贯通的微孔,利用毛细管效应吸水。因此纤维微孔化方法只能改善纤维的吸水性。但是这类纤维具有密度小、干燥快、保暖性好、耐污垢性能好等优点。除此之外,这种微孔纤维的力学性能与常规纤维相比较下降甚微。这类纤维的代表性品种是德国拜耳公司的Dunova,这种纤维以皮芯结构为特征,芯部是沿纤维轴向排列的很多互相连通的毛细管所形成的多孔结构,皮层是为了使湿气透过而在半径方向设置有连通孔而与芯部贯通,这类纤维的密度是普通纤维的70%。纤维除了具有30%(质量分数)的吸水性外,被吸收的水分能有选择性地保持在芯部的多孔结构内,皮层表面比较干燥,因此吸湿性能很好。羊毛的潮湿感觉为13%,棉为11%,而这种纤维为19%,比天然纤维还好。

2.纤维表面粗糙化 一般来说,而不能在纤维的晶区扩散,而仅能通过非晶区,因此非晶区域越多,其结构就越粗糙,水分子就越容易吸附、扩散、透水、透湿、放湿、放水等。通过改变纤维截面形状,使之异型化和粗糙化、超细化,可以达到提高吸水性的效果。

在纤维物理改性方法中,截面的异型化及表面的粗糙化对于提高纤维亲水性是十分简单而行之有效的方法。实现纤维的截面异型化,对熔纺纤维可以通过喷丝孔上孔的异型化来实现。对湿法纺丝的纤维就不太容易实现。纤维表面越粗糙,其亲水性就越好。

第三节　亲水性纤维的生产

如前所述,有不少方法可用于改进疏水性纤维的亲水性,但各种纤维的组成各不相同,因此在实际应用中,各种纤维获得亲水性的途径也各不相同。

一、亲水性涤纶

涤纶是典型的疏水性纤维,作为贴身衣服材料,它的穿着舒适性很差,尤其是当人体出汗时排汗困难,给人闷热不适的感觉。同时,吸湿性差也给织造带来一系列问题,如易积聚静电、易吸灰尘、去除油污渍难等。改善涤纶亲水性的方法大致可分为两类:一种是通过共聚(包括接枝和嵌段共聚)、共混、表面涂层等引入亲水性基团;另一种是改变纤维截面形状、减小单丝特数以及使纤维内部具有微孔型结构。实际应用中,除单独使用这两类方法外,还有将两种方法结合并用的趋势。

(一)亲水性涤纶的制造方法

1. 多孔型吸水涤纶的制造　制造多孔型涤纶的方法可分为三种,见表11-3。

表 11-3　制造多孔型涤纶纤维的方法及特点

方　　法	特　　　　点
溶出法	将添加改性剂的聚酯熔纺形成纤维后,用溶剂处理纤维,使改性剂溶出或部分溶出,纤维具有微孔结构
发泡法	在熔融过程中,聚酯和改性剂反应产生气体,在成型时,由于气体从丝条中逸出,便在纤维内留下微孔
相分离法	利用两种大分子结构不同的聚合物共混产生相分离,拉伸时形成微孔

(1)溶出法。该法所用的改性剂也叫成孔剂,有低分子和高分子两类。低分子通常在聚合阶段加入,以形成共聚酯;高分子则可直接用于共混纺丝,其结果都是使纤维内部结构非均匀化。由于改性剂对溶剂具有比对聚酯高的溶解常数,因此,当用溶剂处理时,产生不均匀的溶解而在纤维上留下微孔。日本帝人公司于1982年采用溶出法生产出了多孔型吸水涤纶短纤维,商品名称是Wellkey。溶出法制备多孔型亲水涤纶的生产工艺已比较成熟,流程如下:

均聚酯切片 ┐
　　　　　├→共混→干燥→纺制中空纤维→碱液处理→多孔型吸水涤纶
共聚酯切片 ┘

(2)发泡法。该法工艺路线较简单,例如将聚酯与聚碳酸酯进行共混纺丝,伴随着熔融过程,两种聚合物间进行酯交换而在熔体内产生二氧化碳气体。当熔体细流挤出喷丝口,发生孔口膨胀时,二氧化碳气体逸出丝条,而在纤维上留下微孔。

(3)相分离法。该法是利用不同聚合物之间相容性的差异,将聚酯与其他聚合物共混,其共混物在熔融纺丝过程中形成相界面,在拉伸过程中,共混物组分之间将在相应位置沿拉伸方向发生界面相分离,形成微孔结构。

多孔型吸水涤纶是化学和物理改性并用的改性涤纶,改性前后,不但纤维的化学组成发生了一定的变化,而且纤维的形态结构也发生了变化。

2. 接枝改性涤纶 接枝是纤维大分子链上接上另一种链节支链的方法。一般是在引发剂或高能射线如紫外线、^{60}Co 发出的 γ 射线照射条件下,或者采用低温等离子体处理使涤纶表面产生游离基,然后亲水性单体在游离基上进行聚合。接枝共聚物常兼有骨架聚合物和构成支链的聚合物的特性。利用这一特性,选择具有亲水性能的单体或聚合物作为支链在涤纶大分子上接枝,就可以赋予涤纶亲水性能。

用于接枝改性涤纶的单体或聚合物可分为两类,一类是丙烯酸及其酯类,如丙烯酸、甲基丙烯酸、甲基丙烯酸甲酯等;另一类是醇类,如乙二醇、聚二醇等。丙烯酸及其酯类分子链上都含有乙烯基,醇类大分子链上都含有羟基,它们都是亲水基团,所以接枝改性后纤维可以获得亲水性。

3. 表面处理的亲水涤纶 用含有亲水基团的表面处理剂处理纤维或织物,也可改善它们的亲水性。利用亲水整理剂,使之均匀而牢固地附着在涤纶表面产生亲水性的方法,其工艺简单易行,是近年来投放市场产品的主要加工方法。一般是选择一种合适的交联剂,采取一定的工艺,控制交联剂和水溶性高聚物的反应程度,从而使水溶性的高聚物的一部分亲水基团保留在纤维表面,使纤维的亲水性得到改善。三菱人造丝公司将涤纶织物浸渍在三甲基蜜胺、丙烯酸和乳化剂溶液中,再用蒸汽热处理 20min,洗涤,最终用 1‰硫酸镍溶液回流 20min,洗涤。经过处理后的织物具有良好的吸水性和防污性。近年来,日本东丽公司也采用这种方法对涤纶织物进行亲水整理。

这些表面处理剂大致分为五类。

第一类:非离子型乙氧基化的有机物、含有乙氧基的芳香族羧酸、聚酰胺类衍生物、具有不同链长的聚乙二醇—醚类衍生物。

第二类:阴离子型化合物、苯磺酸衍生物。

第三类:阳离子型化合物、含有二羟基二甲基胺的脂肪酸类衍生物。

第四类:丙烯酸类聚合物、丙烯酸与甲基丙烯酸的分散体系、丙烯酸与甲基丙烯酸酯的混合体系。

第五类:丝素、羊毛角蛋白及壳聚糖等天然高分子。

对纤维或织物进行表面处理的方法也有很多,遇到的主要问题是如何使得表面处理具有耐久性,即耐多次洗涤性。涤纶内部缺少活性中心,因此耐久性较差。

4. 异形截面亲水涤纶 普通的涤纶截面为圆形,表面完整而光滑,没有吸收和保存水分的能力。通过在纺丝时改变喷丝孔的形状可纺制异形截面的纤维,如中空纤维、三角形纤维、三叶形纤维、C 形纤维和 L 形截面的纤维等。使得纤维表面趋于不完整,不光滑,产生毛细现象而具有吸水能力;或者增大纤维的表面积,使纤维内的亲水基团(在纤维内含有亲水基团的情况下)更多地与人体表面接触,提高吸湿性。此外,异形截面纤维由于纤维间的接触面积小,纱线或长丝间的空隙率高。因此,由其制成的织物其透气性可提高 20％左右。由于涤纶大分子链上没有亲水性基团,所以仅靠改变纤维截面形状来改善纤维亲水性的效果不显著。一般是两种方法联合使用:先将 PET 与亲水性高聚物共混,然后纺制异形截面纤维,然后对纤维施以亲水性处理。

(二)亲水性涤纶开发的新进展

同其他生产技术和改进方法一样,涤纶亲水化的方法也经历着生产实践检验、市场竞争、优胜劣汰、继续发展和不断创新的过程。前面所说的涤纶亲水化的方法如共聚、共混、表面处理剂整理、异形截面、复合纺丝等仍继续被使用,除有新的改性剂、改性手段产生外,更有将各种方法相结合、共同作用的趋势。并且涤纶作为服用纤维也有向细特化发展的趋势。

1. 共聚、共混、异型截面和复合纺丝相结合　东丽公司采用共聚法制备 PET 和 PA6 嵌段共聚物,然后再与 PET 共混纺丝。将经 ε-己内酰胺/聚乙二醇/双(2-氨基)醚-己二醇盐嵌段共聚物作为芯组分,PET 作为皮组分。以50∶50的配比熔纺制得的亲水性纤维在标准状态下的吸湿率为 3.4％。

2. 表面处理剂的发展　亲水的水解聚酯的下脚料及蚕丝蛋白、羊毛角蛋白及壳聚糖等天然高分子溶液对涤纶具有较好的亲和力,都是较好的亲水整理剂。利用丝素及角蛋白等天然蛋白大分子对涤纶进行涂覆整理,在涤纶织物表面形成薄而柔软的蛋白膜,不仅能发挥涤纶自身的优良性能,又因表层具有蛋白质分子而改善吸湿性和穿着性,而且还具有一定的保健作用。壳聚糖来源丰富,是一种很有前景的吸湿整理剂,具有一剂多能的特点,经壳聚糖处理过的涤纶织物不但具有吸湿、抗静电的性能,还增加了抗菌、防霉等功能。

表面处理方法现在更多的是与共聚、共混、异形截面、复合纺丝的方法结合在一起,共同改善亲水性。

3. 涤纶的细旦化　涤纶的细旦化指纤维的单丝纤度(dpf)趋向更小。一般认为,dpf＜1 为细旦丝,dpf＜0.3 为超细旦丝。20 世纪 90 年代以来,细旦、超细旦纤维获得了较大的发展,尤其是细旦、超细旦涤纶。目前,世界上几乎各大纤维制造公司都有细旦和超细旦涤纶应市。微细化纤维织物制成的服装具有丝绸的手感、极佳的悬垂性,同时还兼具有吸水、透气性和穿着舒适性,从根本上改善了涤纶作为服用纤维的价值。

涤纶的亲水性除主要用来满足服用材料的要求外,也向功能型、多样化发展,以满足不同的需要。

二、亲水性腈纶

腈纶并不像涤纶或丙纶那样没有亲水性的极性基团。它的大分子上也存在着极性基团氰基,而且数量很多,极性很强。氰基也可以通过氢键的建立与水分子发生缔合,但是事实上却很少发生与水分子的缔合,原因就在于腈纶大分子之间的聚集态结构在起作用。

(一)多孔型吸水腈纶

通过电镜观察和纤维比表面吸附的测定,羊毛纤维从里到外都存在着许多裂缝、凹坑和孔隙,实际上它是一种微孔结构的纤维。对腈纶来说,特别是湿法腈纶,在凝固成型阶段,初生纤维中确实存在着从数纳米到上百纳米的许多微孔。随着拉升、干燥、热定型工序的进行,纤维中微孔基本上都发生致密化而大部分消失。在成品纤维中遗留下来的一些微孔孔径都很小,一般只有几纳米。通过比较羊毛纤维和腈纶的结构,为进一步改善腈纶的亲水性能提供了启示。近三十年来,人们为了提高腈纶的亲水性能,进行了大量的研究工作,其中最为成功、影响最大的就是多孔型吸水腈纶的开发。

吸水性微孔腈纶既能保持纤维原有的优良品质,又通过毛细效应大大改善了纤维的吸水性。并且由于微孔的存在,纤维还具有密度小、干燥快、保暖性好、耐垢性好等许多好的特性。

成孔的方法基本上有三大类。

1. 孔洞固定法 这种方法适用于湿法凝固成型的纤维。对腈纶湿纺过程中微孔结构形成及消失的过程深入研究发现,微孔结构的形成与原液组成、共聚物组成、凝固条件都有着十分密切的关系。具体的孔洞固定法有三种,比较现实的是干燥之前水蒸气处理法。水蒸气处理法的实质就是将经过拉伸、水洗的初级溶胀纤维先进行汽蒸热处理,然后再经过干燥工序。在纤维中,确切地说在微孔中的水分虽然蒸发,但微孔却保留下来。在干燥过程中没有发生致密化现象。

2. 孔洞稳定剂添加法 在腈纶原液中加入一种物质,待纺丝成型后,再设法从纤维中去除这种物质,使纤维中出现无数微孔。这种能使纤维中产生微孔的物质称之为孔洞稳定剂。这种方法的关键是寻找合适的孔洞稳定剂。在整个纺丝过程中,孔洞稳定剂必须不溶解于凝固浴。一旦纤维凝固成型后,要能从纤维中分离出去。一般认为德国拜耳公司已经实现了工业化的"杜诺瓦",就是在二甲基甲酰胺(DMF)的腈纶溶液中,加入少量(10%以内)丙三醇作孔洞稳定剂纺制成的。纤维中的微孔是在成型纤维经过水洗,洗去丙三醇之后出现的。

3. 高聚物共混法 在腈纶原液中混入少量的另一种高分子物,通过纺丝成型就可以形成微孔纤维。这种微孔纤维是一种共混合金纤维,利用二种高聚物的相分离,在相界面上形成许多孔隙。高聚物共混相分离的方法既不需要任何回收装置,又没有任何新的废气产生。共混腈纶工艺与常规腈纶(同样是湿法成形)的主要区别就在于选择合适的分散相高聚物,制备腈纶共混原液。纺丝成型工艺和后处理工艺两者相仿。

湿法共混多孔腈纶工艺的基本流程如下:

共混原液的制备→湿法凝固成型→水洗→拉伸→干燥定型→卷曲轴→切断打包

(二)与亲水性物质接枝共聚腈纶

接枝共聚是一种较好的提高纤维吸湿性能的改性方法。在这方面研究最多的是聚丙烯腈与蛋白质接枝共聚。酪蛋白改性腈纶由游离酪蛋白、接枝共聚物和聚丙烯腈三元共聚体系组成,各组分质量分数对酪蛋白纤维的性能具有很重要的影响,其中酪蛋白质量分数对牛奶蛋白纤维的结构性能、加工性能和服用性能起决定性的作用。日本东洋纺织公司的 Chion 就是用聚丙烯腈和酪蛋白接枝共聚，以 $ZnCl_2$ 为溶剂湿法纺丝而制成的。

经过亲水化改性的腈纶织物用途广泛，可用作服用材料，加工成穿着舒适和卫生良好的内衣。也可用作医疗卫生材料、防止结露的材料及用作油水分离和吸油材料。

三、亲水性锦纶

聚酰胺纤维是指其分子主链有酰胺键 $\begin{smallmatrix}O\\\parallel\\-C-NH-\end{smallmatrix}$ 连接起来的合成纤维，聚酰胺纤维大分子中虽然有亲水的酰胺基，但使用最广泛的锦纶 6 和锦纶 66 只能称为弱亲水性纤维。作为贴身服饰面料，其穿着舒适性差，尤其当人体出汗时排汗困难，给人闷热不适的感觉。为了获得高吸湿性的聚酰胺纤维，世界各国采用各种改性方法，从大分子结构着手，或采用和亲水性组分共聚共混纺丝，或接枝共聚，或后整理加工等方法，都已取得了良好的效果，其中有些已经工业化生产。

（一）大分子主链化学结构的改性

合成纤维的亲水性与纤维大分子的化学结构有关。聚酰胺纤维的亲水性随着大分子中极性酰胺基团—CONH—与非极性的亚甲基—CH_2—比例而变化。所有的聚酰胺纤维中，产量最大是锦纶 6 和锦纶 66，其吸湿率仅在 4.5% 左右。为了提高聚酰胺纤维的吸湿性，前期重点研究了锦纶 4（聚丁内酰胺）。锦纶 4 的单体是 α-吡咯烷酮。该法工艺成熟，但工艺路线长、成本高。

α-吡咯烷酮在强碱性物质存在下，进行阴离子活化聚合成聚丁内酰胺，反应式如下：

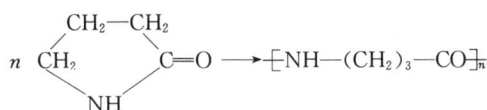

$$n\ \underset{NH}{\underset{\diagup\ \diagdown}{CH_2}}\overset{CH_2-CH_2}{\overset{\diagup\qquad\diagdown}{}}C{=}O \longrightarrow -[NH-(CH_2)_3-CO]_n$$

聚丁内酰胺可以进行干法纺丝、湿法纺丝或熔融纺丝。由于聚丁内酰胺吸湿率高，所以纺前干燥特别重要。锦纶 4 纤维强度 3.1~4.0cN/dtex，伸长 20% 左右，回潮率达 8%~9%，与棉相近。锦纶 4 熔融纺丝的不稳定性使其在熔纺时产生很多技术上的困难，热稳定性差的难题至今尚未解决，使得锦纶 4 无法进一步的发展。

锦纶 2、锦纶 3 和锦纶 5 的合成和纺丝也有资料报道，但至今都没有进入工业化生产。

（二）共聚法

在聚酰胺纤维大分子中引入亲水基团—COOH、—NH_2、—CN、—OH 等，是提高聚酰胺纤维吸湿性最为有效的方法。把含有极性基团的短链接枝在大分子链上的方法称为接枝共聚法；把含有极性基团的单体共聚入大分子主链则称为嵌段共聚法。

1. 接枝共聚　杜邦公司用辐射引发聚合，将亲水性组分在锦纶 66 长丝上接枝共聚获得高吸湿性的纤维。接枝聚合大都是非均相反应,通常接枝反应发生在非晶区,因此接枝后纤维的力学性能只是稍有变化,而吸湿性、可染性有很大提高。接枝共聚是提高纤维吸湿率的一种较好的方法,但工艺复杂,成本高,较难实施工业化。

2. 嵌段共聚 Sun 石油产品公司和 Snia 纤维厂已联合开发生产出一种新型合成纤维,即纤维 S(Fiber S)。纤维 S 是一种共聚酰胺,是由聚酰胺 6 与聚二噁酰胺熔融共混而形成的一种嵌段共聚物。

纤维 S 的手感与棉相似,各种气候下穿着都特别舒服。

(三)改变纤维的物理结构

纤维的物理结构是影响纤维亲水性的重要因素。通常,水分子不能在纤维晶区扩散,仅能通过非晶区。纤维中非晶区含量高,纤维中存在微孔、中孔、表面粗糙,水分子容易被吸附、扩散、透水、透湿,所以改变纤维截面形状,使之异形化、超细化、表面粗糙化、微孔化可以提高纤维的亲水性。

采用特殊的截面,可以由毛细管现象提高纤维的吸水性,赋予聚酰胺纤维吸水性的主要方法就是改变纤维截面形状。旭化成的 L 形截面锦纶长丝,洗涤后吸水性不变化,说明截面特殊性能赋予高的吸水性。钟纺公司开发的纤维表面有条缝隙的中空锦纶 6 具有吸水、重量轻等特点,商品名为 Killat N。

(四)后整理加工

作为纤维亲水化后整理方法,其一是将具有亲水基团的单体或低聚物在纤维表面上聚合、交联,或以一层薄膜状态固着在单纤维表面;其二是将具有与纤维基质高分子有强的亲和性基团的亲水性化合物在纤维表面吸着后,经过热处理使其固定在纤维表面。这种对纤维或织物表面亲水化整理,提高了水分子迁移能力,并且利用毛细管现象增加了纤维间吸水速度,制成的织物适用于女衬衣、内衣、衬里、运动服等。另外,近来还出现了以 SiO_2/TiO_2 复合水溶胶对锦纶织物进行超亲水整理的研究。

第四节 纤维亲水性的检测

亲水性合成纤维与普通合成纤维相比较,在纤维的结构上有明显的差别,亲水纤维表面和内部均有各种大小不等的微孔。如果只采用常规的合成纤维的检测方法和手段,很难反映亲水纤维这一重要的特性。本节重点介绍微孔和亲水性的检测方法。

一、微孔性质的检测

对采用物理改性方法获得的亲水性合成纤维而言,微孔是极为重要的特征。亲水性纤维的吸水性能强弱,是由纤维内外微孔尺寸的大小、数量的多少、微孔间相连程度所决定的。测亲水性纤维的微孔,大多需借助现代微结构测量技术,如压汞法、X 射线小角散射法、气体吸附法、电子显微镜等。根据测量结果,常用孔径、孔径分布、比表面积、多孔纤维的形态等微孔结构参数,来表征亲水纤维微孔的性质。

纤维的微孔孔径及分布可用压汞法和 X 射线小角散射法来测定。这两种方法测定的微孔半径范围分别为 1.8～7500nm 和 1.5～100nm。对于不同亲水纤维,其微孔尺寸及分布各不相同,因此按照纤维内部微孔尺寸范围,选择合适的测量方法是必要的。

压汞法是测量孔径及孔径分布的一种实验方法。对一般有机物而言,汞是一种非浸润液体,汞要渗入这些物质的内部,需要外部的压力,压力的高低可作为微孔大小的量度。假设微孔是半径为 R 的圆形柱孔,则有如下关系:

$$p\pi R^2 = -2\pi R\sigma\cos\theta$$
$$R = -2\sigma\cos\theta / p$$

式中:p——外界压强,kgf/cm²(1kgf/cm²≈98.2kPa);

　　　R——微孔半径,10^{-1}nm;

　　　θ——汞与孔壁接触角,(°);

在 20℃条件时:θ=140°,σ=4.80×10^{-3}N/cm。

上式表明,一定的压强值,对应一定的孔径值,而对应的汞压入量,相当于孔径的孔体积。对于亲水性多孔纤维,只要从实验上测定各个压强点下的汞压入量,即可求出其孔径及孔径分布。

X 射线小角散射法理论上可反映体系中 1.5～100nm 的微孔,测定孔径为 20nm 以下的纤维孔径较为有效。固体聚合物中的孔隙是光学不均匀体系,以 X 射线为入射光源,由于 X 射线波长为 0.1nm 数量级,因此只能在很小的范围内观察到光的散射。散射光的强度和散射角度与孔隙的尺寸、形状、分布等有关,所以可利用该法测量纤维内部的微孔尺寸。

以 X 射线小角测量法检测微孔,以 Fankchen 分析法为基础,假设微孔为均一球状,并忽略微孔之间的相互干涉,其散射强度公式:

$$I(S) = I_e Nn^2 \exp(-S^2 R^2 / 5)$$
$$I_e = I_0 e^4 / m^2 c^2 r^2$$
$$S = 2\pi\theta / \lambda$$

式中:I_e——一个电子的散射强度;

　　　N——微粒数目;

　　　n——粒子内总电子数;

　　　S——衍射矢量;

　　　R——粒子半径;

　　　I_0——X 射线的强度;

　　　e——电子的电荷数;

m——电子静止质量；

c——光速；

r——试样与测量点间的距离；

λ——X 射线波长；

θ——散射角，(°)。

上式取对数：

$$\lg I(S)=\lg I_{e}Nn^{2}-\left[\frac{1}{5}(2\pi/\lambda)^{2}R^{2}\lg e\right]\theta^{2}$$

可见散射强度 $\lg I(S)$ 与散射角 θ 的平方呈直线关系。直线的斜率与截距分别与微孔半径和微孔容量有关。设斜率为 d，可按下式求出微孔半径 R：

$$R=0.8314\sqrt{d}$$

二、纤维亲水性测定

亲水性纤维具有较强的亲水性能、较快的排湿性能和较高的孔隙度等物理性质。这些性质包括纤维的吸湿和吸水两个方面，可用吸湿率和保水率来表示。

1. 吸湿率　纤维表面和内部化学基团对气体的水的吸引或物理的吸附即称为吸湿性。纤维的吸湿率(也叫回潮率)，指的是单位绝干重量的纤维，在一定温度、湿度的外界条件下，达到吸湿平衡时所能吸收的水分的量。吸湿率计算公式为：

$$M=\frac{W_{0}-W}{W}\times100\%$$

式中：M——吸湿率，%；

W_{0}——纤维试样吸湿平衡时的重量，g；

W——纤维试样绝干重量，g。

测定纤维吸湿率方法有很多，可归纳为直接测定法和间接测定法两类。直接法是将含有水分的纤维先去除水分，再称取纤维干重；或直接测得水分的含量，然后按吸湿率公式计算吸湿率。间接法不去除纤维上的水分，而是通过其他方法来检测纤维的水分，经计算而得吸湿率。

2. 保水率　液态的水被纤维表面扩散和纤维内部孔隙所握住，这种特性称为吸水性。通常吸湿性强的亲水纤维，其保水性也较大。反之，保水性强的亲水纤维，其吸湿性不一定强。保水率用单位绝干重量的纤维所含有的不能用机械方法除去的水分：

$$N=\frac{G_{0}-G}{G}\times100\%$$

式中：N——保水率，%；

G_{0}——经过一定机械方法除水后纤维的重量，g；

G——绝干纤维的重量，g。

保水性大小是纤维吸水性强弱的体现。有多种测定保水率的方法,其间无统一标准,所得数值亦不尽相同。例如,布袋法是将纤维封入布袋并浸于水中一定时间后称其重量,求算保水率。离心法则将纤维置于离心机中以一定速度离心脱水,然后测定纤维中所含不能用机械方法除去的水分量等。

要全面反映亲水纤维的性质,还需要检测亲水纤维的干燥速率、浸润密度和孔隙度等数值。根据纤维的用途,可能还需要检测纤维的吸湿性如滴水扩散时间,速干性如蒸发速率及透湿性等指标。随着亲水纤维的开发应用,纤维的力学性能、染色性也是不可忽视的,而它们的检测方法基本上与常规纤维相仿。同时考虑到亲水织物的亲水性和人体穿着舒适性密切相关,所以有时亲水纤维的舒适性也需检测。

思考题:

1. 什么是纤维的亲水性?

2. 影响纤维亲水性的主要因素有哪些?

3. 纤维的亲水性可通过哪些途径获得?

4. 纤维的亲水性与服用舒适性有什么关系?

5. 亲水性合成纤维与普通合成纤维相比,结构和性能有哪些不同?

第十二章　离子交换纤维及纺织品

本章学习要点：

1. 了解离子交换纤维及纺织品的研究发展及应用领域。
2. 掌握离子交换纤维的分类与物理、化学性能。
3. 掌握离子交换纤维及织物的生产方法。

第一节　概　述

一、离子交换纤维及织物的含义

离子交换纤维(IEF)主要是指具有高效离子交换与吸附、化学反应催化、生物活性等功能的纤维状高分子功能材料，实质上是以纤维为骨架的离子交换剂。与其他离子交换材料一样，离子交换纤维中含有固定离子和与其电性相反的活动离子，即可交换离子，可与溶液中同电性离子进行交换，故称为离子交换纤维。离子交换纤维的离子交换基团大多存在于纤维表面。

与颗粒状离子交换树脂(一般粒径为 0.3~1.2mm)不同，离子交换纤维单丝直径一般为 10~50μm，超细纤维单丝直径甚至可达 1μm 以下，而长度可达数千米以上，纺丝成纱后可以制成针织物、机织物、编织物和非织造布等，即离子交换织物。此类织物用于各种离子交换与吸附过程，具有许多离子交换树脂无法比拟的优点。

(1)形状多样，可以制成多种形状使用，易于制成各种组件，并可根据其应用目的而选择其最好的形状，使其在工程应用上更为灵活和简易。

(2)交换容量大，比表面积大，交换速度快，具有明显的动力学优势，并且具有吸附效率高、易于再生等优点。

(3)再生速度快，循环使用次数多，使用中纤维损耗低。

此外，也可先将原纤维织物化后再进行化学改性或用接枝的方法制备离子交换织物。

另外，许多具有配位螯合作用的螯合纤维与离子交换纤维的化学结构相同或近似，可与金属离子形成多配位络合物，具有比离子交换纤维更强的化学吸附分离功能，是一类特殊的离子交换纤维。

二、离子交换纤维的研究概况

离子交换纤维最早出现于 20 世纪 40 年代，F. M. Ford，W. P. Hall 及 D. Guttorie 等首次采

用磷酸化和胺化的方法,制得了具有一定离子交换容量的阴、阳离子交换纤维棉,通过对天然纤维进行化学改性的方法开创了该研究领域的先河。

20 世纪 70 年代以来,以合成纤维为基体的离子交换纤维的研究开发、工业制备、应用研究等工作不断深入。日本、苏联等国家首先开展了大量的研究工作,以聚乙烯醇、聚丙烯腈、聚氯乙烯、聚烯烃等为基体制备出了含各种交换基团的离子交换纤维,且逐步实现了商品化。日本东丽公司率先报道了用于制备超纯水的离子交换纤维的商品化,其后在海岛型、中空型离子交换纤维的生产及在稀土元素分离、贵重金属富集、天然产物分离提取、工业废水处理、化学反应催化、生物活性等领域的应用进行了大量研究。20 世纪 70 年代初苏联开发的离子交换纤维就曾成功应用于提纯糖浆的生产,以后开发出的数十种离子交换与螯合纤维,成功应用于工业废气及含重金属离子废水的净化等领域。

我国在离子交换纤维领域的研究开发与应用方面也做了大量的工作。20 世纪 60 年代初,中山大学的曾汉民教授就制备出了具备较高交换容量的弱酸性阳离子交换纤维,以后研制出中空型、强酸型、半炭化离子交换纤维及含有磷酸酯基、有机氨基、胺肟基等的螯合纤维。周绍箕等以聚丙烯、聚丙烯腈、聚氯乙烯及聚乙烯醇等为基体,采用辐射或化学引发法、大分子化学转化法等系统研究了强酸性阳离子交换纤维、弱酸性阳离子交换纤维、强碱性阴离子交换纤维、弱碱性阴离子交换纤维等的制备方法,并系统研究了所制备的离子交换纤维对金、铀、钨、钼等贵重金属离子的吸附分离性能,吸附 H_2S、CO_2、NH_3、HCl、SO_2 等气体的性能以及应用于废水处理等。北京理工大学利用离子交换纤维表面吸附,阳离子交换纤维脱重金属,阴离子交换纤维脱色的原理对蔗糖脱色、提纯,脱色效率最高可达 95%。

近年来,国内外离子交换纤维制备及应用研究日益广泛。Engtls 技术大学和 Saratov 国立技术大学研究用超高频辐射技术来提高聚丙烯和玄武岩纤维的静态阳离子交换容量,而对酚醛系阳离子交换纤维,经高频辐射处理后,其静态离子交换容量提高了 30%。国内首次将 Friedel—Grafts 交联反应应用于纤维分子骨架修饰设计中来,并利用不同链长和刚性的交联剂,在聚丙烯接枝苯乙烯、二乙烯基苯纤维高分子支链网络上成功地进行了 Friedel—Grafts 反应,合成出了两种具有丰富微孔结构和高比表面积特征的新型非极性纤维 HM.1 和 HX.1,合成后纤维的比表面积分别为 $200m^2/g$ 和 $130m^2/g$ 左右。在合成上述纤维的基础上,同时分别在纤维上引入了不同化学功能的基团,制备出了具有不同交换容量与内部结构的两种强酸性离子交换纤维 HMS.1、HXS.1 和两种强碱性离子交换纤维 HMA.1、HXA.1。利用新合成的两类离子交换纤维分别对有机废水中常见的污染物苯胺和苯酚进行吸附分离实验,所合成的几种纤维均表现出了优良的吸附分离性能,不但分离能力提高,而且分离速度明显加快,从而为其在相关领域中的应用奠定了一定的基础。国内采用聚苯乙烯溶液静电纺丝、磺化制得的纳米级聚合物阳离子交换纤维(PNIE),其最高的离子交换能力可达 3.74mmol/g,其离子交换能力强、交换速度快。

在应用研究方面,采用阳离子交换纤维作为蓄电池电解质材料,可大幅度提高铅酸蓄电池的电力容量,主要是由于阳离子交换纤维含有大量的—SO_3H,将其与活性物质复合成型,可以在放电过程中释放大量 H^+,能缓冲微孔内 H^+ 浓度降低的速度,提高活性物质的利用率,由此可提高放电容量。采用聚乙烯醇纤维接枝离子型麻醉药剂开发出的新型麻醉纤维,已获准在一些外科手术中使用。用于药物输送,如把胃病药物含在纤维中,利用纤维散发面积大的特点,使药效发挥充分,而且利用微胶囊控制释放技术,可以延长用药间隔时间。国内研究出的一种兼螯合纤维与阴离子交换纤维于一体的纤维状抗菌除臭新材料,具有广谱抗菌性能和反复使用与再生能力,可以用于内衣、袜子、鞋垫及其他纺织用品。最近,离子交换纤维还被应用于提取具有降血糖、食疗保健作用的南瓜多糖。

目前,美国、日本、俄罗斯、白俄罗斯、乌克兰及我国都有一定规模的离子交换纤维生产,特别是俄罗斯的 VION 和白俄罗斯的 FIBAN 两大牌号离子交换纤维,产品品种较为齐全,包括强酸型、弱酸型、强碱型、弱碱型、两性型及螯合纤维等。日本有 TIN、IONEX 牌号海岛型离子交换纤维。由北京理工大学与桂林正翰科技开发公司合作投建的 20 吨/年离子交换纤维生产线,已批量生产出合格产品。

三、离子交换纤维的发展趋势

离子交换纤维虽然经过了近半个世纪的发展,已经进入工业化制备且应用领域逐步扩大的阶段,但作为新型的功能纤维材料还处于发展的初级阶段,今后研究与发展的方向主要立足于以下几个方面。

1. 纤维的物理化学性能改进　离子交换纤维的制备方法与制备过程对其物理化学性能有重要的影响。如何进一步改进和提高纤维材料的物理化学性能、改善其应用性能,如提高其力学性能、改善其反应活性和动力学反应性能等都是值得深入研究的课题。

2. 新型离子交换纤维的研究　目前离子交换纤维较成熟的品种主要是以聚烯烃、聚丙烯腈为基体制备的,其分子结构设计与合成制备多是对纤维基材进行化学功能基团的简单移植,尚缺乏结合纤维高分子骨架特点,有针对性地进行设计与合成具有结构新颖及物理化学性能优异的离子交换纤维的创新性工作。近年来发展较快的中空纤维、海岛纤维及超细纤维等比表面积大、传质距离短,制成离子交换纤维可提高其交换容量和动力学反应性能,但商品化品种有限。因此,应加强此类纤维新材料的研究开发和工业化制备工作,并在此基础上开发可供工业化生产的离子交换纤维及织物。

3. 微观结构与交换吸附机理研究　离子交换纤维的微观结构,特别是水溶胀状态下的微观结构对纤维的离子交换吸附性能与交换速率有重要的影响。但目前的研究还仅仅局限于在干燥状态下的微观结构与形态研究。此外,微观结构与离子交换性能间的关系、纤维在不同体系包括气相体系中的交换吸附机理研究等都是非常紧迫与重要的工作。

4. 多功能化与应用领域的拓展　功能纤维及纺织品的发展已成为发展迅速的高新技术纺织品,离子交换纤维及纺织品的应用领域虽然已经较为广泛,但工业化产品品种较少,且在多功能化及其应用方面仍有更为广阔的空间,如医用抗菌消臭、卫生保健、生物工程、痕量元素分析、个体防护、生态农业及核工业等领域。

第二节　离子交换纤维的分类、性能及应用

一、离子交换纤维的分类

离子交换纤维作为一类新型的功能纤维材料,其分类方法有多种,但目前国际上尚未有统一的分类方法,常用的重要分类方法主要有以下两种。

(一)按交换基团的性质分类

与离子交换树脂相类似,按功能基团化学性质的不同,离子交换纤维主要分为阴离子交换纤维、阳离子交换纤维和两性离子交换纤维三大类。其功能基团电离出的可交换离子为阴离子的称为阴离子交换纤维,如含有—$N^+(CH_3)_3 \cdot Cl^-$、—$N^+(CH_3)_2C_2H_4OH^-$等基团的为阴离子交换纤维;其功能基团电离出的可交换离子为阳离子的称为阳离子交换纤维,如含有—$SO_3^- \cdot H^+$、—$COO^- \cdot H^+$等基团的为阳离子交换纤维;同时含有以上两类功能基团的则称为两性离子交换纤维。其具体分类如下:

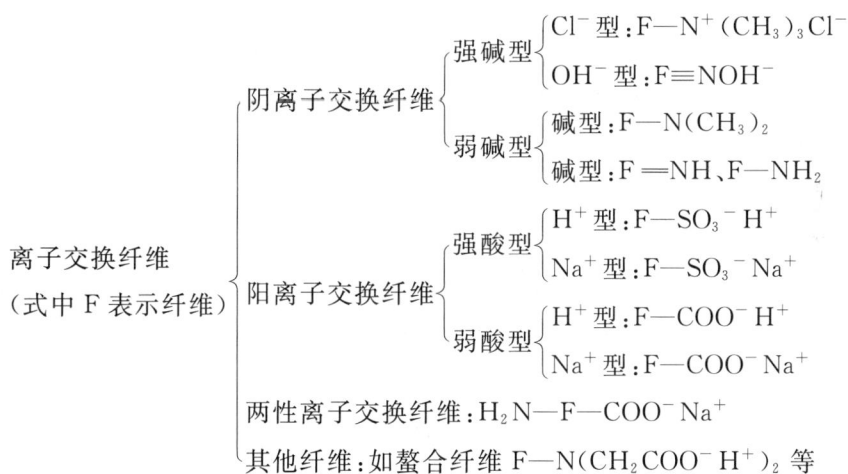

$$
离子交换纤维(式中F表示纤维)
\begin{cases}
阴离子交换纤维
\begin{cases}
强碱型
\begin{cases}
Cl^-型:F—N^+(CH_3)_3Cl^- \\
OH^-型:F{\equiv}NOH^-
\end{cases} \\
弱碱型
\begin{cases}
碱型:F—N(CH_3)_2 \\
碱型:F{=}NH、F—NH_2
\end{cases}
\end{cases} \\
阳离子交换纤维
\begin{cases}
强酸型
\begin{cases}
H^+型:F—SO_3^-H^+ \\
Na^+型:F—SO_3^-Na^+
\end{cases} \\
弱酸型
\begin{cases}
H^+型:F—COO^-H^+ \\
Na^+型:F—COO^-Na^+
\end{cases}
\end{cases} \\
两性离子交换纤维:H_2N—F—COO^-Na^+ \\
其他纤维:如螯合纤维 F—N(CH_2COO^-H^+)_2 等
\end{cases}
$$

1. 阴离子交换纤维　该类纤维可电离产生负性可交换离子 Cl^-、OH^- 等,根据活性基团电离能力的强弱,离子交换纤维又可进一步分为强碱型和弱碱型两种。如含有—$N(CH_3)_3^+Cl^-$ 基团的为强碱型,而含有—$N(CH_3)_2$ 基团的为弱碱型。另外,功能基中可交换离子为 Cl^- 的称为 Cl^- 型离子交换纤维,功能基中可交换离子为 OH^- 的则称为 OH^- 型离子交换纤维。

2. 阳离子交换纤维　该类纤维可电离产生正性可交换离子 Na^+、H^+ 等,根据活性基团电离能力的强弱,可进一步分为强酸型和弱酸型两种。如含有—$SO_3^-H^+$ 基团的为强酸型,含有—COO^-H^+ 基团的为弱酸型。功能基中可交换离子为 H^+ 的称为 H^+ 型离子交换纤维,功能基中可交换离子为 Na^+ 的则称为 Na^+ 型离子交换纤维。

3. 两性离子交换纤维 该类纤维同时含有两类功能基团,既能产生正性可交换离子,又能产生负性可交换离子,可以同时实现阴离子和阳离子的交换。

4. 螯合纤维 这是一类具有特殊功能基的离子交换纤维,具有对金属离子更强的选择性,其活性功能基团主要有—N(CH$_2$COOH)$_2$基(氨羧类)、多氨基、醇氨基、硫脲基、异硫脲基、巯基、偕胺肟基等,也可电离出可交换离子,但主要表现为对金属离子的螯合吸附作用,与常规离子交换纤维的作用机理有所不同。

溶液 pH 对弱碱型和弱酸型离子交换纤维的应用性能有很大的影响,弱碱型离子交换纤维在溶液 pH 高时不电离或仅部分电离,因而只能在酸性溶液中才能有较高的交换容量;弱酸性离子交换纤维则相反,只能在碱性溶液中才能有较高的交换容量。强酸、强碱型离子交换纤维由于其活性基团电离能力强,其交换容量基本不受溶液 pH 影响。

(二)按纤维骨架材质分类

离子交换纤维的骨架材质主要有无机和有机两大类,且主要以有机高分子材料为主,但通常根据纤维骨架材质可分为以下三类。

1. 天然纤维基离子交换纤维 以天然纤维为基材的离子交换纤维主要是以纤维素作为骨架材料合成的离子交换与螯合纤维,包括棉纤维、麻纤维、木纤维、黏胶纤维等。纤维素中含有的大量羟基可经过磺化、酯化、醚化、磷酸化、羧基化等反应引入各种离子交换与螯合基团制得各种不同类型的离子交换纤维。初期的离子交换纤维多以纤维素纤维作为骨架材料,但由于纤维素纤维耐腐蚀性较差,且纤维功能化后其超分子结构受到一定程度的破坏,致使其力学性能下降,往往需要化学交联的方法提高其力学性能。棉、麻纤维等适合于制备纤维状离子交换纤维或织物,但木纤维素适合于制备粉状离子交换纤维。除了纤维素纤维以外,可用的其他天然纤维基材还有甲壳素、羊毛、蚕丝等。

2. 合成纤维基离子交换纤维 合成纤维是离子交换纤维的主要基材,是随着合成纤维工业的发展而发展起来的。已经出现的合成纤维基离子交换纤维主要的纤维基材包括:聚酯(PET)纤维、聚乙烯醇(PVA)纤维、聚丙烯腈(PAN)纤维、聚氯乙烯(PVC)纤维、聚烯烃纤维、聚苯乙烯(PST)纤维、聚酚醛、聚酰胺、聚氯乙烯—丙烯腈、聚四氟乙烯—乙烯共聚纤维等。采用合成纤维作为基材可经功能团转换或引发形成自由基的方法引入强碱、弱碱、强酸、弱酸、两性或螯合功能基团,制备出各种离子交换与螯合纤维。

合成纤维基离子交换纤维化学性能稳定、耐腐蚀性强,而且克服了纤维素基离子交换纤维水溶性高的缺陷,其力学性能较好,并且易于加工成型制成中空型、皮芯型、海岛型离子交换纤维及细旦纤维等,可进一步提高其应用性能。目前商品牌号的离子交换纤维绝大多数以合成纤维为基材。

3. 其他基材离子交换纤维 除了上述以天然纤维素纤维或以合成纤维等直接为基材外,以该类纤维等经过炭化、活化处理后得到的炭纤维、半炭化纤维或活性炭纤维(ACF)为基材制备的离子交换纤维,其溶胀性小、载体比表面积大、吸附容量高、动态吸附性能好。特别是活性炭纤维基材作为一种新型的吸附材料,本身具有巨大的比表面积和多孔的结构,因而具有高的吸附容量与表面反应性,更利于离子交换反应,但纤维柔韧性较差。此外,以玻璃纤维等为载体进行表面涂层制得的离子交换纤维,其力学强度高,应用性能良好。

二、离子交换纤维的性能

离子交换基团和骨架聚合物应具有良好的化学稳定性,交换容量足够高,机械强度足够大。制成的离子交换纤维,其各项物理化学性能对其功能与作用、应用条件、应用性能、应用形式及应用范围等有重要的影响,一般具有以下基本性能。

(一)物理性能

1. 力学性能　离子交换纤维由于在应用过程中往往经受反复的离子交换与再生过程,因此纤维的力学性能是其重要的衡量指标之一,离子交换纤维的力学性能主要包括纤维的断裂强度和断裂延伸率两个重要指标,其测定方法与一般纺织品的测定方法相同。

离子交换纤维的断裂强度低于一般的化学纤维的强度,这主要是由于在制备过程中原纤维骨架伴随着化学反应而发生链间交联、不同程度的支链化以及取向和晶体结构的破坏造成纤维基材超分子结构的破坏和变化所致。随着其制备技术的不断发展及性能的改进,其机械强度已能满足将其加工为织物及进一步利用的要求。

2. 溶胀性　离子交换纤维的溶胀性与其吸水率密切相关,通常多以纤维在不同条件下的吸水率来表示。吸水率是指离子交换纤维在一定条件下对水的吸收达到平衡时,材料本身所含水分的百分数。一般纤维吸水率越高,其溶胀性越强。

3. 热稳定性　热稳定性也是衡量离子交换纤维性能的重要指标之一,它与纤维的化学结构及反离子性质有密切的关系。一般来说,阳离子交换纤维的耐热性优于阴离子交换纤维;盐型纤维的耐热性优于 H 型纤维;低交联度纤维优于高交联度纤维。其热稳定性顺序大致为:盐型阳离子交换纤维＞H 型阳离子交换纤维＞盐型伯胺、仲胺阴离子交换纤维＞盐型叔胺、季铵阴离子交换纤维＞OH 型伯胺、仲胺阴离子交换纤维＞OH 型叔胺、季铵阴离子交换纤维。离子交换纤维的热稳定性决定了其最高工作温度,一般不超过 100℃。

4. 孔隙率、平均孔径与比表面积　孔隙率、平均孔径及孔径分布等是吸附材料重要的微观结构参数。孔隙率是指单位质量吸附材料内部所占有的空隙体积,其单位为 mL/g。与活性炭和大孔离子交换树脂等专用吸附材料相比,离子交换纤维无大孔、过渡孔与微孔等之分,其孔隙率小得多。除了少数新型离子交换纤维材料外,其孔隙率一般多在 0.01mL/g 以下,且其平均孔径溶胀状态下仅为几十纳米,以微孔居多。SEM 电镜的横截面观察和 BET 比表面积测定表明,这类材料大多数的骨架内部不像大孔功能树脂那样,而是存在着丰富的刚性微孔结构,因此具有较高的比表面积。在干燥状态下,纤维的大分子链紧缩,结构紧密,其孔体积进一步缩小,接近纤维的自由体积,因此基本无离子交换功能。

比表面积是每克离子交换纤维所具有的内外总表面积。由于离子交换纤维多属于凝胶结构,孔隙率小,其比表面积一般不超过 10m²/g,远小于活性炭等吸附材料,因此离子交换纤维的主要功能表现为化学交换与吸附。但近年来通过 IEF 材料活化处理以及新出现的中空型和炭化型 IEF 材料,使其比表面积可以达 100m²/g 数量级。

纤维的比表面积是影响离子交换纤维交换容量与交换速度的重要因素,一般纤维比表面积大、可及度高、功能基团数量多,纤维的交换容量高,交换速率快。主要是由于功能纤维的无序非晶化结构、较大外比表面积以及很小传质距离等特点,使得不管决定反应速度的 Nerst 膜厚度还是粒内扩散过程,离子交换纤维都比化学结构类似的功能树脂具有明显的动力学优势。采用新型纤维为基材,如活性炭纤维、中空纤维、超细纤维等,提高离子交换纤维的比表面积,缩短传质距离,有助于改善 IEF 的离子交换反应动力学性能,提高洗脱速率和离子交换容量。

5. 交联度　纤维中交联剂(如 DVB)含量的百分数即为纤维的交联度。交联后随交联度的增加,纤维的溶胀性、交换容量及交换速率将逐渐下降;但对于反离子的选择性和纤维本身的力学性能、耐氧化性等化学稳定性有时有所增强。因此,纤维的交联结构及交联度对纤维的其他性能有广泛的影响。

(二)化学性能

1. 交换容量　离子交换容量是离子交换纤维最重要的性能指标之一,它决定于固定在离子交换纤维中活性基团的种类、数量、离解程度及可及度等,主要包括总交换容量、工作交换容量和再生交换容量三个性能指标。

(1)总交换容量。总交换容量又称为饱和交换容量,是指单位质量离子交换纤维材料中含有的可交换离子的总数,一般用每克重纤维所含有的可交换离子的毫摩尔数(mmol/g 干纤维)表示。其数值以交换完全达到平衡时所测值为准,其计算公式为:

$$Q_w = \frac{C_0 - C}{1000M} \times V$$

式中:Q_w——总交换容量,mmol/g;

C_0——初始交换溶液的离子浓度,mol/L;

C——交换达到平衡后溶液的离子浓度,mol/L;

V——交换溶液的体积,L;

M——纤维重量,g。

(2)工作交换容量。工作交换容量是指离子交换纤维在一定的工作条件下所达到的实际交换容量,通常是指在动态条件下流出液(或气体)中需要去除的离子达到规定浓度时的交换容量,其值随工作条件而变化,一般由试验确定,因此工作交换容量的标注必须注明工作条件及穿透点。

(3)再生交换容量。再生交换容量是指实际应用过程中流出液穿透或纤维交换吸附达饱和后,再生时往往有部分饱和基团不能完全恢复,再生基团占总交换基团的比例称为再生度。在指定再生剂用量和再生条件下的交换容量称为再生交换容量。工作交换容量和再生交换容量一般都低于总交换容量,是随着工作条件不同而变化的。

2. 交换速率 交换速率即动力学反应速率,指纤维离子交换反应达到平衡的快慢。离子交换反应属于液固或气固间的非均相反应,交换速率主要取决于两相间的扩散传质速率。不同的离子交换纤维其交换吸附速率的控制机理不同,主要依赖于纤维基材与结构、功能基团类型、体系组分与浓度等,并受外部环境因素的影响。

离子交换速率通常用半交换期 $t_{1/2}$ 表示,即交换一半所用的时间。

离子交换纤维的交换速率一般比颗粒状离子交换树脂快,吸附速度比颗粒状离子交换剂要高 10~100 倍,尤其是开始阶段吸附速度较快。如在相同的条件下,弱碱性 FFA-1 纤维对 HCl 溶液的吸附约 20min 即达到平衡,而大孔树脂约需要 250min 左右才能达到平衡,前者的交换速率是后者的 10 倍左右。同时离子交换纤维对产品的净化更为彻底,净化度可达到 ppb(亿万分之一)级,这是离子交换树脂难以达到的。

3. 化学稳定性 离子交换纤维应对反应体系具有良好的化学稳定性,如含有酸性基团的应对各种酸如 HCl、H_2SO_4 等具有稳定性,含有碱性基团的应对各种碱如 NaOH、Na_2CO_3 等具有稳定性,从而可使离子交换纤维长期循环利用,而交换容量基本保持不变。

离子交换纤维的化学稳定性主要与纤维基材种类、超分子结构、功能基团类型、交联度等有关。

离子交换纤维作为新型的功能纤维材料,应用时应根据其物理化学性能合理选用。国外几种著名牌号离子交换纤维的物理化学性能见表 12-1、表 12-2。

表 12-1 白俄罗斯 FIBAN 牌号离子交换纤维的物理化学性能参数

纤维商品牌号	活性功能基	最佳交换容量(mmol/g)	最佳溶胀(gH_2O/g)	pH 工作范围	最高工作温度(℃)
FIBAN A-1	$-N^+(CH_3)_3Cl^-$	2.7	0.8	0~14	$50(OH^-)$,$100(Cl^-)$
FIBAN AK-22-1	$\equiv N$,$=NH$,$-COOH$	4.5,1.0	0.7	1~8	80
FIBAN K-1	$-SO_3H$	3.0	1.0	0~14	$100(H^+)$
FIBAN K-3	$-NH_2$,$=NH$,$-COOH$	5.0,2.0	0.5	5~12	100
FIBAN K-4	$-COOH$	5.0	1.1	5~13	80
FIBAN X-1	$-N(CH_2COOH)_2$	3.5(COOH),0.5(NR_2)	0.6	5~12.8	80
FIBAN K-1-1	$-SO_3^-(K^+,Co^{2+})$ $K_xCo_y[Fe(CN)_6]$	3.0 10%(质量)	0.7	0~11	100
FIBAN A-5	$-N(CH_3)_2$,$=NH$,$-COOH$	4.2(NR_2),0.5(COOH)	1.4	1~8	80
FIBAN A-6	$(C_3H_5O)(CH_3)_2N^+-Cl^-$, $-N(CH_3)_2$	2.0(N^+), 0.8(NR_2)	1.2	0~13	$80(Cl^-)$
FIBAN A-7	$(C_2H_4OH)(CH_3)_2N^+-Cl^-$, $-N(CH_3)_2$	2.1(N^+), 1.0(NR_2)	1.6	0~13	$80(Cl^-)$

表 12 - 2　俄罗斯 VION 牌号离子交换纤维的物理化学性能参数

纤维商品牌号	活性功能基	交换容量(mmol/g)	线密度(tex)	断裂强度(cN/tex)	伸长率(%)	在25℃下的溶胀率(%)		
						水中	5%NaOH	5%H₂SO₄
ВиОН КА - 1	—COOH	5.0~7.0	0.2~1.0	7~10	20~30	40~50	150~200	40~50
ВиОН КС - 2	—SO₃H	0.8~1.1	0.5~1.0	12~15	20~30	25~40	25~35	25~35
ВиОН АН - 1		2.0~2.5	0.1~1.0	12~15	20~30	7~8	7~8	120~150
ВиОН АН - 3	—NH₂,=NH	3.0~3.5	0.1~1.0	7~10	20~30	10~15	10~15	100~120
ВиОН АС - 1		0.8~1.2	0.1~1.0	7~10	20~30	20~25	20~25	50~60
ВиОН АС - 2		0.7~1.1	0.1~1.0	12~15	20~30	20~25	20~25	70~80

三、离子交换纤维的应用

离子交换纤维的主要作用和功能是离子交换,但近几年为了适应社会对各种功能纤维的需求,开发了各种具有特殊功能的离子交换纤维,包括螯合吸附、化学催化、氧化还原等功能纤维,应用于许多特殊的领域。

1. 离子交换作用　离子交换纤维的主要作用是离子交换,其含有的功能基团可发生中和反应、复分解反应等。离子交换纤维之所以具有离子交换作用主要是其功能基团能够发生一系列化学反应,且这种反应都是可逆反应,因此离子交换纤维可以再生并重复使用。只要控制溶液中离子的浓度、pH 和温度等因素,可使反应逆向进行,达到再生的目的,使其继续发挥离子交换作用。

离子交换作用可应用于极性气体的吸附过滤、水的软化、脱盐及高纯水制备、废水处理、食品脱色、去味和吸附农药残留物、天然产物分离提取、生物分离等。用离子交换纤维作为过滤材料制成的防护面具可有效吸附滤除 SO_2、Cl_2、HCl、NH_3 等有害气体及液体水凝胶(酸雾、各种盐的水凝胶)。用于水的软化、脱盐、高纯水制备及废水处理等更是有大量的报道。应用于废水处理领域,离子交换纤维对于工业废水中含有的重金属离子及有机物都有较好的去除效果,且吸附和洗脱速度快。生物工程方面可用于分离蛋白质、氨基酸、酶、激素、生物碱及核酸等,预期在生物制药和生化分析领域将成为最大的应用领域。

2. 螯合吸附作用　某些离子交换纤维含有特殊的功能基团,其功能基团中存在着大量具有未成键孤对电子的 N、O、S、P 等杂原子,可与金属离子形成配位键,从而与金属离子形成多配位络合物,使其具有螯合吸附作用,因此该类纤维又称为螯合纤维(CLF)。与普通离子交换纤维相比,具有螯合吸附作用的离子交换纤维与金属离子的结合力更强、选择性更高。该类离子交换纤维的功能基团主要包括:偕胺肟基、多胺基、醇胺基、硫脲基、异硫脲基、巯基、磺酰氯基等。

根据不同功能基团对不同金属离子的高选择性,此类功能纤维可用于贵重金属富集回收、稀土元素分离、纯化等,应用于冶金工业、核工业、稀土元素提取、特种行业废水处理工程等。此外,利用离子交换纤维的螯合吸附作用与某些金属离子配位螯合,可生产医用抗菌、卫生、保健纺织品,防辐射纤维及纺织品等。

3.催化作用　离子交换纤维可电离出 H^+、OH^- 等,相当于多元酸或多元碱,可对许多有机化学反应和聚合反应起酸碱催化作用。与低分子酸碱催化剂相比,离子交换纤维催化剂易于分离回收、可再生利用,且产品纯度高,设备腐蚀与环境污染轻。

离子交换纤维以离子键、配位键或共价键等形式可与 Cu、Co、Ni、Pd 等过渡元素金属离子结合,制成纤维状催化剂用于氧化、还原、环化、异构化等的催化反应,应用于化学工业、汽车尾气净化、有机污染气体催化转化。纤维状催化剂在催化反应过程中由于高分子骨架和邻近基团的参与,具有一定的立体选择效应和邻位协同效应,具有某些小分子催化剂无法比拟的功效。与结构相似的颗粒状离子交换树脂催化剂相比,在相同的条件下,离子交换纤维催化剂往往具有更高的催化活性。

离子交换纤维也可固载生物酶或微生物用于生化催化,可有效保持酶的原有构象和活性,且纤维再生后可继续使用。如聚苯乙烯基阳离子交换纤维可通过静电引力有效固载酵母菌、放线菌,其活性可达原有菌活性的 $60\%\sim70\%$,活性半衰期约为 240h。

4.其他作用　离子交换纤维的作用和功能广泛,除了上述几种主要作用外,还包括氧化还原、脱水除湿等。如含有偕胺肟基螯合纤维还具有强的氧化还原性能,可将金、银等贵重金属离子还原成金属单质,并在纤维表面结晶,从而用于贵重金属离子回收。强酸型离子交换纤维含有—SO_3H 基团,相当于浓硫酸,吸水性强,可用作有机溶剂的脱水剂,用作吸血性卫生材料及精密仪器除湿包装、仓库除湿等。

第三节　离子交换纤维的生产

离子交换纤维生产制备方法主要有以下四种:高聚物大分子化学转化法;高聚物接枝单体法;活性单体聚合成纤法;聚合物混合成纤法。虽然部分离子交换纤维能通过含活性功能基小分子单体的共聚成纤,或离子交换材料的粉碎与高聚物混合成纤直接制备,但多数离子交换纤维的生产还是通过液固或气固非均相有机合成反应进行纤维大分子化学转化或接枝功能化实现的。

一、高聚物大分子化学转化法

高聚物大分子化学转化法是利用已有的天然、再生及化学纤维作为高分子骨架(基材)将不同的功能基团以化学键方式连接到纤维上,对纤维进行化学改性,生产各种离子交换纤维及织物。这种方法一般要求基材纤维高分子链上含有能与含离子交换功能团的小分子进行反应的可反应基团,如—OH、—CN 等。

高聚物大分子化学转化法常用的基材纤维有纤维素纤维、聚乙烯醇纤维、聚丙烯腈纤维、聚

丙烯腈—聚氯乙烯纤维等。以常用的 PVA 纤维为基材,制备强碱性阴离子交换纤维的主要生产工艺如下:

PVA 纤维基材→热处理→缩醛化→交联→季铵化→强碱性阴离子交换纤维

将经过热处理的聚乙烯醇纤维置于卤代乙醛缩醛化液中进行缩醛化反应,使其缩醛度达到 47%~50%,用硫化钠水溶液使纤维大分子交联,缩醛化并交联的纤维再与三甲胺或三乙胺水溶液进行胺化反应,之后经洗涤、干燥,即可制得强碱性阴离子交换纤维。

生产过程为液固间非均相有机反应,功能基团的转化反应过程中会改变或破坏纤维基材的取向度、结晶度,使其超分子结构发生变化,从而其力学性能有较大的下降,往往需要交联剂进行交联,以提高其力学性能。以聚乙烯醇为基材半碳化后制备离子交换纤维,可提高其物理化学性能,某专利报道的一种生产方法,主要工艺如下:

PVA 纤维基材→预处理→半碳化→酸化→醚化→胺化→转型→水洗→阴离子交换纤维

将聚乙烯醇基纤维在浓度为 2%~20% 的磷酸氢二铵溶液中浸泡 2~15min,进行预处理;浸渍后纤维在 130~180℃ 温度下进行两次以上的高温碳化,碳化时间 0.5~3.0h;高温碳化后的产品浸渍在浓度为 20%~30% 的稀硫酸中 2~10min,进行酸化反应;将酸化纤维放入浓度大于 85% 的环氧氯丙烷中,反应温度为 40~75℃,保温 0.5~3.5h,进行醚化反应;将醚化纤维与三甲胺溶液进行胺化反应,反应温度 45~75℃,反应时间为 0.5~3.5h;在胺化反应后,在所得纤维中通入 10%~20% 的 HCl 溶液进行反应,对纤维转型处理,反应时间 25~30min;反应完成后,利用自来水冲洗,直至 pH 为中性,得到阴离子交换纤维。若半碳化后纤维经磺化、转型可制得阳离子交换纤维。

二、高聚物接枝单体法

高聚物接枝单体法是通过化学引发或辐射引发将含功能基的单体引入纤维骨架或将烯类单体接枝到纤维高分子链上,再对所引入的单体进一步功能化。该法常用的纤维基材有纤维素纤维、聚乙烯醇纤维、聚烯烃、聚丙烯腈、聚酯、聚己酰胺纤维等。

高聚物接枝的单体本身含有可进行离子交换活性功能基的,如丙烯酸、乙烯基吡啶等,接枝后即可制得相应的阴、阳离子交换纤维。如接枝丙烯酸后即为弱酸性阳离子交换纤维。与此对比,苯乙烯、乙烯基氯甲苯等乙烯类单体不含活性功能基,接枝后尚需磺化、氨基化等功能反应才能形成各种离子交换纤维。

化学引发方法的纤维基材主要为纤维素纤维、聚乙烯醇纤维等,引发体系有 Fe^{2+}—H_2O_2 体系、过氧化苯甲酰等。如以 PVA 非织造布为基材,以 Fe^{2+}—H_2O_2 为引发体系在氮气保护下与苯乙烯和二乙烯基苯接枝共聚,再用氯磺酸和二氯乙烷溶液进行磺化反应,可制得强酸型阳离子交换纤维。其制备工艺条件为:

Fe^{2+}	0.36%~0.15%
H_2O_2	0.11%~0.45%

肼	0.01%
接枝温度	50℃
单体质量分数	15%
接枝时间	4～8h
接枝率	110%～770%

接枝纤维用质量分数为 3%～5% 的氯磺酸的二氯乙烷溶液在 40℃ 进行磺化,反应时间 40～120min。如果接枝反应不加二乙烯基苯,磺化的条件可以缓和一些,温度可在 30℃ ,时间数分钟。该方法生产离子交换纤维多为间歇生产,设备也较为简单,与化学转化法相类似。但该方法纤维对腐蚀介质的稳定性不高,组成不均匀,且接枝率一般不高,大量未参与反应的单体易发生自聚而无法回收,原料浪费严重。

辐射引发是采用高能射线(电子束、γ射线)辐照引发烯类单体自由基反应进行接枝,采用的方式有先辐射后接枝(包括有氧预辐射和无氧预辐射)或辐射接枝同步进行。根据反应体系的不同辐射方法又有气相和液相辐射接枝之分,一般气相接枝功能基易发生表面接枝,而液相接枝功能基则能在纤维截面均匀分布,即均相接枝。辐射引发常用的纤维基材主要是聚烯烃类纤维,如聚乙烯(PE)、聚丙烯(PP)纤维等。以聚烯烃纤维为基材,先辐射接枝苯乙烯,再经磺化或氯甲基化、胺化反应或胺肟化反应等可制得阳离子交换纤维、阴离子交换纤维、两性离子交换纤维及螯合纤维等。以聚丙烯纤维为基材生产强酸或强碱性离子交换纤维的主要生产工艺如下:

PP 纤维基材→苯乙烯接枝─┬→氯甲基化→胺基化→洗涤→干燥→强碱性阴离子交换纤维
　　　　　　　　　　　　└→磺化→洗涤→干燥→强酸性阳离子交换纤维

聚丙烯纤维基材先预辐射或在 ^{60}Co 共辐射下于苯乙烯甲醇接枝液中与苯乙烯先进行接枝。如共辐射法在接枝液浓度 30% 以上、剂量率 3.6Gy/min、剂量在 5～5.8kGy 范围内接枝率可达 200% 左右。接枝后纤维与氯甲醚等进行氯甲基化,再与三甲胺或三乙胺水溶液进行胺化反应,洗涤、干燥后即可制得强碱性阴离子交换纤维;或者接枝纤维直接以浓硫酸或氯磺酸磺化,制得强酸性阳离子交换纤维,交换容量一般为 3～3.5mmol/g 纤维。接枝生产过程中,接枝液中通常加入二乙烯基苯(DVB)或一缩乙二醇双丙烯酸酯等交联剂,以改善纤维的力学性能。

辐射法引发接枝的机理主要是引发自由基反应。预辐射可产生大量的能在室温下长期保存的高分子过氧化物,在分解时可引发接枝反应;共辐射接枝则是由自由基及少量大分子过氧化物引发,但共辐射时易产生接枝单体的均聚物,应加以去除。

三、活性单体聚合成纤法

活性单体聚合成纤法是由含功能基的单体或经进一步化学转化成含功能基的单体,经溶液、乳液或本体聚合,实现共聚反应后,经纺丝成型、拉伸、后处理等制得各种离子交换纤维。该法纺丝生产工艺、设备与普通合成纤维生产相类似。常见的活性单体聚合成纤法生产工艺如下：

单体共聚→溶液或熔融纺丝→拉伸取向→纤维交联化→上油→卷取→切断成型

该法根据所用单体的性能选用合适的聚合方法共聚后采用湿纺或熔纺方法进行纺丝,常用的原始单体有丙烯酸、甲基丙烯酸、丙烯腈、乙烯基吡啶等。如与聚丙烯腈纤维DMF一步法生产工艺类似,丙烯腈与甲基丙烯酸钠共聚体进行湿法纺丝,共聚混合液经脱除未反应单体、溶剂等,脱气、过滤后进行湿法纺丝,在含有NaCl的H_2O—DMF凝固浴中凝固成型,拉伸后处理可制得阳离子交换纤维。该法生产的离子交换纤维为线型高分子结构,纤维强度低,长期使用过程中易发生材料溶解损耗,因此需进一步化学处理,改造成三维网状结构,以改进其物理性能。

四、聚合物混合成纤法

聚合物混合成纤法生产离子交换纤维主要有两种方法。一种是将高岭土、白土或离子交换剂等离子交换材料分散到成纤纺丝液中,再经纺丝形成纤维,其中交换剂的含量一般在50%～60%较为适宜。该种方法最大的问题是纺丝原液或熔体的过滤问题,要求加入的离子交换剂颗粒细微,且制成的纤维应进行适当的表面处理,使表面开裂,以利于离子交换过程的进行。

另外一种是将两种或两种以上聚合物混合纺丝,再处理共混或复合纤维而生产离子交换纤维,其中一种聚合物含功能基团的可直接制得相应的离子交换纤维,如聚乙烯吡啶。该方法两种聚合物混合纺丝后通过交联和引入不同的离子交换功能基团,可制得不同的阴、阳离子交换纤维或螯合纤维。该法一般的工艺流程如下：

共聚物1 ┐
共聚物2 ┘→混合→纺丝→拉伸→纤维交联化→上油→卷取→切断成型→功能化→离子交换纤维

该法混合纺丝后可制得皮芯复合纤维、海岛型复合纤维、中空纤维、超细纤维等。可选用合适的单体聚合后进行混合纺丝,提高纤维的机械强度,同时制成中空纤维、超细纤维等可提高纤维比表面积,改善纤维的化学性能。如日本开发的IONEX牌号聚乙(丙)烯—聚苯乙烯海岛型离子交换纤维,以PE(PP)为岛组分,以PS为海组分,熔融纺丝后,将PS交联后再磺化制得强酸型离子交换纤维;进行氯甲基化、胺化后可制得阴离子交换纤维。

从目前的发展趋势看,聚合物混合成纤法混合共聚物组分选择范围广、制备工艺简单、易于利用化纤厂现有生产设备,正成为离子交换纤维制备的重要方法。

第四节 离子交换织物的生产

离子交换纤维可以以织物形式用作过滤吸附材料、医用材料、服装材料等。离子交换织物的生产方法主要有两大类：一种是先制备离子交换纤维并根据纤维本身的性能特点与使用要求加工形成各种织物;另一种是先将原纤维织物化,再功能化制备成离子交换织物。

一、离子交换纤维的织物化

离子交换织物的应用形式有织带、针织布、机织布、纱布、非织造布、编织物、纸等,其中以针织布、非织造布、纸等形式使用较多。针织布型织物的生产过程与普通针织物生产类似,此处不再赘述。

1. 以非织造布的形式使用的针刺非织造布　其主要生产工艺过程如下:

离子交换纤维→抗静电处理→梳理→铺网→预针刺→主针刺→裁剪整理→非织造布成品

除了采用针刺法制备非织造离子交换织物之外,还可以在梳理、铺网之后用胶黏剂定形或热压成形的方法生产离子交换织物。非织造布制备工艺简单,但纤维无序堆积易造成过滤时流体阻力增大,采用胶黏剂定形时会使纤维表面功能基被屏蔽,降低了纤维的交换容量和交换速率。

2. 以纸的形式使用的离子交换纸　可采用湿法造纸工艺生产离子交换纸,其主要生产过程如下:

纤维悬浮液制备→前处理→流送上网→脱水成型→干燥→卷取→裁剪整理→离子交换纸

以湿法造纸工艺生产的离子交换纸结构均匀,并能易于控制定量,但纤维之间的结合力小,为了提高其抗张强度,应提高纤维的细纤化程度或在纤维悬浮液中应加入增强剂以提高成纸强度。另外,纸机网部脱出水中含有大量的纤维,应予以回收利用。

二、织物的离子交换功能化

由于离子交换纤维材料的机械强度一般较低,实际生产中通常采用先将原纤维织物化,再进行化学改性或功能团接枝的方法制备离子交换织物。

织物的离子交换功能化与纤维功能化方法基本相同,其生产设备类似甚至可以通用。目前,离子交换织物与纤维的生产设备根据反应路线和生产规模有间歇式和连续式两种,其关键是有效解决功能化反应时的传热问题,以防止反应不均匀的现象。

对于间歇式生产设备,其通用性强,欧洲专利曾介绍了一种 PAN 织物或纤维束在循环式染整机内经水合肼交联和功能团改性反应制备含咪唑啉、四氢嘧啶或二元胺等功能基离子交换织物与纤维的生产工艺。该反应装置可密闭反应,产物反应均匀,且可通过适当增压提高反应温度加快反应速度,但间歇生产、设备原料消耗、能源等经济指标高,生产效率低。连续式生产设备通常为管式反应器,其经济指标低,但产品质量有时不稳定。

以聚丙烯非织造物为例,其采用间歇式设备生产离子交换织物的生产过程如下:

苯乙烯、二乙烯苯、过氧化苯甲酰

纺丝熔体→熔喷纺丝→牵伸→热黏合→预聚反应→干燥成膜→磺化反应→水洗→非织造丙纶阳离子交换织物

采用空气熔喷纺丝,聚丙烯纺丝熔体经螺杆机挤出,通过高温空气喷射,在左右移动的转筒上牵伸成超细纤维,并依靠自身的热黏合直接制成非织造布,一步成型,其生产过程与常规丙纶非织造布生产过程类似。

非织造物由过氧化苯甲酰引发苯乙烯预聚反应,干燥成膜后进行磺化反应,水洗后可制得非织造丙纶阳离子交换织物。若进行氯甲基化、胺化可制得非织造丙纶阴离子交换织物。

☞ **思考题:**

1. 离子交换纤维有哪些特点? 应如何分类?

2. 离子交换纤维具有哪些作用? 根据其作用有哪些应用?

3. 离子交换纤维的物理、化学性能主要有哪些? 对其应用有何影响?

4. 离子交换纤维主要的制备方法有哪几种? 其制备工艺如何?

5. 离子交换纤维与织物的研究及应用发展趋势如何? 如何开发高性能离子交换纤维?

第十三章 纳米功能纤维及纺织品

本章学习要点:

1. 掌握纳米技术的概念、纳米材料的分类及纳米效应。

2. 熟悉纳米材料的基本制备方法和原理,以及纳米材料的表征方法。

3. 掌握常见纳米功能纤维及纺织品的类别和功能原理。

4. 了解纳米功能纤维及纺织品的一般制备方法。

5. 了解纳米功能纤维及纺织品的研究和发展动向。

第一节　概　述

纳米纤维及纺织品是纳米技术在纤维和纺织品领域应用的简称。纳米(nm)是一个长度计量单位,1nm 等于 10^{-9} m,一个原子约为 $0.2\sim0.3$ nm。目前,把 $1\sim100$ nm 尺度空间内制备、研究及工业化的材料,以及利用纳米尺度物质和结构的单元进行交叉学科研究和工业化的综合技术称为纳米技术。纳米材料是指在任一维上尺寸介于 $1\sim100$ nm 之间的固体材料。它属于小于亚微米的体系。

$0.1\sim1$ nm 尺度是 20 世纪物理学发展的前沿,是原子和氧、水小分子的数量级;而 100nm $\sim$ 1μm 尺度属亚微米体系,这属于大规模集成电路基础研究的介观物理学。$1\sim100$ nm 尺度介于前两者之间,直到 20 世纪 90 年代,纳米技术才受到科学家的重视,并远远超过了对物理学的研究,范围席卷了整个科学技术领域。有人预言,纳米科技将使人类社会生活发生革命性变化。纳米技术的主要基础和重要研究发展方向见图 13-1。

一、纳米效应

当材料的粒度小到纳米尺度后,会出现许多独特的性质和新的规律,称为纳米效应。

1. 量子尺寸效应　当粒子尺寸下降到某一值时,金属费米能级附近的电子能级由准连续变为离散能级的现象、纳米半导体微粒存在不连续的最高被占据分子轨道和最低未被占据的分子轨道能级而使能隙变宽的现象均称为量子尺寸效应,此时将导致纳米微粒的催化、电磁、光学、热学和超导等性能与宏观块材料的性能相比,出现异常的情况。如原为导体的物质有可能变为绝缘体;反之,绝缘体有可能变为超导体。

2. 小尺寸效应　当超细微粒的尺寸小到与光波的波长、传导电子的德布罗意波长和超导态

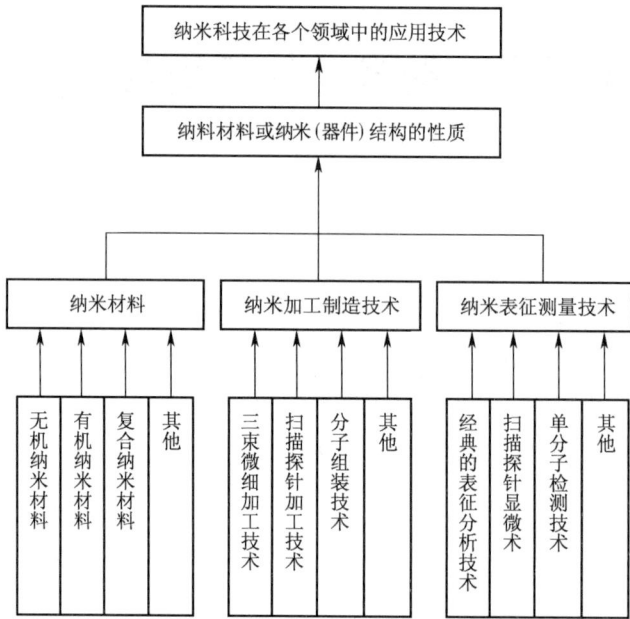

图 13-1　纳米技术的主要基础和重要研究发展方向

的相干长度或透射深度等物理特征尺寸近似或更小时,晶体周期性的边界条件将被破坏;非晶态纳米微粒的颗粒表面层原子密度减小,会引起材料物理、化学性质的变化,导致声、光、电磁、力学、热力学性质等的改变,如陶瓷材料呈韧性和延展性,有的材料熔点降低、呈强磁性、吸收紫外线、屏蔽电磁波等。

3. 表面效应　纳米粒子的表面原子与总原子数之比,随着纳米粒子尺寸的减小而大幅度地增加,粒子的表面能及表面张力也随之增加,从而引起一系列变化。颗粒越小,比表面积越大,表面原子数迅速增加,且表面具有很高的活性,极不稳定,很容易与其他原子结合,因而极易与其他物质反应,有时还会迅速燃烧、加速催化等。如用金属铜、铝等做成纳米级的颗粒,一遇空气就会猛烈地燃烧和爆炸;无机纳米粒子暴露在空气中会吸附气体,并与气体进行反应。

4. 宏观量子的隧道效应　"隧道效应"是指微观粒子具有在一定情况下贯穿势垒的能力。电子具有粒子性和波动性,因此可产生此种现象,就像里面有了隧道一样可以通过。这种效应将是未来微电子器件的基础。

总之,上述综合效应的结果,在微观世界中会使化学结合与物理结合混杂化,形成超高强度、超塑性、高磁性、吸波性等不同于常规材料的性能。而研制开发功能性纺织品,就是要利用这些纳米材料的特殊性能,使之在纺织品上体现出来。

二、纳米材料的分类

纳米材料根据三维空间中未被纳米尺度约束的自由度计,大致可分为零维的纳米粉末(颗粒和原子团簇)、一维的纳米纤维(管)、二维的纳米薄膜、三维的纳米块体等。其中纳米粉末开发时间最长,技术最为成熟,是生产其他三类产品的基础;纳米块体材料是基于其他低维材料所构成的致密或非致密固体。

1. 纳米粉末　纳米材料又称为超微粉或超细粉,一般指粒度在100nm以下的粉末或颗粒,是一种介于原子、分子与宏观物体之间处于中间物态的固体颗粒材料,包括结晶和非结晶材料。纳米粉末按组成可分为无机纳米微粒、有机纳米微粒和有机/无机复合微粒。无机纳米微粒包括金属与非金属(半导体、陶瓷、铁氧体等),有机纳米微粒主要是高分子和纳米药物。

纳米粉末是纳米体系的典型代表,一般为球形或类球形(与制备方法密切相关),它属于超微粒子范围(1~1000nm)。由于尺寸小、比表面大和量子尺寸效应等原因,它具有不同于常规固体的新特性,也有异于传统材料科学中的尺寸效应。纳米粒子既不同于微观原子、分子团簇,又不同于宏观体相材料,是介于团簇和体相之间的特殊状态,既具有宏观体相的元胞和键合结构,又具备块体所没有的崭新的物理化学性能,即它的光学、热学、电学、磁学、力学以及化学方面的性质和大块固体相对有显著的不同,从而使它在催化、粉末冶金、燃料、磁记录、涂料、传热、雷达波吸收、光吸收、光电转换、气敏传感等方面有巨大的应用前景。

2. 纳米纤维(管)　纳米纤维(管)是指在材料的三维空间尺度上有两维处于纳米尺度的线(管)状材料,通常是直径或管径或厚度为纳米尺度而长度较大。随着微电子学和显微加工技术的发展,使纳米纤维有可能在纳米导线、开关、线路、高性能光导纤维及新型激光或发光二极管材料等方面发挥极大的作用,是未来量子计算机与光子计算机中最有潜力的重要元件材料。目前热门的纳米纤维包括纳米丝、纳米线、纳米棒、纳米碳管、纳米碳(硅)纤维、纳米带、纳米电缆等。

3. 纳米薄膜　纳米薄膜是指由尺寸在纳米量级的晶粒(或颗粒)构成的薄膜以及每层厚度在纳米量级的单层或多层膜,有时也称为纳米晶粒薄膜和纳米多层膜。其性能依赖于晶粒(颗粒)尺寸、膜的厚度、表面粗糙度及多层膜的结构。

与普通薄膜相比,纳米薄膜具有许多独特的性能,如具有巨电导、巨磁电阻效应、巨霍尔效应等。纳米薄膜还可作为气体催化(如汽车尾气处理)材料、过滤器材料、高密度磁记录材料、光敏材料、平面显示材料及超导材料等。按薄膜的构成和致密程度,纳米薄膜可分为颗粒膜与致密膜。颗粒膜是纳米颗粒粘在一起,中间有极为细小的间隙的薄膜。致密膜指膜层致密,但晶粒尺寸为纳米级的连续薄膜。按纳米膜的应用性能,纳米薄膜大致可分为纳米磁性薄膜、纳米光学薄膜、纳米气敏膜、纳米滤膜、纳米润滑膜及纳米多孔膜等。

石墨烯只有0.34nm厚,是目前世界上最薄的纳米薄膜(图13-2)。这种物质不仅可以用来开发制造出纸片般薄的超轻型飞机材料,制造出超坚韧的防弹衣,甚至能让科学家梦寐以求的3.7×10^7km长太空电梯成为现实。英国曼彻斯特大学的安德烈·杰姆和克斯特亚·诺沃肖洛夫因首次发现和得到石墨烯而于2010年获得诺贝尔物理学奖。

图 13-2 石墨烯薄膜

4. 纳米块体材料 纳米块体材料是将纳米粉末高压成型或烧结或控制金属液体结晶而得到的纳米材料,由大量纳米微粒在保持表(界)面清洁条件下组成的三维系统,其界面原子所占比例很高,微观结构存在长且有序的晶粒结构与界面无序态的结构。因此,与传统材料科学不同,表面和界面不再只被看成为一种缺陷,而成为一重要的组元,从而具有高热膨胀性、高比热、高扩散性、高导电性、高强度、高溶解度及界面合金化、低熔点、高韧性和低饱和磁化率等许多异常特性,可以在表面催化、磁记录、传感器以及工程技术上有广泛的应用,可作为超高强度材料、智能金属材料等。

三、纳米材料的制备

纳米微粒的制备方法可从不同的角度进行分类。按反应物状态可分为干法和湿法;按反应介质可分为固相法、液相法和气相法;按反应类型可分为物理法和化学法。

1. 物理制备方法 早期的物理制备方法是将较粗的物质粉碎,如低温粉碎法、超声波粉碎法、冲击波粉碎法、蒸气快速冷却法、蒸气快速油面法、分子束外延法等等。近年来发展了一些新的物理方法,如旋转涂层法将聚苯乙烯微球涂敷到基片上,由于转速不同,可以得到不同的空隙度,然后用物理气相沉积法在其表面上沉积一层银膜,经过热处理,即可得到银纳米颗粒的阵列。中科院物理所开发了对玻璃态合金进行压力下纳米晶化的方法。例如,ZrTiCuBeC玻璃态合金在6GPa和623K的条件下进行晶化,可以制备出颗粒尺寸小于5nm的纳米晶。

2. 化学制备方法

(1)固相法。固相法包括固相物质热分解法和物理粉碎法。固相物质热分解法是利用金属化合物的热分解来制备超微粒,但其粉末易固结,还需再次粉碎,成本较高。物理粉碎是通过机械粉碎、电火花爆炸等法制得纳米粒子。其原理是利用介质和物料间相互研磨和冲击,以达到微粒的超细化,但很难使粒径小于 100nm。机械合金法工艺简单,制备效率高,并能制备出常规法难以获得的高熔点金属或合金纳米材料,成本较低但易引进杂质,降低纯度,颗粒分布也不均匀。近年来,助磨剂物理粉碎法和超声波粉碎法的采用,可制得粒径小于 100nm 的微粒。但仍然存在上述不足,故固相法还有待继续深入研究。

(2)气相法。气相法在纳米微粒制造技术中占有重要地位,利用此法可以制造出纯度高、颗粒分布性好、粒径分布窄而细的纳米超微粒。尤其是通过控制气氛,可制备出液相法难以制备的金属碳化物、硼化物等非氧化物的纳米超微粒。该法主要包括:

①真空蒸发—冷凝法。在高纯惰性气氛下(Ar、He),对蒸发物质进行真空加热蒸发,蒸气在气体介质中冷凝形成超细微粒。1987 年,Biegles 等采用此法成功制备了纳米级 TiO_2 陶瓷材料。

②高压气体雾化法。该法是利用高压气体雾化器将 $-20 \sim 40℃$ 的氢气和氩气以 3 倍于音速的速度射入熔融材料的液体内,熔体被破碎成极细颗粒的射流然后急剧骤冷得到超微粒。采用此法可得到粒度分布窄的纳米材料。

③高频感应加热法。以高频感应线圈作热源,使坩埚内的物质在低压($1 \sim 10kPa$)的 He、Ne 等惰性气体中蒸发,蒸发后的金属原子与惰性气体原子相碰撞,冷却凝聚成颗粒。该法的优点是产品纯度高,粒度分布窄,保存性好,但成本较高,难以蒸发高沸点的金属。

此外,还有溅射法、气体还原法、化学气相沉淀法和粒子气相沉淀法。作为特殊方法,用爆炸法可制备纳米金刚石,用低压燃烧法制备 SiO_2、Al_2O_3 等多种纳米材料。

(3)液相法。20 世纪 80 年代以来,随着对材料性能与结构关系的深入研究,出现了液相法实现纳米"超结构过程"的基本途径。这是依据化学手段,在不需要复杂仪器的前提下,通过简单的溶液过程就可对性能进行"剪裁"。液相法主要有以下几种。

①沉淀法。该法包括直接沉淀法、均匀沉淀法和共沉淀法。直接沉淀法是仅用沉淀操作从溶液中制备氧化物纳米微粒的方法。均匀沉淀法通过控制生成沉淀的速度,减少晶粒凝聚,可制得高纯度的纳米材料。共沉淀法是把沉淀剂加入混合后的金属溶液中,然后加热分解获得超微粒。

②溶胶—凝胶法。溶胶—凝胶法可制备传统制备方法不能制得的产物,尤其对制备非晶态材料显得尤为重要,溶胶—凝胶法包括金属醇盐和非醇盐两种方法。

③水解反应法。根据水热反应的类型不同,可分为水热氧化、还原、合成、分解和结晶等几种。其原理是在水热条件下加速粒子反应和促进水解反应。

④胶体化学法。采用粒子交换法、化学絮凝法、胶溶法制得透明性金属氧化物的水凝胶,以阴离子表面活性剂进行憎水处理,然后用有机溶剂冲洗制得有机胶体,经脱水和减压蒸馏,在低于表面活性剂的热分解温度的条件下,制得无定形球状纳米材料。

⑤溶液蒸发和热分解法。该法包括喷雾干燥、燃烧等方法,它用于盐溶液快速蒸发、升华、冷凝和脱水过程,避免了分凝作用,能制得均匀盐类粉末。若将一定配比的金属盐溶液用粒子

喷雾器在干燥室内与不同浓度的气流接触,快速蒸发分解该盐溶液,即可得到纳米微粒。

3. 物理化学方法

(1)热等离子体法。该法是用等离子体将金属等粉末熔融、蒸发和冷凝以制成纳米微粒,是制备高纯、均匀,粒径小的氧化物、氮化物、碳化物系列,金属系列和金属合金系列纳米微粒的最有效方法。

(2)激光加热蒸气法。该法以激光为快速加热热源,使气相反应物分子内部很快地吸收和传递能量,在瞬间完成气体反应的成核、长大和终止。该法可迅速生成表面洁净、粒径小于50nm,粒度均匀可控的纳米微粒。

(3)电解法。该法包括水溶液和熔盐电解两种方法,用此法可制得高纯金属超微粒,尤其是电负性大的金属粉末。

(4)辐射合成法。用辐射合成法制备纳米材料具有明显的特点:一般采用 γ 射线辐射较高浓度的金属盐溶液。制备工艺简单,可在常温常压下操作,制备周期短,产物粒度易控制,一般可得 10nm 左右的粉末,产率较高,不仅可制纯金属粉末,还可制备氧化物、硫化物纳米粒子及纳米复合材料。

纳米微粒的制备除上述方法外,还有一些其他新方法,如模板合成法,利用纳米多孔材料的纳米孔或纳米管道为模板,可获得粒径可控、易掺杂和反应易控制的纳米粒子;自组装法,用此法可制造中空的纳米球或纳米管;另外,利用多孔模板用自组装法制出了较大的纳米金属团簇和纳米金属线,外层有配体起到稳定化的作用;有序 LB 膜法,用还原法制备金属颗粒和贵金属纳米颗粒;用 DVA 特异功能制备纳米颗粒等方法。

四、纳米技术在纤维和纺织品上的应用

纳米技术的发展为开发功能性纤维和纺织品开辟了新的途径。功能性纤维是指具有某些特殊的不同于一般纤维所固有的性能,能满足特殊需求的纤维,如抗菌、除臭、抗紫外线辐射、抗静电、防微波、远红外、拒水拒油等纤维。通过把具有特殊功能的纳米微粒与纺织原料进行复合,可以开发出多功能、高附加值的纺织品,有效地改善织物性能,已成为目前纺织品开发的新热点。

纳米纤维和纺织品主要包括两个概念。一是严格意义上的纳米纤维,它是在径向方向为纳米尺度、长度方向为宏观尺寸的纳米材料。其代表是蜘蛛丝,它是具有分形几何学结构的神奇纤维,是具有超高强度、弹性和韧性的天然纳米纤维;以涤纶、锦纶超细纤维为主体的“新合纤”,使化学纤维的品质得到了大幅提高,但其直径仍在亚微米阶段($300nm \sim 4\mu m$)。$1 \sim 100nm$ 及其微细的狭义的纳米纤维首先被用于麂皮、人造革等的制造中,静电纺丝技术可以制得传统纳米化学纤维,用作非织造布、过滤材料,也可制造高性能的生物大分子纤维、导电类分子纤维制品和药性高分子纤维,这一技术除了用来制造上述有机纳米纤维之外,科学家们在纳米技术的促动下更加热衷于改造静电纺丝机和研究其加工技术,以制造金属纳米纤维和陶瓷纳米纤维。

另一概念是将纳米微粒填充到纤维中,对纤维进行改性,或是将纳米材料采用一定的方法处理到纤维和织物上,赋予纤维和纺织品某种功能性,也就是我们通常意义上的纳米功能纤维和纺织品。

服用纺织品的发展方向是健康、舒适、卫生,这对于化学纤维来说尤为重要。其开发的关键则是超细纤维(Ultra-fine fiber),这里将远小于蚕丝直径($10\mu m$ 左右)的超细纤维(小于 $1\mu m$)都扩展成为纳米纤维。超细纤维的异形部分和为增加功能性添加的粒子更是极小的纳米级尺寸,它们也是赋予超细纤维功能性的关键。超极细纳米纤维的开发与应用、纤维断面的纳米级形状研究等都是纳米技术在传统纤维制造技术中的体现。

纳米功能纤维及纺织品开发主要是在纺丝前的纺丝熔体和原液中加入具有某种功能的纳米粉体,或是将纳米粉体制成稳定的分散体系、采用一定的方法处理到织物上,赋予纤维和纺织品以功能性。普通纤维及纺织品添加了微量纳米粉体或经表面处理后,增添了许多神奇特性,如抗菌、抗静电、抗紫外线、远红外、负离子等一种或多种功能,品种越来越多,效果越来越好,大大提高了纺织品的附加值。

第二节　纳米功能纤维及纺织品的功能性

近十几年来,纳米粉体材料逐渐作为纺织助剂得到应用,而且向多种纤维添加、多种粉体复配、多种功能复合的方向迅速发展。人们利用纳米材料开发的功能纤维和纺织品品种繁多。目前,纳米功能纤维及功能纺织品在市场上占有重要地位。

一、抗菌防臭功能

将某些金属化合物,如金属氧化物制备成纳米粉体,添加到合成纤维母粒或纺丝原液中,制造出抗菌防臭纤维,或是整理到织物上,可赋予纤维和织物抗菌防臭性能,添加量少,性能优异(见本书第三章)。

二、防紫外线功能

紫外线具有杀菌和促进人体内维生素 D 合成的作用,而对人类有益,但同时也会加速人体皮肤老化和癌变的可能,特别是 $300\sim400nm$ 波段的紫外线。研究表明,TiO_2、ZnO、SiO_2、Al_2O_3、Fe_2O_3、云母、高岭土等在 $300\sim400nm$ 波段都具有吸收紫外线的特征。若将这些材料制成纳米级超细粉体,由于微粒尺寸与光波波长相当或更小,这种小尺寸效应会导致对光的吸收显著增强。

三、远红外反射功能

人体每时每刻都在发射红外线,而同时也在吸收红外线。人体释放的红外线大致在 $4\sim16\mu m$ 的中红外波段,在战场上如果不对这一波段的红外线进行屏蔽,很容易被非常灵敏的中红外探测器所发现,尤其在夜间,人体安全将会受到威胁,因此很有必要研制对人体红外线具有屏蔽功能的衣服。

远红外纤维和纺织品具有远红外吸收及反射功能,通过吸收人体发射出的热量,并再向人体辐射一定波长范围的远红外线,可使人体皮下组织血流量增加,起到促进血液循环的作用;由于能反射人体辐射的红外线,也起到了屏蔽红外线,减少热量损失的作用,因此,远红外纤维及织物的保温性能较常规织物有所提高。

四、自清洁功能

利用纳米 TiO_2 的光降解作用,可有效地去除部分有害物质。纳米 TiO_2 在紫外线或日光的照射下,可将氯氧化物、甲醛催化降解。其原理是 TiO_2 在受到紫外线照射时,将产生自由电子和空穴,它们使空气中的氧活化,产生活性氧和自由基,最终将某些有机污染物分解为 CO_2 和 H_2O。含有纳米 TiO_2 的非织造布或纺织品,可做成窗帘、床单、墙布、地毯、家具及车船用布、各种装饰用品等,也可用作空气及废水的净化处理用品。

五、抗静电和导电功能

合成纤维在加工和使用过程中,由于静电摩擦带来许多不便,例如,使用过程中产生的静电易吸附灰尘,影响穿着舒适性。特殊行业中,纺织品所带来的静电可能会造成一些安全隐患。纺织生产中,易缠绕胶辊、机器部件等,造成生产困难,工艺难以控制。纳米颗粒为解决化纤静电问题提供了一个新的途径。因为纳米颗粒具有超导电性、电阻非常低的特性。例如 TiO_2、ZnO、Fe_2O_3 等具有半导体性质的粉体掺入其中,就会产生良好的静电屏蔽性能。另外,MgO、ZnO、Fe_2O_3 等纳米颗粒制成的导电纤维也是解决静电问题的一个有效方法,而且,这些导电纤维的无色特征使得其后续产品的开发空间更广阔。

六、超双疏、双亲功能

根据二元协同纳米结构理论,是在材料的宏观表面建造二元协同纳米界面结构。当采取某种特殊的表面加工后,在介观尺度能形成交错混杂的两种性质不同的二维表面相区,而每个相区的面积以及两相构建的"界面"是纳米尺寸的。具有不同甚至完全相反理化性质的纳米相区,在某种条件下具有协同的相互作用,以致在宏观表面上呈现出超常规的界面物性,这种材料即为二元协同纳米界面材料。

1. 超双疏性界面材料 由于纳米粒子的存在,在宏观上,表面相当于有一层稳定的气体薄膜,使油或水无法与材料的表面直接接触。经过超双疏技术处理过的各种纺织材料具有卓越的超疏水、超疏油性能。这种技术用于纺织品,做成的服装不仅防水、防油,也防墨水、果汁等。这类衣物洗涤时,可仅用清水洗涤,不必再使用传统的洗涤剂,大大节约了水资源和时间。用该技术生产的国旗,不吸灰、不吸水、不褪色。如果在输油管的管道内壁采用带有防静电功能的材料建造这种表面修饰涂层,则可实施石油与管壁的无接触运输。这对于输油管道的安全运行有重要价值。该超双疏性在包装工业等领域同样具有广泛的应用前景。

2.超双亲性界面材料　光的照射可使 TiO_2 表面在纳米区域形成亲水性和亲油性共存的二元协同纳米界面结构。在宏观的 TiO_2 表面将表现出奇妙的超双亲性。利用这种原理制作的新材料,可修饰玻璃表面及建筑材料表面,使之具有自清洁及防雾等效果。这种双亲二元协同原理,同样可以用来指导在其他基材上使用的超双亲性修饰剂。例如,在纤维及纺织品上使用修饰剂,将使它们具有超双亲性。同样也可以应用到人造血管和人造人体器官的表面修饰,以防止血栓的形成,并且改善同活体组织的兼容性,来实现长时间的使用寿命。上述材料,对人类生活和净化环境都是十分重要的。

七、其他功能

纳米材料还用于诸如香味纤维、负离子纤维、隐身材料、吸波材料、发光纤维、变色纤维、蓄能纤维、记忆纤维、可修补纤维、可传导信息纤维等的开发上。

第三节　纳米功能纤维的生产

一、纳米纤维的制备方法

随着纤维细度变细,比表面积迅速增加。纳米直径的纤维具有极大的比表面积,极大的表面积—体积比,使得它在成型的网毡上有很多的微孔,因此有很强的吸附力以及良好的过滤性、阻隔性、粘合性和保温性。利用纳米直径纤维的这些特性可用它制作吸附材料和过滤材料,应用于亚微米微粒过滤等方面,能有效地用于原子工业、无菌室、精密工业、涂饰行业等。其过滤效率较之常规过滤材料大大提高。据测定,同样克重的超微细纤维过滤毡与常规维纶过滤毡相比,前者为85％,而后者仅为15％。利用纳米纤维的特性还可做成复合增强材料和轻薄保温材料等。

1.无机纳米直径纤维　无机纳米直径纤维是在纳米管(Nanotube)的基础上发展起来的,因此其合成方法与纳米管的制造方法接近。主要的合成方法有:电弧蒸发法、激光高温烧灼法、化合物热解法。这些方法本质上都属于化合物蒸气沉积技术。利用氢弧放电法制备单壁纳米碳管,采用阴、阳极在压力气氛下电弧放电的方式,阳极为石墨、催化剂混合物组成,催化剂为铁、钴、镍等中的一种或多种。反应条件是:在一定压力的反应气氛中,阴、阳极间成 $30°\sim80°$ 角,在构成阳极的反应物中加入少量的硫或固体硫化物作生长促进剂。此法可半连续、低成本、高纯度、大量生产单壁纳米管;另外,用大功率连续二氧化碳激光也可制备单壁纳米碳管;再有,化学气相沉积法是以低碳烃为原料,在纳米金属催化剂的作用下进行裂解反应,按生产条件不同,可生成纳米碳管、纳米碳纤维、纳米碳包容金属颗粒及纳米活性炭等,是制备纳米碳材料较经济实用的方法。目前,我国生产的纳米碳管最细可小于 0.4nm,长度达数微米。将碳纳米管加入到抗静电剂中制得的抗静电母粒,只要添加 0.5％ 的母粒,就可得到海岛型抗静电丙纶,纤维的摩擦静电可降到 160V,其他性能基本无变化,纤维的抗静电具有耐久性,且不受环境湿度的影响。

如今在无机纳米纤维制造方面,其长度在 0.01～0.1mm 的范围内,并未得到更长的纳米纤维。同纺织上的纤维概念相比,还有较大的差异,尚不具备纺织加工性能,还需要进一步的研究。

2.有机纳米直径纤维

(1)海岛型双组分复合纺丝。海岛型复合纺丝技术是日本东丽公司 20 世纪 70 年代开发的一种生产超细纤维的方法。该方法将两种不同成分的聚合物通过双螺杆输送到经过特殊设计的分配板和喷丝板,纺丝得到海岛型纤维,其中一种组分为"海",另一组分为"岛","海"和"岛"组分在纤维轴向上是连续密集、均匀分布的,见图 13－3、图 13－4。

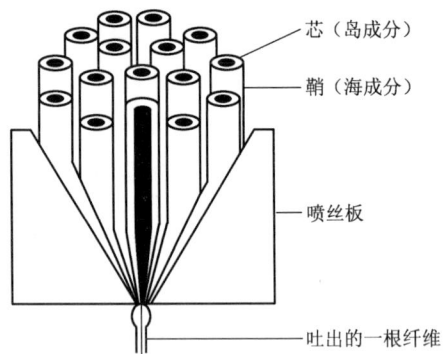

图 13－3 海—岛型纤维纺丝原理图

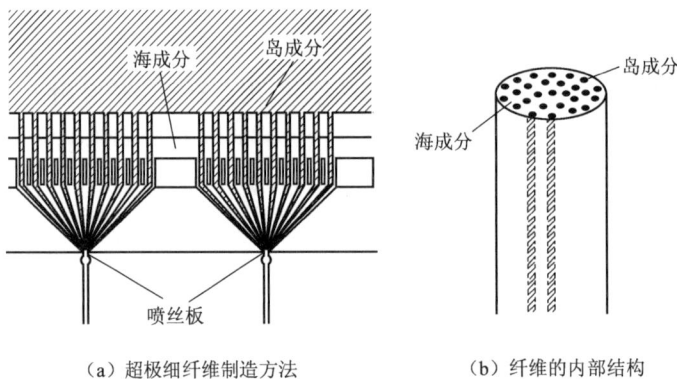

(a)超极细纤维制造方法

(b)纤维的内部结构

图 13－4 超极细纤维制造方法与纤维的内部结构

这种纤维在制造过程中经过纺丝、拉伸,制成非织造布或各种织物以后,将"海"的成分用溶剂溶解掉,便得到超细纤维。海岛型复合纺丝技术的关键设备部件是喷丝头组件。不同规格的喷丝头组件,可得到不同细度的纤维。一般生产的超细纤维的细度在 1000nm 以上。美国 Hills 公司是利用新型组件技术在普通的喷丝板孔密度下纺制海岛型纤维。这种喷丝板有 198 个孔,孔间距为 6.4mm×6.4mm。所得每根纤维有 900 个"岛",在经过充分拉伸和溶掉"海"基聚合物后,得到 900 根纤维,"岛"基纤维的直径大约为 300nm。该纤维的纺丝加工几乎与普通的聚合物熔纺工艺相同,有许多聚合物可以在一起复合纺丝,如以聚酯为"岛",PVA 或聚乙烯为"海",岛/海聚合物的比例可在 50：50～70：30 之间变化。日本东丽公司用海岛型纺丝方法也制得了细度约 100nm 的极细纤维。

海岛法制得的纤维可用于仿麂皮织物、超净环境中的防尘服、高效清洁用布和过滤材料。

(2)静电纺丝法。静电纺丝法即聚合物喷射静电拉伸纺丝法,是一种制备超细纤维的重要方法。该方法与传统的方法明显不同,首先将聚合物溶液或熔体带上几千至上万伏高压静电,带电的聚合物液滴在电场力的作用下在毛细管的 Taylor 锥顶点被加速(图 13-5),电场力足够大时,聚合物液滴可克服表面张力形成喷射细流。细流在喷射过程中溶剂蒸发或固

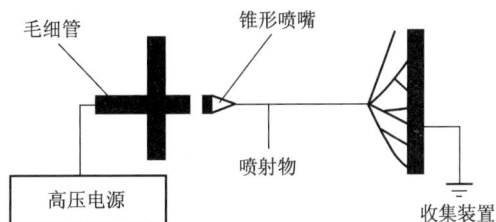

图 13-5 静电纺丝装置

化,最终落在接收装置上,形成类似非织造布状的纤维毡。用静电纺丝法制得的纤维比传统的纺丝方法细得多,直径一般在数十至上千纳米。

静电纺丝工艺有着许多独有的特性,适用的材料很广泛,许多聚合物熔体或溶液都可使用。美国麻省理工采用静电纺丝技术进行了成功的实验。主要针对溶液纺丝,通过改变溶质/溶剂的化学组成和聚合物相对分子质量来控制纺丝流体的粘弹性、电性质和固化速率。选用聚环氧乙烷作为测试标准,对不同的聚合物材料及纺丝条件进行试验,如甘油、聚丙烯腈、聚对苯甲酸乙二醇酯、聚酰亚胺、蜘蛛丝、液晶聚合物等。这种技术可用于多种聚合物纺丝,包括一些数量太少而无法用常规方法纺丝的实验材料。这一纺丝技术成为开发超微细纳米纤维的热点,但对纺丝形成过程和纤维结构、形态学和产品性质仍知之甚少。这一技术可开拓纳米纤维的潜在应用。纳米非织造布可用于屏障和分离膜、医用敷料非织造布、新型的轻质复合材料和智能纤维等。

中国纺科院用此技术小试制得单纤维细度为数百纳米的聚丙烯纤维毡,经过预氧化及氧化处理等加工后制成纳米级碳纤维毡。美国利用超微纤维技术生产聚合物纳米级纤维非织造布,制成品可用作过滤产品、高功能材料、屏蔽材料、生物和医疗产品等。美国阿克隆大学利用纳米纤维的低密度、高孔隙度和大的比表面积等做成功能防护服,可防生物或化学武器,并具备可呼吸性。

(3)直接聚合法。中国科学院以普通高分子聚丙烯酯为原料,通过具有自主知识产权的模板挤压法获得了具有纳米尺寸凸凹几何形状的聚丙烯酯纳米纤维。这种方法以孔径为约 100nm 的多孔氧化铝为模板,通过真空挤压将聚丙烯酯溶液挤入凝固液中,干燥后即可获得直径与模板孔径一致的聚丙烯酯纳米纤维,通过选择不同孔径的模板可以很容易地控制纤维的直径及密度。另外,利用不同的高分子材料如聚烯烃、聚酯、聚酰胺等为原料可以得到不同种类的聚合物纳米纤维,聚丙烯酯纳米纤维表面由于具有超疏水性,并且纤维之间有一定的距离而使得水蒸气可以透过这种表面,可以作为新开发的拒水透湿性织物,为制备无氟、可控的超疏水材料研究提供了新的理论及实践依据。

日本东京大学在蜂窝结构的硅石纤维内使用茂金属作催化剂,硅石纤维起着给聚合后的链集束导向的作用,制造出直径为30～50nm的结晶型纤维。该纤维具有高机械强度,可用于汽车部件、电子设备、绳索、钓线和体育设施。

(4)生物法。生物法是利用细菌培养出更细小的纤维,如由木醋杆菌生成的纳米级纤维不含木质素,结晶度高、聚合度高、分子取向好,具有优良的机械性能。其生成过程是细菌在培养时,会从细胞壁的孔道中分泌出与细胞纵向轴平行的、最小构成单元亚小纤维,宽度约为1.78nm;亚小纤维相互间以氢键连接,形成直径为3～4nm的微纤维,纤维一束束平行排列,互相缠绕组成宽度为40～100nm的纤维丝带。这种纤维丝带的纤维素含量可高达95%以上。这种生物纳米纤维将来有可能作为纺织或非织造布产品的原料。

(5)分子喷丝板纺丝法。分子喷丝板技术是对传统的纺丝技术的挑战。它将使目前使用的聚合物纺丝设备完全改观。分子喷丝板由含盘状物构成的柱形有机分子结构的膜组成,盘状物是一种液晶高分子,是由近年来聚合物合成化学发展而来的。聚合物分子在膜内盘状物中排列成细丝,并从膜底部将纤维释放出来。

分子喷丝板纺丝有以下两种工艺:聚合物熔体或溶液纺丝和单体纺丝。前者大环膜的上部提供聚合物流体,含大环系统的复合膜只作喷丝板使用。后者在膜的上部提供的是聚合物单体,膜的第一层设计成使单体可以反应形成聚合物链,这些聚合物链像前者的聚合物那样,被牵引通过大环系统形成纤维。

美国Oak Ridge国家实验室、NASA Ames研究中心等研究机构在这方面都已做了大量工作。他们合成的第一个模型是锥形低聚环氧乙烷和三(对十二烷基苯甲酸基)苯甲酸反应生成单酯,单酯再与2-甲基丙烯酰氯反应产物自由基聚合得到高聚物。目前,正在合成的有柱形酞菁聚合物及具有铁电性的聚合物,它们都能形成液晶柱形中间项。分子喷丝板的使用可使目前需要二三层高的纺丝设备缩小到一间屋的空间。使用这一技术可以精确定制所需结构和性能的纤维及纺制超细纤维。纺丝需要的能量大大减少,并可省去牵伸工艺。不同聚合物纺丝开车和转产时间可以明显缩短,从而大大减少废物生成。总之,聚合物纺丝设备可以集成为一个很小的设备。这一技术的开发将给纤维、纺织、服装行业带来一场革命。

二、纳米功能纤维的制备方法

纳米材料具有特殊的抗紫外线、吸收可见光和红外线、抗老化、良好的导电和静电屏蔽效应、强的抗菌消臭功能及吸附能力。将具有特殊功能的纳米材料与纤维级聚合物复合,可以制备各种功能纤维。

向纤维中掺加的填充物必须要制成微细粒状,粒子的平均直径必须控制在$5\mu m$以下,以免造成纺丝困难,特别是要纺出1.1dtex左右的纤维,微粒的粒径最好在$1\mu m$以下。而纳米粒子恰恰适合此要求。可以减轻在传统添加法纺丝时外加粒子带来的纺丝液压力升高,断头率高,可纺性差,对纺丝设备有磨损的缺点。并且少量的无机纳米粒子分布在纤维内部,不会影响纤维的粘流性和纺丝,对纤维的密度改变很小。纳米粒子的量子尺寸效应和表面效应能显著减少纤维内部生产中造成的裂缝、气泡等缺陷,能促进大分子侧链之间、原纤之间的结合,一些纳米粒子能在纤维表面形成纳米级几何结构,这些有助于提高纤维的功能。

由于纳米粒子的比表面积很大,极易聚集成团。另外,纳米粒子往往是亲水疏油的,呈强极性,在有机介质中难以分散。因此,需对纳米粒子进行表面处理和改性,降低表面能,改善其同聚合物材料的亲和性,以提高纺丝流变性和可纺性。

1. 纳米材料与聚合物的聚合复合法 目前研究最多、最有希望工业化的纳米材料与聚合物复合的方法是聚合物/蒙脱土插层聚合法,该方法首次在 1978 年日本丰田公司研究开发中心用于锦纶 6/蒙脱土复合材料生产。该方法一般先将层状硅酸盐进行处理,将蒙脱土层间阳离子用季铵盐类有机化合物交换,然后将单体或聚合物插入经处理后的层状硅酸层片之间,进而破坏硅酸盐的片层结构,使其剥离成厚度为 1nm,长宽均为 100nm 左右的层状硅酸盐基本单元,填料和聚合物基体间化学结合,并均匀分散在聚合物基体中,实现高分子与蒙脱土层状硅酸盐在纳米尺度上的复合。

蒙脱土是一种主要来源于黏土的无机材料,资源丰富。由于蒙脱土可在熔融聚合物中插层剥离为纳米粒子,避免了直接将纳米粒子分散在聚合物中的不匀问题,所以蒙脱土纳米粒子剥离制备非常适合在纺丝中进行。目前,将纳米蒙脱土应用于纺织纤维的研究已成为纺织领域中新型纤维开发的热点。本方法主要优势在于填充物和有机体能有机地结合在一起,使用透射电镜 (TEM)或原子力显微镜(AFM)等方法观察证实了这一点。

2. 共混纺丝法 共混纺丝法是指在纤维聚合、熔融阶段或纺丝阶段加入功能性纳米材料粉体,以使生产出的化学纤维具有某些特殊的性能。此法是生产功能性纤维的主要方法。将纳米材料均匀分散在聚合物熔体中,在传统设备上进行纺丝、牵伸工艺,无须增加其他设备。使用较多的纳米颗粒有:ZnO、Al_2O_3、ZrO_2、SiO_2、TiO_2、MgO 及含银、铜等离子的微粒。该法的优点在于纳米粉体均匀地分散在纤维内部,因而耐久性好,其赋予织物的功能具有稳定性。由于纳米粒子的比表面积很大,极易聚集成团。另外,纳米粒子往往是亲水疏油的,呈强极性,在有机介质中难以分散。因此,需对纳米粒子进行表面处理和改性,降低表面能,改善其与聚合物材料的亲和性,以提高纺丝流变性和可纺性。

目前,化纤产品中复合型纤维的比例不断扩大,如果在不同的原液中添加不同的纳米粉体,可开发出具有多种功能的纺织品。例如在皮芯型复合纤维的皮层、芯层原液中各自加入不同的粉体材料,生产出的纤维可具有两种或两种以上的功能。目前国内的研究多集中在这一领域。

纳米功能涤纶的制备工艺举例如下。

(1)纳米功能涤纶母粒的制备。

①工艺流程。将干燥后纤维级聚酯切片(A)和功能性纳米材料粉体(B)、抗氧剂(C)、偶联剂(D)、分散剂(E)等按不同比例混合,经高速搅拌机充分搅拌后,再经双螺杆挤出机挤出、造粒,即得纳米功能涤纶母粒。

②原料配比。纳米抗菌涤纶母粒(B 为纳米二氧化钛载银复合抗菌剂):A:B:C:D:E=89.6:10:0.2:0.1:0.1

纳米抗紫外线涤纶母粒(B 为纳米无机紫外线屏蔽剂):A:B:C:D:E=69.4:30:0.2:0.2:0.2

纳米远红外涤纶母粒(B 为纳米远红外粉):A:B:C:D:E=59.4:40:0.2:0.2:0.2

(2)纺丝。

①原料配比。聚酯切片:纳米功能涤纶母粒=90:10。

②纺丝工艺条件。同普通涤纶的生产工艺条件。

(3)性能测试。

①纳米抗菌涤纶织物的抑菌性能。按 AATC C100—2012 织物抗菌性能试验方法,测定纳米抗菌涤纶织物和纤维的抑菌率分别为 97.4% 和 99.9%,抑菌性能优异。纤维的抑菌性能优于织物是由于织物的组织结构决定了组成其纤维的全部面积不能与菌液接触而杀死细菌,而纤维的测试中纤维的全部面积则可以与细菌接触,使与之接触的细菌全被杀死。

②纳米抗紫外线涤纶织物的紫外线防护性能。表 13-1 中数据为分别在织物的不同部位测试六次得到的 UPF 值。

表 13-1 织物不同部位的 UPF 值

次数	1	2	3	4	5	6	平均
UPF 值	477.05	491.66	443.52	500.00	470.17	422.19	467

抗紫外线涤纶织物的 UPF 等级应为 50+,即纳米抗紫外线涤纶织物具有非常优异的紫外线防护性能。测得紫外线透过率分别为 $T(UV-A)=0.29\%$,$T(UV-B)=0.21\%$,可见织物的紫外线透过率非常低。

③纳米远红外涤纶织物的远红外发射性能。发射率能够很好地反映织物辐射红外线的能力,经测定,纳米远红外涤纶织物在 $8 \sim 14 \mu m$ 光谱区的法向发射率为 0.852,说明该织物具有优异的远红外发射性能。

第四节 纳米功能纺织品的生产

一、纳米功能纺织品的生产方法

利用纳米技术开发与生产功能纺织品有以下几种方式。

1. 纳米功能纤维 在纤维内混入纳米功能材料,经纺丝得到纳米功能纤维,从而制得各种纳米功能纺织品。采用纳米级添加剂可能会创造出新一代功能性更强的化学纤维。在生产化学纤维时,利用熔融共混或溶液共混的方法制备纺丝液,纳米微粒较容易分散到纺丝液中,并且不会堵塞喷丝孔,经纺丝后制成的功能纤维功能性持久。如抗静电纤维、抗菌纤维、阻燃纤维、远红外纤维、抗紫外线纤维等,具体制备方法详见本章第三节。

2. 织物后整理　利用纳米颗粒所具有的特性对纺织品进行功能性整理。可将纳米粉体制成均匀分散稳定的整理工作液,通过浸轧、喷洒、涂层等技术使纳米颗粒牢固附着在纤维、纱线和织物表面,或通过植入技术将纳米颗粒分散和固定于织物中来提高或赋予纺织品一些性能,如抗静电性、易去污性、抗菌性、抗皱性等。此类方法较适用于对天然纤维织物的功能整理。

3. 纳米功能膜复合　将纳米颗粒嵌于薄膜中生成复合薄膜,再与纺织品层压复合。复合薄膜的生产与纺织品的生产分开进行,可以人为地控制纳米粒子的组成、性能、工艺条件、基体材料等参量的变化,从而控制纳米复合薄膜的特性。相应地,复合层压纺织品的生产亦具有了较大的灵活度。

二、织物的纳米功能整理

对于棉、毛、丝、麻等天然纤维,采用纳米材料进行功能化整理的技术研究方兴未艾。例如,纳米 ZnO 微粉具有优越的抗菌、消毒、除臭功能,可以把纳米 ZnO 微粉制成功能整理剂,对天然纤维织物进行后整理,从而获得性能良好的抗菌织物。

1. 涂层法　目前,纺织涂层加入的最细颗粒是微米级的,如陶瓷粉(颗粒细度在 $100 \sim 1000nm$ 范围内),将纳米材料加入到织物整理剂中,采用后整理的方法与织物结合,可制成具有各种功能的纺织品,且涂层更加均匀,但整理剂与纺织品之间一般不是化学键连接,因而耐洗牢度较差,功能不持久。例如,将硫酸铜溶解于适当的溶剂中,利用化学还原剂将二价铜离子或者银离子还原成铜原子、银原子,沉积在织物表面,形成梯度纳米结构的金属镀层,原理类似于银镜反应。用这种织物可制成各种电磁波屏蔽材料,对高频电磁波的反射率可高达 99.99%。

2. 黏合剂法　将纳米粉体与黏合剂和水配制成稳定的整理工作液,浸渍或浸轧到织物上,经焙烘黏合剂在织物和纤维表面形成一层连续的薄膜,从而将纳米粉体固着在织物上,整理效果具有一定的耐洗性。例如,将抗菌纳米粉体 $2\% \sim 5\%$,分散剂 2% 左右,渗透剂 1%,黏合剂 15%,加水至 100%,配制成整理液,纯棉织物经二浸二轧(轧液率 75%),$80℃$ 预烘 $5min$,$160℃$ 焙烘 $3min$。得到的抗菌织物的抑菌率为 90.5%,水洗 10 次后的抑菌率为 73.6%。

3. 接枝法　接枝技术主要用于天然纤维纺织品的后整理,其优点在于使纺织品具有永久性功能。采用接枝法将纳米材料"接枝"到棉纤维上有两种技术路线:

(1)将对纳米材料有很强配位能力的有机化合物接枝到棉纤维上,制成简单的有机分子模板,再将纳米团簇组装到棉纤维上。

(2)制备纳米微粒时,用可接枝到纤维上的化合物作为捕获剂,使纳米微粒通过捕获剂进行表面修饰形成团簇,再把团簇接枝到棉纤维上。

第五节　纳米功能纺织品的测试

经纳米材料处理的纺织品的测试内容主要包括两方面内容,一是所用纳米材料在纤维和织物上的分布状态,二是纳米功能纺织品的功能性。本节简要介绍纳米材料在纤维和纺织品上状态的测试。

一、纳米颗粒的粒度分析

1. 电镜观察法　一次颗粒的粒度分析主要采用电镜观察法,可采用扫描电镜(SEM)和透射电镜(TEM)两种方式进行观测。可以直接观察颗粒的大小和形状,但有可能会有较大的统计误差。由于电镜法是对样品局部区域的观测,所以在进行粒度分布分析时,需要多幅照片的观测,通过软件分析得到统计的粒度分布。电镜法得到的一次粒度分析结果一般很难代表实际样品颗粒的分布状态,因此,电镜法一次粒度检测结果通常作为其他分析方法结果的比照。

2. 激光粒度分析法　激光粒度分析所用仪器分为激光衍射式粒度分析仪和激光动态光散射式粒度分析仪两种,其显著特点是测量精度高、测量速度快、重复性好、可测粒径范围广及可进行非接触测量等。从原理上讲,衍射式粒度仪对粒径在 $5\mu m$ 以上的样品分析较准确,而动态光散射粒度仪则对粒径在 $5\mu m$ 以下的纳米亚微米颗粒样品分析准确。

3. 其他分析方法　纳米粒子的结构还可以通过扫描隧道显微镜、扫描探针显微镜、原子力显微镜、X 射线衍射仪、X 射线光电子能谱、俄歇电子能谱等进行分析,可参阅有关文献。

二、纳米材料在纤维和织物上的分布状态

纳米材料在纤维和织物上的状态可以借助于透射电子显微镜(TEM)、扫描电镜(SEM)、X射线衍射及隧道扫描显微镜等方法来观察。图 13-6～图 13-8 分别为纳米抗菌材料在不同纤维表面的分布状态。

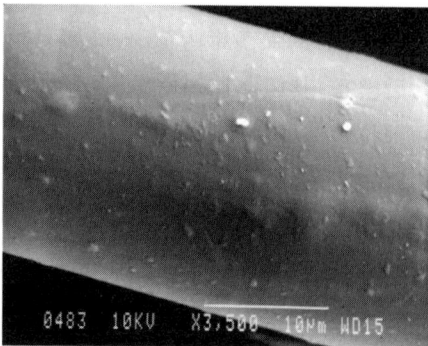

图 13-6　纳米抗菌材料在涤纶上的
分布状态

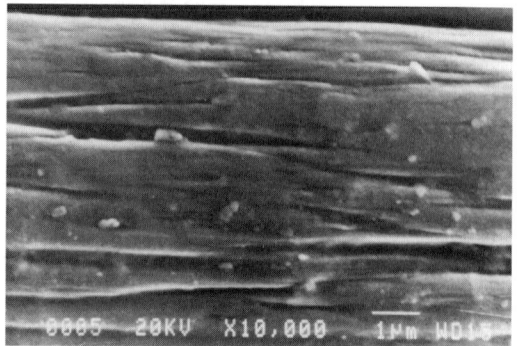

图 13-7　纳米抗菌材料在干法生产的
腈纶上的分布状态

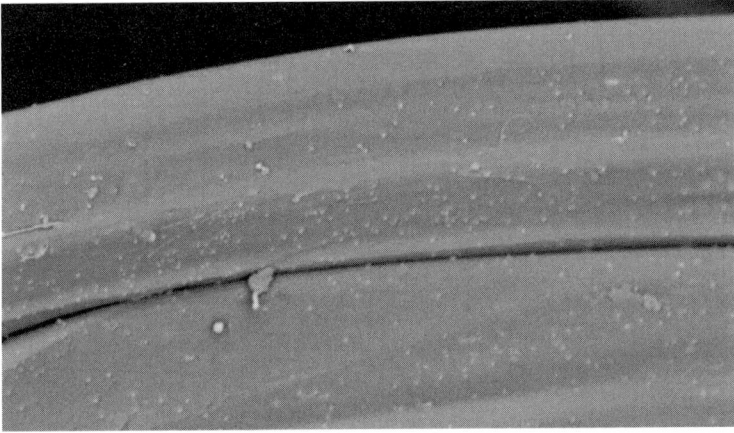

图 13-8　纳米银抗菌材料在海藻酸钙纤维上的分布状态

👉 **思考题：**

1. 什么是纳米技术和纳米材料？纳米材料是如何分类的？有哪四种纳米效应？

2. 纳米材料的基本制备方法和原理是什么？纳米材料常用的表征方法有哪些？

3. 以纳米氧化钛为例，介绍凝胶法的工艺工程，写出有关化学反应方程式。

4. 常见的纳米功能纤维及纺织品的类别、功能原理和一般制备方法是什么？

5. 为什么说纳米材料有安全隐患？

6. 举例说明纳米功能纤维及纺织品的研究和发展趋势。

第十四章　智能纤维及纺织品

本章学习要点：

1. 熟悉智能材料及智能纺织品的概念。

2. 了解形状记忆纺织材料的特点及其制备方法。

3. 掌握蓄热调温纺织材料的特点及其制备和评价方法。

4. 了解变色纺织材料的特点及其制备方法。

5. 了解智能凝胶纺织材料的特点及其制备和评价方法。

6. 了解智能释放纺织材料的特点及其制备和评价方法。

7. 了解电子智能纺织材料的特点及其制备方法。

第一节　概　述

随着人们生活水平的提高,科学研究的不断发展,人们对各种材料的要求也越来越高,希望材料能够根据所处环境的变化,使自身功能处于最佳状态。1989 年日本学者将信息科学融于材料的构型和功能中,首先提出了"智能材料(intelligent material)"概念,它是指对环境具有感知、可响应并且有功能发现能力的新材料,随后,美国又称其为灵巧材料或机敏材料(smart material)。众所周知,生命体不仅具有思维活动和思维能力,还具有对外界刺激响应的能力,被称为"智能",是生命体特有的属性。如含羞草的叶子因触动而闭合;单细胞的变形虫遇不同物体而伸出或缩回假足;高等动物因体内外各种变化而发生肌肉运动或腺体分泌等。智能材料就是指模仿生命系统,同时具有感知和驱动双重功能的材料,即不仅能够感知外界环境和内部状态所发生的变化,而且能够通过材料自身的或外界的某种反馈机制,实时地将材料的一种或多种性质改变,做出所期望的某种响应的材料。感知、反馈和响应是其三大要素。智能材料是集材料、物理、化学、微电子等多种学科为一体的交叉学科。

智能材料的发展为智能纤维和智能纺织品的开发奠定了基础,促进了智能纺织品的发展。智能纤维是指能够感知环境的变化或刺激,如机械、热、化学、光、湿度、电和磁等,并做出反应的纤维,是通过将智能材料处理到纤维上而得到的。1979 年问世的形状记忆丝绸被认为是最早的智能纤维,目前光纤传感器、变色纤维、形状记忆纤维、调温纤维和选择性抗菌纤维等已经实现了规模化生产。

一、纤维和纺织品智能化的途径

纤维和纺织品的智能化一般是通过以下几种途径实现的。

（1）将所需的性能引入到聚合物中去，即利用高分子化学和物理原理，合成能对环境进行响应的新型聚合物，或对原有的通用聚合物或天然高分子进行改性处理使其具有"智能化"特征。换言之，就是纤维本身的创造和开发，制造出智能型纤维。

（2）通过染整加工赋予普通织物智能。

（3）通过将普通纤维与特种纤维交织或将特种纤维编入织物中而使织物获得智能。

（4）将织物与智能型膜等材料复合而制得智能型复合织物。

（5）在织物设计中，根据特定的应用场合，通过特定的组织结构设计使织物能够对特定的环境或刺激物产生响应。

（6）将织物或服装与其他外加元件相结合，从而制得智能织物或智能服装。外加元件包括普通元件和高技术传感器、监测器、促动器和报警器等。

二、智能纤维及纺织品分类

目前的智能纺织品材料主要有两大类：一类是对外界或内部的刺激强度如应力、应变、光、电、磁、热、湿、化学、生物化学和辐射等具有感知功能的材料，称为"感知材料"，可以用来制成各种传感器；另一类是能对外界环境改变或内部状态发生变化做出响应或者驱动的材料，可以用来做成各种执行器。兼具感知和驱动功能的材料称为"机敏材料"。

另外，还有其他的分类方法，如按照外对界刺激所反应的方式分类、按照智能属性分类等。

1. 按照对外界刺激所反应的方式分类　　按照对外界刺激所反应的方式，智能纺织品大体上可分为三类。

（1）被动智能型纺织品（passive smart textiles）。这类纺织品只能感知外界的环境和刺激，具有预警能力，却不能自动调控。属于智能纺织品的初级阶段。如作战服的面料中嵌入 pH 感应传感器，这些感应器在探测到生物化学药剂、毒害物质、电磁能量波以及毒气后便会发出警告，以保护士兵免受伤害，从而提高士兵的作战和生存能力。产品的开发原理是将一种荧光活性染料掺入到光纤中组成传感器，再用这些传感器来检测温度和 pH。

（2）主动智能型纺织品（active smart textiles）。这类智能纺织品不仅能感知外界环境刺激，还能做出响应。如形状记忆纺织品、可呼吸织物、变色织物、调温蓄热纺织品等均属此类。用主动智能型纺织品做成的服装，可通过中央处理系统，进行造型记忆和防风、防水、排汗等自控功能运转；在遇到污染时会变成发出警报等。如夹克衫的前片由内含氮氧化物、二硫化物以及臭氧监控器的锦纶面料制成。当服装受到污染时，面料的颜色就会由蓝色变为橘黄色。

（3）非常智能型纺织品（very smart textiles）。这类纺织品是纺织品与人工智能的完美结合，其智能程度已达到相当高的水平。它既是普通的服装，又附加了犹如人的大脑的思维和计算机的程序处理。在孤独的旅途中，衣服可以发出动听的音乐；在不幸遇险时，它会发出救援信号;它可以让你掌握心率、血糖、体温等生理指标,以便及时就医;保镖胸衣在主人受到攻击时,会自动收紧并发出尖厉的呼叫;还有耐磨、耐洗、耐撕以及阻挡手机辐射危害等种种奇异的功能。

2. 按照智能属性分类 智能纺织品按照其智能属性可分为以下几类。

(1)物理型智能纺织品。涉及具有电气、电子、热学、光学及物理形态等智能的织物,如形态记忆、电子信息记忆、电子娱乐、蓄热调温等智能纺织品。

(2)化学型智能纺织品。涉及具有化学、光化学反应等智能的织物,如环境刺激敏感、光敏变色、温敏变色等智能纺织品。

(3)分离型智能纺织品。涉及具有分离性、吸附交换等智能的织物,如反渗透、选择吸收等智能纺织品。

(4)生物型智能纺织品。涉及具有医学、保健、生物等智能的织物,如卫生保健、生物吸收等智能纺织品。

另外,智能纺织品按其用途还可分为衣料用、装饰用和产业用三大类。

第二节　智能纤维及纺织品的生产

随着高科技对传统行业的渗透,纺织品不仅外观更加多彩多姿,其内在功能的日益强化,为服装源源不断地输入新的概念,也给纤维制造业和纺织面料加工业带来无限的活力。智能纤维及纺织品因其独特的性能,无疑是今后一段时间纺织品发展的一个方向,并且将日益成为人们日常生活的一部分。下面介绍几个主要品种。

一、形状记忆纤维及纺织品

形状记忆纤维及纺织品是具有形状记忆效应的一类特殊纺织品。所谓形状记忆效应,是指在一定条件下纤维或织物具有一定的初始形态,当外部条件发生变化时,其形态相应地随之改变并固定下来,当外部环境再以特定方式发生变化,纤维或纺织品以其高恢复形变的能力,可逆地恢复到初始状态,物质的这一特性被称作形状记忆效应。形状记忆过程可简单表示为:

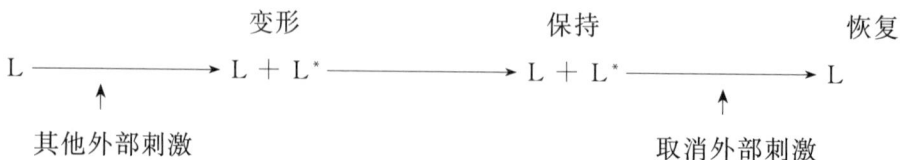

$$L \xrightarrow[\text{其他外部刺激}]{\text{变形}} L + L^* \xrightarrow{\text{保持}} L + L^* \xrightarrow[\text{取消外部刺激}]{\text{恢复}} L$$

式中:L——初始形状;L*——变形部分。

外部刺激一般包括热能、光能、电能、外机械力等物理因素和酸碱度、相转变反应、螯合反应等化学因素。最早被称为形状记忆的纺织品是经过免烫整理的织物,这类纺织品已为人们所熟知,本章节不再赘述。目前,研究更多、性能更优的形状记忆材料还有形状记忆合金、形状记忆陶瓷、形状记忆高聚物和形状记忆水凝胶。

（一）形状记忆聚合物

形状记忆聚合物（shape memory polymer，简称SMP）是一类新型的功能高分子材料。这种聚合物能够固定初始状态，当有外加热时，发生形态变化并在此条件下其形态固定下来，再通过一系列热处理过程又回到初始状态，这是记忆高聚物的特征。与形状记忆合金和陶瓷相比，形状记忆聚合物具有质量轻、成本低、抗腐蚀、易成型、易加工等特性，并通过高分子结构设计及合成获得所需性能的形状记忆高聚物。具有形状记忆功能的聚合物有聚降冰片烯、反式聚异戊二烯、苯乙烯—丁二烯共聚物、交联聚乙烯、嵌段聚氨酯、聚酯、共聚酰亚胺、聚酰胺等。

1. 聚合物形状记忆基本原理　从微相结构上看，具有形状记忆功能的高聚物都具有"固定相"和"可逆相"的二相结构，固定相具有维持固化聚合物形态的作用，超分子结构表现为大分子的交联、结晶、玻璃态或高分子链的缠绕等；可逆相则是聚合物的形态可变部分，随着外界条件的变化（主要是热作用）发生形态变化，如当受热至玻璃化温度（T_g）或熔融温度（T_m）以上或降温至 T_g 或 T_m 以下时，可逆相发生结晶熔融与生成或玻璃态与橡胶态的可逆相转变。以目前最常见的形状记忆聚氨酯为例，它的形状记忆效应是由软链段（可逆相）的旋转和软硬段的共价偶联抑制大分子链的塑性滑移形成的，使用形状记忆聚氨酯制备的涂层织物，在其记忆（变形）温度以上，由于受热的作用，可逆相分子链段布朗运动活跃，使链段间距增加，形成许多孔隙，让水蒸气分子容易透过涂层膜，极大地提高了透湿性，并随着环境温度的变化透湿性可智能调控；当温度降低至记忆温度以下时，可逆相恢复到初始形态，关闭孔隙，透湿量显著降低，起到保温作用。通过调节形状记忆聚氨酯的成分和比例，可制成可调温度在 $-30\sim70℃$ 范围，可满足多种用途的需要。

2. 形状记忆聚合物纤维及纺织品　聚对苯二甲酸丙二醇酯（PTT）形状记忆纤维具有固定相和可逆相结构，其固定相由超分子结构的结晶相组成，可逆相由非晶相和结晶与熔融可逆变化的部分组成，结晶度是决定记忆温度的主要条件。这种纤维面料的服装易打理，服装折皱后只需用手抚平即可恢复至初始的平整状态。可塑性良好，通过手工的抓捏即可对服装进行各种造型处理，苏州方圆化纤与杜邦公司合作于2007年开发了新型特种记忆纤维PTT，商品名称为Fineyarn。

香港理工大学采用形状记忆聚氨酯通过湿法或熔融纺丝制备出形状记忆纤维。形状记忆聚氨酯纤维可纯纺，也可与天然、化学纤维混纺，或制成包芯纱，如采用形状记忆聚氨酯长丝与棉纤维纺成包芯纱，以单根形状记忆纤维作芯纱，棉纤维为包缠纱，形状记忆纤维形变回复温度为 $45\sim50℃$，原始形态为卷曲状。常温下纱线保持平直形态，若纱线放入50℃以上的水中，则纱线由于纱芯的形状回复收缩而形成多圈纱。

日本三菱重工开发出一种新材料Diaplex，是一种具有形状记忆功能的聚氨酯类聚合物，适用于制造在环境温度较高时能产生散热和水气通道的智能服装。Diaplex聚氨酯有许多优异性能，例如它的软化温度能够在白天温度变化范围内随意调节。当气温低于该设定温度时，它便能恢复到原来的形状。目前已有公司用这种材料生产运动服装,制作登山服和帐篷等。

杜邦 Sorona 聚合物是美国杜邦公司最新推出的一种以 1,3 -丙二醇(PDO)为主要原料的"智能型"聚合物。用 Sorona 制成的纤维和织物集众多优点于一身,能满足设计师和客户对服装期待的所有特质。内至轻薄柔软的睡衣,外至蓬松厚实的夹克。Sorona 聚合物的优良性能源于半结晶的分子结构,当分子受到应力时,应变首先发生在结晶不完整区,外力去除后,结晶结构锁定,使其完全恢复原状。

(二)形状记忆合金类纤维及纺织品

形状记忆合金(shape memory alloy,简称 SMA)是一种特殊的金属材料,包括了镍—钛合金、铜—锌合金、铜—锡合金、镍—钛—铜合金和铜—锌—铝合金等。这是一类在一定的热处理条件下具有变形和形状恢复能力的合金,被称为形状记忆合金。由形状记忆合金制成的纤维或纺织品,称为形状记忆合金纤维或形状记忆合金纺织品。目前,纺织上应用的形状记忆合金以镍—钛合金纤维最多,镍—钛合金纤维具有形变恢复率大、稳定性好和很好的生物相容性。合金具有形状记忆效应的基本原理归结为金属晶体结构的受热变化。形状记忆合金具有一定的转变温度,在转变温度以上,金属晶体结构是稳定的,在转变温度以下,晶体处于不稳定结构状态,在受到外界作用力时发生形变,当加热升温到转变温度以上,金属晶体就会回到稳定结构状态的形状,从而引起合金纤维的形变和形变回复。

意大利一家公司新近推出一种"聪明衬衫",采用镍—钛记忆合金丝和尼龙交织的面料,以五根尼龙丝配一根镍—钛合金丝编织面料。这种衬衣在炎热的夏季使用,形状记忆纤维被激发,衬衣的袖子会立即自动卷起,而温度降低时袖子能自动复原。此外,这种衬衣不怕起皱,即使揉成皱皱的一团,用吹风机吹出的热风马上就会使其复原,甚至人的体温也可以自动把它"熨平"。英国防护服装和纺织品机构研制的一种防烫伤服装,其做法是先将镍—钛合金纤维加工成宝塔式的螺旋弹簧状,再加工成平面状,然后与服装面料组合并固定在服装面料下方。当防护服装表面接触高温时,合金记忆纤维的形变被激发,平面状螺旋结构迅速变成宝塔状,在两层织物间形成支撑,对热源起到隔绝作用,使高温远离人体皮肤,防止烫伤。日本研制的一种可以控制光透性的窗帘,采用 10 根线密度为 8.4tex 的涤纶丝和一根合金丝作为纬线织造,经纬密度为 291.34 根/10cm,当温度大于 28℃时,试样在厚度方向上的形状发生变化,改变帘子的透光性。瑞士 Microfil Industries 公司开发了一种钛—镍形状记忆纤维(镍含量 50.63%),直径为 300μm。国内研究的抗皱功能织物,经纱为棉股线,纬纱为形状记忆合金丝/棉股线,合金丝为镍—钛抛光圆丝,直径为 0.2mm,相变点为 45℃,平纹组织织制,将折皱的这种织物加热到 45℃以上时镍—钛形状记忆合金丝恢复到初始的直线状态,织物恢复平整。

用形状记忆合金丝织制的管状件,在温度变化的刺激下由二维的扁平状变形为三维的管状。它在织造时上下两层组织保持分离,边缘处联接,下机时呈扁平形态,在温度的刺激下管状织物的边缘折幅处被撑开,形成圆筒形的外观,由原来的二维平面织物转化为三维立体织物,并在相变点以上时,保持三维立体的效果不变,即使受压时织物变扁平,去除压力后织物立刻弹起呈圆筒状。

二、蓄热调温纤维及纺织品

蓄热调温纤维或纺织品是一种具有双向温度调节作用的新型纺织材料,它是利用具有热活性的储能材料在相变化过程中吸热、放热的物理现象,营造一个相对稳定的微气候环境,以达到改善纺织品舒适性的目的。智能调温纤维可纯纺,也可与各类纤维混纺交织,可以机织或针织。大量应用于户外服装、内衣裤、毛衣、衬衣、帽子、手套等。

服装最基本的功能在于维持服装内微气候区的温湿度。研究表明,当服装内微气候区的温度为(32±1)℃,相对湿度为(50±10)%,气流速度为(25±15)cm/s时人体感觉最舒适。蓄热调温纺织品与传统纺织品的区别在于,它具有智能调节微气候区温度的功能,当外界环境温度较高时,织物吸收热量,延缓局部温度升高并将吸收的能量储存;而当外界环境温度降低时,织物释放热量,延缓局部温度降低,从而使服装内微气候区温度波动相对较小,人会感觉更加舒适,因此,有"空调"纺织品的美誉。

(一)相变材料及蓄热调温机理

相变材料(phase change materials,简称 PCM),是组成蓄热调温织物的重要成分,通过特定的技术将相变材料与织物或纤维结合,实现纺织材料的智能调温。

物质在发生相态变化时伴随着吸热或放热,所吸收或放出的能量称为相变(潜)热。在发生相变时,相变材料自身温度基本不变。也就是说,对于相变材料,当环境温度升高时,物质吸收储存相变热量,自身由固态变成液态或气态,当环境温度降低时,物质由液态或气态变成固态,释放相变热。储能材料相变过程的温度变化见图14-1。

物质处于固态或液态时,随着物质吸收热量的继续,温度不断升高,在物质发生相变的过程中,自身温度基本不变化。当相变物质发生相态变化时,吸收或放出的热量值用下式表示。

$$Q=M[(T_m-T_1)C_{ps}+H_f+(T_2-T_m)C_{pl}]$$

式中:Q——物质吸收或放出的热量;

C_{ps}——物质固相的比热容;

C_{pl}——物质液相的比热容;

M——物质质量;

H_f——物质的熔解焓;

T_m——物质的熔点;

T_1——物质的低温温度;

T_2——物质的高温温度。

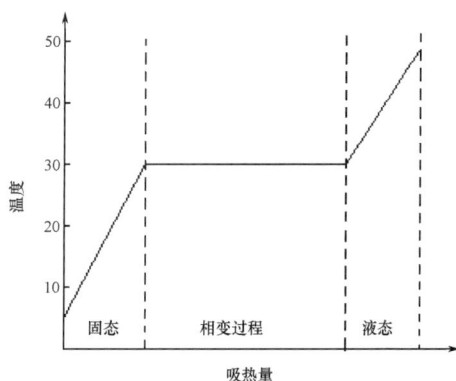

图14-1　相变材料吸热与温度变化的关系示意图

若物质发生相变化时,自身温度变化较小,上式可简化为:

$$Q = MH_f$$

储能材料吸收、释放的潜热表明了其调温能力,吸收、释放的潜热与织物上负载的相变材料的量及物质的熔解热成正比。图 14－2 显示了几种相变物质在调节微气候区温度中的作用。

环境温度升高时,水温度的升高滞后于空气,说明水在一定程度上缓解了微气候的迅速升温;Prethermo C－25,Prethermo C－31 分别是以高级脂肪烃为主要成

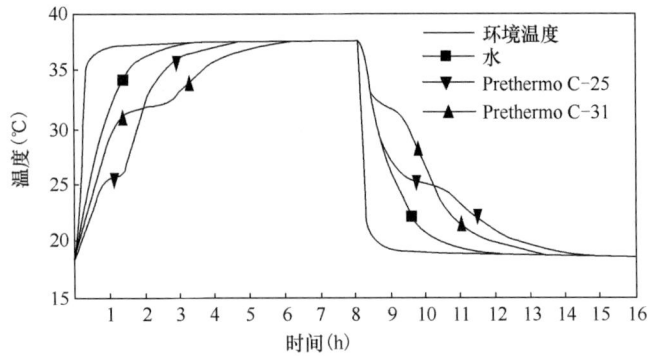

图 14－2 几种物质与环境温度变化曲线

分制成的微相变胶囊材料,两者在保持微气候的温度方面比水更优越,Prethermo C－31 延迟 6h 达到试验的最高环境温度,延长了微气候的舒适性。而曲线的降温段恰好相反,空气温度下降迅速,水的降温滞后,Prethermo C－31 则降温最慢。两个储能材料的曲线分别在 25℃和 31℃处出现水平段,此两点分别是 Prethermo C－25 和 Prethermo C－31 的相变温度。

(二)相变材料的分类

相变材料品种繁多,其分类方法也有很多,如按相变材料适应的温度范围来分,具体分类如下:

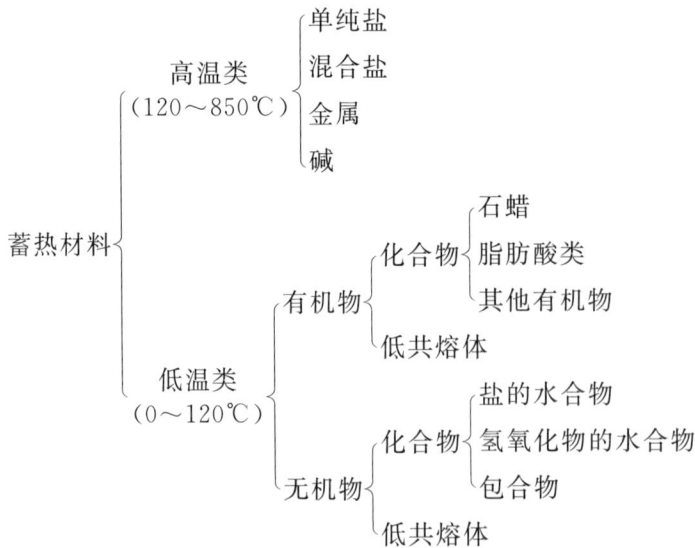

```
                                     ┌ 单纯盐
                      高温类         │ 混合盐
                   (120～850℃)      │ 金属
                   ┌                 └ 碱
                   │
      蓄热材料 ┤                              ┌ 石蜡
                   │              ┌ 有机物 ┌ 化合物 ┤ 脂肪酸类
                   │              │         │        └ 其他有机物
                   │              │         └ 低共熔体
                   低温类  ┤
                   (0～120℃)      │                  ┌ 盐的水合物
                                  │         ┌ 化合物 │ 氢氧化物的水合物
                                  └ 无机物 ┤         └ 包合物
                                            └ 低共熔体
```

还可以从相变材料的类型来分,具体分类如下:

1.无机相变材料 无机相变材料主要是单纯盐、水合无机物、碱金属与合金、高温熔化盐类和混合盐类,如 $Al_2(SO_4)_3 \cdot 16H_2O$、$NaNO_3$、$Na_2CO_3—BaCO_3/MgO$。这类相变材料的储能调

温机理是基于盐的溶解与结晶或结合水的释放与重新结合,这些过程都伴随着热量的吸收和释放。无机相变材料的优点是熔解热大、熔点固定、相变体积变化小,但无机盐易出现过冷及分层现象,影响产品的使用寿命,且有腐蚀性、价格较高等缺点。蓄热调温纤维和纺织品开发的初始阶段,以无机储能材料为主,有机相变材料被认识后,很快成为蓄热调温纤维的重要储能材料。

2. 有机相变材料 有机小分子储能材料包括高级脂肪烃类(包括石蜡)、醇类、脂肪酸类及其酯类等,有机聚合物储能材料包括聚合多元醇、聚酯、聚环氧乙烷、聚酰胺、聚烯烃等。这类材料具有性能稳定,固体成型性好,克服了相分离及过冷现象等特征。

石蜡主要是由直链烷烃混合而成,可用通式 C_nH_{2n+2} 表示。石蜡作为一种 PCM 具有很多优点,如相变潜热高、几乎没有过冷现象、熔化时蒸汽压力低、化学稳定性较好、自成核、没有相分离和腐蚀性问题,价格也较低。聚合物相变材料以聚乙二醇(PEG)在调温纺织品研究中应用最多,其潜热较大、无毒、无刺激,使用时不会发生过冷和相分离现象,化学性质稳定,结构通式为 $HO(CH_2CH_2O)_nH$,平均分子量从 200～20000 不等,相变温度随聚合度的增加而提高,通过选择不同相对分子质量的 PEG 和混合比,可以制成相变温度为 30～35℃ 的相变材料,接近于人体的舒适温度。

3. 复合相变材料 若将两种及以上的物质混合,但其中一种为储能材料,所形成的混合物共同作为储能材料,称为复合相变材料。利用复合手段达到改变相变温度或改善储能材料性能的目的。复合方式很多,如有机、无机复合,有机同系物复合等。

4. 储能微胶囊 纤维或纺织品中使用的相变材料许多是固—液相变,在热循环过程中,液体相态容易发生泄漏,不仅降低了储能效率,也影响织物使用。微胶囊技术解决了 PCM 的泄漏问题,并阻止了它与外界环境的直接接触,从而起到保护 PCM,延长使用寿命的作用。微胶囊技术就是利用成膜材料把固体或液体相变材料包覆起来,形成微小颗粒的制备技术。被包覆的固体或液体称为芯材(或称核材);成膜的材料称为壁材(或称囊材)。相变材料微胶囊(micro - encapsulated phase - change materials,简称 MEPCM),粒径为 $0.1～20\mu m$ 之间,外壳的壁厚为 $0.01～10\mu m$,一般为球形。原位聚合法制备的正十八烷相变微胶囊的形貌如图 14 - 3 所示,微胶囊为球形。图 14 - 4 是十二醇为芯材的储能微胶囊的差示扫描量热(DSC)曲线,曲线给出了储能微胶囊的相变温度和相变焓等参数。

(三)蓄热调温纤维和纺织品用储能材料应具备的特点

(1)相变潜热高。单位质量和单位体积的相变潜热大。

(2)有合适的相变温度。用于服用纺织品的相变材料,根据气候不同,相变温度有所差异,如用于严寒气候时,应为 18.33～29.44℃;用于温暖气候时为 26.67～37.78℃;用于运动量大或炎热气候时为 32.22～43.33℃。

(3)适宜的热传导系数。能快速吸收和释放热量。

(4)在相变过程中体积变化小。相变材料的体积变化以小为好,特别是封入中空纤维与微胶囊中,对体积变化要求更高。

图 14－3　原位聚合法制备的正十八烷相变微胶囊的形貌

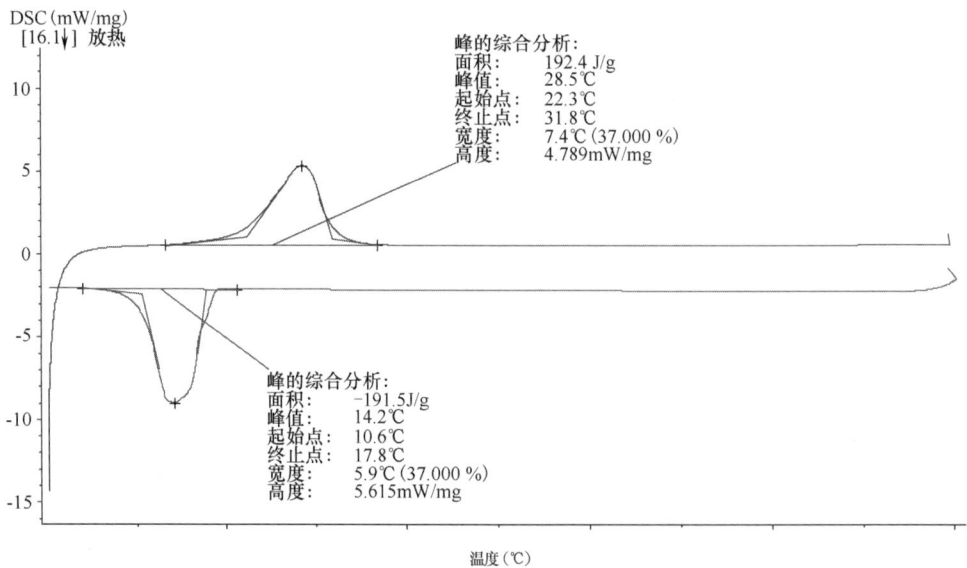

图 14－4　十二醇为芯材储能微胶囊 DSC 曲线

（5）其他化学和物理性质稳定，材料容易得到，成本低。

(四)代表性的蓄热调温纤维及纺织品

　　1997 年美国 Outlast 公司将相变材料微胶囊添加到聚丙烯腈纺丝液中，通过湿法纺丝，制备了具有温度调节功能的腈纶；Smartfiber 公司通过在纺丝液中嵌入石蜡烃技术开发了具有调温功能的 Smartcel Climate 纤维，其中的相变材料可提供 60J/g 的热焓（相变热）；20 世纪 90 年代初，日本采用纺丝法直接将低温相变物质石蜡纺制在纤维内部，制成海岛型纤维，图 14－5 为纤维截面图，岛组分为相变材料；我国研究人员在 PEG 中添加适当的助剂，经冷冻干燥后作为芯成分,以聚丙烯为皮成分熔融复合纺丝。日本东洋纺公司利用熔点为 5～70℃、熔融热为 30J/g 以上的塑性晶体为芯材,以普通成纤聚合物为鞘层,以皮芯复合纺丝制成一种发热耐久和力学性能良好的复合纤维。采用织物后整理的方法制备储能调温纺织品,如将储能 PEG 或储能微胶囊与黏合剂、交联剂共混制成工作液,经轧—烘—焙技术将储能调温材料负载到纺织品上,如图 14-6 所示。采用涂层技术制备的 PVC 储能调温涂层材料,图 14-7 为其断面电镜照片,可见,储能微胶囊均匀分散于 PVC 高分子胶中。

图 14-5　中空纤维填充法制备
海岛型储能纤维

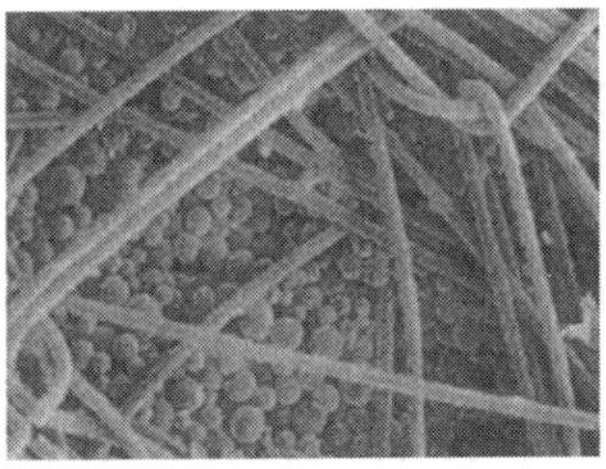

图 14-6　微胶囊在纺织品中
附着形态图

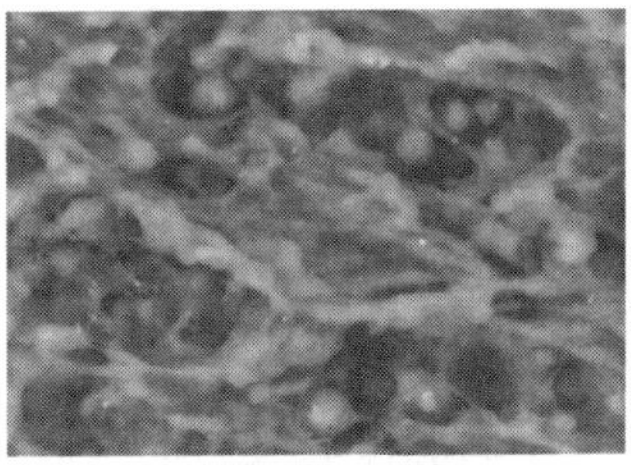

图 14-7　PVC 膜中微胶囊分布

(五)调温纤维及纺织品的制备方法

常用的蓄热调温纺织品的制造方法主要有以下几种。

1. 中空纤维填充法　这种方法是早期制备蓄热调温纤维的方法,一般通过两个步骤完成:先制成中空纤维,然后将其浸渍于相变材料溶液中,使纤维中空部分充满相变材料,经干燥后再将纤维两端封闭。如中空纤维浸渍于聚乙二醇溶液中,得到中空部分含有聚乙二醇的调温纤维,这种纤维的热调节能力是未处理纤维的 1.2～2.4 倍。将相对分子质量为 500～8000 的聚乙二醇(PEG)和二羟甲基二羟基乙二脲(DMDHEU)等交联剂及催化剂加入后整理液中,使 PEG 与纤维发生交联,以获得蓄热性能更持久的纤维。

2. 纺丝法　纺丝法制备调温纤维与生产常规化学纤维的熔融法和溶液法流程相近,不同的是在纺丝液中加入了相变材料及其助剂。如利用正十八烷微胶囊与聚丙烯腈—偏氯乙烯共聚物溶液混合,用溶液纺丝工艺制备调温纤维。纺丝工艺流程:

配制纺丝液→75℃下搅拌 10h→75℃下脱泡 10h→喷丝(喷丝板规格 0.1mm×1000 孔)→凝固(凝固浴温度 5℃)→70～80℃热水洗→110℃的蒸汽中多次拉伸共计 6～12 倍→120～150℃干燥热定型→调温纤维

凝固浴组成:二甲基甲酰胺/水溶液为 55/45。

以正十八烷为芯材的相变微胶囊与聚丁二酸丁二醇酯切片混合,采用熔融纺丝工艺制备蓄热调温纤维,纤维在 29.13℃时有 161.1 J／g 的熔融相变焓。最近几年在美国和欧洲市场上出现的 Outlast 纤维,就是将相变材料微胶囊植入腈纶内开发的智能调温新型纤维。其纤维规格有 2.2dtex、3.3dtex 和 5dtex,长度为 51mm、60～110mm 不等,原料有散纤和毛条。Outlast 纤维最初是美国太空总署为宇航员制作登月服装而研发的。现在已广泛用于普通服装、运动服装、职业服装、室内装饰、床上用品、鞋袜以及医疗用品。

3. 织物后整理法 利用浸轧法和涂层法把相变材料整理到纺织品上,简便易行。以浸轧法整理涤/棉织物工艺举例如下。

工作液配方(质量百分比):

相变微胶囊	20%～50%
交联剂	10%～20%
催化剂	2%～5%

工艺流程:

浸轧(二浸二轧,轧液率 80%)→预烘(80℃)→焙烘(140℃,3min)→洗涤(60℃,10min,洗涤剂 2g/L)→烘干

将储能微胶囊与涂层胶的共混物涂覆在织物表面,制成调温纺织品。涂层工艺有直接涂层、转移涂层和泡沫涂层法。将十二醇和十四醇复合芯材的储能微胶囊,以 30%(质量分数)的量加入 PVC 涂层胶中,用转移涂层法制备具有储能调温性能的膜材。测试发现,储能膜材包围的空间内其温度升高较常规 PVC 膜材低 6～7℃,如图 14-8 所示。图 14-9 为 PVC 储能调温涂层材料的步热步冷曲线,微胶囊为十二醇、十四醇的复合芯材,由图可见,在步冷步热曲线上均出现一段升温降温的平缓区间。

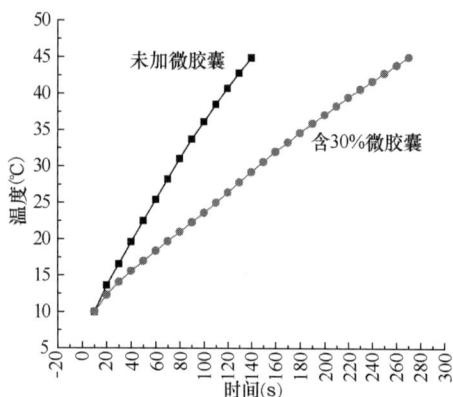

图 14-8 膜材包围空间的步热曲线

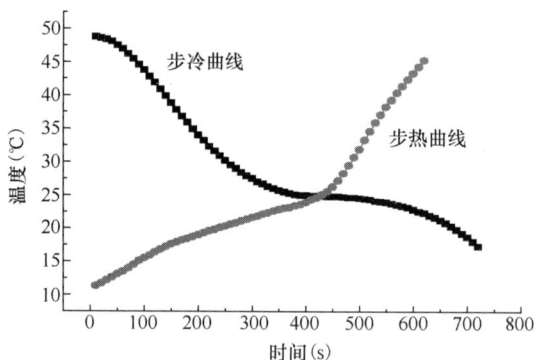

图 14-9 PVC 储能膜材步热步冷曲线

三、变色纤维及纺织品

变色纤维及变色纺织品是一类智能变色的纺织材料,它是借助于现代高新技术,使纺织品的颜色或者花型随着外界条件的变化而呈现出"动态"的变化效果。其实质是,当受到外界条件刺激时,纤维或纺织品对可见光的吸收光谱发生变化,从而发生颜色的改变,或有色无色的变化,这种颜色变化具有可逆性。外界条件一般是指光、热、电、压力、磁场、电场等,因此,按外界

刺激条件不同,变色纺织材料可分光(敏)致变色、热(敏)致变色、电致变色、压敏变色、湿敏变色纤维或纺织品。

(一)光致(敏)变色纤维和纺织品

1. 光致(敏)变色原理及材料　20 世纪 50 年代,Hirshberg 发现了螺吡喃类化合物的光致变色现象,并首次将这种现象称为"光致变色"(potochromism)。光致(光敏)变色纤维或纺织品,是指其颜色随照射光的波长不同或光的强度不同而发生颜色可逆性变化的纤维或纺织品。图 14-10 说明了光致变色现象,当化合物 A 受一定波长(λ_1)光的照射,发生特定的变化生成产物 B,由于结构的改变导致其吸收光谱(颜色)发生明显的变化;而产物 B 在另一波长(λ_2)光的照射作用下又恢复为原来化合物 A 的吸收光谱(颜色)。图 14-11 描述光致变色现象中的能级变化。具有初始色谱的物质 A 吸收某种波长的光 $h\gamma_1$ 后,发生电子跃迁,呈激发状态,形成了热力学上相对不稳定的物质 B,并具有变化后的色谱,而 B 在吸收了另一种波长的光 $h\gamma_2$ 后,又返回到了 A。一般情况下,物质 B 与过渡状态之间的能量差 ΔE 较小,依靠分子的热运动,无需经过其他光线照射,物质 B 即可自发回到物质 A。在光敏变色纤维中所应用的光致变色物质就基于这种能级变化模式。

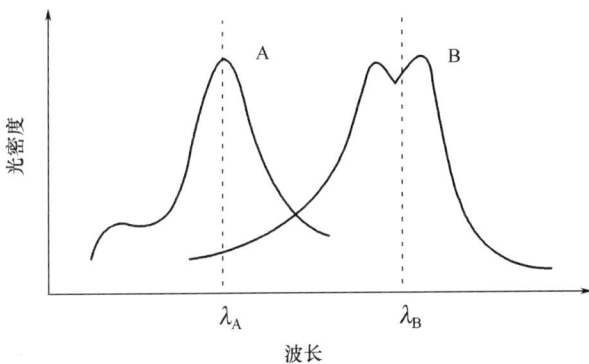

图 14-10　光致变色示意图

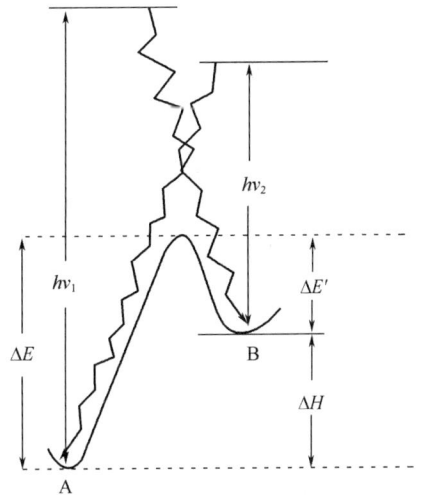

图 14-11　光致变色能级图

光致变色材料包括了无机材料、有机材料。在纤维和纺织品中应用的光致变色材料主要是有机可逆光致变色化合物。不同类型的光敏变色高分子其变色机理是不同的。一般可将变色机理归纳为七种类型,即键的异裂、键的均裂、顺反互变异构、氢转移互变异构、价键互变异构、氧化还原反应、三线态-三线态吸收等。

许多具有光致变色特性的物质是一些具有异构体的有机物。如 2-(2,4-二硝基苄基)吡啶,在光的照射下苄基上的氢原子从亚甲基桥上迁移至吡啶环的氮原子上,从而扩大了化合物的共轭 π 电子体系,形成了从无色到暗青色的变化。光照停止后,由于热运动,化合物 B 又转化

为 A,颜色消失。具体反应如下:

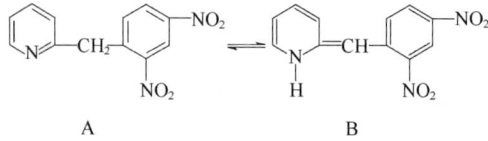

六苯基联二咪唑是通过分子的自由基解离来产生光致变色现象的典型。在光的照射下,分子内键发生均裂,形成了具有很强的电子自旋共振作用的游离基而产生了颜色变化,如下式所示。

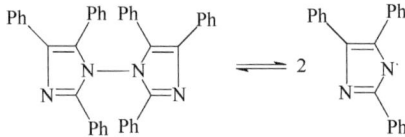

蒽醌是以氧化还原机理产生光致变色现象的。在紫外光的照射下,蒽醌还原变成橙色的氢化蒽醌;当照射停止后,又变为无色的蒽醌。

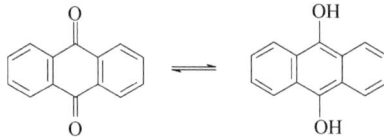

2.光致(敏)变色纤维和纺织品的制备 将光致(敏)变色物质应用于纤维或纺织品,开发具有光致变色效应的纤维、纺织品及服装。美国将光致变色化合物应用于军服面料,生产了具有军事伪装功能的军服;美国 Solar Active 国际公司生产的纱线在紫外线照射下有橙、紫、蓝、洋红、黄、红和绿等多种颜色;日本 Kanebo 公司将吸收 350~400nm 波长紫外线后由无色变为浅蓝色或深蓝色的螺吡喃类光敏物质包敷在微胶囊中,用于印花工艺制成光敏变色织物,微胶囊化可以提高光敏剂的抗氧化能力,从而延长使用寿命,采用这种技术生产的光敏变色 T 恤衫已于 1989 年供应市场;韩国的 Lee Soo—Jong 等用光致变色染料对聚酰胺纤维织物进行浸染后浸泡于高分子溶液中,使之在纤维表面生成一层高分子薄膜保护层,形成类皮芯结构复合纤维,制备了染色牢度较高的光敏变色织物。

国内研究人员将光敏变色颜料添加到聚氨酯涂层胶中,通过涂层技术生产光敏变色的防水透湿纺织品。光致变色涂层纺织品的颜色数据列于表 14－1。

表 14－1 光敏涂层纺织品颜色特征值

光敏颜料	变色前					变色后				
	最大吸收波长(nm)	K/S 值	L	a	b	最大吸收波长(nm)	K/S 值	L	a	b
光敏蓝	400	3.96	85.03	−1.54	1.58	600	7.30	94.43	−30.49	−86.89
光敏红	400	1.65	89.52	2.05	−2.03	540	5.27	88.48	29.21	−19.84

注 光敏颜料用量为 4%(质量分数)。

表 14-1 中数据表明,试样变色前的最大吸收波长为 400nm,说明试样为无色,变色后最大吸收波长分别为 600nm 的蓝色和 540nm 的红色,试样变色前后的颜色变化显著。从 Lab 值中也可以看出,两个试样在变色前的 a、b 值很小,说明样品近乎无色,变色后 a、b 值显著增加,表明颜色深浓。

(二)热致(敏)变色纤维和纺织品

1. 热致(敏)变色原理及材料　热致(敏)变色纤维和纺织品的色泽能随温度的变化而发生可逆的变化。热敏变色材料主要包括无机类和有机类。

(1)无机热敏材料。无机热敏变色材料主要是含有 Ag、Cu、Hg 的碘化物、络合物、复盐。其变色机理归纳为:相变化、络合物几何形状或配位体数目发生变化、分子结构间的平衡变化、溶剂化离子中溶剂分子数的变化。如 $\left[(C_2H_5)_2NH_2\right]_2CuCl_4$ 在室温下呈绿色,受热到 43℃时则变成黄色。变色机理是因为络合物的几何形状、配位体数目发生变化所致。

(2)有机热致变色材料。相对于无机热敏材料而言,有机类热致变色材料的特点是对热的敏感性高,颜色浓艳,容易制成不同变色温度的材料,因此,在纺织品中的应用范围更为广泛。有机类热敏可逆变色化合物种类很多,如螺环类、双蒽酮类、席夫碱类、荧烷类、三苯甲烷类等。有机类热敏材料变色机理归纳为:晶格结构变化导致变色、发生立体异构导致变色、分子重排变色。如胆甾型液晶的起始变色温度接近 28℃时显示红色,当温度接近 33℃时显示蓝色,这种颜色变化是因为晶格结构变化所致;结晶紫内酯发生热敏变色是由于发生了立体异构。常见有机可逆热敏材料的组成及作用见表 14-2。

表 14-2　常见有机可逆热敏材料的组成及作用

组成	有机化合物	功能
电子给予体	邻苯二甲酸二烯丙酯、聚烯丙基甲醇类、戊金胺类、隐色金胺类、若丹明、β-内酰胺类、螺旋环吡喃类	决定颜色
电子受体溶剂	酚类、羟酸类、磺酸类、酸式磷酸酯及金属醇盐、硫醇、酮、醚、磷酸酯、碳酸酯、亚硫酸酯、羟酸酯、甲苯	决定颜色变化深浅,决定变色温度,调节变色灵敏度

2. 热致(敏)变色纤维和纺织品制备　1988 年东丽公司开发了一种温度敏感织物 Sway®,这种织物是将热敏染料密封在直径为 3～4μm 的胶囊内,然后涂层在织物表面。这种玻璃基材的微胶囊内包含了三种主要成分:热敏变色性色素;与色素结合能显现另一种颜色的显色剂;在某一温度下能使相结合的色素和显色剂分离并能溶解色素和显色剂的醇类消色剂。调整三者组成比例就可以得到颜色随温度变化的微胶囊,而且这种变化是可逆的。它的基色有四种,但可以组合成 64 种不同的颜色,在温差超过 5℃时发生颜色变化,温度变化范围是 -40～85℃,针对不同的用途可以有不同的变色温度,例如,滑雪服装的变色温度为 11～19℃,妇女服装的变色温度为 13～22℃,灯罩布的变色温度为 24～32℃等。

英国默克化学公司将热敏化合物掺到染料中,再印染到织物上。染料由黏合剂树脂的微小胶囊组成,每个胶囊都有液晶,液晶能随温度的变化而呈现不同的折射率,使服装变幻出多种色彩。通常在温度较低时服装呈黑色,在28℃时呈红色,到33℃时则会变成蓝色,介于28～33℃会产生出其他各种色彩。除这些已商品化的服用纺织品外,最近澳大利亚 Monash 大学和联邦科学与工业组(CSIRO)开发了一种热敏变色绷带,通过颜色变化告知病人和医护人员感染的程度,这种绷带的纤维甚至对小于0.5 ℃的变化均有所感知,并以颜色变化做出应答。因温度的变化与导致感染的炎症和供血问题相关联,因此,由经标定的曲线与纤维颜色相匹配的关系显示出伤口的情况。

(三)电致变色纤维和纺织品

电致变色纤维或纺织品是一类随外界电场改变而发生颜色可逆变化的纺织材料。其变色机理是电致变色的颜料分子在介质中发生取向变化或有电子得失而产生颜色的可逆变化。电致变色材料主要有联苯胺衍生物、稀土金属酞菁、硫杂环物等,高分子的聚邻苯二胺为无色→红色、聚间二苯磺酸为无色→蓝色、聚苯胺为无色→绿色等。电致变色材料一直被用于显示屏、汽车仪表、计算器等方面。目前,电致变色纤维的开发还属于新事物,但在一些特殊领域尤其是军事隐身技术方面极具发展前景。美国军方采用电致变色纤维制作变色龙战服或炮衣等装备覆盖物,取得了较好效果。我国研究人员将具有电致变色的智能材料聚二炔与碳纳米管形成复合纤维,通过电流刺激能迅速改变或还原颜色。

(四)变色纤维及纺织品的制备

制备变色纤维一般有染色、印花、共混、复合纺丝及接枝共聚等几种方法。

1. 染色　用具有变色性能的染料对纤维进行染色。变色染料的品种多样,但只有具有一定牢度的染料才能用于纺织品的染色。纺织品不同的应用,对染料牢度的要求也不同。如用于服装上,对耐洗色牢度、耐汗渍色牢度、耐晒色牢度的要求都较高;如用于窗帘,对耐晒色牢度要求较高;而椅套、坐垫则要求耐摩擦色牢度高些。

2. 印花　将变色材料与织物结合,最早和最简便的方法是印花技术。与一般的涂料印花工艺相近,基本过程为:织物前处理→印花→烘干→焙烘。烘干温度为80～90℃,焙烘温度一般为140～150℃,时间多控制在3～10 min。用于纺织品印花加工的变色涂料应满足手感柔软、耐洗涤性好、耐摩擦色牢度好、适于印花加工等要求,这些要求可通过选用合适的黏合剂、交联剂、柔软剂和微胶囊技术来达到。

3. 共混纺丝　将变色体或包覆变色体的微胶囊分散在纺丝熔体或溶液内进行纺丝。目前主要应用的是溶液纺丝和熔融纺丝技术。溶液纺丝法,即将变色化合物和防止其转移的试剂直接添加到纺丝液中进行纺丝。日本松井色素化学工业公司就此技术申请了专利。由丙烯腈—苯乙烯—氯乙烯共聚物、噁嗪类和癸二酸酯类化合物组成的溶液纺入凝固浴中,经水洗得到光致变色纤维。熔融纺丝法是将变色聚合物与聚酯、聚丙烯、聚酰胺等聚合物熔融共混纺丝,或把变色化合物分散在能和抽丝高聚物混融的树脂载体中制成色母粒,再混入聚酯、聚丙烯、聚酰胺等聚合物中熔融纺丝。

4. 复合纺丝　皮芯复合纺丝法是生产变色纤维的主要技术。以含有变色剂的组分为芯,以普通纤维为皮组分,共熔纺丝得到变色皮芯复合纤维。芯组分一般为熔点不高于 230℃、含 1%～4% 变色剂的热塑性树脂。变色粒子的尺寸为 $1～50\mu m$,耐光性≥200℃(30min 后无颜色变化)。皮组分为熔点≤280℃的热塑性树脂,起维持纤维力学性能的作用。由这种光致变色复合纤维制成的布料无论是在手感、耐洗性方面,还是在耐光性、发色效果等方面都得到了很大提高。

5. 接枝共聚　将变色单体接枝到成纤高聚物上,然后纺丝;或将变色单体接枝到纤维的大分子上,形成变色纤维。将螺苯并吡喃衍生物的螺环基团引入高分子链中,除了上述光致变色现象外,还可以观察到有趣的光力学现象。在恒定压力与温度下,随着光照,样品长度有明显的收缩(2%～5%),停止光照则长度恢复,经过数次光与暗的循环,长度的收缩与伸长是完全可逆的。

6. 后整理　采用后整理聚合技术也可使纤维具有变色性能。例如,将纤维或织物用含螺吡喃衍生物的单体浸渍,单体一般为苯乙烯或醋酸乙烯,单体在纤维内进行聚合,使纤维具有光致变色性。如丝织物在 60℃下于上述组分的溶液中聚合 1h,可保持光致变色性 6 个月以上,用于制作服装、伞、衣饰等时显出特殊的迷人效果。后整理聚合技术对变色材料的要求较低。操作简单,应用范围广,是一种较易推广的变色纤维生产技术。

7. 涂层、层压　涂层和层压技术的发展促进了多功能变色纺织品的开发。将变色微胶囊或变色颜料与成膜高聚物共混制成涂层胶,涂覆于纺织品表面,制备具有变色功能的纺织品,如将变色材料与防水透湿的聚氨酯混合,可制备具有防水透湿功能的纺织品;将变色材料与丙烯酸酯类、PVC 类涂层胶共混,制备具有变色功能的膜材料、帐篷材料等。制备工艺举例如下。

工艺流程:

涂底胶→烘干(100℃,3min)→涂面胶(100℃,3min)→焙烘(150℃,3min)

底涂胶配方:

PU 透湿底胶	50%
丙酮	45%
架桥剂	5%

面涂胶配方:

变色颜料	0.5%～6%
丙酮	30%～35%
PU 透湿面胶	55%～60%

8. 镀层　采用特殊的手段将高分子类的变色材料在纤维或纺织品表面形成镀层制备变色纤维或纺织品。如聚邻苯二胺、聚间二苯磺酸、聚苯胺等变色材料作为镀膜剂,在纤维表面形成镀层,不仅纤维具有电致变色效果,还具有导电功能,也可将变色材料与成膜高聚物共混后在纤维表面形成镀层。

四、智能凝胶纤维及纺织品

凝胶是指三维网络或互穿网络(INP)结构的聚合物内充满介质液体所形成的体系,即凝胶由液体和聚合物网络构成,通常液体被聚合物网络封闭其中而失去流动性,因此,凝胶不同于聚合物溶液,它却像固体一样具有一定的形状。高聚物网络与液体介质的相互作用决定了凝胶的各种性质。聚合物大分子主链或侧链上含有离子解离性、极性或疏水性基团,使聚合物网络存在四种结合力:范德瓦耳斯力、氢键、疏水基团力和离子力,这四种力的相互吸引和排斥的平衡使其对液体有很好的握持性,并保持了凝胶的固体外形。凝胶的重要特征是其智能性,高分子链上的基团对溶剂组分(离子强度)、温度、pH、光、电场、磁场、压力等的变化能产生可逆的、不连续(或连续)的体积变化,这种变化是基于分子水平、大分子水平及大分子间水平的刺激响应性。因此,通过控制高分子凝胶网络的结构与形态来影响其溶胀或伸缩性能。

1949年,Katchalsky首次发现了对pH有收缩响应的高分子凝胶。20世纪70年代末,美国麻省理工学院的物理学家Tanaka Toyoichi发现了凝胶的体积相变现象,并提出了凝胶体积相变理论,推导出凝胶状态方程,由此智能型凝胶受到越来越多的关注。由于凝胶这种智能材料不仅能够感知外界环境或内部状态所发生的变化,而且能够对外界条件变化做出响应,具有反馈、响应、自诊断、自修复和自调节功能。通过特殊手段制成的响应性凝胶纤维,被广泛应用于如化学阀、化学机械器件、药物控制释放、循环吸收、溶质分离、生物反应器、生物鉴定、人工肌肉等领域。

1. pH敏感型凝胶纤维 pH敏感型凝胶纤维是指随pH的变化而产生体积或形态改变的凝胶纤维。其形态变化机理为,网络中含有酸性或碱性基团,这些基团随着介质的离子强度、pH的改变而发生电离,使网络内大分子链段间的氢键离解,引起不连续的体积溶胀变化,产生凝胶形态的改变。如图14-12所示,随着介质中离子强度的增加,电离度提高,溶胶溶胀度加大,最终离子化达到最大时,继续增加离子强度,会减少凝胶内与溶液间的离子渗透压,导致凝胶溶胀减小。

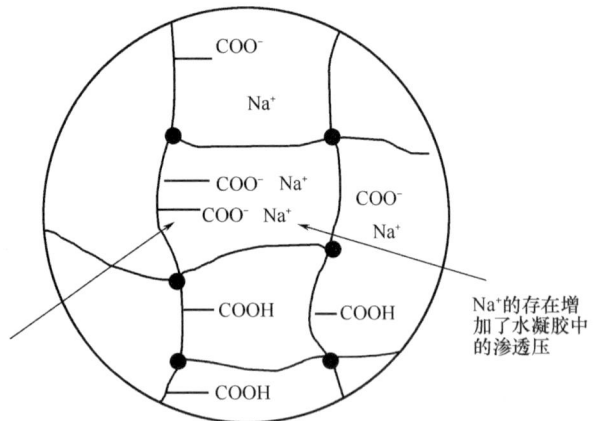

图14-12 凝胶内电离基团随pH变化示意图

图14-12中,大分子中的—COOH在介质pH升高后,转化成—COO⁻阴离子结构,这些阴离子基团之间的斥力使聚合物由卷曲状态慢慢舒展,表观上呈现为水凝胶的膨胀状态。反之,凝胶将收缩,体积减小。具有此功能的纤维主要有聚电解质凝胶、聚丙烯酸系、聚乙烯醇及其共聚物、氧化聚丙烯腈等的凝胶纤维。

　　制备 pH 敏感型凝胶纤维的方法主要有共聚、交联和氧化—皂化法。共聚法得到的聚丙烯酸—聚碳酸酯(PAA—PC)、聚甲基丙烯酸甲酯—聚丙烯酸(PMMA—PAA)等共聚物均具有 pH 敏感性。例如,将 PC 辉光放电处理一段时间后,移入丙烯酸水溶液中进行接枝共聚,得到的 PAA—PC 凝胶材料,在 pH 小于 4 时收缩,提高 pH 则伸长。交联法制得的此类纤维如将高浓度的 PVA 溶液与相对分子质量为 1.7×10^5 的聚丙烯酸酯类树脂混合,在 $-45 \sim -25 ℃$ 冷冻,然后熔化,重复 $10 \sim 20$ 次,直至 PVA 交联,成为橡胶状固体,再将这种固体加工成直径为 1.8mm 的纤维。另外,已用聚丙烯腈(PAN)纤维为原丝采用氧化—皂化法制得了 pH 敏感型凝胶纤维。

　　pH 敏感型凝胶纤维的研究已在少数发达国家取得较大进展。早在 1950 年,A. Katchalsky 等就已以纤维或膜的形式制成了一种 PAA 凝胶,能在水中溶胀。20 世纪 90 年代,日本和美国在 pH 响应性凝胶纤维的研究方面取得了重大的进展。氧化—皂化法制得的 PAN 凝胶纤维就是著名的例子,由于这类凝胶纤维的溶胀长度变化约为 80%,而收缩响应时间不超过 2s. 因此可望作为人工肌肉。

　　Karlsson 等采用臭氧活化纤维素,接枝 AA 单体制备了接枝型 pH 敏感的水凝胶纤维,从整体结构上提高了接枝水凝胶纤维的 pH 敏感性,同时也显著提高了凝胶纤维的力学性能。沈新元研制的 PAN 基中空凝胶纤维,在 1mol/L 的 NaOH 溶液中伸长率达 90%,在 1mol/L 的 HCl 溶液中收缩率达 $70\% \sim 80\%$,伸缩率和响应速度的重现性较好,有望应用于人工肌肉。以碱解聚丙烯腈(HPAN)与明胶(Ge)共混作纺丝原液,以硫酸/饱和 Na_2SO_4 溶液为凝固浴,以戊二醛为交联剂,纺制了 HPAN/Ge pH 智能型水凝胶纤维,它具有很快的响应速度,当 PAN 质量分数为 30%,Ge 质量分数为 70% 时凝胶纤维的伸长和收缩响应时间分别为 0.59s 和 1.14s。

　　2. 溶剂组分敏感型凝胶纤维　利用高分子与溶剂之间的相互作用力的变化、溶胀高分子凝胶的大分子链的线团—球的转变使凝胶由溶胀状态急剧地转化为退溶胀状态,从而使高分子凝胶表现出对溶剂组分变化的敏感性,这类材料可由聚乙烯醇、聚丙烯酰胺等制成。如聚丙烯酰胺(PAAM)纤维经环化处理后除去未环化的部分以及未参加反应的物质,干燥后即得到 PAAM 凝胶纤维。这种纤维在水中伸长,在丙酮中收缩,而且其体积随溶剂体系中丙酮含量的增加发生连续的收缩。如果在凝胶网络中引入电解质离子成部分离子化凝胶,则在某一溶剂组成时产生不连续的体积变化。

　　A. Katchalsky 等用盐溶液如 LiBr、KSCN 或尿素处理羊毛纤维、胶原纤维使其交联结晶。处理后的羊毛纤维在 LiBr 的丙酮/水溶液中急剧收缩。

　　3. 光敏型凝胶纤维及纺织品　光敏型凝胶纤维是指在光的照射下而产生体积或形态改变的凝胶纤维。光敏凝胶纤维的响应机理有三种:一是,在高分子网络中引入发色基团,在光的照射下,基团发生偶极矩或几何结构变化,引起聚合物链的构型的变化,如图 14-13 所示的偶氮基的光异构化反应;二是,利用聚合物网络中的光敏分子遇光后在凝胶内部产生大量离子,使其内外离子浓差发生变化,引起渗透压突变,凝胶发生溶胀显示出光敏性;三是,在温敏材料中存在特殊的感光分子,将光能转变为热能,使材料局部升温,当达到凝胶的最低临界溶解(相转变)温度(LCST)时,产生相应体积变化。

对含有无色三苯基甲烷氰基的聚 N-异丙基丙烯酰胺的高分子凝胶,在没有紫外线辐射时,30℃产生连续的体积变化,而有紫外线辐射时无色氰基发生光离解,凝胶产生不连续体积转变,温度由 25℃逐渐增高,在 32.6℃凝胶体积突变减少10 倍。在此转变温度以上,凝胶体积变化不显著,当温度由 35℃降低,凝胶也在 31.5℃发生不连续溶胀达 10 倍。如将温度控制在 32℃,凝胶在紫外线辐射与去除辐射时可起到控制的作用。

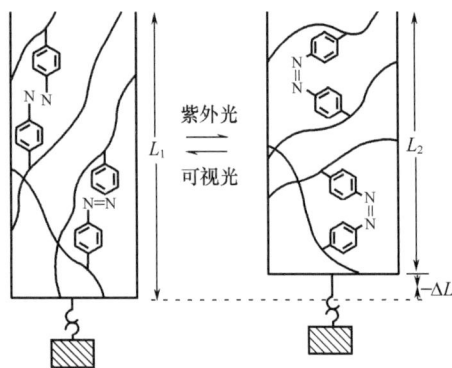

图 14-13　分子在光照下的结构变化示意图

4. 温敏型凝胶纤维及纺织品　高分子凝胶对温度的响应性可分为三种:升温时凝胶收缩的称为低温溶解型;升温时凝胶溶胀的称为高温溶解型;具有两种相图的凝胶,即升温溶胀,再继续升温收缩的凝胶称为再回归型。温敏型凝胶存在一个最低临界溶解(相转变)温度(LCST)。以聚异丙基丙烯酰胺(PNIPA)为例说明其作用机理,聚合物大分子中存在的亲水和疏水基团,在大分子内或分子间与水分子相互作用,在温度低于 LCST 时,凝胶与水的作用主要是水分子与酰胺基团之间的氢键和范德瓦耳斯力,在聚合物大分子周围的水分子形成一种由氢键联接的高度有序的溶剂化层,使凝胶体积溶胀,随着温度上升,氢键断裂,大分子周围的溶剂化壳层逐渐被破坏,在某一温度时,凝胶中的水被排出产生相变,体积缩小,从而表现出温敏性。

通过共聚、交联、共混、涂层或复合纺丝的方法在纤维中引入温度响应型水凝胶制得温敏纤维。Hirasa 等用 γ 射线照射含热诱导相分离微区的轻度交联的聚乙烯甲基醚(PVME),制备了对温度敏感的凝胶纤维,发现该纤维在 38℃上下波动时呈现可逆的收缩和伸长,由 20℃的 $40\mu m$ 收缩到 40℃的 $20\mu m$;平佐等用 γ 射线照射聚乙烯甲基醚(PVME)使其产生交联,合成了 LCST 约 40℃的相转移收缩凝胶,并制得了平均直径为 $200\mu m$ 的多孔纤维,用 1000 根此纤维束制成了温度敏感性的人造肌肉。刘淑芳等将制备的温敏型水凝胶整理到织物表面,制成具有快速响应的防水透湿智能抗浸服面料。

5. 温度/pH 双重响应型微凝胶纤维　随着科技的发展,希望智能纤维能够对两种或多种刺激条件作出响应,双重响应凝胶如温度/pH、温度/光、光/pH 响应等,目前研究最多的是温度/pH 双重响应微凝胶。微凝胶相对于常规大块凝胶具有更大的比表面积,对外界刺激响应快,更容易均匀地整理到纤维或织物上。

温度/pH 敏感型微凝胶的制备是利用温度敏感型 N-异丙基丙烯酰胺类单体和 pH 敏感型的丙烯酸类单体通过共聚、接枝形成核壳结构等。有人利用沉淀聚合法合成了由 N-异丙基丙烯酰胺(NIPAM)和丙烯酸(AA)共聚的共聚物(NIPAM—co—AA)纳米微凝胶。

温度/pH 双重敏感型微凝胶整理到纺织品或纤维上，获得具有双敏感型的纺织材料。如将功能整理剂（抗菌剂等）携带于双重敏感性凝胶再整理到纤维或织物上，可获得多功能的纺织品。

6. 电场敏感型凝胶纤维及纺织品　电场敏感型凝胶纤维或纺织品是指在电刺激下产生智能响应的纤维或织物。电场响应机理是凝胶中的电荷基团抗衡离子在电场下的定向移动，引起渗透压和电解质电离状态的变化，使凝胶纤维溶胀或退溶胀，凝胶体积或形状发生变化。在外电场作用下，高分子链上的离子与其对离子受到相反方向的静电力的作用，由于高分子链上的离子被固定在网络上不能自由移动，因而对离子移动且其周围的水分子也随着对离子一起移动，在电极附近，对离子因电化学反应而变成中性，从而水分子从凝胶中释放出来，使凝胶脱水收缩。

Hamlen 等将聚乙烯醇—聚丙烯酸凝胶（PVA—PAA）放在 1‰ 的 NaCl 溶液中，采用铂电极电解 NaCl 水溶液引起 pH 变化，导致 PVA—PAA 发生伸缩变形，这是首次研究凝胶在电场中的变化。采用水解聚丙烯腈（HPAN）和大豆分离蛋白（SPI）的共混得到纺丝原液，用溶液纺丝法制得具有电场响应性的聚丙烯腈/大豆分离蛋白凝胶纤维。凝胶纤维在 20V 直流电场中作用 20min，纤维的弯曲度可达 80%。

除上述介绍的几种响应类型或双重响应的纤维外，磁场、压力等响应性凝胶纤维也在研究开发中。如 M. Zrinyi 等先利用 $FeCl_2$ 和 $FeCl_3$ 制成 Fe_3O_4 磁溶胶，再把 Fe_3O_4 磁溶胶封闭在化学交联的 PVA 凝胶中，制成了具有磁响应特性的智能高分子凝胶。

五、智能释放纤维及纺织品

所谓智能释放（缓释）纤维或纺织品，是指具有对其承载的功能性药物，在一定条件下自动释放的一类纺织材料。这个概念的提出和研究最早是在医药领域，随着交叉学科的发展，智能释放纤维和纺织品得到了快速发展，其应用优势不断凸显，微胶囊和凝胶技术的发展为缓释纤维及纺织品的开发提供巨大的技术支持。

1. 微胶囊技术制备缓释纤维及纺织品　将药物或香精、抗菌剂、杀虫剂等包覆于微胶囊中，然后整理到纤维或织物上，或加入纺丝液中，制备缓释纤维及纺织品。根据微胶囊不同的控制释放机理，可将控制释放系统分为如下几类。

（1）扩散控制系统。芯材和基质进行物理结合，释放过程由芯材在基材内的扩散速度控制。

（2）化学控制系统。药物和基材间以化学键结合，通过聚合物侧基的水解、生物降解或腐蚀速度控制药物的释放。

（3）溶剂活化系统。通过溶剂的渗透或溶胀速度控制药物的释放。

（4）功能性调控系统。药物的释放由一些外加信号如 pH、离子强度、温度、湿度、磁性、超声波或辐射等控制。现阶段智能控制释放系统主要应用的是根据温度、湿度和 pH 进行的缓释。

国内研究人员将香精封入微胶囊,通过涂层、轧—烘—焙或印花技术整理到纤维或纺织品上,经摩擦部分胶囊破壁,香精释放,由于香精控制释放,既不会让人感到高浓度香味窒息,且可留香几个月甚至一年;日本理研公司将桧油加工成 $1 \sim 10 \mu m$ 的微胶囊整理织物,制成具有缓释功能的抗菌织物;艾蒿提取物包封于微胶囊中,用它处理的织物作为变异反应性皮炎患者的睡衣或内衣,有理想的抗菌消炎、抗过敏和促进血液循环作用。

2. 纺丝法、静电纺制备缓释药物纤维及纺织品 纺丝法是指用共混的方法把药物掺入纤维内。即先将药物磨成细粉共混到纺丝液中,再通过分散剂使粉末均匀分散后纺成纤维,最终药物包埋在纤维内部,使用时药物不断地从纤维表面渗出,达到缓释目的。将具有吸油性能的乙烯—醋酸乙烯共聚物(EVA)与纺丝聚合物共混进行纺丝,或与一种聚合物共混作为芯层,以成纤性良好的聚合物作为皮层进行复合纺丝,使部分 EVA 成分露于纤维表面,再将其浸于药液之中,EVA 成分可吸附药物进入纤维芯层,使用时药物可从皮层表面缓慢释放;俄罗斯开发的麻醉纤维是以维纶为基材进行改性,接枝丙烯酸使之具有防水性和离子交换功能,然后与奴佛卡因、塞卡因等离子结构的麻醉药物相结合,制成麻醉镇痛功能纤维;国内外还应用此技术开发出止血纤维、消痒纤维、抗冻疮纤维。

有人用静电纺丝方法制备了载亲水性抗生素药物噻吩甲氧头孢菌素(mefoxin)的丙交酯—乙交酯共聚物(PLGA)纳米纤维和聚乙二醇—聚乳酸共聚物(PEG—PLA)共混制成药物缓释纤维,药物的包载性提高,释放时间延长至 7 天。

3. 智能凝胶用于释放纤维或纺织品 在温敏性药物缓释体系中,亲水性药物被包埋于溶胀的水凝胶中,当环境温度低于 LCST 时,由于凝胶内部包覆药物和环境介质之间的渗透压差,药物能够释放到环境介质中去;当环境温度升到其 LCST 值以上时,水凝胶的表面会收缩形成一种薄的致密的皮层,阻止水凝胶内部的药物向外释放。这种性质使之成为一种很有前途的药物控制释放材料。何尚锦等合成了温度及 pH 双重敏感水凝胶——乙烯基吡咯烷酮—丙烯酸共聚物与聚乙二醇半互穿网络水凝胶,并利用该凝胶为载体对药物 5 -氟尿嘧啶(5 - FU)进行包埋,分别在模拟的胃液和肠液、37℃下有体外释药功能。有人将异丙基丙烯酰胺通过 UV 引发接枝到等离子处理过的 PP 非织造布上,获得对温度响应且对万古霉素、咖啡因药物缓释的医药纺织品;将具有抗菌功能的可生物降解的壳聚糖固定到水凝胶聚异丙基丙烯酰胺/聚丙烯非织造布复合物表面制成伤口敷料,一方面吸收了伤口溢出物,另一方面将药物包埋在水凝胶中持续缓慢释放,起到杀菌和促进伤口愈合作用,这种伤口敷料保护层还有不与伤口黏合的优点。

六、电子智能纤维及纺织品

电子智能纺织品或服装是指将微电子、信息、计算机等技术融合到纺织品中的高智能化纺织品,具有主动采集电信号,信息处理与反馈的功能。信号的采集、分析、存储、传递是依靠植入其中的电子元器件、传感器、开关、线路板、导电线路等硬件和软件组成的系统完成的。

电子智能纺织品的研究始于 20 世纪 70 年代。近年来,纺织、微电子、信息、计算机等技术的迅猛发展,推进了电子智能纺织品(服装)向高端化、实用化、多领域的发展。不仅促进了纺织品的升级换代,也将为人类的生产、生活带来革命性的变化。有人预言,电子信息智能纺织品将会成为新世纪纺织品竞争的焦点之一。

由于电子智能的纺织品(服装)的"随意"组装性,使它的应用领域极其宽泛。如军事上,电子智能战装具有监视士兵的心率、血压和体表温度,辨别体表出血部位并自动止血等功能。家居生活方面,将定位系统植入服装,以防止儿童或失智老人走失。将监测心率、血压等人体生命特征的元件植入服装,并与相关医疗机构联网,可及时对有需要的人员进行救护。智能型电子纺织品可以作为医疗用品的开发,实现"居家远距医疗"。开发预警自然灾害、化学试剂、火焰和其他战场灾难的侵害等电子智能纺织品(服装)。目前已商业化的部分电子智能纺织品见表14-3。

表 14 - 3　目前已商业化的部分电子智能纺织品

公司	产品	功能
Philips	ICD jacket	可播放音乐和接听电话
Senatex	smart shirt	通过织物传感器监测人体的心率、体温、呼吸及消耗的热量;通过光纤监测弹伤位置
Infineon	MP3 music clothes	通过织物传感器不间断地监测与人体30多种疾病有关的生理迹象
Vivo Metrics	lifeshirt	可播放音乐,声音处理芯片,可移去电源、耳机插孔和1个传感器键盘,全都植入面料中
ElekTex	wireless fabric keyboard	织物软键盘,具有蓝牙、防水、抗震功能

1.电子智能纺织品(服装)用电子元件　Syscom 先进材料公司开发了一种采用可乐丽公司的 Vectran 纤维为芯材的导电金属鞘纤维,商品名为 Liberator ,这种纤维可与其他纺织纤维共同用于制造织物,既柔软又有高强度、质量轻、耐久性好的优点,并具有良好的导电性,将这种织物再与半导体和电池相连结可发挥多种功能。苏格兰公司已研制出一种聚合物传导纱线,这种纱线织进纺织品可使穿着者保暖,电源来自电池,纱线甚至可以加热。德国斯图加特大学设计出可用太阳能发电的电池纤维,这种电池纤维可承受紫外线以及 100℃ 的温度照射。主要设计是由三层无定形硅(即非结晶硅)叠成含阴极、中性材料、阳极的三明治结构。图 14 - 14 展示了几种智能电子服装用柔性电子器件。

江南大学采用在聚合物纤维表面溅射沉积金属银技术,构筑具有良好导电功能镀层的电子纺织品,金属镀层仅有 100nm 左右,可任意弯曲和折叠。

电子技术和纺织技术的发展推动了电子纺织品的快速发展。如电子芯片做到微米数量级,而纺织品为毫米数量级。德国的 Infineon 公司开发出一种将芯片模块以类似于金属线连接的方式接到导电织物内电子器件的技术纺织品。计算机键盘改装成由线路、绝缘层、环线结构等组成的纺织品,不仅能处理、传递信号,同时也保持了一定的服用性。加工电子纺织品时,织造的电路格式要求两种或多种垂直纱线互相连接或熔接,纱线织造、切割则需要按照电路的设计来完成,如图 14-15 所示。

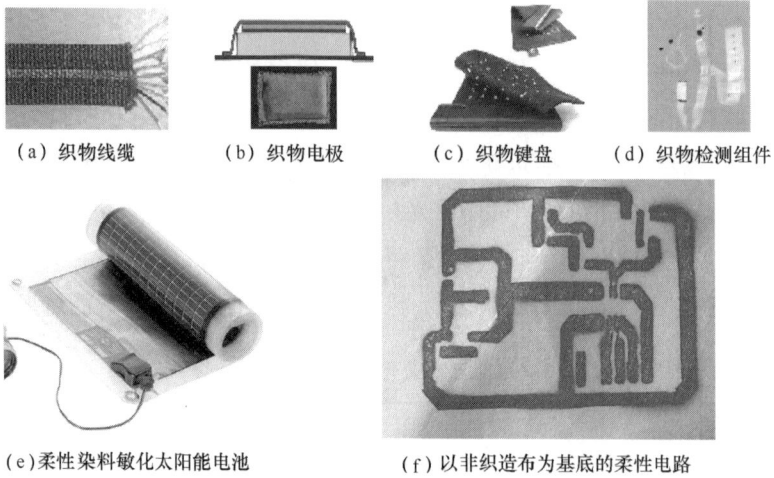

（a）织物线缆　　（b）织物电极　　（c）织物键盘　　（d）织物检测组件

（e）柔性染料敏化太阳能电池　　　　（f）以非织造布为基底的柔性电路

图 14-14　几种智能电子服装用柔性电子器件

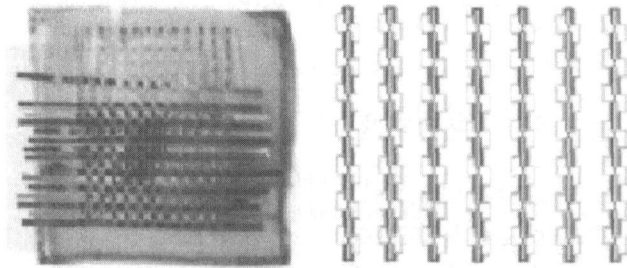

图 14-15　织造的电路格式

在这种面料的每个交织点上均放置了纳米级的铂金薄膜,交叉点的这种"三明治"结构由通道与铂金层构成,如电极的顶部和底部,形成抗阻存储电路。在纤维相交处自然形成交错内存结构,这种技术将纳米电子技术和纺织品整合应用,从而形成电子纺织品,在监测老年人或在恶劣环境中工作人员的生命信号,如脉搏、呼吸、体温、血压等数据具有应用前景。织入导电纤维的纺织品如图 14-16 所示。

图 14-16　织入导电纤维的纺织品

2.电子智能纺织品

(1)纺织品(服装)与电子元件结合的三种主要技术。

①基于模块化技术。将电子元件集合于一个或几个独立的"盒子"中,作为纺织品(服装)的附件,放在"口袋"中,电子元件和纺织品的功能各自独立。

②基于嵌入式技术。电子元件是纺织品(服装)的一部分,如通过织物上的导电纱线连接的电路板、柔性传感器、柔性电源及其他微电子元件。

③基于纤维的技术。部分或所有必须的电子元件及传感器直接由纤维和织物构成。

(2)电子智能纺织品的作用。

①监测与健康护理。Vivometrics 公司研发的 LifeShirt,利用内嵌在衣服上的监测器能够监测穿着者的心音、血压、呼吸频率等数据,并能够将这些数据远距传送给医生,实现远距医疗(Telemedicine)。如图 14-17 和图 14-18 所示。

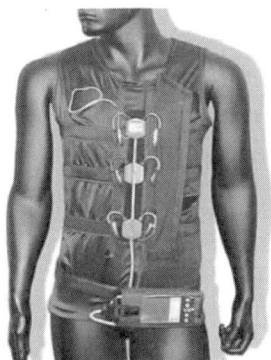

图 14-17　内嵌心音、血压、呼吸侦测器图

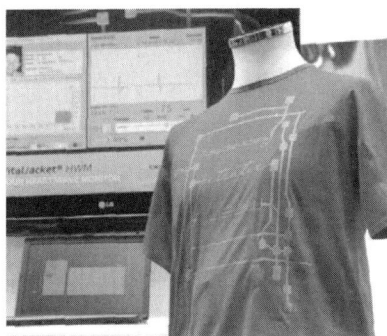

图 14-18　可进行远程医疗的 T 恤

佐治亚理工学院与美国军方合作的智能 T 恤衫可监控穿着者的心率、心电图、呼吸、体温和其他生命体征。纺织品平台包括可穿着母板,允许信息在服装里传递和交换,集成了可穿着的传感器。工作原理是,纺织品平台从穿着者的不同部位收集数据,然后传输到固定在 T 恤衫腰部的小型收发器上,收发器对数据进行处理后传输给计算机系统和程序接口组成的数据管理软件平台,此平台对接收的信息进行处理,并从服装上传输到无线网关,由网关通过互联网及时发送影响健康的数据,数据再由监控软件处理,通过互联网在穿着者和其监护者之间实时传递。美国伊利诺伊大学分校的工程师们已经开发出了超薄皮肤安装的电子补丁,此物由太阳能电池或无线线圈供电,能够对生理状态进行监测。电子元器件由晶体管、二极管和其他半导体组成。公司还在开发可以释放药物的流体释放系统,如可以停止伤口出血的混凝剂,将流体释放系统加入绷带,这种智能绷带可以为病患者确定通过传感器的含菌量并自我管理药物。

②电子定位与跟踪。欧洲的 Hewlett Packard 实验室研发了一种具有定位系统的电子智能服装。这种服装配有全球定位系统(GPS)、电子指南针、个人局域网及速度检测器。确定探测目标的位置,局域网有数据传输和控制信号等功能,可联入若干个装置,通过一个置于衣袖上或佩戴在头上的小型显示器的遥控设备对装置进行集中控制,一旦发生意外,服装会自动呼救,向基地发送 SOS 信号。可用于军事作战和儿童或老年失智者的定位智能服装。

③军事。战装嵌上生化传感器用来监视士兵的心率、血压和体表温度等多项人体体征参

数,甚至嵌有超微感应器可辨别体表的出血部位,结合远程控制技术使该部位周围的军服膨胀、收缩起到止血的功能,使得远程治疗成为可能。智能降落伞在跳伞士兵失去控制能力时能够自动打开,并根据检测到的空中和地面具体情况改变飞行方向和速度等。勇士系统(soldier warrior systems)是将电导与光导网、微型传感器以及电子装置与服装进行结合,该系统配备了多种电子通信和显示装置,可为地面的士兵提供必要的信息和预警。因将轻质电线和传导光纤织入战服中,不仅可以节约成本,而且大大减轻了装备的重量。美国军方的一个 objective force warrior 项目,其目的是重新定义 2010 年士兵战斗装备,为此美国陆军正在研究用于纺织复合天线、电源和数据总线的未来军服所需要的新型材料。

④运动、娱乐。飞利浦公司专为高尔夫球手及网球手设计的电子服装,它是将传导布条缝入运动上衣,当运动员挥手臂击球时,传导布条自然伸展测量电阻变化情况,并将有关数据传送到计算机上,再在屏幕上重组球手的活动姿势,协助运动员、教练员研究击球技巧。运动衣里装上完整的传感器和显示器,当运动员在运动或者是晨跑的时候,可以监测心跳速率和血压。飞利浦公司研制的 ICD jacket,可播放音乐和接听电话。在腰部有手机和 MP3,领子上固定有耳机和麦克,连线在衣服里。

⑤公共安全。德国哈米尔(Haneln) 地毯公司开发的智能型电子地毯,它是利用布满于地毯上的感应控制器与终端计算机连结,在紧急情况下隐藏于智能地毯中的 LED 灯亮起,指引逃生路线,图 14-19 为智能型电子地毯样品。

⑥其他。由加拿大 Concordia 大学与英国伦敦大学共同开发了一种高度智能的交互式服装。该服装结合了独特的工程连接器、软电缆系统以及时尚的外观设计,将无线技术与生物传感装置进行结合以充实声音和影像信息数据库。服装中

图 14-19　智能型电子地毯样品

的无线传感器和生物传感装置用于记录穿着者的体温、心率、皮电反应以及呼吸频率,这些数据通过互联网上传至数据库中,然后数据库会在必要的时候将这些信息反馈给服装。当穿着者感到压力大、悲伤或失望时,服装中的生物传感器会促使服装接收一些让人愉悦的信息,如照片、视频、音乐等,织物中的 LED 上则对此进行显示,用于振奋精神,改善心情。

第三节　纺织品智能性及其评价

一、纺织品的智能性

从仿生学的观点出发,智能纺织品应具有或部分具有以下八种生物智能。

(1)信息感知。能接收信号、积累信息,并能识别和区分传感网络得到的各种信息,进行分析和解释。

(2)学习预见。能通过对以往经验的收集积累,对外界刺激做出更适当的反应,并可预见未

来和采取适当的行动。

(3)反馈传递。能通过传感神经网络,对系统的输入和输出信息进行比较,并将结果提供给控制系统,从而获得需要的各种功能。

(4)响应性。能根据环境或内部条件的变化,适时地动态调节自身,并做出反应。

(5)自维修。通过自繁殖或自生长及原位复合等再生机制,来修补某些局部破坏。

(6)自诊断。通过比较,能对故障及判断反馈等问题进行自诊断并自动校正。

(7)自动平衡。对动态的外部环境条件,能自动不断地调整自身内部,从而改变自己的行为。

(8)自适应。能以一种优化的方式对环境变化做出响应,并自动地适应动态平衡。

由于目前某些智能纺织品的研究仅处于初级阶段,或虽进行了一定研究,但仅是从感官上确定其具有某种特殊性能,因此纺织品的智能性评价还未形成完全统一的体系。

二、材料蓄热性能测试

目前主要采用三种方法测定蓄热调温材料在纺织品上的效果。

1. 克罗值法(CLO) 目前国际上常用克罗值(CLO)来表征蓄热材料的保温效果。克罗的定义为:一个安静坐着或从事轻度脑力劳动的人,在室温 20～21℃,相对湿度小于 50%,风速不超过 0.1m/s 的环境中,感觉舒适时所穿着服装的隔热值为 1 克罗(CLO)。最合理的测试方法为人体主观测试,利用人体试验得到实验数据从而得出最佳保温性指标。

美国 Kansas 州立大学的 Shim 等用计算机控制的人体模型与相邻两个测试室(暖室和冷室)对人体模型从较暖环境到较冷环境中的热效应进行测试。得知人体模型穿着含有相变材料微胶囊的服装,与不含相变材料的对照服装相比,其热阻值比未含相变材料的对照服装要高。含相变材料的是 1.57CLO,而不含相变材料的是 1.48CLO。当人体模型从热到冷环境后,含相变材料的服装在最初的 15min 内产生了平均 6.5W 的热效应。相反,当人体模型从冷到热环境中时,含相变材料的服装产生平均 7.6W 的凉效应。这种效应使得人体得到较舒适的"衣内微气候"环境,使人体皮肤表面温度处于较舒适的状态。

2. 差热分析法(DTA) 差热分析法是一种在程序控制温度下,测量物质和参比物之间温度差与温度对应关系的一种技术,它通过信号放大,比直接的热分析测量更为灵敏。其参比物往往采用实验过程中不发生相变的物质,这样,将仪器温度以 2～10K/min 的速率均匀变化,通过记录样品温度与参考样品的温差及参考样品的温度(炉温),就可以得到 DTA 热谱图。当样品有相变发生时,便会有热效应发生,这样促使样品与参比物温升(温降)速率发生变化,反应在 DTA 谱图上就会有一个脉冲出现,根据图谱就可以得到相变的有关信息,从而分析相变过程。

3. 差示扫描量热法(DSC) 差示扫描量热法也是一种相对的热分析实验方法。与 DTA 相比,它在测定过程中,样品和参比物之间始终保持相同的温度。在程序温升过程中,记录的是样品的温度和向样品输入的热流量与向参考样品输入的热流量的差值。DSC 不但可以得到相变温度而且可以得到相变热。

最近出现了一种新的非生理检测方法,测量影响温度调节的各种因素。它适用于在实验室模拟真实生活状况的生理测试。这个系统使用连续的环境温度和能量维持一种模拟皮肤的温度。通过测量皮肤温度如何随着外界能量变化的波动,这种能量正是织物和纤维调节温度的决定因素。

含蓄热相变材料的服装对穿着者在外界环境的温度变化时,有热缓冲效果。这也正体现了相变材料的调温机理。而且,Shim等专家同时也测试了当人体模型穿含有两层相变材料的服装和穿两层不含相变材料的服装的作用效果。其结果表明:

(1)相变材料与外界相互作用的过程越长,穿着者热舒适感觉时间就越长。

(2)含相变材料的数量越多,同一时间内,能起作用的相变材料也就越多,引起温度调节的效果越明显。

(3)即使当穿着者在较低温度的户外环境中,处于静止或休息状态时,相变材料所储存的热量会重新释放给人体,能使穿着者保持较长时间的舒适性。

4.点温计法 这是一个半定量的方法,方法简单,不需要特殊仪器。通过试验得出的步冷步热曲线可以直观地反映被测织物在外界环境温度发生变化时,其所包裹的小环境内升、降温滞后的变化情况,以此表征储能调温纺织品的功能效果。

将待测样品包裹在点温计的探头上,密封包严固定成一个体系,将探头端置于冰水混合物中,使其降温至相变温度10℃以下,取出,迅速将探头端放入自制的红外加热箱中加热升温并开始计时,每隔10s记录一次探头温度,直至温度升至相变温度以上10℃时停止,此时得到了一系列升温时间—温度数据;再将包裹点温计的探头端放入5℃冰箱(根据相变温度确定)中,从高于相变温度10℃开始计时,以相同的方法每隔10s记录一次温度,当温度降低到相变温度以下10℃时停止。得到了一系列降温时间—温度数据,最后以时间为横坐标,温度为纵坐标绘图,得到样品的步冷步热曲线(图14-20),以此曲线反映储能纺织品对温度变化的响应程度。

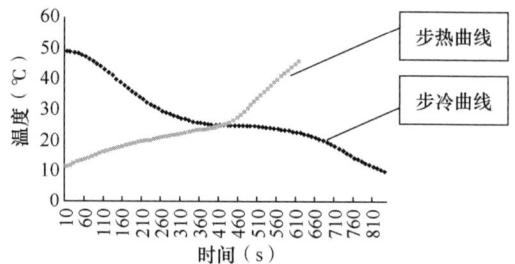

图14-20 储能膜材料的步冷步热曲线

曲线在20~25℃出现了明显的平滑区,这个区间就是储能材料的相变温度区间,步冷步热曲线表明了储能纺织品所包含的区间,在外界温度发生变化时,温度上升或降低缓慢,有一定的保持"恒温"的作用。

三、凝胶结构测试

水凝胶含有复杂的三维结构,内部含有一定量的水分子,表面常常具有一定黏度,而且水分在空气中容易挥发,因此其结构的测试有一定的困难,目前主要利用以下方法进行测试。

1.电子显微镜 利用电子显微镜极高的放大倍数和分辨率,测试水凝胶的微观结构和表面形态。其能够观察尺寸为$1\mu m$甚至更小的颗粒,是直接观察高分子微观结构的主要手段。

2. 原子显微镜 原子显微镜超越了光和电子波长对显微镜分辨率的限制,在立体三维上观察物质的形貌。利用一个微小的探针扫描凝胶表面,通过控制和检测探针与凝胶间的相互作用力而形成试样的表面形态。

3. 分子光谱 分子光谱是测试聚合物化学和物理特性最常见的重要物理方法之一。红外光谱、核磁共振光谱、紫外光谱可用于测试干态凝胶的结构、测试水凝胶中的亲水基团以及亲水基团的差异和数量对水凝胶吸水能力的影响。

4. 光散射 激光光散射通常用于测试高分子溶液和胶体粒子,也可用于测试水凝胶的微观结构。

5. 热力学性能测试 差热分析和差示扫描量热法常用于测试水凝胶的玻璃化温度 T_g 和结晶结构,低温 DSC 还用于测试水凝胶中水的状态和含量。

6. 溶胀度的实验 凝胶在吸水和吸其他溶剂后会发生溶胀,其溶胀程度可用溶胀前后的变化来衡量,一般用量体积法或称重法测试溶胀前后的变化。

7. X 射线衍射 X 射线衍射用于研究水凝胶内部结晶结构特性。

四、缓释胶囊评价

1. 缓释微胶囊化体系 采用-M 图像分析系统对所制备的微胶囊粒子的粒径大小、粒径分布进行分析,香精微胶囊如果具有相对小的平均粒径,则有利于微胶囊向织物内部的渗透,有利于提高粘结牢度及织物手感,但同时释香速度加快,留香时间会减短。通过光学显微镜、扫描电子显微镜、扫描探针显微镜可对制备的微胶囊微观表面形态作细致观察和探讨。

2. 活性成分作用持久性 热失重(TG)分析法,对抗菌微胶囊和香料微胶囊的释放性能与温度之间的关系进行初步分析,以获得微胶囊结构与热性能之间的相关信息。

思考题:

1. 什么是智能材料?
2. 蓄热调温纺织品的加工方法和评价方法有哪些?
3. 电子智能纺织品的基本构造是怎样的?

主要参考文献

[1]曾汉民.功能纤维[M].北京:化学工业出版社,2005.

[2]孙晋良.纤维新材料[M].上海:上海大学出版社,2007.

[3]谷清雄.功能纤维的现状和展望[J].合成纤维工业,2001,24(2):25-28.

[4]陈枫.功能纤维的发展概况[J].合成纤维工业,2003,26(4):42-44.

[5]陈振洲.新型功能纤维及其应用[J].北京纺织,2004,25(1):36-38.

[6]于永忠,吴启鸿,葛世成.阻燃材料手册(修订本)[M].北京:群众出版社,1997.

[7]张济邦,袁德馨.织物阻燃整理[M].北京:纺织工业出版社,1987.

[8]Arthur Grand F,Charles A. Wilkie. Fire Retardancy of Polymeric Materials[M]. New York:Marcel Dekker, Inc. 2000.

[9]朱平,隋淑英,王炳,等.阻燃及未阻燃棉织物的热分析[J].青岛大学学报,2000(4):1-5.

[10]Ping Zhu,Shuying Sui,Bing Wang,et al. A Study of Pyrolysis and Pyrolysis Products of Flame Retardant Cotton Fabrics by DSC,TGA and PY-GC-MS [J]. Journal of Analytical and Applied Pyrolysis,2004 (71):645-655.

[11]朱平,隋淑英,王炳,等.阻燃及未阻燃棉织物的热裂解[J].纺织学报,2002,23(6):32-36.

[12]朱平,王炳,王仑,等.无甲醛耐久阻燃剂的制备及应用[J].纺织学报,2005,26(6):112-114.

[13]Charles Yang Q,Weidong Wu. Combination of a Hydroxy-functional Organophosphorus Oligomer and a Multifunctional Carboxylic Acid as a Flameretardant Finishing System for Cotton:Part I. The Chemical Reactions[J]. Fire and Materials,2003(27):223-237.

[14]朱平,王仑,王炳,等.纯棉织物低甲醛耐久阻燃整理工艺研究[J].印染,2003,29(6):5-7.

[15]季君晖,史维明.抗菌材料[M].北京:化学工业出版社,2003.

[16]沈一丁,朱平,辛中印,等.轻化工助剂[M].北京:中国轻工业出版社,2004.

[17]金宗哲.无机抗菌材料及应用[M].北京:化学工业出版社,2004.

[18]夏金兰,王春,刘新星.抗菌剂及其抗菌机理[J].中南大学学报(自然科学版),2004,35(1):31-38.

[19]朱平,李群,陈中旻,等.SFR-1卫生整理剂的合成[J].印染助剂,1991,8(3):19-21.

[20]万震,王炜,杜国君.消臭纤维和消臭整理的研究进展[J].纺织导报,2003(3):8-10.

[21]朱平,李群.非离子卫生整理剂SFR-1的应用[J].印染助剂,1992(3):21-23.

[22]施晓文,邓红兵,杜予民.甲壳素/壳聚糖材料及应用[M].北京:化学工业出版社,2015.

[23]韩飞,刘尚告.静电理论与防护[M].北京:兵器工业出版社,1999.

[24]赵择卿.高分子材料抗静电技术[M].北京:纺织工业出版社,1991.

[25]施楣梧.纺织材料防静电技术的回顾和展望[J].中国个体防护装备,2001(3):12-16.

[26]薛迪庚.织物的功能整理[M].北京:中国纺织出版社,2000.

[27]陆妙婷.织物拒水拒油整理综述[J].上海丝绸,2001(3):14-19.

[28]李淑华,刘兆锋,胡盼盼.涤纶织物防水透湿与拒水拒油整理的发展[J].纺织学报,2003,24(5):506-508.

[29]徐蕊,马英子,肖新颜.仿生超疏水涂层材料研究新进展[J].化工新型材料,2009,37(12):1-4.

［30］Coulson S R，Woodward I，Badyal J P S，et al. Super － Repellent Composite Flouroplymer Surfaces［J］. Phys. Chem. B，2000，104(37)：8836 － 8840.

［31］周艳，张蓉. 特氟龙整理剂在涤纶织物三防整理中的应用［J］. 丝绸，2012，49(5)：9 － 11.

［32］权衡. 防水透湿织物及其加工技术［J］. 印染，2004(4)：43 － 47.

［33］顾振亚，周庆，韦朝晖，等. 拒液纺织品开发的新途径［J］. 棉纺织技术，2002，30(1)：13 － 16.

［34］Molyneux P. "Transition － Site"Model for the Permeation of Gases and Vapors Through Films of Polymers ［J］. J. Appl. Polym. Sci. ，2001(79)：981 － 1024.

［35］Anne Jonquieres，Robert Clement，Pierre Lochon. Permeability of Block Copolymers to Vapor and Liquids ［J］. Prog. Polym. Sci. ，2002(17)：1803 － 1877.

［36］张建春，黄机质，郝新敏. 织物防水透湿原理与层压织物生产技术［M］. 北京：中国纺织出版社，2003.

［37］Finn J T，Sagar A J G，Mukhopadhyay S K. Effects of Imposing a Temperature Gradient on Moisture Vapor Transfer Through Water Resistant Breathable Fabrics［J］. Textile Res. J. ，2000，70(5)：460 － 466.

［38］齐文玉. 织物用抗紫外整理剂综述［J］. 上海丝绸. 2001(1)：14 － 17.

［39］Gies，Peter，Roy，et al. Ultraviolet Protection Factors for Clothing ［J］. Photochemistry and Photobiology，2003，77(1)：58 － 67.

［40］Ibrahim N A，Refa R，Youssef M A，et al. Proper Finishing Treatments for Sun － Protective Cotton － Containing Fabrics［J］. Journal of Applied Polymer Science，2005(97)：1024 － 1032.

［41］吴素坤. 远红外纤维的研究进展［J］. 国外纺织技术，2003(6)：1 － 4.

［42］董绍伟，徐静. 远红外纺织品的研究进展与前景展望［J］. 纺织科技进展，2005(2)：10 － 12.

［43］廖声海，陈旭炜，李毓陵. 远红外织物功能的测试与评价［J］. 产业用纺织品，2003，21(10)：30 － 33.

［44］刘献明，付绍云，黄质军. 电磁波屏蔽复合材料的研究现状［J］. 材料导报，2005，19(1)：17 － 20.

［45］程明军，吴雄英，张宁，等. 抗电磁辐射织物屏蔽效能的测试方法［J］. 印染，2003，29(9)：31 － 35.

［46］丁世敬，赵跃智，葛德彪. 电磁屏蔽材料研究进展［J］. 材料导报，2008，22(4)：30.

［47］王锦成. 电磁屏蔽材料的屏蔽原理及研究现状［J］. 化工新型材料，2002，30(7)：16 － 19.

［48］郁铭芳. 化纤新材料在中国医疗卫生方面的应用现状和发展［J］. 合成纤维，2003(1)：5 － 7.

［49］顾其胜. 海藻酸盐基生物医用材料与临床医学［M］. 上海：上海科学技术出版社，2015.

［50］Ping Zhu，Chuanjie Zhang，Shuying Sui，et al. Preparation，Structure and Properties of High Strength Alginate Fiber［J］. Research Journal of Textile and Apparel，2009，13(4)：1 － 8.

［51］朱平，王柳，张传杰，等. 海藻酸钙纤维的结构与性能［J］. 合成纤维工业，2009，32(6)：1 － 4.

［52］Zhu Ping，Zhang Chuanjie. Preparation and Application of Alginate Fiber in Wound Dressing ［J］. 中国组织工程研究与临床康复，2008，12(32)：6397 － 6400.

［53］秦益民. 功能性医用敷料［M］. 北京：中国纺织出版社，2007.

［54］赵家祥. 医用功能纤维［M］. 北京：中国石化出版社，1996.

［55］赵家祥. 日本防螨织物的发展综述［J］. 纺织科学研究，2001(2)：12 － 18.

［56］顾利霞，刘兆峰. 亲水性纤维［M］. 北京：中国石化出版社，1997.

［57］张树钧. 改性纤维与特种纤维［M］. 北京：中国石化出版社. 1995.

［58］魏赛男，党宁，吴焕领，等. 涤纶亲水性后整理的现状［J］. 合成纤维工业，2007，30(6)：47 － 49.

[59]禤云彬,杜文琴. 吸湿排汗锦纶织物的开发[J]. 纺织导报,2012(2):103-104.

[60]陈英,陈森,宋富佳. 等离子体接枝反应对涤纶织物亲水性能的影响[J]. 纺织学报. 2010,31(7):74-78.

[61]周绍箕. 离子交换纤维的开发及应用[J]. 纺织导报,2009(5):53-55.

[62]徐超武,李明. 离子交换功能纤维的制备、性能及应用[J]. 合成技术及应用,2003,18(3):28-31.

[63]原思国,梁志宏,赵林,等. 离子交换纤维对酸、碱有害气体吸附性能研究[J]. 离子交换与吸附,2004,20(1):46-50.

[64]刘吉平,田军. 纺织科学中的纳米技术[M]. 北京:中国纺织出版社. 2003.

[65]吴大诚,杜仲良,高绪珊. 纳米纤维[M]. 北京:化学工业出版社,2003.

[66]王世敏,许祖勋,傅晶. 纳米材料制备技术[M]. 北京:化学工业出版社,2002.

[67]李群. 纳米材料的制备与应用[M]. 北京:化学工业出版社,2008.

[68]李群,陈水林,姜万超. 纳米氧化锌织物整理剂的制备与整理效应的研究[J]. 印染助剂,2004,21(1):23-25.

[69]滕志强,朱平,张建波,等. 纳米材料的分散及在棉织物抗菌整理中的应用[J]. 纺织导报,2005(6):93-94,96.

[70]Qun Li,Peiyao Li,Xihui Zhao,et al. Cotton Fabric Finished by WPU/LPAA Modified Nano-ZnO for Antibacterial Applications[J]. Applied Mechanics and Materials,2015(711):123-128.

[71]顾振亚,陈莉. 智能纺织品设计与应用[M]. 北京:化学工业出版社,2006.

[72]高洁,王香梅,李青山. 功能纤维与智能材料[M]. 北京:中国纺织出版社,2004.

[73]胡金莲,刘晓霞. 纺织用形状记忆聚合物研究进展[J]. 纺织学报,2006,27(1):114-116.

[74]俞坚磊,刘今强,李永强,等. 形状记忆功能纤维及纺织品[J]. 合成纤维,2008(2):6-8.

[75]刘晓霞,胡金莲. 形状记忆合金在纺织业应用的研究进展[J]. 纺织学报,2005,26(6):130-132.

[76]王学海,付中玉,陈放. 蓄热调温纤维的熔纺制备及其性能研究[J]. 北京服装学院学报,2009,29(2):1-6.

[77]刘小红,陈海宏. 光致变色功能织物的制备及应用[J]. 现代纺织技术,2012(6):58-60.

[78]Maclaren D C,White M A. Design Rules Forreversible Thermochromic Mixtures[J]. Journal of Materials Science,2005(40):669-676.

[79]李青,马晓光. 低温热敏变色材料的研究及其应用[J]. 染整技术,2009,31(4):14-18.

[80]肖红. 智能纺织品及其在军用装备上的应用[J]. 纺织导报,2010(12):67-70.

[81]勤宝. 电致变色的新型智能材料变色龙纤维[J]. 纺织装饰科技,2010,93(2):30.

[82]姚康德,成国祥. 智能材料[M]. 北京:化学工业出版社,2002.

[83]徐健岩,俞力为,顾利霞. pH刺激响应性HPAN/Ge水凝胶纤维的制备与表征[J]. 东华大学学报(自然科学版),2007,33(6):697-700.

[84]王立君,张丽华. 智能水凝胶的发展现状[J]. 合成技术及应用,2007,22(3):43-47.

[85]刘书芳,顾振亚. 温敏性水凝胶在智能纺织品开发中的应用[J]. 纺织学报,2007,28(11):139-143.

[86]Chen Hong,Heieh,You-Lo. Ultrafine Hydrogel Fibers With Dual Temperatureand and pH Responsive Swelling Behaviors[J]. Journal of Polymer Science,Part A:Polymer Chemistry,2004,429(24):6331-6339.

[87]贺鹏,齐鲁. 缓释药物纤维的发展[J]. 合成纤维工业,2007,30(1):55-57.

[88]杨健. 可降解高分子纳米纤维药物控释系统的研究进展[J]. 化工时刊,2010,24(3):33-36.

[89]Chen Ko－shao,Ku Yuan－an,Lee Ch－iHan,et al. Immobilization of Chitosan Gel With Cross－Linking Reagent on PNIPAAm GelPPP Nonwoven Composites Surface[J]. Materials Science and Engineering C, Biomimetic and Supramolecular Systems,2005,25(4):472－478.

[90]窦明池,姜亚明.电子信息智能纺织品的开发应用与展望[J].纺织科技进展,2006(2):17－19.

[91]常丽霞,张欣.电子纺织和服装的研究与应用[J].国际纺织导报,2004(3):79－81.

[92]赵永霞.新型电子智能纺织品的开发及应用[J].纺织导报,2010(7):107－109.

[93]高旭,王进美,王淼.电子智能型纺织品[J].现代纺织技术,2010(1):4.